Noack (Hrsg.) · Breunig · Gerth · Haas ·
Hoffmann · Lorenzini · Poteko · Rothmund ·
Salamon · Schlenz · Uhlmann · Walther

Precision Farming – Smart Farming – Digital Farming

Noack (Hrsg.) · Breunig · Gerth · Haas · Hoffmann · Lorenzini · Poteko · Rothmund · Salamon · Schlenz · Uhlmann · Walther

Precision Farming Smart Farming Digital Farming

Grundlagen und Anwendungsfelder

2., überarbeitete und erweiterte Auflage

Herausgeber und alle weiteren Kapitel: Prof. Dr. agr. *Patrick Ole Noack*, Hochschule Weihenstephan-Triesdorf
Kap. 3.2: Dr. *Florian Schlenz*, geo | cledian GmbH
Kap. 3.3: Dr. *Stefan Gerth*, Dr. *Norman Uhlmann*, *Michael Salamon*, Fraunhofer EZRT
Kap. 3.6.3.3: Dr. *Matthias Rothmund*, OSB connagtive GmbH
Kap. 4.1.8: Prof. Dr. *Simon Walther*, Prof. Dr. *Peter Breunig*, Hochschule Weihenstephan-Triesdorf
Kap. 4.2.1.1: Dr. *Jernej Poteko*, Bayerische Landesanstalt für Landwirtschaft (LfL)
Kap. 4.2.1.2: Dr. *Isabella Lorenzini*, Bayerische Landesanstalt für Landwirtschaft (LfL)
Kap. 4.2.2: Dr. *Christa Hoffmann*, oeconos GmbH
Kap. 4.2.3: Dr. *Jernej Poteko*, Dr. *Isabella Lorenzini*, Bayerische Landesanstalt für Landwirtschaft (LfL)
Kap. 4.4: Dr. *Christa Hoffmann*, oeconos GmbH; Prof. Dr. *Roland Haas*, IIIT Bangalore

Bibliografische Information der Deutschen Nationalbibliothek
Die Deutsche Nationalbibliothek verzeichnet diese Publikation in der Deutschen Nationalbibliografie; detaillierte bibliografische Daten sind im Internet über https://portal.dnb.de abrufbar.

ISBN 978-3-87907-730-4 (Buch)
ISBN 978-3-87907-731-1 (E-Book)

Bismarckstr. 33, 10625 Berlin
www.vde-verlag.de
www.wichmann-verlag.de

Titelgrafik: Prof. Dr. agr. Patrick Ole Noack

Satz: Reemers Publishing Services GmbH, Krefeld
Druck: Elanders Waiblingen GmbH, Waiblingen
Printed in Germany 2024-01

Vorwort und Einführung in das Thema

Vorwort zur zweiten Auflage

In den vergangenen vier Jahren hat die Digitalisierung große Fortschritte gemacht. Bestehende Technologien sind besser geworden – oder deutlich günstiger. Treiber sind dabei andere Industrien (Automotive, Medizin, Militär), aber die Landwirtschaft kann davon profitieren.

Im Bereich der Satellitenortung (GNSS) bestehen erste Ansätze, Empfänger in Form von Software direkt auf Endgeräten zu installieren. So können Kosten gespart und vorhandene Rechenleistung genutzt werden. Gleichzeitig ermöglicht dieser Ansatz durch Lizensierung, dass derselbe virtuelle Empfänger auf mehreren Endgeräten genutzt werden kann, wenn auch nicht gleichzeitig. Das Aktivieren und Deaktivieren der Funktion auf verschiedenen Geräten spart auf jeden Fall viel Zeit beim Transport von Messgeräten von einem Ort zum anderen.

Neue Anbieter haben in den vergangenen Jahren hochgenaue und gleichzeitig extrem preiswerte Geräte auf den Markt gebracht. Die Preise für RTK-Empfänger sind so auf weniger als 10 % des Ausgangspreises gesunken. Dies eröffnet weitere Anwendungsfelder, in denen der Einsatz von GNSS bisher nicht wirtschaftlich war.

Gleichzeitig werden neue Formen für die Übertragung von Korrekturdaten etabliert. Die Versorgung des ländlichen Raums mit flächendeckendem Mobilfunkempfang wird wohl noch sehr lange dauern oder nicht stattfinden – weil es sich nicht lohnt. Dies schränkt den Einsatz von GNSS in der Landwirtschaft weiterhin ein. Dafür werden Korrekturdaten neuerdings prototypisch mittels digitalem Rundfunk übertragen, der über eine wesentlich bessere Abdeckung verfügt. Wenn sich diese Technologie durchsetzt, wäre der Landwirtschaft in Deutschland sehr geholfen.

Auch bei der Nahinfrarotspektroskopie treten neue Anbieter am Markt auf, die kostengünstigere, wenn auch weniger präzise und weniger hochaufgelöste Geräte anbieten, was – wie bei den GNSS-Empfängern – viele neue Anwendungsfelder eröffnet. In der Landwirtschaft sind die Anforderungen an die Genauigkeit oft geringer als in anderen Bereichen (Lebensmittel, Medizintechnik), was Hoffnung gibt, dass die neuen Sensorgenerationen dazu beitragen können, Landwirte zu entlasten, Kosten zu senken und vor allem zum Schutz der belebten und unbelebten Umwelt beizutragen.

Die Entwicklungen in der Fernerkundung weisen ebenfalls eine erhebliche Dynamik auf. Die Sentinel-Mission der ESA (European Space Agency) wird kontinuierlich weiter ausgebaut. Parallel werden neue Satellitensysteme von anderen Institutionen (z. B. EnMAP, DLR) entwickelt und in Betrieb genommen. Zudem engagieren sich vermehrt private Firmen im Bereich der Fernerkundung, die zwar kostenpflichtig, jedoch in sehr hochwertiger Qualität Daten erfassen und bereitstellen.

Auch bekannte Technologie erleben in der Landwirtschaft eine Wiederbelebung. Der Einsatz von Röntgentechnik in der Landwirtschaft wurde bereits in den 1970er-Jahren erforscht. Aufgrund der Risikobewertung ist diese Technologie aus dem Fokus geraten. Mit der rasanten Entwicklung entstehen jedoch heute und vielleicht auch in Zukunft neue Anwendungsfelder für die Detektion von Fremdkörpern oder die Ertragserfassung.

Bei der zweiten Auflage dieses Buchs haben viele Co-Autoren mitgewirkt, weil das Thema so breit ist, dass es eine Person nicht en détail überblicken kann. Die Themenbereiche Fernerkundung und CAN-Bus werden in der vorliegenden Auflage durch Experten neu und ausführlicher beleuchtet. Die Digitalisierung in der Tierhaltung, die Röntgentechnik und Cyber Security wurden neu aufgenommen und integriert. Für die Mithilfe und die gute Zusammenarbeit bei der Fertigstellung der zweiten Auflage möchte ich mich bei allen Co-Autoren herzlich bedanken.

Mein Dank gilt natürlich und unverändert allen, die im Vorwort zur ersten Auflage genannt sind. Die zweite Auflage möchte ich im Besonderen meinem Vater widmen, der am 15.09.2022 verstorben ist. Ich habe von ihm mehr gelernt, als ich weiß.

Mit der zweiten Auflage steht für Studierende und Interessierte ein verbessertes Lehrbuch zum Precision Farming bereit. Es bleibt unvollständig, kann und soll jedoch die Grundlage dafür bilden, dass der Erwerb von Wissen über diesen Themenbereich einfacher wird. Mittlerweile fehlt es weniger an innovativen Technologien, sondern mehr an Menschen, die damit umgehen können und wollen.

Eichstätt, im Oktober 2023

Patrick Ole Noack

Vorwort zur ersten Auflage

Die Informationstechnologie hat sich in den vergangenen Jahren rasant entwickelt und dringt immer tiefer in alle Wirtschafts- und Lebensbereiche ein. Sie prägt unser Arbeits- und Privatleben zunehmend. Daraus ergeben sich Chancen und Risiken.

Mobiltelefone und die dazugehörigen Apps sind für viele aus dem Alltag nicht mehr wegzudenken. In vielen Wirtschaftsbereichen werden unter der Bezeichnung Industrie 4.0 alle Bereiche der Produktion und des Ressourcenmanagements verknüpft, teilweise sogar firmenübergreifend über die gesamte Lieferkette.

Autonome Fahrzeuge, Personen- und Lastkraftwagen werden bald auch auf deutschen Straßen unterwegs sein. Sensoren ermöglichen bereits heute eine weitgehend automatische Regelung der Geschwindigkeit und der Bewegungsrichtung (Lenken).

In weiteren Ausbauschritten wird die Kommunikation der Fahrzeuge untereinander (Car2Car) und der Datenaustausch zwischen Fahrzeugen und der Infrastruktur (Car2X) entwickelt und getestet: Dann weiß das Fahrzeug, wann die Ampel grün oder rot wird.

Auch die Landwirtschaft bleibt von dieser Entwicklung nicht unberührt. In diesem Zusammenhang werden oft die Begriffe *Precision Farming*, *Smart Farming*, *Digital Far-*

ming und *Landwirtschaft 4.0* dazu verwendet, um den zunehmenden Einsatz von Fahrer- und Entscheidungsunterstützungssystemen sowie die Teilautomatisierung von Prozessen zu beschreiben.

Entscheidend für den Einzug der Elektronik in die Landwirtschaft war einerseits die Entwicklung von Standards für die Vernetzung von Steuergeräten durch die Firma Bosch (CAN, ab 1983). Aus dem CAN-Standard hat sich zunächst die DIN 9684 und danach die ISO 11783 entwickelt – ein Standard für die herstellerunabhängige Kommunikation zwischen Steuergeräten auf Traktoren und Anbaugeräten. In der ISO 11783 werden außerdem die herstellerunabhängige Bedienung (Virtuelles Terminal) und der Datenaustausch zwischen Fahrzeug und Büro geregelt.

Andererseits stellen Satellitenortungssysteme wie GPS und GLONASS, die seit den 1970er-Jahren entwickelt werden, einen entscheidenden Ausgangspunkt für die Entwicklung von Precision Farming dar: Mit ihnen können Uhrzeit, Position sowie Bewegungsrichtung und Geschwindigkeit zum Teil hochgenau ermittelt werden. Sie können somit für die Dokumentation, für die teilflächenspezifische Steuerung sowie für das Lenken von Fahrzeugen eingesetzt werden.

Hinzu kommt die zunehmende Vernetzung über Systemgrenzen hinweg. WLAN, Mobilfunk und Internet sind ebenfalls international standardisiert und stellen die Grundlage für die drahtlose Übertragung von Daten und Sprache über weite Entfernungen dar. Mit diesen Technologien können Menschen mit Menschen, Menschen mit Maschinen oder Maschinen mit Maschinen (M2M, IoT) Daten austauschen.

Precision Farming hat seinen Ursprung in den späten 1980er-Jahren. Damals wurden erstmals Mähdrescher mit Ertragserfassungssystemen ausgestattet. Aus den mittels Satellitenortung (GPS) ermittelten Positionen und den zugehörigen Erträgen wurden Ertragskarten erstellt. Somit konnte erstmals in Kartenform dargestellt werden, was vorher bereits aus Erfahrung bekannt war: Die Höhe des Ertrags weist innerhalb eines Schlags teilweise erhebliche Unterschiede auf.

In den 1950er-Jahren erfolgte eine Anpassung an die Ertragsunterschiede, weitgehend basierend auf Erfahrung. Viele Betriebe verfügten damals noch über betriebseigene Erntemaschinen, sodass die Fahrer der Maschine während der Ernte aufgrund von Beobachtungen Zonen mit hohen und niedrigen Erträgen verorten konnten: Das Auge wurde als Ertrags- und Positionssensor eingesetzt und das Gehirn fungierte als Speichermedium. Bei allen nachfolgenden Arbeiten (Bodenbearbeitung, Aussaat, Düngung, Pflanzenschutz) wurden die Unterschiede auf Basis der gespeicherten Erfahrung intuitiv oder bewusst berücksichtigt.

In den 1970er-Jahren setzte ein Trend hin zu immer größeren Traktoren, Erntemaschinen und Anbaugeräten ein, sodass eine Eigenmechanisierung für viele landwirtschaftliche Betriebe nicht mehr wirtschaftlich darstellbar war. Die Anzahl der Arbeitsschritte, die an externe Dienstleister (Lohnunternehmer) vergeben wurde, stieg an. Der Umsatz von Lohnunternehmen hatte alleine zwischen 2004 und 2016 um 37 % zugenommen (siehe nachfolgende Abbildung).

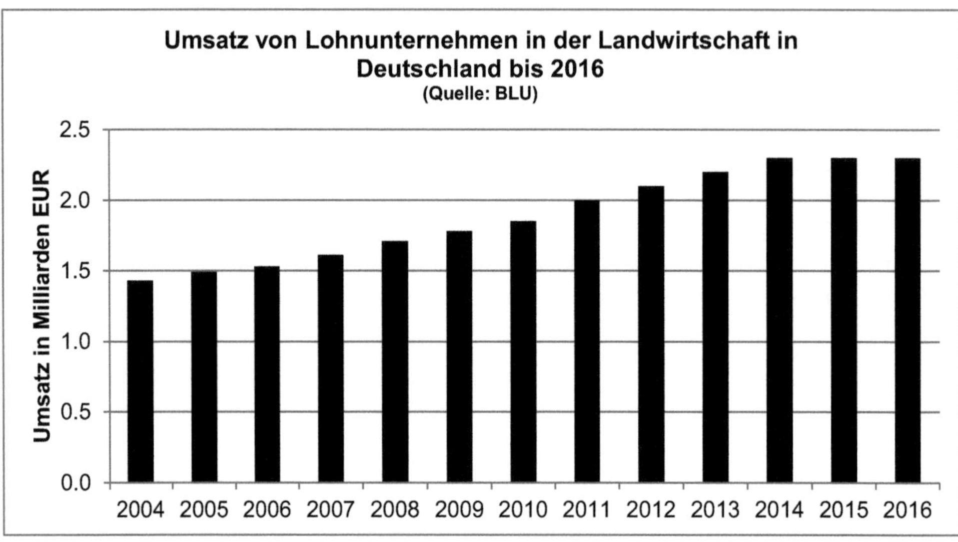

Umsatz von deutschen Lohnunternehmen (2004 – 2016) (Quelle: Bundesverband Lohnunternehmen (BLU))

Die immer größeren Maschinen konnten vor allem in kleinstrukturierten Gebieten nur im überbetrieblichen Einsatz effizient eingesetzt werden. Das betraf nicht nur, aber vor allem den Mähdrusch. Damit ging eine wichtige Information verloren: die Kenntnis über die Ertragsunterschiede auf den Schlägen.

Gleichzeitig ist seit Jahren ein Strukturwandel in der Landwirtschaft zu beobachten. Die Anzahl der Betriebe mit einer Betriebsfläche von weniger als 50 ha hat zwischen 1995 und 2016 um 50 % abgenommen. Die Anzahl der Betriebe mit mehr als 100 ha stieg in dieser Zeit um mehr als 100 %.

Die Anzahl der Betriebe geht zurück, da aufgrund sinkender oder gleichbleibender Marktpreise und steigender Kosten die Bewirtschaftung von kleinen Betrieben immer weniger attraktiv wird. In der Folge werden die Flächen kleinerer Betriebe verpachtet oder veräußert. Die Ertragsunterschiede auf den Flächen sind den neuen Bewirtschaftern in der Regel nicht aus der Erfahrung bekannt.

Betriebsgröße	1995	2016
Betriebe < 50 ha	311.454	155.651
Betriebe > 100 ha	12.114	27.497

Landwirtschaftliche Betriebe nach Größenklassen (Quelle: https://www.bmel-statistik.de/landwirtschaft/tabellen-zur-landwirtschaft/#c6985)

Sowohl die Zunahme externer Dienstleistungen als auch der Strukturwandel haben dazu beigetragen, dass die Anpassung der Bewirtschaftung auf Basis von Erfahrung rückläufig ist. Mithilfe der neuen Technologien kann die Erfahrung jedoch durch Daten und Informationen ersetzt werden. Aus diesem Grund werden Precision Farming oder Smart Farming auch als informationsgestützte Landwirtschaft bezeichnet.

Nach der Erstellung der ersten Ertragskarten kam die Idee auf, die Daten für die teilflächenspezifische Bewirtschaftung (z. B. Düngung) zu nutzen. Bei der Umsetzung traten jedoch verschiedene Probleme auf. Einerseits war die pflanzenbauliche Fragestellung, ob dort, wo wenig wächst, mehr oder weniger gedüngt werden soll, nicht spontan zweifelsfrei zu klären. Andererseits war die Umsetzung der teilflächenspezifischen Bewirtschaftung mit erheblichen Problemen verbunden. Die Technik war wenig ausgereift und kompliziert zu bedienen.

Die technischen Hürden und die offenen pflanzenbaulichen Fragestellungen führten dazu, dass nur eine sehr geringe Anzahl von Betrieben in den 1990er-Jahren die Möglichkeiten der teilflächenspezifischen Bewirtschaftung genutzt haben. Die Umsetzung war aufwendig, die erforderlichen Investitionen in Terminals und GPS-Empfänger hoch und der Nutzen fraglich.

Um das Jahr 2000 wurden die ersten Parallelführungssysteme angeboten. Sie zeigten auf einem LED-Lichtbalken an, wie weit der Fahrer von einer zuvor gesetzten Fahrspur entfernt ist. Die Systeme sollten den Fahrer beim Abfahren der Fahrspuren unterstützen und so Überlappungen und Fehlstellen bei der Bearbeitung reduzieren. Die Genauigkeit lag in einem Bereich von 50 cm bis 1 m. Wenige Jahre später folgte die logische Weiterentwicklung: Die ersten automatischen Lenksysteme griffen in die Lenkhydraulik ein und steuerten Traktoren und Erntemaschinen automatisch. Parallelführungs- und Lenksysteme haben sich in den letzten Jahren weltweit in großen, mittleren und auch kleinen Betrieben durchgesetzt, weil sie unabhängig von Ertrag, Fruchtart und Boden in jedem Fall zu einer Effizienzsteigerung und einem Komfortgewinn führen.

Der Einsatz von Satellitenortungssystemen in Fahrzeugen ist in der Landwirtschaft inzwischen relativ weitverbreitet. Sie werden hauptsächlich für das automatische Lenken eingesetzt, stellen jedoch auch Positionen für die teilflächenspezifische Ansteuerung bereit. Gleichzeitig ist die Ansteuerung von Geräten durch die fortgeschrittene Standardisierung und die größere Verbreitung weit fortgeschritten und ausgereift.

Somit steht der Umsetzung der teilflächenspezifischen Bewirtschaftung aus technischer Sicht nur noch wenig im Weg. Nachdem auch bei den pflanzenbaulichen Fragestellungen erhebliche Fortschritte erzielt wurden, ist abzusehen, dass die Optimierung der Bewirtschaftung auf Basis von Daten und Informationen vermehrt Einzug halten wird. Dies gilt insbesondere deshalb, weil der gesellschaftliche Druck hin zu einer ressourcenschonenden Bewirtschaftung ständig zunimmt.

Bezüglich der Versorgung mit Daten und Informationen spielen vor allem verschiedene Initiativen der EU eine zentrale Rolle. Die INSPIRE-Richtlinie regelt die Bereitstellung von öffentlichen Geodateninfrastrukturen. Im Rahmen von INSPIRE werden für die Pflanzenproduktion bedeutende Informationen wie geologische Karten und Karten der Reichsbodenschätzung zentral und kostenlos zur Verfügung gestellt. Die Sentinel-Satellitenmission im Rahmen des Copernicus-Programms der EU sorgt dafür, dass hochwertige Satellitenaufnahmen ebenfalls zentral und kostenfrei durch Landwirte, Lohnunternehmen und Dienstleister abgerufen und ausgewertet werden können.

Der Einsatz von Elektronik und Software in der Landwirtschaft kann eine Hilfe sein, wenn es darum geht, Kosten einzusparen, Gewinne zu steigern, Landwirte zu entlasten und die negativen Auswirkungen auf die Umwelt auf ein Mindestmaß zu reduzieren.

Digitale Technologien sind allerdings kein Allheilmittel: Ob die Werkzeuge, die Precision Farming zur Verfügung stellt, unter den gegebenen Betriebs- und Produktionsbedingungen geeignet und wirtschaftlich sind, lässt sich nicht pauschal beantworten. Hier fehlt es noch an Erfahrungen mit den neuen Methoden und Technologien. Auch nach der Einführung der mineralischen Düngung, dem chemischen Pflanzenschutz und dieselbetriebener Zugmaschinen (Traktor) herrschte zunächst Verunsicherung über den richtigen Einsatz und den Nutzen.

Die Optimierung der ökonomischen Situation einzelner Betriebe ist jedoch nur ein Baustein. Die Landwirtschaft steht als Ganzes vor großen Herausforderungen. Als Lieferant für Nahrungsmittel, Futtermittel, Energie und Rohstoffe ist sie ein Wirtschaftszweig von grundlegender Bedeutung. Diese Bedeutung nimmt aufgrund der wachsenden Weltbevölkerung ständig zu. Bei gleichbleibender bzw. abnehmender Flächennutzung muss eine ständig steigende Menge von Nahrungsmitteln erzeugt werden. Die Produktion von Energiepflanzen nimmt im Rahmen der fortschreitenden Umstellung auf erneuerbare Energien ebenfalls überproportional zu. Die Digitalisierung kann einen Beitrag dazu leisten, die Erzeugung von Nahrungsmitteln auf dem begrenzenden Faktor Fläche zu optimieren.

Gleichzeitig ist die Landwirtschaft bei der Schonung der natürlichen Ressourcen gefordert. Als Beispiel sei hier die Nitratbelastung des Grundwassers genannt. Das Bundesumweltamt hat ermittelt, dass sich die Situation hinsichtlich der Nitratgehalte im Grundwasser im landwirtschaftlichen Nutzungsumfeld in den vergangenen Jahren nicht verbessert hat (siehe nachfolgende Abbildung). Die Anzahl der Messstellen, die einen Nitratgehalt von mehr als 50 mg/l Nitrat und damit den gesetzlichen Grenzwert überschreiten, hat sich in den letzten Jahren bei 28 % stabilisiert.

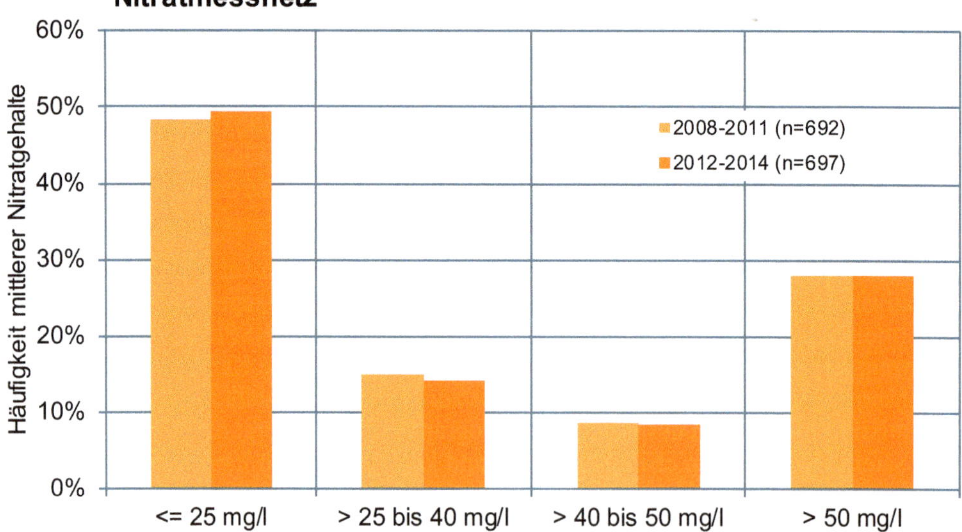

Entwicklung der mittleren Nitratgehalte im EU-Nitratmessnetz (Quelle: Umweltbundesamt 2016 nach Angaben der Bund/Länder-Arbeitsgemeinschaft Wasser)

Die aktuelle Novellierung der Düngeverordnung zielt darauf ab, die mutmaßliche Quelle der Nitrate, die mineralische und organische Stickstoffdüngung, so neu zu reglementieren, dass die Nitratgehalte im Grundwasser zurückgehen. Dies ist für Landwirte jedoch mit potenziellen Ertragseinbußen verbunden, da Stickstoff ein limitierender Faktor hinsichtlich des Pflanzenwachstums ist. Die Verteilung des durch die gesetzlichen Rahmenbedingungen limitierten Einsatzes von Stickstoff auf verschiedene Felder oder sogar innerhalb von Feldern kann mit digitalen Methoden optimiert werden. Auch hier kann Precision Farming einen Beitrag leisten, der über die Gewinnmaximierung eines Einzelunternehmens hinausgeht.

Der Klimawandel stellt eine weitere Herausforderung für die Landwirtschaft dar. Die dabei stattfindenden Prozesse sind schleichend und werden erst bei einer langfristigen Betrachtung sichtbar. In der nachfolgenden Abbildung sind die Änderungen der Niederschläge in den bayerischen Landkreisen im Monat April im Vergleich der Zeiträume 1961 bis 1990 und 1981 bis 2010 dargestellt. Die Wasserzufuhr ist zu dieser Jahreszeit für die Versorgung der Kulturpflanzen besonders kritisch.

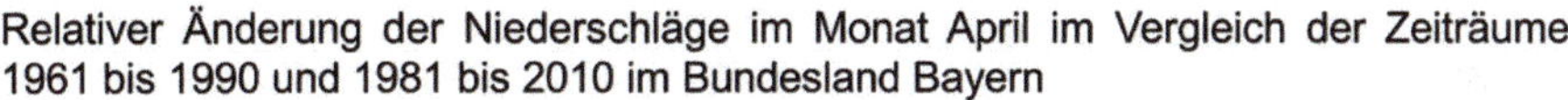

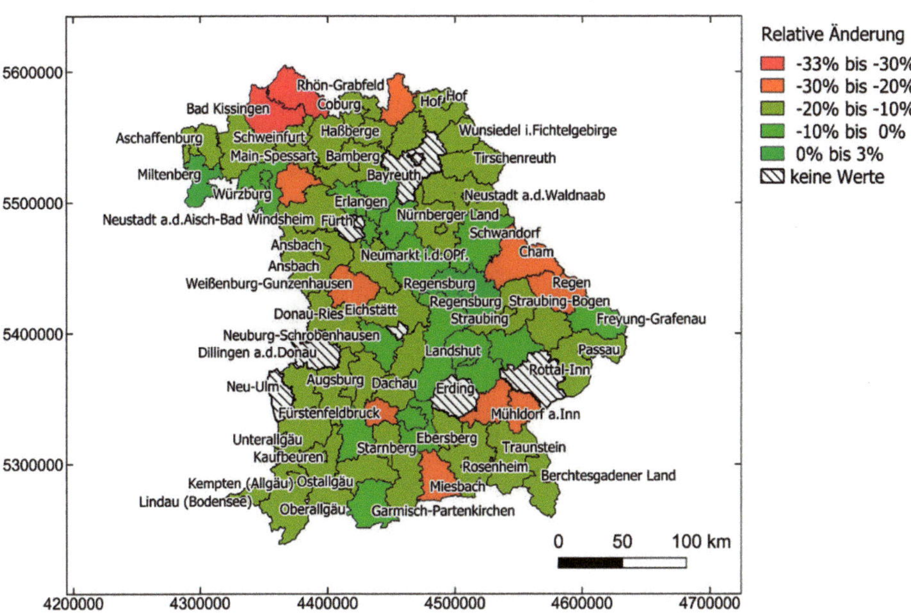

Relative Niederschlagsänderung im April in den Landkreisen Bayerns (1961 bis 1990 vs. 1981 bis 2010) (Datenquelle: Deutscher Wetterdienst)

In den meisten Landkreisen ist ein Rückgang der Niederschläge zu beobachten, in vereinzelten Fällen hat der Niederschlag jedoch auch zugenommen. Durch die Nutzung von Geoinformationssystemen (GIS) für die Aufbereitung der Daten in Kartenform wird klar, dass die Änderung des Klimas regional und vor allem kleinräumig starke Unterschiede aufweist. In einigen Landkreisen sind die Niederschläge um mehr als 30 % zurückgegangen.

Mit digitalen Methoden können die Effekte des Klimawandels analysiert und visualisiert werden. Digitale Werkzeuge sind auch geeignet, um Maßnahmen zur Eindämmung negativer Einflüsse des Klimawandels auf die Pflanzenproduktion zu unterstützen.

Falls durch den Rückgang der Niederschläge der Einsatz von Bewässerungssystemen nötig wird, können Bewässerungsmodelle, Fernerkundungsdaten und Bodenfeuchtesensoren für die Bestimmung der optimalen Bewässerungsmengen genutzt werden. Dies führt einerseits zu einer effizienten Nutzung der knappen Ressource Wasser und reduziert gleichzeitig Kosten für dessen Förderung und die Auswaschung von Nährstoffen durch Überbewässerung.

Im Bereich der Züchtung wird an der Entwicklung von Sorten gearbeitet, die besser mit dem Rückgang der Niederschläge umgehen können (Trockenstresstoleranz). Die Genotypisierung (Decodierung des Erbmaterials) von Kulturpflanzen ist weit fortgeschritten. Bei der Züchtung ist entscheidend, wie ein Genotyp auf unterschiedliche Umweltbedingungen (z. B. Trockenheit) reagiert.

Die fortlaufende Untersuchung von Pflanzeneigenschaften (Bonitur) während der Entwicklung (Höhe, Anzahl Triebe, Krankheiten, …) wird als Phänotypisierung bezeichnet. Entscheidend für den Züchtungserfolg ist, dass die Merkmale dabei möglichst häufig und reproduzierbar erfasst werden. Für die Steigerung der Effizienz und der Genauigkeit werden in diesem Bereich deshalb vermehrt Sensoren und autonome Flugsysteme (UAS) eingesetzt. Insofern sind Precision-Farming-Methoden nicht nur für ackerbauliche Anwendungen geeignet, sondern können auch bei der Bewässerungssteuerung und bei der Züchtung neuer Sorten die Effizienz der landwirtschaftlichen Produktion steigern.

Um die Chancen und Risiken der digitalen Methoden einschätzen zu können, muss man sie zunächst verstehen. Deshalb wendet sich dieses Buch an Studierende und Mitarbeiter von Unternehmen, die in der Landwirtschaft, der Landtechnik sowie im vor- und nachgelagerten Bereich beschäftigt sind. Es gibt einen Überblick über die Funktionsweise von Sensoren, Aktoren, Systemen für die Steuerung und Regelung sowie den Datenaustausch und stellt dar, wie diese in der Landwirtschaft als Komplettlösungen zusammenspielen.

An dieser Stelle gilt mein Dank allen, die mich bei der Arbeit an diesem Buch unmittelbar und mittelbar unterstützt haben: meinen Eltern, meiner Familie, meinen Doktorvätern Prof. Dr. Hermann Auernhammer und Prof. Dr. Urs Schmidhalter, Dr. Markus Demmel, Thomas Muhr und meinen Kollegen Peter Breunig und Bernhard Bauer.

Eichstätt, im September 2018

Patrick Ole Noack

Abkürzungsverzeichnis

Abkürzung	Erläuterung
AEF	Agricultural Industry Electronics Foundation
AMS	Automatisches Melksystem
ANN	Artificial Neuronal Network (Künstliches Neuronales Netzwerk, Methode zur Datenanalyse und -prognose)
BCS	Body Condition Score
CAN	Controller Area Network, Netzwerk von Steuerrechnern (in Fahrzeugen)
CEP	Circular Error Probability
CI-RE	Chlorophyll Index Red Edge
CMS	Condition Monitoring System (System zur Zustandsüberwachung von Maschinen)
CSMS	Cyber Security Management System
DGNSS	Differential Global Navigation Satellite System
DGPS	Differential Global Positioning System
ECU	Electronical Control Unit (Steuergerät)
EFDI	Extended FMIS Data Interface
EPSG	European Petroleum Survey Group Geodesy (Codierung von Koordinatensystemen)
ESA	European Space Agency
FAPAR	Fraction of Absorbed Photosynthetically Active Radiation (Maß für die Photosyntheseleistung)
FMIS	Farm-Management-Informations-Systeme
GIS	Geoinformationssystem
GK	Gauß-Krüger-Koordinatensystem
GLONASS	Global'naya Navigatsioannaya Sputnikovaya Sistema (russisches GNSS)
GLT	Gebäudeleittechnik

GNSS	Global Navigation Satellite System (globales Satellitenortungssystem)
GPS	Global Positioning System (US-amerikanisches Satellitenortungssystem)
GUI	Graphical User Interface (grafische Benutzeroberfläche)
HIT	Herkunftssicherungs- und Informationssystem für Tiere
ISO	International Organization for Standardization
ISO 11783	Standard für die CAN-Kommunikation zwischen Steuerrechnern in der Landwirtschaft
KBS	Koordinatenbezugssystem
KNN	Künstliches Neuronales Netzwerk (Methode zur Datenanalyse und -prognose)
LAI	Leaf Area Index
NDRE	Normalized Difference Red Edge Index
NDVI	Normalized Difference Vegetation Index
NMEA	National Marine Engineering Association
NMEA 0183	Standard für die Ausgabe von Positionsdaten
OSI	Open System Interconnection
PF	Precision Farming
PGN	Parameter Group Number
PLF	Precision Livestock Farming
PLSR	Partial Least Square Regression (Verfahren zur multivariaten Datenanalyse)
PPP	Precise Point Positioning
PWM	Pulsweitenmodulation
REIP	Red Edge Inflection Point
RFID	Radio Frequency Identification
RMS	Root Mean Square (Quadratisches Mittel)
RS-232	Standard für die serielle Übertragung von Daten und Beschreibung einer Schnittstelle
RTCM	Radio Technical Commission for Maritime Services
RTCM SC 104	Kommission für die Standardisierung von Korrekturdaten
RTK	Real Time Kinematic (hochgenaue Satellitenortung unter Nutzung mehrerer Frequenzen und Signalinformationen)

SAE J 1939	CAN-Bus-Protokoll aus dem Nutzfahrzeugbereich
SC	Section Control (Teilbreitenschaltung)
SCC	Somatic Cell Content (somatischer Zellgehalt)
SQL	Structured Query Language
SVM	Support Vector Machine (Verfahren zur multivariaten Datenanalyse)
SUMS	Software-Update-Management-System
TAM(G)	Tierarneimittelgesetz
TARA	Threat Analysis and Risk Assessment
TC	Task Controller
THI	Temperature-Humidity Index
TIC	Testing Inspection und Certification
TIM	Tractor Implement Management
TMR	Totale Mischration
UAS	Unmanned Aerial System (unbemanntes Fluggerät (Drohne) mit Sensorsystem (z. B. Kamera, Spektralsensor))
UAV	Unmanned Aerial Vehicle (unbemanntes Fluggerät (Drohne))
UT	Universal Terminal (ISO-Bus-Bedienterminal)
UTM	Universal Transverse Mercator (Koordinatensystem oder Projektion)
USB	Universal Serial Bus
VR	Variable Rate (variable Ausbringmenge)
VRA	Variable Rate Application (variable Mengensteuerung)
VRS	Virtual Reference Station
VRT	Variable Rate Technology (variable Ausbringtechnik)
VT	Virtual Terminal (ISO-Bus-Bedienterminal)
WGS	World Geodetic System (geodätisches Bezugssystem)

Inhaltsverzeichnis

1 Einleitung

Precision Farming oder Digitale Landwirtschaft sind keine Allheilmittel, sondern ein Satz von Werkzeugen. Nur weil man den Schlepper einer bestimmten Marke einsetzt, steigen nicht automatisch die Erträge.

Anders gesagt: Um einen Nagel in die Wand zu schlagen, verwendet man einen Hammer und keine Säge. Die Methoden des Precision Farming sind also nicht uneingeschränkt für jeden Betrieb oder für jede Maßnahme geeignet. Deshalb ist ein Grundverständnis über den Aufbau, die Funktion und den angewandten Nutzen der Systeme umso wichtiger: Es stellt die Grundlage für die Beratung, die Kaufentscheidung, die Kundenunterstützung und den fachgerechten Einsatz der Werkzeuge dar.

Die in diesem Buch vorgestellten Werkzeuge und Methoden können dazu beitragen, Kosten zu senken, Erträge zu steigern oder negative Einflüsse der Landbewirtschaftung auf die Umwelt zu reduzieren.

Das ist aber nur dann der Fall, wenn sie fachgerecht und im richtigen Zusammenhang (Betriebsgröße, Betriebsstruktur, Schlaggröße, Böden, Klima, Fruchtfolge, Marktumfeld, Arbeitskräfte) eingesetzt werden. Es gelten also die gleichen Regeln wie für andere landwirtschaftliche Maschinen und Geräte, wie Bodenbearbeitungswerkzeuge, Sämaschinen, Pflanzenschutzspritzen, Düngerstreuer und Mähdrescher.

Zu den Begrifflichkeiten: Die Bezeichnungen *Precision Farming*, *Smart Farming*, *Digital Farming*, *Farming 4.0* und Landwirtschaft 4.0 bedeuten alle mehr oder weniger dasselbe. Sie beschreiben Werkzeuge und Methoden, mit denen Landwirte bei der Pflanzenproduktion durch Steuerungs- und Regelsysteme bei Entscheidungen und der Durchführung von Tätigkeiten unterstützt werden. Die Begriffe *Digital Farming*, *Farming 4.0* und Landwirtschaft 4.0 sind relativ neu und stellen die Entwicklungen in der Landwirtschaft in Zusammenhang mit den Entwicklungen in der Industrie (Industrie 4.0, *Digital Production*, *Digital Engineering*). Gleichwohl hat der Einsatz von digitalen Methoden in der Landwirtschaft eine längere Geschichte.

In den späten 1980er-Jahren wurde der Begriff „Precision Farming“ geprägt. Damals wurden die ersten Mähdrescher mit GPS-Empfängern und Durchsatzmesssystemen ausgestattet. Aus den aufgezeichneten Daten konnten Karten erstellt werden, auf denen die Erträge auf Teilflächen dargestellt waren. Aufgrund der teilweise erheblichen Ertragsunterschiede entstand die Idee der teilflächenspezifischen Bewirtschaftung. Sie sieht die Einteilung eines Schlags in unterschiedliche Managementzonen vor. Jede dieser Zonen oder Teilschläge wird individuell bewirtschaftet. Dabei können sowohl die Bodenbearbeitung als auch die Aussaatdichte und der Pflanzenschutz, jedoch vorrangig die Düngung an die Höhe des Ertrags oder der Bodeneigenschaften angepasst werden.

Der Ansatz der teilflächenspezifischen Bewirtschaftung ist eigentlich nicht neu, sondern jahrhundertelange landwirtschaftliche Tradition. Auf im Vergleich zu heute kleinen Betrieben und Flächen waren Ertragsunterschiede so lange bekannt, wie die Ernte in Eigenarbeit von Hand oder mit dem eigenen Mähdrescher durchgeführt wurde. Das Wissen wurde dabei von Generation zu Generation weitergegeben. Man konnte so ohne digitale Methoden auf die für die Pflanzenproduktion entscheidenden Faktoren Boden und Wetter eingehen und deren zeitliche und räumliche Variabilität bei der Erzeugung von Zucker und Stärke berücksichtigen (Abb. 1.1).

Erst mit dem Strukturwandel und der zunehmenden Vergabe von Erntearbeiten an Lohnunternehmer ging die Kenntnis über Unterschiede im Ertragspotenzial und die Möglichkeit, die Bewirtschaftung aus Erfahrung anzupassen, verloren.

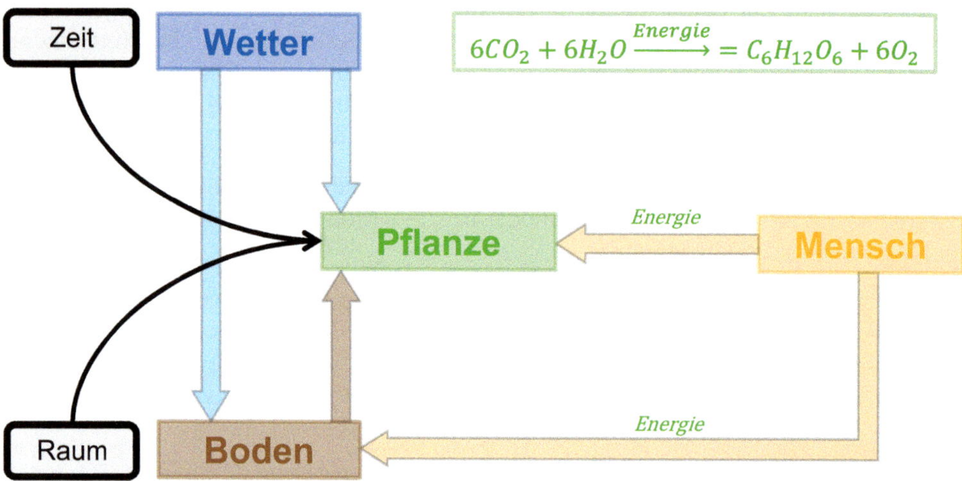

Abb. 1.1: Zeitliche und räumliche Variabilität der Produktionsfaktoren Boden und Wetter (Quelle: eigene Darstellung)

Die teilflächenspezifische Bewirtschaftung stellt gehobene Anforderungen an die Technik und Landwirte, Berater und Hersteller. Zunächst müssen aus Ertrags- oder Bodenkarten Managementzonen abgegrenzt werden. Dazu bedarf es tiefer gehendes pflanzenbauliches Wissen und fortgeschrittener Kenntnisse der Datenverarbeitung. Gleiches gilt für die Ableitung von Düngekarten für einzelne Zonen eines Schlags. Bei der Übertragung von Düngekarten auf ein Terminal sowie bei der Anbindung von Düngerstreuer und GPS können dann Probleme auftreten, wenn Einstellungen nicht korrekt oder Geräte nicht kompatibel sind.

Precision Farming – mit dem Schwerpunkt teilflächenspezifische Bewirtschaftung – hat sich in den 1990er-Jahren einerseits wegen der hohen Kosten und andererseits wegen der genannten Hürden nur schleppend durchgesetzt. Anfang der 2000er-Jahre kamen die ersten Parallelführungssysteme auf den Markt. Sie konnten auf einem LED-Lichtbalken aufgrund der GPS-Position die Abweichung von der Fahrspur anzeigen – das Lenken blieb nach wie vor dem Fahrer überlassen. Trotz der im Vergleich zu heute geringen Genauigkeiten (50 cm bis 1 m) stießen Parallelführungssysteme auf großes Interesse bei den Anwendern.

Sie waren einfach zu bedienen und erzeugten eine unmittelbare Entlastung und einen Nutzen in Form von Kosteneinsparung. In den nächsten Jahren folgte die konsequente Fortentwicklung hin zu automatischen Lenksystemen, die die gemessene Spurabweichung selbsttätig in Lenkbewegungen umsetzen.

Ergänzend erfolgte die Entwicklung von Teilbreitenschaltungssystemen, die einzelne Abschnitte von Pflanzenschutzspritzen automatisch beim Einfahren in bereits behandelte Zonen ausschalten. Automatische Lenksysteme und Teilbreitenschaltungen haben sich aufgrund der einfachen Bedienung und den unmittelbaren und offensichtlichen Kosteneffekten auf breiter Front durchgesetzt. Im Jahr 2011 wurde der Begriff Smart Farming neu eingeführt: Precision Farming war durch technische und pflanzenbauliche Herausforderungen negativ belastet.

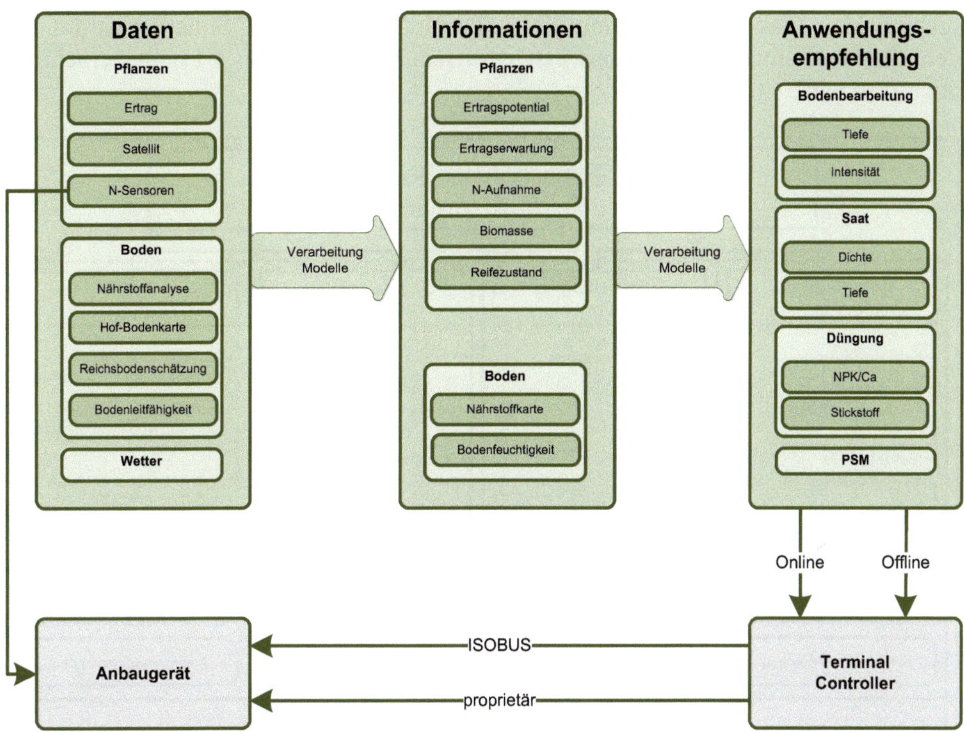

Abb. 1.2: Teilflächenspezifischer Pflanzenbau (Quelle: eigene Darstellung)

In den vergangenen Jahren sind die Kosten für die Beschaffung von Lenksystemen und die Hürden für deren Einbau deutlich zurückgegangen. Somit verfügt eine zunehmende Anzahl von Traktoren über GNSS-Empfänger und Terminals, die auch für die teilflächenspezifische Bewirtschaftung genutzt werden können. Gleichzeitig stehen immer mehr Informationen (Stickstoffsensoren, Satellitendaten, Bodenkarten) für die Erstellung von Applikationskarten zur Verfügung. Die Hürden für den Einstieg in die teilflächenspezifische Aussaat, Bodenbearbeitung und Düngung sind damit im Wesentlichen abgebaut (Abb. 1.2).

Precision Farming kann grundsätzlich in vier Teilgebiete aufgeteilt werden (Abb. 1.3). Die automatische Datenerfassung dient der betriebswirtschaftlichen Analyse und dem betrieblichen Versuchswesen (On-Farm Research). Mit der Teilschlagtechnik wird die Bewirtschaftung an Boden- und Ertragsunterschiede angepasst. Durch das Flottenmanagement können Betriebsabläufe in landwirtschaftlichen Unternehmen und Lohnunternehmen optimiert werden. Die Feldrobotik befasst sich mit dem Lenken von Fahrzeugen und Anbaugeräten, ob mit oder ohne Fahrer.

Die Unterstützung von Landwirten oder Bedienern von Maschinen ist aus vielfältigen Gründen erforderlich oder hilfreich. Einerseits werden die Maschinen, die für die Landbewirtschaftung eingesetzt werden, immer größer und komplexer. Durch die zunehmende Größe und die zunehmenden Arbeitsbreiten erfordert der effiziente Einsatz von Maschinen immer mehr Erfahrung, Können und Wissen und erhöht somit die Wahrscheinlichkeit, dass Bediener (zeitweilig) überfordert sind. Diese Situation wird durch den „Fachkräftemangel“ auf landwirtschaftlichen Betrieben und in Lohnunternehmen noch verschärft.

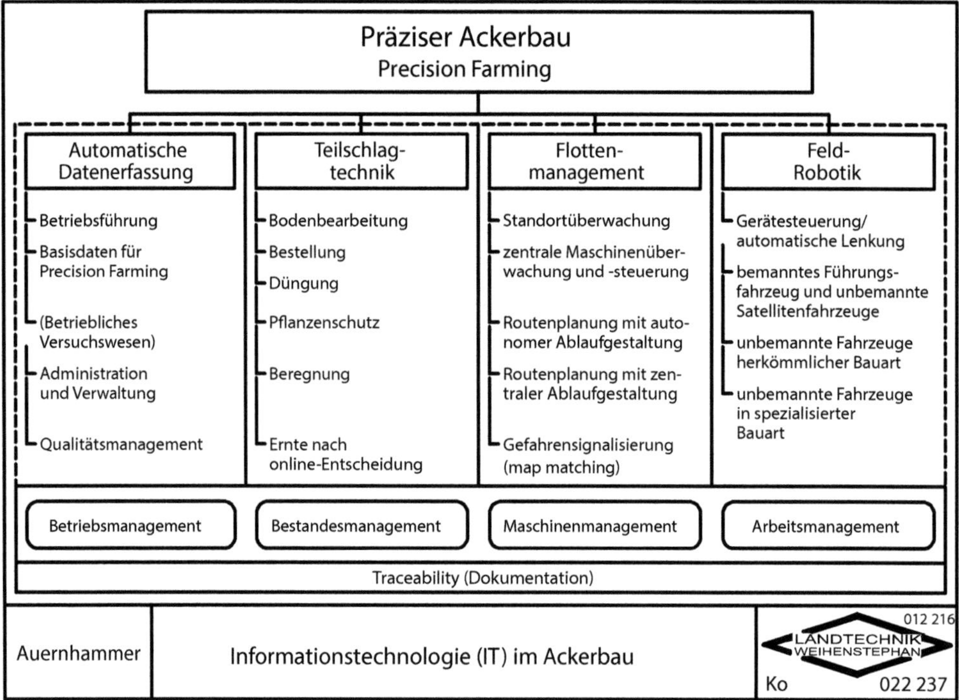

Abb. 1.3: Die vier Teilbereiche des präzisen Ackerbaus nach Auernhammer (Quelle: Auernhammer, H. (2002): Informationstechnologie (IT) im Ackerbau. AgTecCollection: Institut für Landtechnik TUM / Zeichenbüro, TU München 2009, http://mediatum.ub.tum.de/?id=733800)

Andererseits bedingen der Strukturwandel und die zunehmende Vergabe von Arbeitsgängen an Lohnunternehmer, dass das Wissen über die Beschaffenheit von Böden und die Eigenheiten von Schlägen in den Hintergrund tritt und somit dem Bediener nicht mehr unmittelbar zur Verfügung steht. In kleinstrukturierten Gebieten wurde das Wissen über das lokale Ertragspotenzial früher über Generationen überliefert und bei der Bewirtschaftung berücksichtigt. Dieses Wissen geht verloren oder ist aufgrund der sich ändernden Rahmenbedingungen (Klimawandel) nicht mehr uneingeschränkt anwendbar.

Die entscheidenden Entwicklungsschritte von Wirtschaftszweigen bemessen sich an neuen Technologien, die in der Lage sind die Effizienz der Produktion zu steigern. In der Pflanzenproduktion war der erste Schritt der Ersatz der menschlichen Arbeitskraft durch den Einsatz von Tieren für Zug- und Feldarbeiten. Vor etwa einhundert Jahren wurden diese wiederum zunehmend durch Traktoren und später selbstfahrende Erntemaschinen ersetzt.

Sowohl Traktoren als auch selbstfahrende Erntemaschinen haben in den letzten Jahrzehnten kontinuierlich an Leistung und Baugröße zugenommen. Hier sind aktuell aufgrund der Straßenverkehrsordnung und aus technologischen Gründen die Grenzen für die Effizienzsteigerung durch Wachstum fast vollkommen ausgeschöpft. Traktoren, selbstfahrende Erntemaschinen und Anbaugeräte können jetzt nur noch „intelligenter" werden und durch die ständig optimierte Teilautomatisierung Prozesse hinsichtlich der Flächenleistung, der Arbeitsqualität oder des Ressourceneinsatzes effizienter gestalten. Dabei spielt die Vernetzung und die zentrale Datenhaltung eine zentrale Rolle (Abb. 1.4).

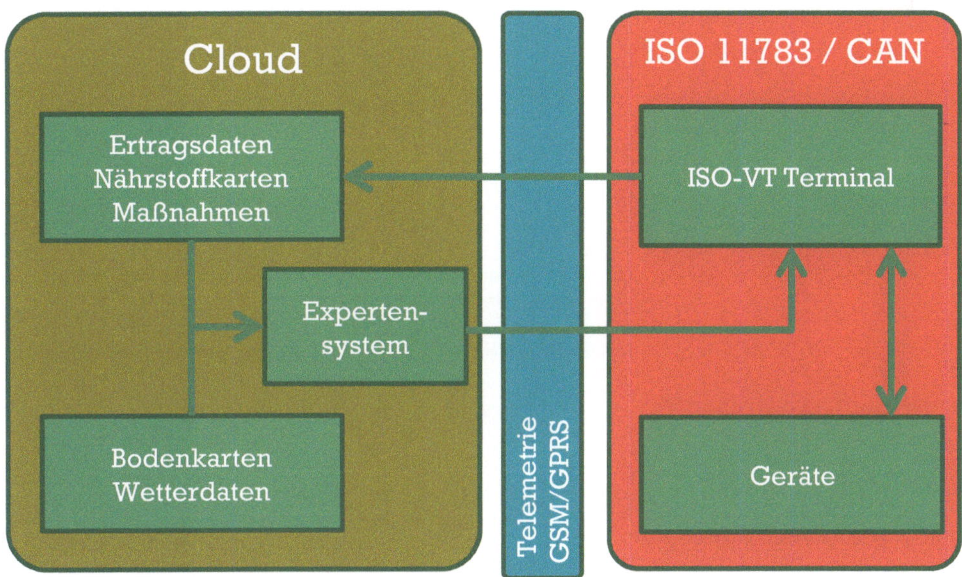

Abb. 1.4: Precision Farming – Vernetzung (Quelle: eigene Darstellung)

Insgesamt besteht begründete Hoffnung dafür, dass elektronische Systeme und Software dazu beitragen können, Landwirte bei der Pflanzenproduktion zu unterstützen und zur Reduzierung von Kosten und der Steigerung von Erträgen beizutragen. Voraussetzung dafür ist, dass geeignete Systeme beschafft werden, die zuverlässig ihre Aufgabe verrichten und einfach zu bedienen sind.

2 Grundlagen der Datenverarbeitung

In diesem Kapitel werden die Grundlagen der Datenverarbeitung erläutert. Es dient dazu, das Verständnis für die in späteren Kapiteln beschriebenen Prozesse der Datenerfassung, Datenspeicherung und Datenübertragung zu erleichtern.

Der Begriff Digitalisierung leitet sich von digital ab, was als diskret oder abgestuft übersetzt werden kann. Im Gegensatz steht der Begriff analog, der mit den Begriffen kontinuierlich oder stufenlos umschrieben werden kann. Ein zentrales Anliegen von Precision Farming ist Verarbeitung von Daten mit elektronischen Systemen und diese Daten werden immer in digitaler Form verarbeitet. In der Wirklichkeit haben wir es mit digitalen Daten (heute/morgen, links/rechts), jedoch überwiegend mit analogen Daten wie Bodenfeuchte, Nährstoffgehalt, Temperatur und Ertrag zu tun.

Die einfachste Form von digitalen Daten ist das Bit. Es stellt die zentrale Grundlage für die drahtlose und drahtgebundene Übertragung von Daten, deren Speicherung und Verarbeitung dar. Aus Bits werden Bytes und verschiedene Datentypen zusammengesetzt. Auch Bilder und Buchstaben bestehen aus Bits, in denen die Farbinformation gespeichert oder die Bedeutung von Zeichen codiert wird.

2.1 Einführung in Zahlensysteme

Zahlen können in unterschiedlichen Zahlensystemen dargestellt werden. Dabei sind 0, 1, 2, …, 9 lediglich Ziffern, denen je nach ihrer Stellung innerhalb der Zahl eine unterschiedliche Wertigkeit zukommt.

Die Reihenfolge ist hierbei ebenfalls entscheidend. Die Bedeutung der Stellen kann von links nach rechts ansteigen (z. B. Datum: Tag, Monat, Jahr) oder von rechts nach links (z. B. Uhrzeit: Stunde, Minute, Sekunde). Wenn es um die Bedeutung von Bits und Bytes bei der Umrechnung in Zahlen geht, sind hier die Begriffe *Little Endian Byte Order* und *Big Endian Byte Order* üblich. Das Zahlensystem kann dabei als Subskript angegeben werden (z. B. 10_{10} für die Zahl 10 im Dezimalzahlensystem).

2.1.1 Dezimalsystem

Das Dezimalsystem ist im Alltag bei Weitem am meisten verbreitet. Es basiert auf der Zahl 10 (= Basis, **B**) und setzt sich aus den Ziffern (Z) 0 – 9 zusammen. Die Wertigkeit der Stellen steigt von rechts nach links an. Die Zahl kann aus den Ziffern und der Wertigkeit (**W**) ihrer Stelle (**S**) abgeleitet werden.

Dabei gilt für alle Zahlensysteme:

$$Wert = \sum_{i=0}^{S-1} Z_i \cdot B^i$$

mit B: Basis des Zahlensystems, S: Stelle, Z_i: Ziffer an der Stelle i

Beispiel Dezimalsystem:

Der Wert der Zahl 134 kann wie folgt berechnet und dargestellt werden:

$$1 \cdot 10^{3-1} + 3 \cdot 10^{(2-1)} + 4 \cdot 10^{(1-1)} = 1 \cdot 100 + 3 \cdot 10 + 4 \cdot 1 = 134$$

2.1.2 Binär- oder Dualsystem

Im Binär- oder Dualsystem stehen lediglich die Ziffern 0 und 1 zur Verfügung. Dementsprechend ist hier für den Wert B die Zahl 2 einzusetzen. Die erste Stelle hat die Wertigkeit 2^0, die zweite die Wertigkeit 2^1 (2) und die dritte die Wertigkeit 2^2 (4).

Beispiel Binärsystem

Die Zahl 1001 hat im Dezimalsystem den Wert

$$1 \cdot 2^{4-1} + 0 \cdot 2^{(3-1)} + 0 \cdot 2^{(2-1)} + 1 \cdot 2^{(1-1)} = 8 + 0 + 0 + 1 = 9$$

2.1.3 Hexadezimalsystem

Im Hexadezimalsystem stehen die Ziffern 0, 1, ..., 9, A, B, C, D, E, F zur Verfügung. Es können mit einer Ziffer also die Zahlen 0 bis 15 dargestellt werden. Dementsprechend steigt die Wertigkeit der Stellen mit der Potenz von 16 an (1, $16^1 = 16$, $16^2 = 256$, ...).

Beispiel Hexadezimalsystem

Die Zahl 2F hat im Dezimalsystem den Wert

$$2 \cdot 16^{2-1} + F \cdot 16^{(1-1)} = 2 \cdot 16 + 15 \cdot 1 = 47$$

2.1.4 Umrechnung von Dezimalzahlen in Binärzahlen

Um eine Dezimalzahl in eine Binärzahl umzuwandeln, muss sie fortlaufend durch die Basis des Binärzahlensystems geteilt werden. Der verbleibende Rest Modulo entspricht der Ziffer im Binärzahlensystem in aufsteigender Reihenfolge.

Beispiel

gegeben: 18_{10}

gesucht: x_2 mit gleichem Wert

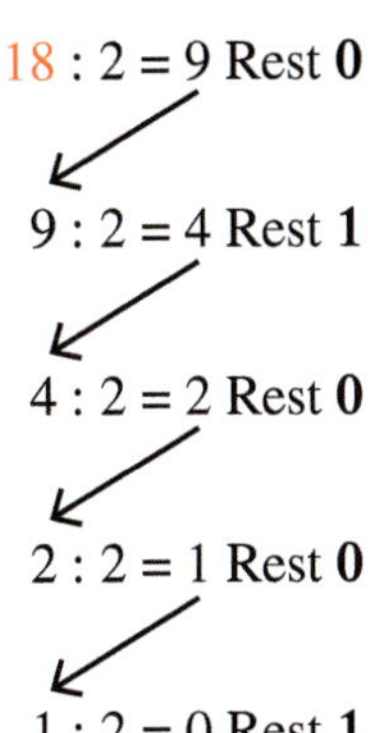

Ergebnis: 10010_2

2.1.5 Umrechnung von Dezimalzahlen in Hexadezimalzahlen

Das Vorgehen erfolgt analog zum Vorgehen bei der Umrechnung von Dezimalzahlen in Binärzahlen. Die Zahl wird durch die Basis des Zahlensystems geteilt, die jeweiligen Reste in aufsteigender Reihung ergeben die Zahl im neuen Zahlensystem.

Beispiel

gegeben: 21000_{10}

gesucht: x_{16} mit gleichem Wert

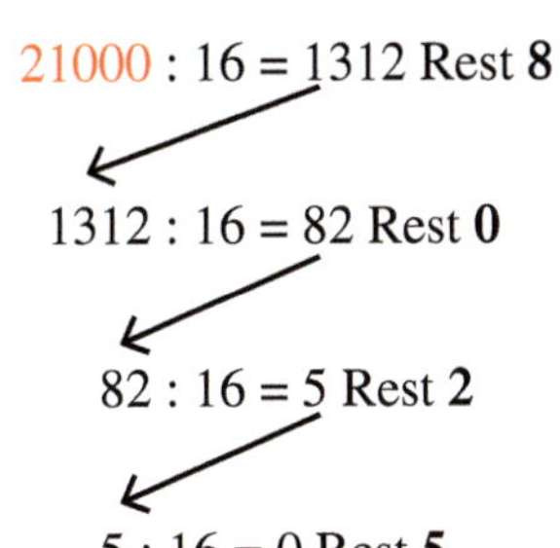

Ergebnis: 5208_{16}

2.1.6 Codierung von Buchstaben

Das Byte stellt die Grundlage für die Verarbeitung von Daten dar. Es besteht aus acht Bits (Binärzahlen) oder zwei DWORDS (Hexadezimalzahlen). Dementsprechend können in einem Byte die Ganzzahlen zwischen 0 und 255 (11111111 oder FF_{16}) abgespeichert werden.

Buchstaben werden in Datenverarbeitungssystemen als Zahlen gespeichert. Für die Codierung wird hierbei meist der sogenannte ASCII-Code verwendet.

Tabelle 2.1: ASCII Code (Auszug)

Zeichen	Dezimal	Binär	Hexa-dezimal	Zeichen	Dezimal	Binär	Hexa-dezimal
a	97	01100001	61	A	65	01000001	41
b	98	01100010	62	B	66	01000010	42
c	99	01100011	63	C	67	01000011	43
d	100	01100100	64	D	68	01000100	44
e	101	01100101	65	E	69	01000101	45
f	102	01100110	66	F	70	01000110	46
g	103	01100111	67	G	71	01000111	47
h	104	01101000	68	H	72	01001000	48
i	105	01101001	69	I	73	01001001	49
j	106	01101010	6A	J	74	01001010	4A
k	107	01101011	6B	K	75	01001011	4B
l	108	01101100	6C	L	76	01001100	4C
m	109	01101101	6D	M	77	01001101	4D
n	110	01101110	6E	N	78	01001110	4E
o	111	01101111	6F	O	79	01001111	4F
p	112	01110000	70	P	80	01010000	50
q	113	01110001	71	Q	81	01010001	51
r	114	01110010	72	R	82	01010010	52
s	115	01110011	73	S	83	01010011	53
t	116	01110100	74	T	84	01010100	54
u	117	01110101	75	U	85	01010101	55
v	118	01110110	76	V	86	01010110	56
w	119	01110111	77	W	87	01010111	57
x	120	01111000	78	X	88	01011000	58
y	121	01111001	79	Y	89	01011001	59
z	122	01111010	7A	Z	90	01011010	5A

2.1.7 Rechenoperationen mit Binärzahlen

Mit Binärzahlen können verschiedene Rechenoperationen durchgeführt werden, die bei Dezimal- und Hexadezimalzahlen keine Anwendung finden.

Die wichtigsten Operationen werden im Folgenden dargestellt:

Tabelle 2.2: NOT-Operator

A	Y
0	1
1	0

Der **NOT**-Operator wechselt den Wert der Ziffer von 0 nach 1 oder von 1 nach 0, sodass aus 0 1 wird und umgekehrt.

Tabelle 2.3: AND-Operator

A	B	Y = A ∧ B
0	0	**0**
0	1	**0**
1	0	**0**
1	1	**1**

Der **AND**-Operator wird auf zwei Bits angewendet. Das Ergebnis ist nur dann 1, wenn <u>beide</u> Ziffern 1 sind, sonst ist es 0.

Tabelle 2.4: OR-Operator

A	B	Y = A ∨ B
0	0	**0**
0	1	**1**
1	0	**1**
1	1	**1**

Der **OR**-Operator wird auf zwei Bits angewendet. Das Ergebnis ist dann 1, wenn <u>mindestens eine</u> der Ziffern 1 ist, sonst ist es 0.

Tabelle 2.5: XOR-Operator

A	B	Y = A ⊻ B
0	0	**0**
0	1	**1**
1	0	**1**
1	1	**0**

Der **XOR**-Operator wird auf zwei Bits angewendet. Das Ergebnis ist dann 1, wenn die Bits <u>verschieden sind.</u> Sind die Bits gleich, ist das Ergebnis 0.

2.1.8 Anwendungsbeispiele für Rechenoperationen mit Binärzahlen

2.1.8.1 Zustandsmasken

In einem Hydrauliksystem sollen die Temperatur, der Druck und der Volumenstrom überwacht werden. Dabei sind feste Ober- und Untergrenzen festgelegt. Die Information, ob diese über- oder unterschritten werden, soll effizient (schnell) und Speicherplatz sparend übertragen werden.

In diesem Fall bietet sich die Codierung in einer Bitfolge an. Dabei werden folgende Bitmasken definiert:

Tabelle 2.6: Bitmasken für Betriebszustände

Beschreibung	**Bitmaske**
Temperatur zu hoch	00000**1**
Temperatur zu niedrig	0000**1**0
Druck zu hoch	000**1**00
Druck zu niedrig	00**1**000
Volumenstrom zu hoch	0**1**0000
Volumenstrom zu niedrig	**1**00000

Wenn alle Werte im Normbereich sind, hat die Zustandsbeschreibung den Wert 000000. Keine der beobachteten Größen liegt außerhalb des Sollbereichs, alle Bits haben deshalb den Wert 0.

Überschreitet die Temperatur die Obergrenze, wird der Zustand mithilfe des OR-Operators gesetzt (geschrieben):

Zustand alt	000000	
Bitmaske	000001	**OR**
Zustand neu	000001	

Wird nachfolgend der Grenzwerte für den Volumenstrom unterschritten, wird der Zustand erneut mit dem OR Operator modifiziert:

Zustand alt		000001	
Bitmaske		100000	**OR**
Zustand neu		100001	

Der aktuelle Zustand des Systems kann so sehr effizient gespeichert und übertragen werden.

Das Lesen erfolgt mit dem AND-Operator. Ist das Ergebnis der Operation 0, liegt der Zustand nicht vor, ist das Ergebnis größer 0, liegt der Zustand vor:

Zustand IST	100001	AND
Bitmaske „Druck zu hoch"	000100	
Ergebnis (0=trifft nicht zu)	000000	

2.1.8.2 Berechnung von Prüfsummen

Prüfsummen werden zusammen mit Zeichenfolgen oder Zahlen versendet, kabelgebunden oder kabellos. Mithilfe der Prüfsumme kann der Empfänger feststellen, ob die Informationen sich nach dem Versenden verändert haben – durch Manipulation oder Übertragungsfehler. Für die Berechnung von Prüfsummen wird häufig der XOR-Operator verwendet.

Wenn das Wort „Weizen" versendet werden soll, werden alle ASCII-Codes des Worts schrittweise mit dem XOR-Operator verrechnet. Das Ergebnis wird als Hexadezimalzahl an das Wort angehängt (ggf. mit Trennzeichen, hier: *).

Zeichen	W	e	i	z	e	n
ASCII-Code	01010111	01100101	01101001	01111010	01100101	01101110

Tabelle 2.7: Berechnung einer Checksumme mit dem XOR-Operator

		Bits							
		1	2	3	4	5	6	7	8
	00000000	0	0	0	0	0	0	0	0
W	01010111	0	1	0	1	0	1	1	1
	XOR	0	1	0	1	0	1	1	1
e	01100101	0	1	1	0	0	1	0	1
	XOR	0	0	1	1	0	0	1	0
i	01101001	0	1	1	0	1	0	0	1
	XOR	0	1	0	1	1	0	1	1
z	01111010	0	1	1	1	1	0	1	0
	XOR	0	0	1	0	0	0	0	1
e	01100101	0	1	1	0	0	1	0	1
	XOR	0	1	0	0	0	1	0	0
n	01101110	0	1	1	0	1	1	1	0
		0	0	1	0	1	0	1	0

Das Ergebnis der XOR-Operation über alle Buchstaben lautet 00101010_2 oder $2A_{16}$.

Versendet wird die Nachricht **Weizen*2A**. Wird ein Buchstabe während der Übertragung der Daten verändert – oder auch nur ein Bit –, ergibt sich bei der Berechnung der Checksumme auf der Empfangsseite ein anderes Ergebnis.

2.2 Datentypen für Zahlen

In der Programmierung und in der Nachrichtentechnik müssen neben Buchstaben und binären Zuständen auch Zahlen übertragen werden. Hierbei bestehen unterschiedliche Anforderungen hinsichtlich des Wertebereichs (Minimum, Maximum) und der Auflösung (Anzahl der Nachkommastellen). Gleichzeitig gilt, dass im Sinne einer effizienten Übertragung, Speicherung und Verarbeitung der Datentyp verwendet werden sollte, der am wenigsten Speicherplatz benötigt.

Der einfachste Datentyp für Zahlen ist das Byte. Mit einem Byte können ganze Zahlen im Bereich von 0 bis 255 dargestellt werden (2^0-1 bis 2^8-1). Um Speicherplatz zu sparen, ist hier und auch bei anderen Datentypen eine Skalierung möglich. Spannungen zwischen 0 und 2,5 V können mit einem Bit dargestellt werden, wenn die Werte mit dem Faktor 1/10 skaliert werden. Die Auflösung beträgt dann 0,1 V.

Der nächstgrößere Datentyp ist der Short Integer, der aus 2 Byte besteht und als *Unsigned Short Integer* Ganzzahlen im Wertebereich von 0 bis 65535 fassen kann. Als *Signed Short Integer* (mit Vorzeichen) beträgt der Wertebereich −32768 bis 32767 (-2^{16} bis $2^{16}-1$).

Mit einem Long Integer, der aus 4 Bytes besteht, ist dementsprechend die Darstellung ganzer Zahlen im Bereich von 0 bis $2^{32}-1$ (unsigned) bzw. -2^{32} bis $2^{32}-1$ (signed) möglich.

Zahlen mit Nachkommastellen werden meist als Single (einfache Genauigkeit, 7 bis 8 gültige Ziffern) oder als Double (doppelte Genauigkeit, 15 bis 16 gültige Ziffern) abgespeichert. Der Speicherplatzbedarf liegt bei 4 bzw. 8 Byte. Die genaue Berechnung der Zahlen aus den Bitfolgen ist im IEEE-Standard 754[1] beschrieben.

Tabelle 2.8: Datentypen für natürliche Zahlen, Ganzzahlen und Fließkommazahlen

Datentyp	Bytes	Wertebereich	
Byte	1	0	255 (2^8-1)
Unsigned Short Integer	2	0	65535 ($2^{16}-1$)
Signed Short Integer	2	−32768 (-2^{16})	32767 ($2^{16}-1$)
Long Integer	4	0	$2^{32}-1$
Single	4	$1{,}5 \cdot 10^{-45}$	$3{,}5 \cdot 10^{38}$
Double	8	$5{,}0 \cdot 10^{-32}$	$1{,}7 \cdot 10^{308}$

[1] https://ieeexplore.ieee.org/document/30711/?arnumber=30711&filter=AND(p_Publication_Number:2355)

Bei der Speicherung und Übertragung von Integer-Datentypen spielt die Reihenfolge der Bytes eine entscheidende Rolle. Die beiden Datentypen (Integer und Long) werden auf Windows-Rechner in der *Little Endian Byte Order* gespeichert. Auf anderen Prozessoren/Betriebssystemen ist auch die *Big Endian Byte Order* verbreitet.

- *Little Endian Byte Order* („Intel"): Das Byte mit dem niedrigsten Stellenwert wird zuerst (also links) gespeichert. Beispiel Datum: 06.10.2014.
- *Big Endian Byte Order* („Motorola"): Das Byte mit dem höchsten Stellenwert wird zuerst (also links) gespeichert. Beispiel Uhrzeit: 16:23:12.

Wenn Zahlen geschrieben werden, folgen wir der *Big Endian Byte Order* (höchster Stellenwert links, absteigende Stellenwerte nach rechts).

Anhand des Beispiels einer CAN-Bus-Nachricht kann das Vorgehen beim Berechnen von Werten besser verdeutlich werden. Die Motordrehzahl wird nach der ISO-Norm 11783 in der Einheit Umdrehungen/Minute in als *Unsigned Short Integer* in der *Little Endian Byte Order* übertragen. Das Resultat wird laut Norm mit dem Faktor 0,125 skaliert.

Die in der CAN-Bus-Nachricht übertragenen Bytes 50 und 32 sind also gleichzusetzen (siehe Formel 2.1).

$$\begin{aligned}
&(50_{16} \cdot 256^0 + 32_{16} \cdot 256^1) \cdot 0{,}125 \\
&\quad = ((5 \cdot 16^1 + 0 \cdot 16^0) \cdot 1 + (3 \cdot 16^1 + 2 \cdot 16^0) \cdot 256)) \cdot 0{,}125 \\
&\quad = ((5 \cdot 16^1 + 0 \cdot 16^0) \cdot 1 + (3 \cdot 16^1 + 2 \cdot 16^0) \cdot 256)) \cdot 0{,}125 \qquad (2.1) \\
&\quad = (80_{10} \cdot 1 + 50_{10} \cdot 256) \cdot 0{,}125 = (80 + 12800) \cdot 0{,}125 \\
&\quad = 1610 \text{ U/Min.}
\end{aligned}$$

2.3 Farbcodierung

Auch Bilder werden in Form von Bits und Bytes gespeichert. Jeder Pixel besteht aus einem oder mehreren Bits und codiert damit seine Farbe. Wie viele Bits verwendet werden, hängt von der Farbtiefe ab.

Die einfachste Form eines Bilds, ein Schwarz-Weiß-Bild, benötigt lediglich ein Bit, um die Farbe Schwarz oder Weiß zu speichern.

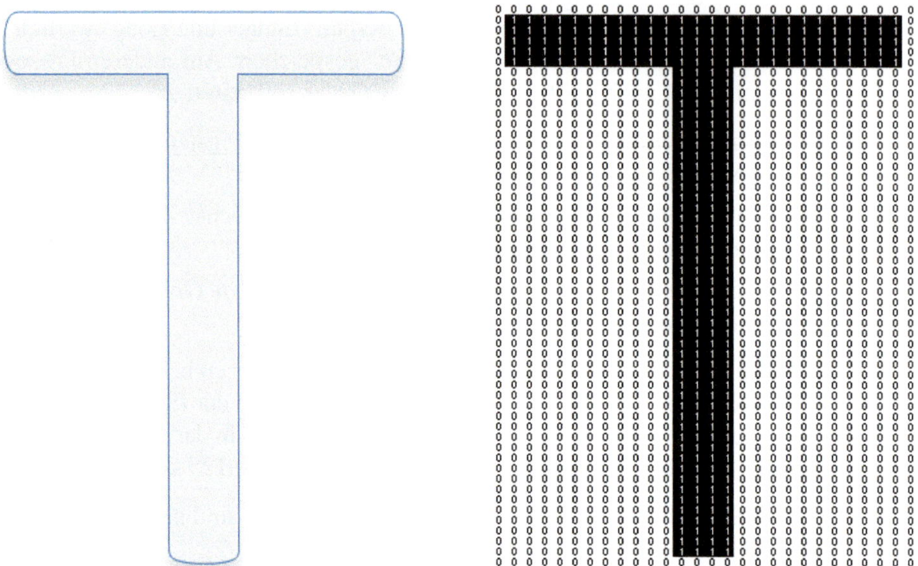

Abb. 2.1: Darstellung des Buchstaben T als Schwarz-Weiß-Bitmap (Quelle: eigene Darstellung)

Mit einem Byte pro Pixel können 256 Graustufen dargestellt werden. Ein Farbbild setzt sich in der Regel aus den Farben Rot, Grün und Blau zusammen (RGB-Farbmodell). Für jede Farbe wird dann mindestens ein Byte benötigt. Bei höherer farblicher Auflösung von Graustufen- oder Farbbildern werden teilweise auch 2 Byte je Pixel verwendet.

Die Übertragungsrate und der Speicherbedarf für Bilder werden wesentlich durch die räumliche Auflösung (Anzahl der Pixel) und farbliche Auflösung (Farbtiefe) bestimmt. Beide können oft ohne Informationsverlust deutlich reduziert werden. In Abbildung 2.2 ist das gleiche Bild in verschiedenen Farbtiefen und räumlichen Auflösungen dargestellt. Das Originalbild auf der linken Seite hat eine Größe von 6,46 MB. Die Bildgröße kann durch die Umwandlung in ein Graustufenbild (Mitte) um 33 % reduziert werden. Eine weitere Reduzierung der Dateigröße um den Faktor 4 erfolgt durch die Reduktion der Bildgröße (Bild rechts). Dabei werden je vier Pixel (untere Zeile) zu einem zusammengefasst. Nach der Optimierung hat das Bild ohne Informationsverlust eine Größe von 0,54 MB oder 8,4 % der Ausgangsgröße. Es benötigt bei der Speicherung weniger Platz und kann wesentlich schneller übertragen werden.

Farbtiefe	24 Bit	8 Bit	8 Bit
Skalierung	100%	100%	50%
Byte	6,770,688	2,260,992	569,344
Kilobyte	6612	2208	556
Megabyte	6.46	2.16	0.54
Faktor	1.0	3.0	11.9
Relative Größe	100%	33.39%	8.41%

Abb. 2.2: Farbtiefe, Auflösung und Speicherplatzbedarf (Quelle: Glogster, Autor: mms8th; http://www.glogster.com/mms8th/case-ih/g-6lald2q0eujnsg3vp8g55a0)

2.4 Kalibrierung und Prognosewerkzeuge

Die meisten Sensoren basieren auf Messungen einer physikalischen Größe (z. B. Strom, Spannung), die in Zusammenhang mit der Zielgröße steht (z. B. Temperatur, Druck, Winkel).

Die Umrechnung der gemessenen Größe in die Zielgröße erfolgt mittels Kalibrierungen. Die Kalibrierung stellt einen mathematischen Zusammenhang zwischen den beiden Größen dar. In Abbildung 2.3 ist der Zusammenhang zwischen dem Widerstand eines Drahts und der Temperatur dargestellt. Er wird von Widerstandsthermometern bei der Ermittlung der Temperatur genutzt. Mithilfe der der dargestellten Funktion lässt sich die Temperatur direkt aus Messungen des Widerstands ableiten.

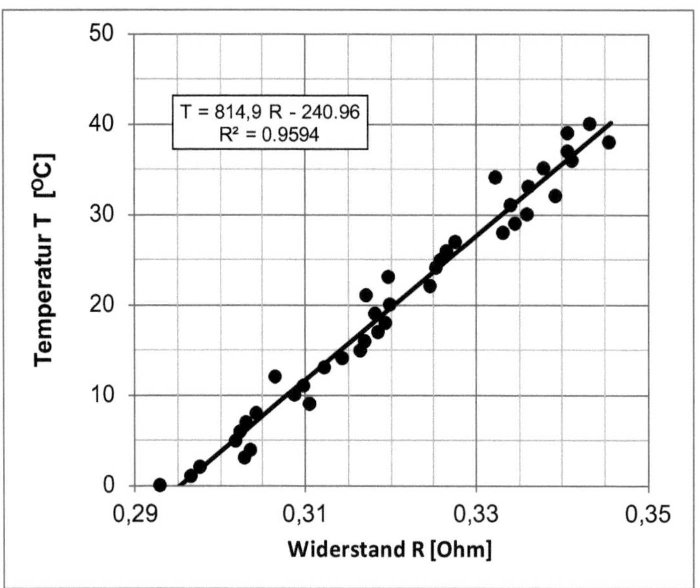

Abb. 2.3: Kalibrierkurve (Widerstand ~ Temperatur) (Quelle: eigene Darstellung)

Die Zusammenhänge sind dabei oft linear oder lassen sich durch polynomische Funktionen beschreiben. Durch die Änderung der Eigenschaften der eingesetzten Materialien oder der Umgebung kann sich dieser Zusammenhang mit der Zeit ändern. Deshalb müssen die meisten Sensoren regelmäßig kalibriert werden. Dies gilt für die Neigungssensoren und Lenkwinkelsensoren von automatischen Lenksystemen ebenso wie für Ertrags- oder Spektralsensoren.

Bei der Kalibrierung werden verschiedene Messwerte der Messgröße Referenzmessungen der Zielgröße gegenübergestellt (Punkte in Abb. 2.3). Aus den Messwertpaaren kann anschließend mittels Regressionsanalyse die Kalibrierfunktion ermittelt werden (Gerade und Funktionsgleichung in Abb. 2.3).

Dabei ist darauf zu achten, dass die Referenzmessungen (z. B. Gewicht) sich über den kompletten Messbereich des Sensors erstrecken und das Referenzsystem (z. B. Waage) um ein Mehrfaches genauer (i. d. R.: Faktor 10) ist als das Sensorsystem (dynamisches Wiegesystem als Durchflusssensor).

Soll ein Zusammenhang zwischen mehreren Eingangs- und Ausgangsgrößen hergestellt werden, ist die klassische Regressionsanalyse nicht ausreichend. In diesem Fall werden fortgeschrittene Verfahren wie *Support Vector Machines* (SVM), *Partial Least Square Regression* (PLSR) oder künstliche neuronale Netzwerke (KNN) eingesetzt. Diese Verfahren können aus mehreren Eingangsgrößen, wie spektralen Reflektionen in verschiedenen Wellenlängenbereichen, und einer oder mehreren Ausgangsgrößen (Ertrag, Proteingehalt) einen Zusammenhang herstellen.

Die fortgeschrittenen Verfahren (künstliche Intelligenz, Machine Learning) kommen vor allem im Bereich der Spektroskopie (Labor, Trockenmassebestimmung im Feldhäcksler), bei der Zustandsüberwachung (*Condition Monitoring System*) und bei der Bildverarbeitung (Mustererkennung) zum Einsatz. Sie spielen außerdem eine herausragende Rolle bei der Analyse von Nutzerdaten in sozialen Netzwerken (Facebook, Twitter) und Businessplattformen (Amazon, Google).

Die Funktion wird hier anhand künstlicher neuronaler Netzwerke erläutert. Diese bestehen aus einer Schicht aus Eingangsneuronen (Input Layer), einer oder mehreren Zwischenschichten (Hidden Layer) und einem oder mehreren Ausgangsneuronen (Output Layer). Die Neuronen verfügen über Verbindungen (*connections*), die auch als Kanten bezeichnet werden (Abb. 2.4).

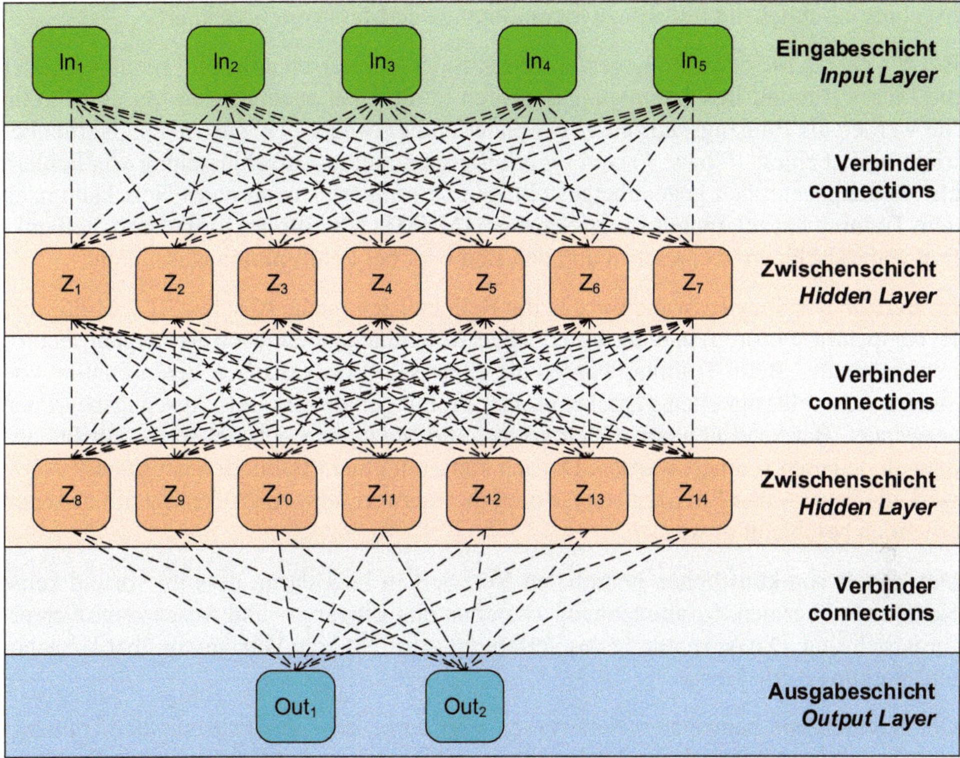

Abb. 2.4: Aufbau eines künstlichen neuronalen Netzwerks (KNN) (Quelle: eigene Darstellung)

Die Eingabeneuronen entsprechen den Eingangsgrößen, die für die Prognose eines oder mehrerer Zielwerte zur Verfügung stehen. Die Ausgabeneuronen stellen die Zielwerte dar.

Die Anzahl der Zwischenschichten und die Anzahl der Neuronen pro Zwischenschicht können beliebig gewählt werden. Mit zunehmender Anzahl von Neuronen in der Zwischenschicht nimmt auch die Rechenzeit für die Prognose zu.

Grundlage dafür, dass ein neuronales Netz für Prognose oder die Schätzung von Zielgrößen verwendet werden kann, ist ein Trainingsdatensatz, der sowohl alle Eingangsgrößen als auch Referenzwerte für die Ausgangsgrößen enthält. Mit diesen Datensätzen wird das neuronale Netz trainiert. Dieser Vorgang entspricht einer Kalibrierung (s. o.). Dabei wird die Gewichtung der Verbindungen zwischen den Neuronen solange variiert, bis der Schätzfehler nicht mehr abnimmt.

Das trainierte neuronale Netz kann anschließend aus einem Satz von Eingangsgrößen die Ausgangs- oder Zielgrößen schätzen. In der Regel wird das neuronale Netz jedoch im Vorfeld mit einem weiteren Datensatz, bei dem Ein- und Ausgangsgrößen bekannt sind, validiert. Die Schätzgrößen werden den erwarteten Ausgangswerten gegenübergestellt und die Abweichung mit statistischen Methoden bewertet. Weitverbreitet ist auch die Kreuzvalidierung. Dabei werden einem Datensatz fortlaufend einzelne Messwerte entnommen. Das neuronale Netz wird mit den verbleibenden Messwerten trainiert und das Ergebnis anschließend mit den zuvor entnommenen Messwerten validiert.

Bei der Zustandsüberwachung gehen die Lautstärken unterschiedlicher Frequenzen oder die Messwerte von Beschleunigungssensoren in die Überwachung von Maschinen ein. Sie werden als Eingangsneuronen verwendet und entweder den Zuständen „Normalbetrieb" und „Fehler" (0 bzw. 1) oder einer differenzierteren Aufschlüsselung von Fehlern als Ausgangsneuronen gegenübergestellt. Ein so trainiertes neuronales Netz kann nach dem Training mit relativ günstigen Sensoren (MEMS, Mikrofone) fortlaufend die Funktion von Maschinen überwachen und den Bediener bei Fehlfunktion alarmieren.

Im Bereich der Spektroskopie werden die Reflektanzen (siehe Abschn. 3.1.7 Multi- und Hyperspektralsensoren) in unterschiedlichen Wellenlängenbereichen als Eingangsneuronen verwendet. Beim Training werden die chemisch-physikalischen Eigenschaften von Stoffen oder Flüssigkeiten (Trockenmasse, Proteingehalt usw.) als Ausgangsneuronen verwendet. Bei Satellitenaufnahmen können die Netzwerke beispielsweise mit Frucht- oder Bodenarten trainiert werden. Danach kann mit einem trainierten neuronalen Netzwerk die Boden- und Pflanzenanalyse oder die Auswertung von großen Satellitenszenen erheblich beschleunigt werden.

Der Vorteil von künstlichen neuronalen Netzwerken liegt darin, dass im Vorfeld keine Kenntnisse über den Zusammenhang zwischen den Eingangs- und Ausgangsgrößen erforderlich sind. Die Anwendung des Verfahrens erfordert kein Verständnis über Ursache- und Wirkungsverhältnisse.

Der Nachteil von neuronalen Netzwerken liegt darin, dass das Ergebnis des Trainings nicht transparent und nicht nachvollziehbar ist. Zudem werden für eine stabile Prognose große Datenmengen (> 1.000 Datensätze) benötigt, die den gesamten Bereich der auftretenden Eingangs- und Ausgangsgrößen abdeckt.

3 Werkzeuge

In diesem Kapitel werden der grundlegende Aufbau und die Funktion der wichtigsten Werkzeuge für die digitale Landwirtschaft erläutert. Die Bausteine Satellitenortung (GNSS), Ackerschlagkartei/GIS, CAN (11783) und Sensoren spielen bei unterschiedlichen Anwendungen wie Lenksystemen, Teilbreitenschaltungssystemen sowie Systemen für die teilflächenspezifische Bewirtschaftung in unterschiedlicher Kombination als Lösung zusammen.

3.1 Sensoren

Sensoren sind ein wichtiger Bestandteil vieler Anwendungen in der digitalen Landwirtschaft. Sie messen Zustände und liefern damit die Grundlage für die Steuerung und Regelung von Prozessen. Sie entlasten so Bediener von Maschinen und Geräten durch die Automatisierung von Tätigkeiten oder die Entscheidungsunterstützung.

3.1.1 GNSS

GNSS-Sensoren stellen Messwerte zur Verfügung, die Rückschlüsse auf die Position, die Geschwindigkeit und Bewegungsrichtung zulassen, und sind somit die Grundlage für die Ortung und Navigation. Als Ortungssysteme finden ihre Messdaten Eingang in Anwendungen für die Disposition in Lohnunternehmen (Logistik), die Feldnavigation (Auffinden von Flächen) und die Dokumentation von Maßnahmen. Sie werden außerdem für die Vermessung von Flächen und das Auffinden von Punkten (Grenzsteine, Beprobungspunkte, Bewässerungsschächte) genutzt.

Die Bestimmung der aktuellen Position und Bewegungsrichtung ist zudem die Grundlage für die Parallelführung (Anzeige des Spurfehlers) und die automatische Lenkung von Fahrzeugen mit automatischen Lenk- oder Lenkassistenzsystemen. Auch bei der Steuerung und Regelung von Anbaugeräten spielt die Position eine wichtige Rolle.

Teilbreitenschaltungssysteme aktivieren und deaktivieren Düsen oder Säschare in Abhängigkeit der Position, sodass Überlappungen und Fehlerstellen bei großen Arbeitsbreiten effizienzsteigernd vermieden werden können. Nicht zuletzt stellt die Position die Grundlage für die teilflächenspezifische Bewirtschaftung dar. Mengenregelungssysteme (VRA, VRT) gleichen die aktuelle Position des Fahrzeugs fortlaufend mit einer Karte ab, in der Sollmengen für Saatgut, Dünger oder Pflanzenschutzmittel hinterlegt sind, und passen die Ausbringmengen an.

Aufgrund der vielfältigen Einsatzmöglichkeiten ist digitale Landwirtschaft ohne GNSS-Sensoren nicht vorstellbar. Durch die vielfältige Nutzung ist auch auf kleineren Betrieben eine Rentabilität von GNSS-Sensoren gegeben.

Satellitenortungssysteme nehmen im Precision Farming eine zentrale Rolle ein. Sie ermöglichen es weltweit und jederzeit, die Position eines Fahrzeugs, eines Geräts, einer Person oder eines Sensors zu bestimmen. Zusätzlich liefern die entsprechenden Empfänger die fälschungssichere und hochgenaue Uhrzeit sowie Informationen zur Geschwindigkeit und der Bewegungsrichtung. Die Daten werden über eine Schnittstelle fortlaufend ausgegeben und können somit von anderen Geräten oder Programmen genutzt oder gespeichert werden. Die Empfänger selbst sind in der Regel nicht in der Lage, Daten zu speichern.

3.1.1.1 Geschichte

GNSS-Systeme ähneln in ihrer Funktionsweise einem Verfahren, das über Jahrhunderte in der Schifffahrt für die Navigation auf See genutzt wurde (astronomische Navigation).

Mithilfe von sogenannten Sextanten wurde der Winkel zwischen dem Horizont und bestimmten Sternen gemessen (Höhenwinkel). Mit einem Kompass erfolgte zusätzlich die Bestimmung der Himmelsrichtung (Azimut, Horizontalwinkel). Anhand dieser Messwerte war es möglich die Position eines Schiffs auch auf offener See zu bestimmen, wenn die Uhrzeit und die Umlaufbahn der Sterne bekannt waren. Die Umlaufbahnen von Sternen sind in Tabellen, sogenannten Almanachs oder Ephemeriden, beschrieben.

An Land oder im küstennahen Gewässer wurde auch das einfachere Verfahren der Kreuzpeilung verwendet. Hierbei wird die Himmelsrichtung zweier auf einer Karte verzeichneter Orte (Berg, Kirchturm) mit einem Kompass bestimmt und in der Karte aus dem Kreuzungspunkt zweier Linien durch die Objekte die aktuelle Position ermittelt. Auch dieses Verfahren („terrestrische Navigation“) fußt wie die astronomische Navigation auf der Winkelmessung.

In der Landwirtschaft wurde bereits vor der Verfügbarkeit von Satellitenortungssystemen versucht, die Position zu bestimmen. Dabei wurde zunächst über Wegmessungen mit Radarsensoren oder Radsensoren die zurückgelegte Strecke und der Lenkwinkel mit einem Winkelsensor erfasst.

Später kamen Beschleunigungssensoren für die Bestimmung der Bewegungsrichtung hinzu. Die Werte der Sensoren wurden dazu verwendet, um, ausgehend von einem bekannten Ausgangspunkt (z. B. Feldrand), die Position eines Fahrzeugs zu bestimmen. Nachdem die Fehler aller Messsysteme sich jedoch über die Zeit aufsummierten, lag der Positionsfehler nach wenigen Kilometern bereits in einem Bereich von mehreren Metern.

Zudem konnte mit diesem Verfahren lediglich die relative Position bestimmt werden. Auch bei anderen Verfahren wie der Positionsbestimmung mit Funkbaken am Feldrand und zielverfolgenden Lasermesssystemen war nur eine relative Positionsbestimmung möglich. Die Positionsbestimmung war zudem mit großem technischem Aufwand und hohen Kosten verbunden.

3.1.1.2 Aufbau und Funktionsweise

Satellitenortungssysteme werden im Englischen allgemein als *Global Navigation Satellite System* (GNSS) bezeichnet. Sie bestehen aus einem oder mehreren Kontrollzentren und mehreren Satelliten, die die Erde umkreisen.

Für die Positionsbestimmung wird ein GNSS-Empfänger benötigt. Dieser besteht aus einer Empfangsantenne, die die von den Satelliten ausgesendeten Signale aufnimmt, und einer Recheneinheit. GNSS-Empfänger können Signale empfangen, sind jedoch selber nicht in der Lage, Daten zu senden.

Das bekannteste GNSS ist das amerikanische GPS. Die Begriffe werden oft gleichbedeutend verwendet. Allerdings hat auch Russland fast zeitglich mit den Amerikanern in den 1970er-Jahren ein eigenes Satellitenortungssystem mit der Bezeichnung GLONASS entwickelt. GLONASS unterscheidet sich in technischen Details von GPS (z. B. Frequenzen), die Funktionsweise ist jedoch weitestgehend gleich.

Die meisten marktverfügbaren GNSS-Empfänger können nicht nur die Signale des GPS-Systems, sondern auch die von GLONASS empfangen und verarbeiten. Durch den gleichzeitigen Empfang von zwei Ortungssystemen steigt die Verfügbarkeit, jedoch nicht die Genauigkeit: Mit einem kombinierten Empfänger kann auch unter schwierigen Empfangsbedingungen (z. B. am Waldrand) die Position ohne Einschränkung der Genauigkeit bestimmt werden. Mit Empfängern, die nur GPS-Signale nutzen, treten in solchen Situationen gehäuft Probleme auf.

Neben GPS und GLONASS ist Galileo ein in Europa bedeutendes Satellitenortungssystem. Es wird von der Europäischen Union finanziert und von der ESA (*European Space Agency*) betrieben. Viele neue GNSS-Empfänger können neben GPS auch die Signale von Galileo empfangen.

Die ersten Satelliten wurden im Jahr 2011 im Betrieb genommen, die letzten sollten Ende des Jahres 2018 ihre Umlaufbahn erreichen. Galileo wird unterschiedliche Dienste anbieten. Neben den frei verfügbaren Signalen werden über spezielle Frequenzen oder durch Verschlüsselung geschützt zusätzliche Daten bereitgestellt, mit denen eine höhere Genauigkeit erreicht werden kann (Commercial Service).

Zudem werden im nichtöffentlichen Bereich Signale für sicherheitsrelevante Anwendungen, hoheitliche Dienste (z. B. Polizei) sowie Such- und Rettungsdienste zu Verfügung stehen. Auch mit der Verfügbarkeit von Galileo wird sich die Positionsgenauigkeit nur unwesentlich verbessern. Lediglich die Verfügbarkeit wird steigen, wenn Signale abgeschattet werden oder andere Dienste wie GPS oder GLONASS aus technischen oder politischen Gründen nicht verfügbar sind.

GNSS-Satelliten verfügen über eine hochgenaue Atomuhr, eine Recheneinheit sowie über Sende- und Empfangseinheiten. Sie bewegen sich auf festen Umlaufbahnen um die Erde, sodass ihre Position zu jedem Zeitpunkt bekannt ist. Über die Sende- und Empfangseinheit stehen sie fortlaufend mit den Kontrollstationen in Verbindung.

Die Umlaufbahnen der Satelliten werden von den Kontrollstationen regelmäßig berechnet und korrigiert. Analog zur astronomischen Navigation werden die Umlaufbahnen der Satelliten ebenfalls als Almanach bzw. Ephemeriden bezeichnet. Aus ihnen kann die aktuelle Position aller Satelliten abgeleitet werden. Die Almanache werden in regelmäßigen Abständen von den Satelliten ausgesendet, sodass Empfänger fortlaufend mit aktuellen Daten zu den Laufbahnen versorgt werden.

Die Positionsberechnung mit einem GNSS-Empfänger beruht im Wesentlichen auf der Bestimmung des Abstands zwischen der Antenne des Empfängers und den Satelliten. Die Entfernung wird aus der Zeit abgleitet, die das Signal benötigt, um vom Satelliten zur Antenne zu gelangen. Diese wird als Laufzeit bezeichnet. Aus der Laufzeit und der Lichtgeschwindigkeit wird die Entfernung zwischen Satelliten und Antenne bestimmt. Im englischen spricht man von *Pseudorange Measurement*, weil eben nicht die Entfernung, sondern die Laufzeit gemessen wird.

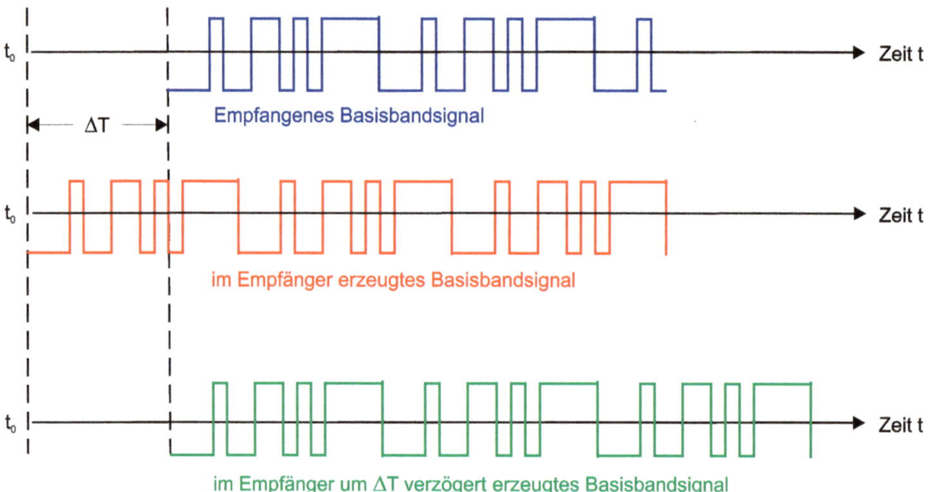

Abb. 3.1: Code-Messung zur Bestimmung der Laufzeit (Quelle: Bauer, M. 2018, 212)

Um die Laufzeiten berechnen zu können, müssen nicht nur die Satelliten über hochgenaue Uhren verfügen – auch der Empfänger muss die genaue Zeit kennen. Deshalb nutzt er die Signale eines Satelliten, um seine interne Uhr mit den Uhren der Satelliten in Einklang zu bringen.

Danach vergleicht der Empfänger eine von den Satelliten gesendete, fest definierte Folge von Bits (0en und 1en) – eine Art Schlüssel, der für jeden Satelliten eindeutig definiert ist. Der Empfänger verschiebt diese Abfolge zeitlich so lange, bis der Schlüssel in das interne Schloss passt. Die zeitliche Verschiebung entspricht dann der Laufzeit des Signals vom Satelliten zur Antenne. Dieses Verfahren wird als Codemessung bezeichnet (Abb. 3.1).

Zusätzlich kann auch die Phase des Signals, also die Verschiebung der Schwingung gegenüber dem Nullpunkt der Schwingung, für die Messung der Laufzeit verwendet werden. Dieses Verfahren wird als Trägerphasenmessung oder RTK bezeichnet. Es ist aufwendiger, stellt jedoch die Grundlage für die hochgenaue Positionsbestimmung im Bereich von Zentimetern oder gar Millimetern dar.

Die Codemessung ist die Grundlage für jedwede Positionsbestimmung und wird von allen GNSS-Empfängern angewendet. Die Trägerphasenmessung wird nur in hochwertigen und in der Regel teureren Empfänger genutzt. Dabei werden meist zwei Signale in unterschiedlichen Frequenzbereichen verwendet (L1, L2). Einzelne Systeme wenden das Verfahren jedoch auch auf eine einzelne Frequenz an und erreichen damit eine Genauigkeit im Bereich von ±10 cm (*Single Frequency RTK*).

Wenn ein GNSS-Empfänger die Entfernung zu drei Satelliten bestimmt hat, kann er aus den Positionen der drei Satelliten und den drei Entfernungen seine eigene Position berechnen. Dieses Verfahren wird Trilateration genannt (Abb. 3.2). Bildlich gesehen werden drei Haken (Satelliten) in die Decke (den Himmel) geschraubt.

Am ersten Haken wird eine Stange mit fester Länge (Laufzeit) befestigt. Die Stange ist in zwei Richtungen beliebig beweglich. Werden jedoch zwei weitere Stangen an den verbleibenden Haken befestigt und die freien Enden der Stangen verbunden, ist keine Bewegung der Stange mehr möglich. Die Position ist bestimmt.

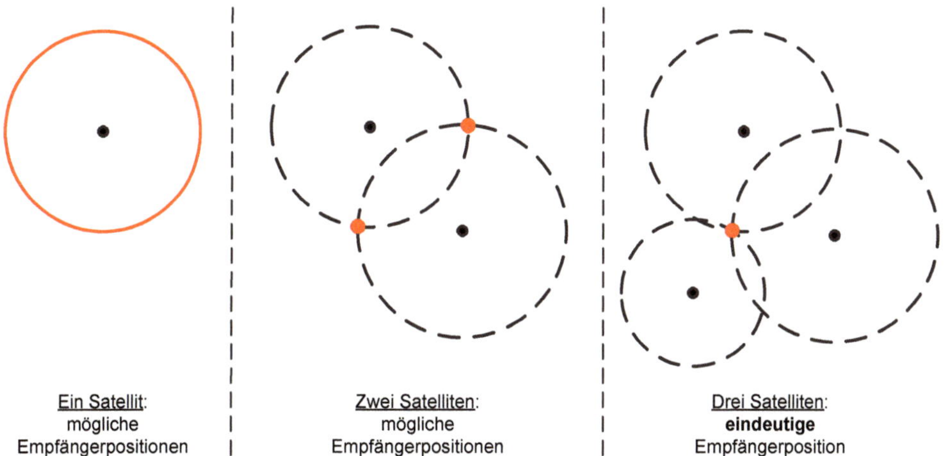

Abb. 3.2: Trilateration, Bestimmung der Position aus drei Entfernungen (Quelle: eigene Darstellung)

3.1.1.3 Fehlerquellen

Trotz der in den Satelliten eingesetzten hochgenauen Atomuhren und regelmäßigen Überwachung der Satellitenbahnen kann mit GNSS-Empfängern die Position nicht mit einer beliebig hohen Genauigkeit bestimmt werden. Die wesentlichen Fehlerquellen sind Uhrenfehler, Abweichungen von der Umlaufbahn sowie die Beeinflussung der Bewegungsrichtung und der Bewegungsgeschwindigkeit der Satellitensignale in der Atmosphäre (Abb. 3.3).

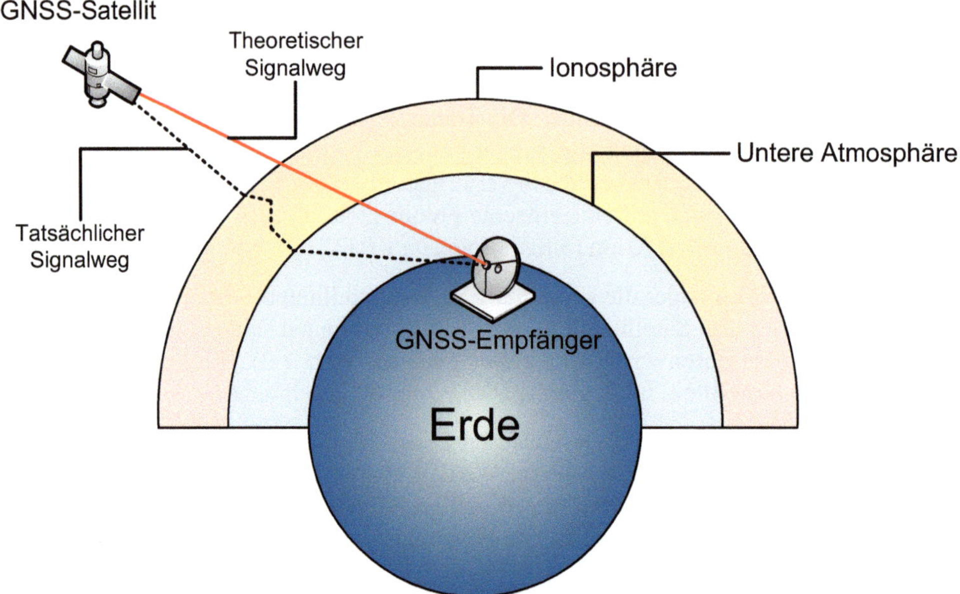

Abb. 3.3: Fehler bei der Ermittlung der Signallaufzeit (Quelle: eigene Darstellung)

Keine Uhr geht absolut genau und kleinere Fehler bei der Zeitbestimmung im Bereich von Millisekunden haben bei vielen Anwendungen eine untergeordnete Auswirkung; nicht so bei der Satellitenortung. Die Satelliten bewegen sich mit einem Abstand von etwa 20.000 Kilometern um die Erde. Nachdem sich die Signale mit Lichtgeschwindigkeit ausbreiten, benötigen sie für diese Strecke etwa 67 Millisekunden.

Ein Messfehler von 1 Millisekunde führt bei der Bestimmung der Entfernung zwischen Satellit und Antenne zu einem Fehler von ca. 300 km. Somit führen auch extrem kleine Fehler bei der Zeitbestimmung in den Atomuhren der Satelliten zu erheblichen Fehlern (1 bis 3 m) bei der Positionsbestimmung.

Die Laufbahn der Satelliten im All ist theoretisch durch die Kepler'schen Gesetze eindeutig mathematisch zu beschreiben. In Abwesenheit atmosphärischer Einflüsse sollten sich die Laufbahnen nicht unvorhersehbar verändern. Tatsächlich werden die Satelliten jedoch immer wieder von den Laufbahnen abgelenkt. Durch die Abweichung der tatsächlichen von der dem Empfänger bekannten Position entstehen Positionsfehler, die ebenfalls im Bereich 1 bis 3 m liegen können.

Den größten Einfluss auf die Genauigkeit der Laufzeitmessung hat die Atmosphäre, vor allem deren oberste Schicht: die Ionosphäre. Sie dient der Erde als Schutzschild vor hochenergetischer Strahlung und weist deshalb stark schwankende Verhältnisse hinsichtlich der Elektronengehalts und der Ladungsverteilung auf. Die Signale der GNSS-Satelliten werden in diesem Umfeld bildlich gesehen abgebremst und abgelenkt. Dadurch verlängert sich die Laufzeit so stark, dass die Positionsbestimmung um bis zu 5 m verfälscht werden kann.

Der Einfluss der Ionosphäre auf die Laufzeit ist lokal und zeitlich sehr unterschiedlich und hängt vom Ausmaß der extraterrestrischen Strahlung (z. B. der Sonne) ab.

Einerseits sind hierbei große Schwankungen über Jahre zu beobachten – in kleinerem Maßstab ändern sich die Verhältnisse teilweise innerhalb weniger Stunden. Gleichzeitig können die Verhältnisse sich an unterschiedlichen Orten unterscheiden, sodass keine globalen Annahmen als Grundlage für eine Abschätzung des durch die Ionosphäre verursachten Fehlers genutzt werden können.

Die Konstellation aller GNSS-Systeme, also die Stellung der Satelliten, unterliegt einer sehr hohen zeitlichen Dynamik. So benötigen die GPS-Satelliten etwas weniger als zwölf Stunden um die Erde einmal zu umkreisen. Das bedeutet, dass die für die Positionsbestimmung verwendeten Satelliten fortlaufend aufgehen, dem Zenit zustreben, um dann wieder unterzugehen. Dadurch ändern sich einerseits beständig die Stellen in der Ionosphäre, durch die das Signal zur Erde gelangt.

Andererseits verbringen Signale von flach stehenden Satelliten viel mehr Zeit in der Ionosphäre als Signale von senkrecht über der Antenne stehenden Satelliten. Das hat den Effekt, dass am Nachmittag komplett andere Satelliten für die Positionsbestimmung verwendet werden als am Vormittag. Längerfristig ändert sich die Konstellation über Wochen so, dass auch zur gleichen Uhrzeiten die Anordnung der Satelliten erhebliche Unterschiede aufweist.

Die Genauigkeit der Positionsbestimmung hängt neben den Umgebungsbedingungen auch von den eingesetzten Geräten ab. GNSS-Empfänger bestehen aus einer Antenne und einem Empfangsteil. Wenn beide in einem Gehäuse verbaut sind, spricht man von einer Smartantenne.

Oft sind Antenne und Empfänger auch in unterschiedlichen Gehäusen untergebracht und dann durch ein Antennenkabel verbunden (abgesetzte Bauweise). In der Praxis befindet sich der Empfänger selbst dann im Fahrzeug oder einem Rucksack und die Antenne auf dem Fahrzeugdach oder einem Lotstab.

Die Antenne hat einen entscheidenden Einfluss auf die Empfangsqualität. Diese wird sowohl durch die verbaute Empfangstechnik als auch durch umgebende Elemente beeinflusst, die teilweise so angebracht werden, dass das Signal gebündelt wird oder an der Umgebung reflektierte Signale leichter gefiltert werden können.

Dementsprechend unterscheiden sich die Antennen erheblich in ihrer Bauform, ihrer Größe und im Preis (wenige Euro bis 10.000 Euro). Wichtig ist auch, dass bei der Montage der Antenne darauf geachtet wird, dass Satellitensignale aus allen Himmelrichtungen uneingeschränkt empfangen werden können. Die Verschattung des Signals durch Bauteile von Maschinen kann die Positionsqualität erheblich negativ beeinflussen.

Wird die Antenne abgesetzt auf einem Fahrzeugdach oder einem Lotstab montiert, stellt das Antennenkabel sowie die Steck- und Schraubverbindungen zwischen Kabel und Gehäusen eine mögliche Fehlerquelle dar. Durch häufiges Öffnen und Schließen der Verbindungen und die nicht fachgerechte Verlegung oder Unterbringung des Kabels kann die Übertragung des Signals von der Antenne zum Empfänger beeinträchtigt werden (z. B. Kabelbruch).

Zudem kann das Signal im Antennenkabel in Extremfällen von starken elektrischen Feldern (Bordrechner, Fahrzeugelektronik, Klimaanlagen) so abgeschwächt werden, dass die Qualität für eine Positionsbestimmung nicht mehr ausreicht.

Im Empfänger selbst wird das Signal umgewandelt und verarbeitet. Auch die Empfänger selbst können theoretisch von elektromagnetischen Feldern gestört werden. Vielmehr entscheidend ist hier jedoch die Qualität der Signalaufbereitung, Signalfilterung und Signalverarbeitung. Wird die Entfernung von den Satelliten nur auf Basis der Laufzeit bestimmt, kann die Positionsgenauigkeit maximal 50 cm betragen.

Wertet der Empfänger zusätzlich die Trägerphase aus, kann die Genauigkeit bis in den Bereich weniger Millimeter gesteigert werden. Je nach Hersteller werden bei der Signalverarbeitung an der Umgebung reflektierte Signale (Mehrwegempfang, *Multipath Reception*) vor der Berechnung der Position herausgefiltert.

Bei den meisten Empfängern können Grenzwerte für die Kenngrößen bei der Positionsberechnung eingestellt werden. So werden einzelne Satelliten von der Positionsberechnung ausgeschlossen, wenn die Signalstärke einen Grenzwert unterschreitet (SNR, Signal-Rausch-Verhältnis).

Zudem können mit Einstellungen die Satelliten von der Positionsbestimmung ausgeschlossen werden, die zu flach über dem Horizont stehen (Elevationsmaske). Schließlich kann festgelegt werden, dass Positionen nur dann ausgegeben werden, wenn eine ausreichend gute Konstellation vorherrscht: Stehen zu wenige Satelliten für die Positionsbestimmung zur Verfügung oder werden Satelliten durch die Umgebung abgeschattet, wird der Grenzwert für den DOP (*Dilution of Precision*) überschritten. Der DOP ist ein Maß für die Anzahl der verfügbaren Satelliten und deren Verteilung am Himmel.

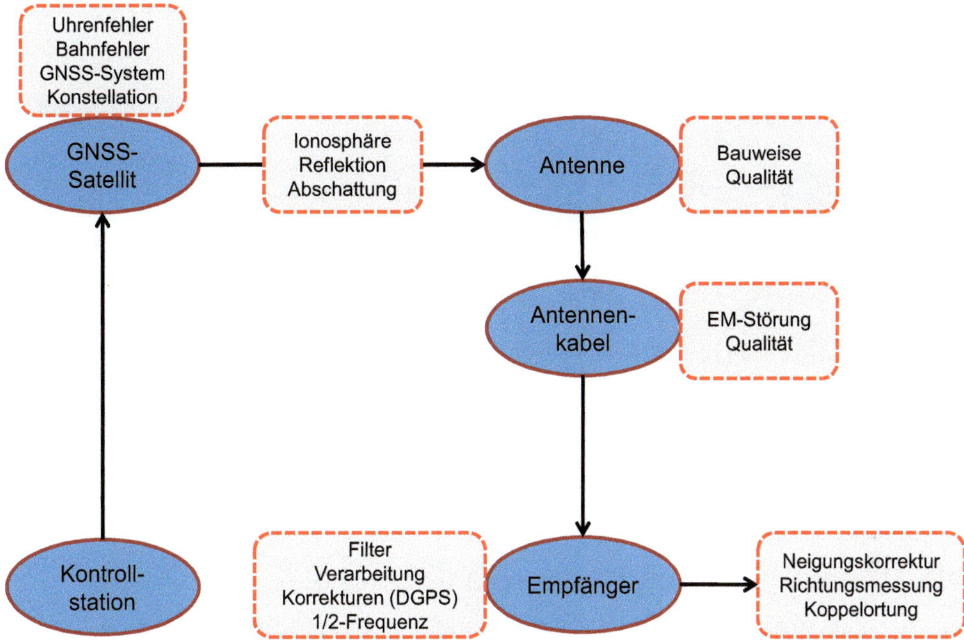

Abb. 3.4: Signalweg von der Kontrollstation zum GNSS-Empfänger (Quelle: eigene Darstellung)

Fehler bei der Positionsbestimmung mit Satellitenortungssystemen können also sehr vielfältige Ursachen haben. Das GNSS-System selbst (Uhrenfehler, Satellitenbahnen) kann zu Ungenauigkeiten beitragen. Den größten Einfluss hat jedoch die Atmosphäre, die die Signale auf ihrem Weg zur Antenne durchlaufen muss – und die Umgebung, die Signale unter Umständen abschattet oder reflektiert. Schließlich wirken sich auch die Qualität von Hardware und Software des Empfängers und seine Einstellungen auf die Positionsgenauigkeit aus (Abb. 3.4).

Die Genauigkeit einer Komplettlösung oder eines Gesamtsystems wird in der Landwirtschaft und anderen Bereich jedoch nicht alleine durch die Genauigkeit der Position bestimmt. Bei automatischen Lenksystemen gibt es neben den genannten Fehlerquellen weitere Einflussfaktoren, die die Genauigkeit beeinträchtigen (Abb. 3.5).

Die vom GNSS-Sensor ermittelte Position muss zunächst um die Längs- und Querneigung des Fahrzeugs und den Gierwinkel, die Verdrehung der Fahrlängsachse gegen die Fahrtrichtung, korrigiert werden. Die korrigierte Position geht in einen Navigationsprozess ein, der die gewünschte Fahrtrichtung berechnet. Der Navigationsprozess kann bei fehlerhaften Einstellungen (Radstand, Antennenhöhe, Antennenversatz gegenüber der ungelenkten Achse, Lenkagressivität) zum unbefriedigendem Lenkverhalten führen, obwohl die Position des Fahrzeugs korrekt bestimmt wurde.

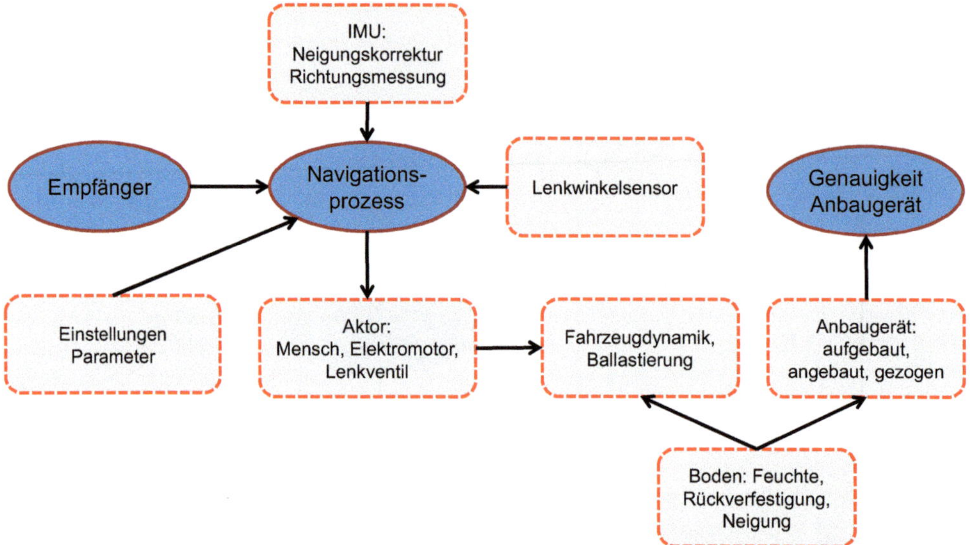

Abb. 3.5: Signalweg vom Empfänger zum Anbaugerät (Lenksystem) (Quelle: eigene Darstellung)

Beschädigte oder nicht korrekt kalibrierte Lenkwinkelsensoren führen ebenfalls dazu, dass der Navigationsprozess aus der gewünschten Lenkrichtung und der tatsächlichen Lenkrichtung falsche Sollwerte für die Ansteuerung des Aktors (Elektromotor, Lenkventil) berechnen.

Die Genauigkeit, mit der angebaute oder angehängte Geräte über das Feld geführt werden, wird weiterhin durch die korrekte Funktion der Aktoren, die Fahrzeugdynamik, die Ballastierung, die Bodenbeschaffenheit sowie das Gerät selbst (z. B. Deichsellänge) beeinflusst.

Ein bei der Durchführung von Maßnahmen mit automatischen Lenksystemen unbefriedigendes Bearbeitungsbild ist somit nicht automatisch auf Fehler bei der Positionsbestimmung zurückzuführen.

3.1.1.4 Geschwindigkeit und Richtung – der Dopplereffekt

GNSS-Empfänger bestimmen nicht nur die Position, sondern ermitteln auch die Geschwindigkeit und die Bewegungsrichtung der Antenne.

Die Messung erfolgt hierbei nicht auf Basis der Laufzeit. Stattdessen wird der Dopplereffekt genutzt. Die Satelliten senden Signale mit einer festen Frequenz. Aufgrund des Dopplereffekts ändert sich die Frequenz des empfangenen Signals, wenn der Empfänger sich bewegt. Bei Annäherung zum Satelliten erhöht sich die Frequenz, wenn sich die Antenne vom Satelliten entfernt, sinkt die Frequenz.

Aus der Änderung der Frequenz kann direkt die relative Geschwindigkeit berechnet werden. Diese Methode wird auf alle verfügbaren Satelliten angewendet und aus den Ergebnissen die absolute Geschwindigkeit und die Richtung der Bewegung abgeleitet.

Dabei wird die Richtung als Gradangabe mit dem Nordpol als Bezugspunkt ausgegeben (0^0 Grad = Norden, 90° = Osten, 180° = Süden, 270° = Westen).

Die Informationen über Geschwindigkeit und Bewegungsrichtung sind für verschiedene landwirtschaftliche Anwendungen von besonderem Nutzen. So kann ein GNSS-Empfänger die schlupffreie Geschwindigkeit ermitteln und für die geschwindigkeitsabhängige Regelung von Prozessen (Aussaat, Düngung, Pflanzenschutz) genutzt werden. Der GNSS-Empfänger ersetzt dann einen Radar-Sensor. Die Bewegungsrichtung eines Fahrzeugs ist für alle Navigationsprozesse von Bedeutung: Die Fahrtrichtung muss sowohl einem Lenksystem als auch einem Feldnavigationssystem für die Routen- und Spurplanung bekannt sein.

Bedeutend ist die Richtungsbestimmung auch dann, wenn die GNSS-Antenne auf einem Fahrzeug an einem anderen Ort installiert ist (z. B. Kabinendach) als die Werkzeuge (z. B. Säschare). So wird bei der Teilbreitenschaltung die Position der Werkzeuge hinter dem Schlepper aus der Position der Antenne auf dem Dach, der Bewegungsrichtung und den Abständen zwischen Antenne und Werkzeugen in und quer zur Fahrtrichtung berechnet. Ohne Kenntnis der Fahrtrichtung wäre dies nicht möglich.

Die Bestimmung von Bewegungsrichtung und Geschwindigkeit mit einem unabhängigen Verfahren (Doppler statt Laufzeit) hat jedoch noch eine weitreichendere Bedeutung, da die beiden Verfahren sich bei der Positionsbestimmung gegenseitig stützen können.

Die meisten GNSS-Empfänger machen sich die Kombination der beiden Messverfahren wie folgt zunutze: Ausgehend von der aktuellen Position wird aus Geschwindigkeit und Richtung die nächste erwartete Position berechnet. Die danach aus den Laufzeiten berechnete Position wird mit der erwarteten Position verglichen und bewertet. Dies geschieht fortlaufend in einem sogenannten Kalman-Filter. Die Nutzung beider Messverfahren hat den Vorteil, dass die Position mit zunehmender Geschwindigkeit genauer bestimmt werden kann und über längere Zeiträume stabil bleibt. Dieser Effekt ist insbesondere bei Parallelführungs- und Lenksystemen zu beobachten.

3.1.1.5 Genauigkeit

Um die Eignung von GNSS-Systemen für unterschiedliche Anwendungen in der Landwirtschaft bewerten zu können, ist das Verständnis des Begriffs „Genauigkeit" bedeutend.

Bedingt durch die beständige Änderung der Satellitenkonstellation und der Umgebungsbedingungen schwankt der Fehler bei der Positionsbestimmung ebenso fortlaufend. Die Genauigkeit ist also bei jeder Messung anders. Deshalb vermitteln Angaben zur Genauigkeit von GNSS-Empfängern nur die Wahrscheinlichkeit oder die Häufigkeit von Fehlern bei der Positionsbestimmung.

Üblich sind dabei die Maße CEP (*Circular Error Probability*), RMS (*Root Mean Square*) oder 2RMS. Die Angabe 50 cm (CEP) besagt, dass 50 % der Messwerte eines Empfängers eine Abweichung von weniger als 50 cm aufweisen und 50 % mehr als 50 cm abweichen. Bei den Angaben RMS und 2RMS werden lediglich die Wahrscheinlichkeits-/Häufigkeitsgrenzen verschoben. Bei 70 cm RMS weichen 68 % der Messwerte weniger als 70 cm ab, bei 2RMS sind es 95 %. Wird für einen Empfänger eine Genauigkeit von

10 cm ausgewiesen bedeutet das nicht, dass die Position immer 10 cm Fehler aufweist (Abb. 3.6).

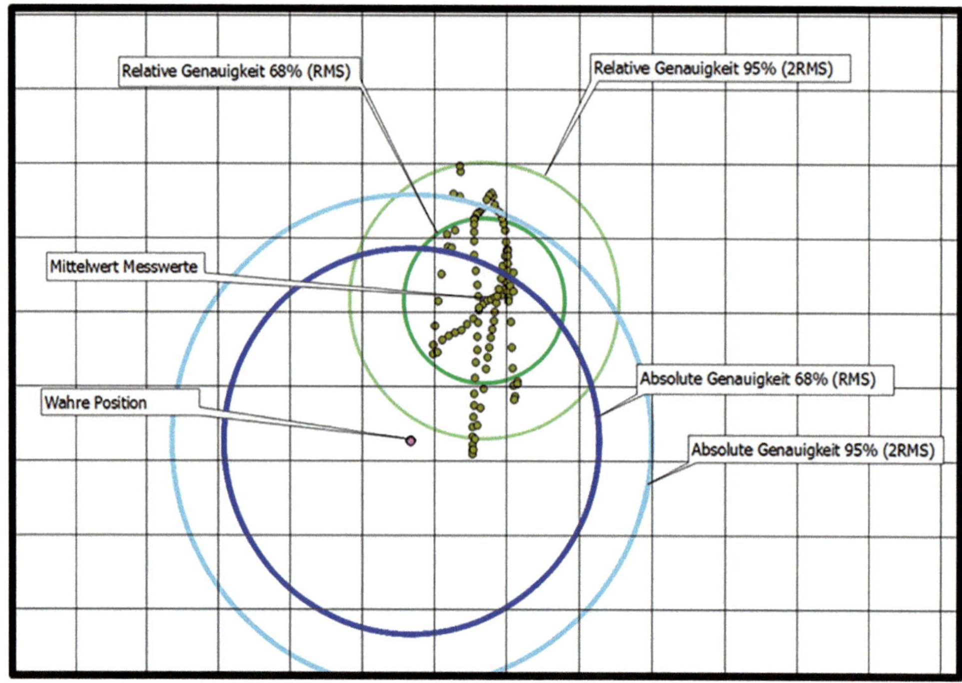

Abb. 3.6: GNSS-Genauigkeit (Quelle: eigene Darstellung)

Bei vielen landwirtschaftlichen Anwendungen ist die Bestimmung der absoluten Position nicht relevant. Wenn Flächen vermessen werden, ist nur der Abstand der Eckpunkte zueinander von Interesse, nicht deren absolute Lage. Beim Parallelfahren soll der Abstand zur zuletzt gefahrenen Spur gemessen werden – und nicht der Abstand zur Feldgrenze oder einem Zaun. Bei diesen Anwendungen ist die relative Positionsgenauigkeit entscheidend.

Bei Lenk- und Parallelfahrsystemen, die ein Fahrzeug ohne Überlappung und Fehlstellen über ein Feld leiten sollen, ist sogar nur der Abstand quer zur Fahrtrichtung von Bedeutung. Deshalb wird hier der Begriff „Spur-zu-Spur-Genauigkeit" oder *Cross-Track Error* verwendet. Die Spur-zu-Spur-Genauigkeit definiert den Abstand zwischen der Soll- und der Ist-Fahrspur, der nach 15 Minuten Feldarbeit auftritt.

Um die Genauigkeit von GNSS-Empfängern zu bestimmen, müssen Messungen über einen längeren Zeitraum durchgeführt werden. Empfohlen werden mindestens drei Messungen über zwölf Stunden an nicht aufeinanderfolgenden Tagen. Im Anschluss werden die Abweichungen von der tatsächlichen Position (absoluter Fehler) und die Abweichungen vom Mittelwert aller Messungen (relativer Fehler) bestimmt.

Für beide Fehlerarten können die Genauigkeiten dann als CEP, RMS oder 2RMS angegeben werden. Diese Tests werden in der Regel in Ruhe durchgeführt (statische Messung). Das hat den Nachteil, dass ohne Geschwindigkeit und Richtung die Filterung auf Basis der Bewegung (Dopplereffekt) nicht möglich ist. Aus diesem Grund ist die statische Genauigkeit nur bedingt mit der Genauigkeit in der Bewegung vergleichbar.

Dynamische Tests gestalten sich erheblich aufwendiger als statische Tests. Die GNSS-Empfänger müssen auf einer beweglichen Plattform (z. B. einem Fahrzeug) mitgeführt werden. Gleichzeitig muss die absolute Position des Fahrzeugs fortlaufend ermittelt werden. Hierfür werden entweder hochgenaue GNSS-Empfänger, Lasertachymeter oder Kamerasysteme verwendet.

Im Nachgang werden ebenso wie bei den statischen Messungen die Abweichungen von der Referenz (absolute Position) und daraus die relativen und absoluten Genauigkeiten als Häufigkeitsangaben ermittelt. Bei dynamischen Messungen kann zusätzlich der Spur-zu-Spur-Fehler bestimmt werden, da der Empfänger in Bewegung ist.

Genauigkeitsangaben von GNSS-Empfängern sind statistische Werte, die vermitteln, mit welcher Wahrscheinlichkeit eine Fehlergrenze überschritten wird. Entscheidend ist das verwendete Maß (CEP, RMS, 2RMS). Je nach Anwendung sind die absolute oder die relative Genauigkeit von Bedeutung. In der Regel weisen GNSS-Empfänger eine höhere relative Genauigkeit auf, wenn sie bewegt werden (dynamische Genauigkeit; Dopplereffekt).

3.1.1.6 Korrekturdaten

Die Genauigkeit von GNSS-Empfängern kann erheblich verbessert werden, wenn die Fehler, die durch die Satelliten und die Ionosphäre entstehen, bei der Laufzeitmessung berücksichtigt werden – und diese Fehler sind messbar.

Für die Bestimmung der Fehler werden eine oder mehrere Referenzstationen benötigt. Diese werden auch als Basisstationen bezeichnet. Referenzstationen stehen an einer Stelle und werden nicht bewegt. Ihre Position muss im Vorfeld ermittelt werden. Im laufenden Betrieb vergleichen die Referenzstationen die erwartete Laufzeit mit der tatsächlichen Laufzeit der Satellitensignale.

Die erwartete Laufzeit ergibt sich dabei aus der Position der Satelliten (Ephemeriden) und dem Standort der Station. Aus dem Abstand der Positionen und der Lichtgeschwindigkeit kann die zu erwartende Laufzeit berechnet werden. Die tatsächliche Laufzeit weicht aufgrund der aufgeführten Einflussfaktoren von der erwarteten Laufzeit ab. Die Differenzen zwischen den erwarteten und den tatsächlichen Laufzeiten aller Satelliten werden als Laufzeitkorrekturen bezeichnet.

Die Laufzeitkorrekturen werden anschließend per Datenfunk, Mobilfunk oder per Satellit an mobile GNSS-Empfänger (z. B. in Fahrzeugen) übermittelt. Diese bestimmen die Laufzeiten aus den Satellitensignalen und korrigieren diese vor der Berechnung der Position um die von der Referenzstation ermittelten Differenzen (Abb. 3.7). Die dann berechnete Position wird als differenziell korrigiert bezeichnet. Man bezeichnet dieses Verfahren als DGPS (*Differential Global Positioning System*) – oder genauer als DGNSS (*Differential Global Navigation Satellite System*).

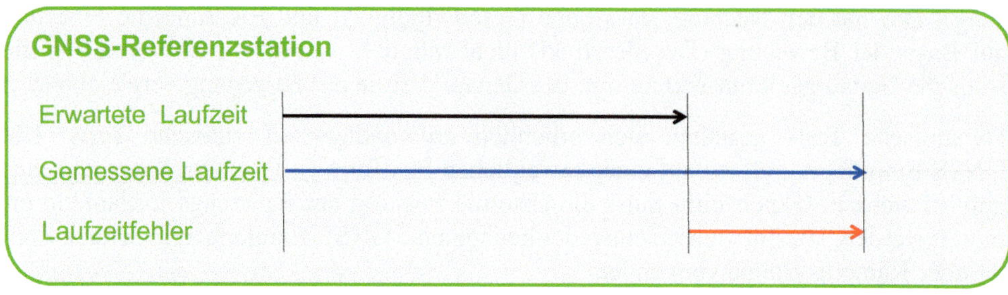

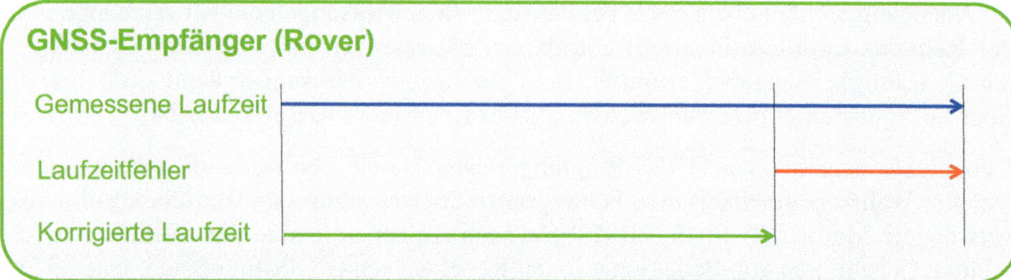

Abb. 3.7: Differenzielle Laufzeitkorrektur (Quelle: eigene Darstellung)

In Abhängigkeit vom verwendeten Positionierungsverfahren werden nur Korrekturen für die Laufzeiten (Codemessung) oder auch Korrekturen für die Trägerphase übermittelt (Phasenmessung). Empfänger, die die Position ausschließlich auf Basis der Codemessung bestimmen, erreichen mit differenziellen Korrekturen maximal eine absolute Genauigkeit von ca. 50 cm und eine Spur-zu-Spur-Genauigkeit von 10 bis 15 cm (2RMS). Wird auch die Trägerphasenmessung korrigiert, spricht man von RTK. Die absolute und die relative Genauigkeit können dann bis zu einem Zentimeter betragen.

Ein relativ neues Verfahren stellt das *Precise Point Positioning* (PPP) dar. Hier werden nur mittelbar Referenzstationen genutzt. Vielmehr werden von einem weltumspannenden Netzwerk von Kontrollstationen unabhängig vom GNSS-System fortlaufend und hochgenau die Fehler der Satellitenumlaufbahnen und die Fehler der Satellitenuhren ermittelt bzw. modelliert. Teilweise werden auch die Fehler in der Atmosphäre berechnet und an die Empfänger übertragen. In Kombination mit der Auswertung der Trägerphasen von zwei Frequenzen können so Positionen mit einer absoluten Genauigkeit von 5 cm bis 10 cm bestimmt werden.

Nachteil dieses Verfahrens ist, dass die Genauigkeit direkt nach dem Einschalten des GNSS-Empfängers wesentlich geringer ist und erst nach einiger Zeit (10 bis 30 Minuten) ihr Maximum erreicht. Zudem sind PPP-Verfahren auch anfälliger als andere Korrekturverfahren, wenn es zum Signalabriss (z. B. durch Abschattung) kommt.

Wenn Referenzstationen für die Korrektur von Positionen verwendet werden, hat die Entfernung des mobilen Empfängers von der Referenzstation einen entscheidenden Einfluss. Codekorrekturen können auch bei großen Entfernungen von der Referenzstation (+100 km) genutzt werden, wobei mit zunehmender Entfernung eine geringfügige Verschlechterung der Positionsgenauigkeit erwartet werden kann. Phasenkorrekturen haben dem hingegen eine eingeschränkte Gültigkeit, die in Abhängigkeit von den Umgebungsbedingungen auf 30 km beschränkt ist. Das bedeutet, dass eine einzelne Referenzstation maximal ein Gebiet mit 30 km Umkreis abdecken kann.

Alternativ zu einzelnen Referenzstationen kann auch ein Referenzstationsnetzwerk für die Erzeugung von Korrekturen eingesetzt werden. Hier sind mehrere Stationen mit einem zentralen Rechner verbunden. Dieser berechnet auf Anfrage Korrekturen für jede beliebige Position innerhalb des Netzwerks. Dabei werden die Messdaten der umliegenden Stationen verschnitten und für jeden Empfänger die Korrekturdaten einer sogenannten virtuellen Referenzstation berechnet (Virtual Reference Station – VRS). Das hat den Vorteil, dass die Stationen eines Netzwerks auch weiter voneinander entfernt sein können als 30 Kilometer (Abb. 3.8).

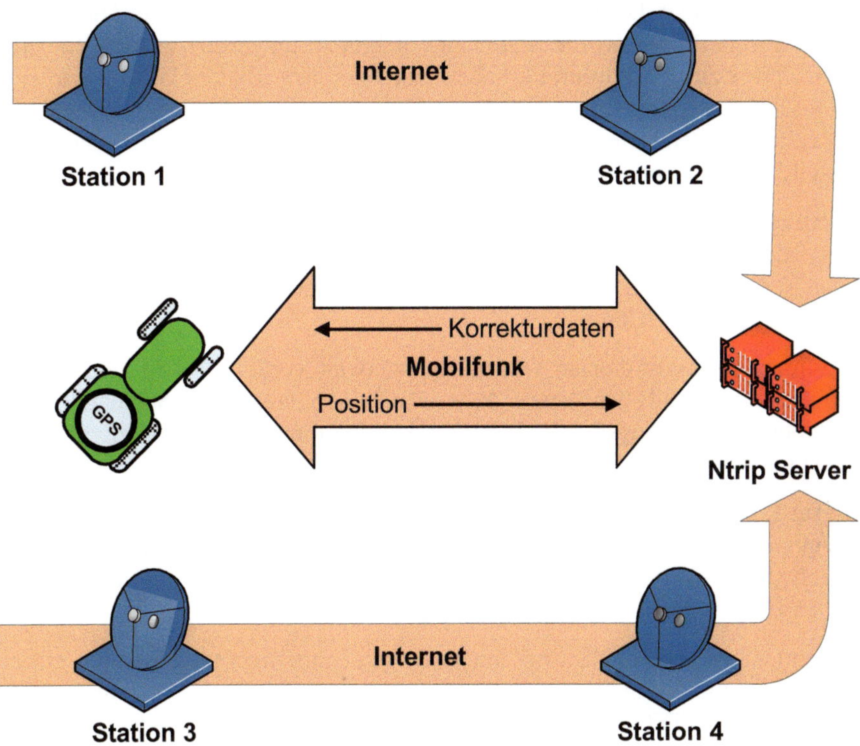

Abb. 3.8: Aufbau eines Referenzstationsnetzwerks (Quelle: eigene Darstellung)

Die Erzeugung von Korrekturdaten kann also mit unterschiedlichen Technologien erfolgen. Unabhängig davon ist die Übertragung der Daten vom Ort der Erzeugung (Referenzstation oder Server) zum Fahrzeug oder mobilen GNSS-Empfänger. In der Vergangenheit wurden hierfür unterschiedliche Rundfunkfrequenzen (Kurzwelle, Mittelwelle, Langwelle) genutzt.

Diese Verfahren haben sich jedoch nicht durchgesetzt. Einzelne Betriebe nutzen eine eigene Funkfrequenz und spezielle Funktechnik für die Datenübertragung (160 MHz,

448 MHz). Die Nutzung dieser Frequenzen muss bei der Bundesnetzagentur beantragt werden und ist kostenpflichtig. Gleichzeitig kann die Reichweite in hügeligem oder bergigem Gelände stark eingeschränkt sein. Die maximale Reichweite (in ebenem Gelände) beträgt bei maximaler Sendeleistung von 5 bzw. 6 Watt etwa 30 km.

Der Vorteil dieser Form der Datenübertragung ist die Nutzung einer geschützten, reservierten und deshalb hinsichtlich der Datenübertragung sicheren Methode der Datenübertragung. Die Investition in eine eigene Referenzstation ist dann sinnvoll, wenn die Verfügbarkeit von Korrekturdaten kritisch ist (z. B. in Sonderkulturen), die Schläge arrondiert sind und viele Schlepper die Daten einer Referenzstation nutzen können (großer Betrieb oder Betriebsgemeinschaft).

Mobile Referenzstationen, die auf einem Dreibein am Feldrand aufgestellt werden, haben sich nicht durchgesetzt. Die Funkreichweite von maximal 3 km bei 0,5 W Sendeleistung macht es erforderlich, dass die Stationen regelmäßig umgesetzt werden. Sie sind sperrig (also schwer zu transportieren), haben eine begrenzte Batterielaufzeit und sind nur mit fortgeschrittenen Kenntnissen so einzusetzen, dass eine hohe absolute Positionsgenauigkeit erzielt werden kann. Dazu muss die Station bei jedem erneuten Aufstellen an derselben Stelle platziert und die Referenzposition gespeichert werden.

Bei der Übertragung von Korrekturdaten haben sich heute auf breiter Front der Mobilfunk und die satellitengestützte Übertragung durchgesetzt. Die Übertragung per Satellit hat dabei den Vorteil, dass die GNSS-Antenne gleichzeitig die Satellitensignale und die Korrektursignale empfangen kann.

Satellitengestützte Korrekturdienste sind meist weltweit verfügbar. Die Übertragung über Mobilfunk hat ebenfalls den Vorteil, dass sie auf einem weltweiten Standard (GSM, GPRS, LTE) beruht. Allerdings ist die Verfügbarkeit lokal und zeitlich möglicherweise eingeschränkt („Funklöcher").

Der wichtigste Korrekturdatendienst ist in Europa sicherlich EGNOS. Die Korrekturen werden aus einem Netz von mehreren Referenzstationen erzeugt, die über ganz Europa verteilt sind. Die Korrekturen werden von mehreren Satelliten ausgestrahlt und können mit (fast) allen Empfängern genutzt werden.

Sie sind kostenlos und ermöglichen mit hochwertigen Empfängern die Position mit einer absoluten Genauigkeit im Bereich von einem Meter (2RMS) zu bestimmen. Werden Lenksysteme mit EGNOS-Korrekturen betrieben, erreichen diese in der Regel eine Spur-zu-Spur-Genauigkeit von 15 cm bis 30 cm.

Die Firma John Deere stellt für seine Empfänger (SF 3000, SF 6000, SF 7000) die Korrekturdaten des Diensts Starfire I (SF1) ebenfalls kostenlos per Satellit zur Verfügung. Die absolute Positionsgenauigkeit ist etwas besser als bei EGNOS, die Spur-zu-Spur-Genauigkeit liegt im Bereich 10 cm bis 15 cm. Die Firma Trimble bietet einen ähnlichen Dienst an (RangePoint RTX). Der Daten werden per Satellit übertragen und sind kostenpflichtig. Sie können nur von ausgewählten Empfängern genutzt werden. Die absolute Genauigkeit liegt laut Herstellerangaben im Bereich von 50 cm, die Spur-zu-Spur-Genauigkeit beträgt 15 cm.

Sowohl die Firma John Deere als auch die Firma Trimble bieten für ihre Empfänger PPP-Korrekturdienste an. Diese Dienste werden via Satellit übertragen und sind kostenpflichtig. Mit dem Starfire II (SF2) und den Omnistar XP/HP Korrekturdiensten kann die Position mit einer absoluten Genauigkeit von etwa 30 cm bis 50 cm bestimmt werden. Die relative Genauigkeit beträgt etwa 5 cm bis 10 cm. Eine weitere Verbesserung der Genauigkeit kann mit den satellitengestützten Diensten John Deere Starfire III (SF3) und Trimble CenterPoint RTX erzielt werden. Die Spur-zu-Spur-Genauigkeit liegt mit diesen Diensten im Bereich von 5 cm.

Die maximale Genauigkeit kann nur bei Nutzung von RTK-Korrekturdaten einer Referenzstation oder eines Referenzstationsnetzwerks erzielt werden. Die Position kann mit den Korrekturen mit 2,5 cm Genauigkeit ermittelt werden. Die Daten einzelner Referenzstationen werden mittels Datenfunk oder Mobilfunk übertragen. Der Vorteil ist, dass nach einmaliger Investition nur sehr geringe laufende Kosten anfallen. Die Daten aus Referenzstationsnetzwerken müssen kostenpflichtig abonniert werden. Es entstehen also lediglich Festkosten für das Mobilfunkmodem (Empfangseinheit), dafür aber laufende Kosten für das Abonnement und die Übertragung der Korrekturdaten per Mobilfunk.

Viele RTK-GNSS-Empfänger können den Ausfall der Datenübertragung über das Mobilfunknetz überbrücken. Sie nutzen dazu PPP-Dienste wie SF3 (John Deere) oder Centerpoint RTX (Trimble), um die Positionen in der Zeit, in der keine RTK-Korrekturdaten zur Verfügung stehen, mithilfe von per Satellit übertragenen PPP-Korrekturen zu korrigieren. Dies ist über mehrere Minuten bis zu einer Viertelstunde möglich und erfordert in der Regel den Kauf einer kostenpflichtigen Lizenz.

Tabelle 3.1: GNSS-Korrekturdatendienste

Name	Anbieter	Übertragung	Endgeräte	Absolute	Relative
				Genauigkeit [cm]	
EGNOS	ESA	Satellit	Alle	100	30
Starfire I (SF1)	John Deere	Satellit	Starfire 3000/6000/7000	100	15
Starfire II (SF 2)	John Deere	Satellit	Starfire 3000/6000/7000	40	5-10
Starfire III (SF3)	John Deere	Satellit	Starfire 6000/7000	10 (?)	5
Range Point RTX	Trimble	Satellit	Trimble	50	15
Center Point RTX	Trimble	Satellit	Trimble	10 (?)	5
RTK-Basisstation	div.	Funk, Mobilfunk	(alle)	2,5	2,5
RTK-Netzwerk	div.	Mobilfunk	(alle)	2,5	2,5

3.1.1.7 Datenformate

Hinsichtlich der Datenformate sind die Korrekturdaten und die Positionsdaten zu unterscheiden.

Bei den Korrekturdaten herrschen drei Formate vor. Die Firma John Deere nutzt das hauseigene NCT-Format, das nur von SF 3000, SF 6000 und SF 7000 Empfängern erzeugt und verarbeitet werden kann. Die Firma Trimble nutzt bevorzugt das CMR-Format für die Übertragung von Korrekturdaten.

Hier gibt es unterschiedliche Varianten: Das ursprüngliche CMR-Format und das Nachfolgeformat CMR+ sind öffentlich zugänglich. Sie werden auch von anderen Herstellern für die Übertragung von Korrekturdaten genutzt. Die neueste Formatvariante CMRX ist nicht dokumentiert und kann deshalb nur von Trimble-Empfängern genutzt werden.

Das RTCM-Format (*Radio Technical Commission for Maritime Services*) ist herstellerunabhängig und die Beschreibung der Datenstruktur öffentlich zugänglich. Auch hier existieren unterschiedliche Versionen und Varianten (RTCM 2.x, RTCM 3.x). Das RTCM-Format hat die weiteste Verbreitung der drei genannten Formate.

Bei der Beschaffung einer Referenzstation für ein vorhandenes Lenksystem bzw. der Beschaffung eines Lenksystems bei vorhandener Referenzstation oder dem Abonnement einer RTK-Lizenz zum Bezug von Korrekturdaten aus einem Netzwerk muss darauf geachtet werden, dass die Korrekturdatenquelle (Station oder Netzwerk) mit dem abnehmenden GNSS-Empfänger (z. B. Lenksystem) kompatibel ist.

Dies betrifft nicht nur das Korrekturdatenformat, sondern auch das Übertragungsmedium: Funkmodems unterschiedlicher Hersteller (z. B. Satel und Motorola) sind meist nicht kompatibel. Ebenso können mit einem Datenfunkmodem über Mobilfunk übertragene Korrekturdaten nicht empfangen und verarbeitet werden.

GNSS-Empfänger geben die im Empfänger ermittelten Werte in der weit überwiegenden Anzahl der Fälle über eine serielle Schnittstelle aus und folgen dabei dem sogenannten NMEA-0183-Format. Selten trifft man auch Empfänger an, Positionsdaten und andere Messwerte über einen CAN-Bus ausgeben. Grundlage dafür sind die miteinander verwobenen, also teilweise gleichlautenden Standards NMEA 2000, J1939 und ISO 11783.

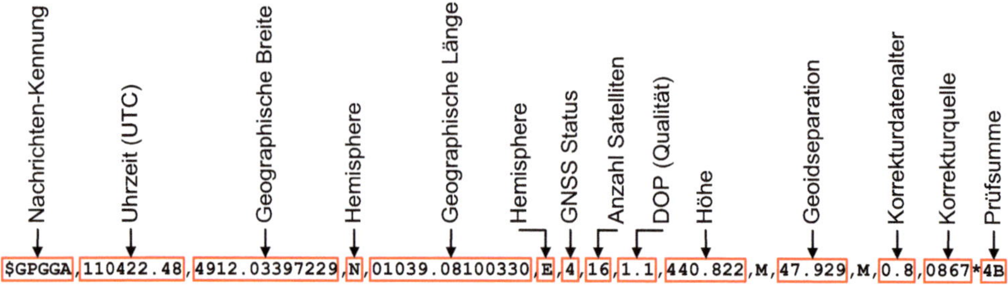

Abb. 3.9: Aufbau der NMEA-GGA-Nachricht (Quelle: eigene Darstellung)

Das NMEA- 0183-Format sieht die Übertragung in Textform vor, sodass die Daten auch von Menschen unmittelbar gelesen werden können. Der Standard umfasst eine Vielzahl von Nachrichtentypen. Die wichtigsten in der Landwirtschaft verwendeten sind die GGA- und die VTG-Nachricht. Die GGA-Nachricht (Abb. 3.9) enthält die Uhrzeit (Weltzeit), die geographische Länge, die geographische Breite, den GNSS-Status, den DOP, die Höhe über Ellipsoid, das Korrekturdatenalters und die Korrekturdatenquelle.

In der VTG-Nachricht (Abb. 3.10) werden die Fahrtgeschwindigkeit und die Fahrtrichtung ausgegeben. Beide Nachrichten umfassen je eine Zeile und werden in einem einstellbaren Intervall auf die serielle Schnittstelle geschrieben. Übliche Intervalle sind 1 Hz, 5 Hz, 10 Hz und 20 Hz (Nachrichten/Sekunde). Die Empfänger selbst speichern die Positionen und andere Messwerte nicht, sondern stellen sie lediglich anderen Geräten und Anwendungen, wie Terminals, Jobrechnern, Tablets, Lenksystemen oder anderen Regelungssystemen, zur Verfügung (z. B. Teilbreitenschaltung).

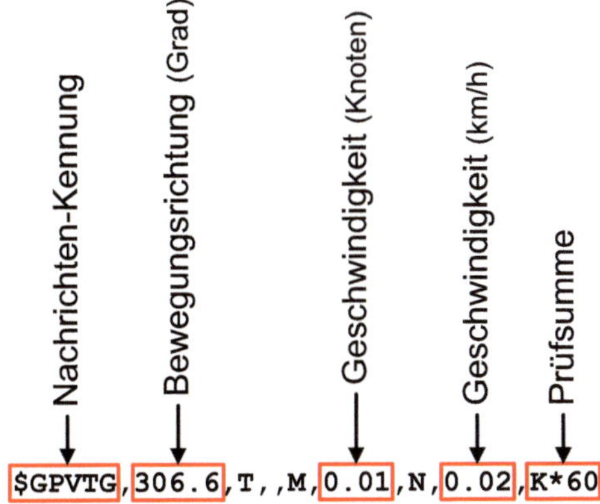

Abb. 3.10: Aufbau der NMEA-VTG-Nachricht (Quelle: eigene Darstellung)

3.1.2 Winkelsensoren

Winkelsensoren werden in der Landwirtschaft vielfältig für die Messung der Stellung von Baugruppen eingesetzt. Als Potentiometer beruht das Funktionsprinzip auf der Messung des elektrischen Widerstands, es kommen jedoch auch Geräte zum Einsatz, die den Halleffekt nutzen oder optische Sensoren für die Messung des Winkels verwenden.

Die Sensoren geben die Signale entweder als elektrische Spannung (z. B. 0 – 5 V), als elektrischen Strom (z. B. 4 – 20 mA) oder über eine serielle Schnittstelle als Klartext aus. Die elektrischen Signale müssen vor der Verrechnung für die Steuerung und Regelung über Kalibrierkurven in Gradangaben umgerechnet werden. Diese Kalibrierung, also den Abgleich zwischen Spannung/Strom und Winkel, kann oder muss teilweise durch den Anwender durchgeführt werden.

Winkelsensoren werden beispielsweise als Lenkwinkelsensoren im oder am Achsschenkel von Fahrzeugen wie Traktoren, Mähdreschern und Feldhäckslern verbaut und stellen dort die Grundlage für das exakte Lenken von Fahrzeugen dar. Ebenso kommen sie als Teil der Heck- oder Fronthydraulik zum Einsatz und messen dort die Aushubstellung.

Die Messwerte gehen dann in die Zug- bzw. Lageregelung des Fahrzeugs ein. Ebenso kann mit Winkelsensoren der Knickwinkel der Deichsel von gezogenen Geräten und Anhägern gemessen werden. Die resultierenden Werte werden in diesem Fall dazu genutzt, um das Nachlaufverhalten zu optimieren, indem der Lenkwinkel der Achsen an den Deichselwinkel angepasst wird.

Auch Reihentaster an Feldhäckslern, Rübenrodern oder Anbaugeräten messen die Auslenkung von Tastern oder Kunststoffpaddeln über Potentiometer oder andere Winkelsensoren. Der Winkel, mit dem die Taster von Pflanzenreihen oder Dämmen ausgelenkt werden, steht in direktem Verhältnis zum Spurfehler des Fahrzeugs. Die Messwerte eines oder mehrerer Reihentaster werden nachfolgend genutzt, um die Lenkung des Fahrzeugs oder des Anbaugeräts so zu steuern, dass es die ideale Spur zwischen Reihen hält.

3.1.3 Radar

Radarsensoren bestimmen ebenso wie GNSS-Sensoren die schlupffreie Geschwindigkeit eines Fahrzeugs. Sie nutzen dabei ebenso den Dopplereffekt, indem sie Signale mit einer festen Frequenz aussenden und die Frequenz des vom Boden reflektierten Signals bestimmen. Aus der Differenz der Frequenzen kann die Geschwindigkeit bestimmt werden.

Die Ausgabe kann als Rechtecksignal erfolgen, bei dem die Anzahl der Pulse in direktem Verhältnis zur Geschwindigkeit steht. Andere Radarsensoren geben wie Potentiometer ein Spannungssignal aus. Sind die Sensoren an einen CAN-Bus angeschlossen, wird die Geschwindigkeit teilweise auch anderen CAN-Bus-Teilnehmern als CAN-Nachricht zur Verfügung gestellt. Radarsensoren werden an Feldspritzen oder Sämaschinen für die geschwindigkeitsabhängige Regelung der Ausbringmenge eingesetzt.

Außerdem sind Radarsensoren zusammen mit Sensoren, die die Radgeschwindigkeit messen, Bestandteil von EHR-Systemen (Elektronische Hubwerksregelung). Aus der Radgeschwindigkeit und der wahren Geschwindigkeit über Grund kann der Schlupf ermittelt werden. Der Schlupf ist nachfolgend die Regelgröße für die Regelung der Höhe des hydraulischen Hubwerks und damit der Eindringtiefe von Bodenbearbeitungsgeräten.

Wenn der Schlupf, also die Differenz zwischen Radgeschwindigkeit und wahrer Geschwindigkeit, einen Grenzwert überschreitet, wird das Hubwerk ausgehoben. Wenn er einen Grenzwert unterschreitet, wird es abgelassen (Schlupfregelung). Die Hubhöhe kann nach oben und unten begrenzt werden und wird in diesem Fall über die Winkelsensoren (s. o.) am Hubwerk überwacht.

Durch den zunehmenden Einsatz von GNSS-Sensoren auf Zugmaschinen und selbstfahrenden Arbeitsmaschinen werden Radarsensoren zunehmend verdrängt. Wenn GNSS-Sensoren ohnehin auf einem Fahrzeug verbaut sind (z. B. als Teil eines Lenksystems), ist die Nachrüstung eines Radarsensors aus technischer Sicht weder erforderlich noch sinnvoll.

3.1.4 Ultraschall

Ultraschall ist Schall jenseits des hörbaren Bereichs im Bereich von 16 kHz und 1 GHz. Ultraschallsensoren bestimmen wie ein GNSS-System die Entfernung eines Gegenstands durch die Messung der Laufzeit. Schall breitet sich jedoch mit Schallgeschwindigkeit (ca. 343 m/s) aus.

Da die Schallgeschwindigkeit von der Lufttemperatur abhängt, verfügen einige Ultraschallsensoren über Thermometer, sodass der Temperatureinfluss kompensiert werden kann. Die Messwerte werden also analoges Signal (Strom, Spannung) oder über eine serielle Schnittstelle in Text- oder Binärform ausgegeben.

Der Einsatz von Ultraschallsensoren in der Landwirtschaft hat den großen Vorteil, dass sie gegenüber Nebel und Staub unempfindlich sind. Die Verarbeitung der Signale stellt jedoch dann eine Herausforderung dar, wenn es zum Mehrfachreflektionen von mehreren Gegenständen kommt (z. B. Pflanzenbestand und dem darunterliegenden Boden).

Ultraschallsensoren werden auf Pflanzenschutzspritzen zur Messung des Abstands zwischen dem Gestänge und dem Boden bzw. dem Pflanzenbestand eingesetzt. Drei oder mehr am Gestänge angebrachte Sensoren bestimmen den Abstand an unterschiedlichen Stellen und legen damit die Grundlage für die Regelung der Höhe, der Neigung und des Knickwinkels einzelner Gestängearme (Abb. 4.9).

So wird verhindert, dass es in unregelmäßig geformtem Gelände zum Bodenkontakt und nachfolgenden Schäden am Gestänge oder anderen Bauteilen kommt. Gleichzeitig wird durch die Einhaltung des optimalen Abstands zwischen Düsen und Pflanzen dafür gesorgt, dass der Wirkstoff gleichmäßig auf dem Bestand verteilt wird.

Die mit Ultraschallsensoren ermittelten Entfernungen kommen auch in Lenksystemen zum Einsatz. Dabei wird – ähnlich dem Reihentaster – der Abstand zum Pflanzenbestand oder zu Dämmen gemessen. Die Einhaltung des Sollabstands wird nachfolgend durch den Eingriff in die Lenkung des Fahrzeugs sichergestellt.

In Ladewägen für die Bergung von Grünfutter oder Häckselgut werden Ultraschallsensoren für die Messung des Füllstands und die Messung der Schwadhöhe eingesetzt. Der Füllstand im vorderen Teil des Laderaums dient als Stellgröße für die automatische Steuerung von Förderorganen wie Kratz- oder Schubböden, die das Material in regelmäßigen Abständen in den hinteren Teil des Laderaums bewegen und so die weitere Zufuhr von Material vereinfachen. Die Schwadhöhenmessung kann für die Geschwindigkeitsregelung des Fahrzeuggespanns verwendet werden.

3.1.5 Beschleunigungssensoren

Die Beschleunigung eines Gegenstands kann mit unterschiedlichen Methoden gemessen werden.

In der Landwirtschaft kommen wegen der kompakten Bauform und des niedrigen Preises meist MEMS-Sensoren zum Einsatz. Sie bestehen vereinfacht dargestellt aus drei Platten, von denen eine zwischen den beiden anderen federnd gelagert ist.

Der Abstand der mittleren Platte von den beiden anderen kann kapazitiv bestimmt werden: Die Kapazität eines Plattenkondensators ist direkt proportional zum Abstand der Platten. Ist der Abstand zwischen der mittleren und den beiden umgebenden Platten gleich, wirkt keine Beschleunigung auf den Sensor. Ändert sich das Verhältnis, wird der Sensor durch Bewegung oder die Erdanziehung beschleunigt.

Die meisten MEMS-Sensoren verfügen über drei Sensoreinheiten, die jeweils senkrecht zueinander angebracht sind. So kann die Beschleunigung in drei Achsen (x, y, z) gemessen werden.

Beschleunigungssensoren kommen in automatischen Lenksystemen zum Einsatz. Sie werden hier einerseits für die Bestimmung der Längs- und Querneigung des Fahrzeugs genutzt. Vor allem die Messung der Querneigung spielt in Kombination mit der Höhe der GNSS-Antenne eine wichtige Rolle bei der Neigungskompensation am Hang oder auf unebenem Untergrund.

Zusätzlich werden die Beschleunigungsmessungen genutzt, um die Positionsmessungen mit GNSS zu stützen. Dies gilt vor allem für die Richtungsbestimmung bei niedrigen Geschwindigkeiten.

Darüber hinaus kommen Beschleunigungssensoren auch als Neigungssensoren für andere Regelungs- oder Überwachungsprozesse in landwirtschaftlichen Fahrzeugen und Geräten zum Einsatz (z. B. Mähdrescher).

Teilweise werden sie auch für die Messung von Drehwinkeln oder Drehgeschwindigkeiten eingesetzt und bestimmen dann den Lenkwinkel von Rädern, den Knickwinkel von Deichseln oder die Winkelbeschleunigung von Gestängen.

3.1.6 Kameras (Lenken, Überladen)

Kameras sind in Kombination mit Monitoren in der Landwirtschaft als digitale Rückspiegel verbreitet. Die erfassten Bilder können jedoch auch für die Steuerung und Regelung eingesetzt werden. Sie haben gegenüber anderen Sensoren (Radar, Ultraschall) jedoch den Nachteil, dass ihre Funktion durch Staub und Nebel beeinträchtigt wird.

Einzelne Kameras werden in Mähdreschern zur automatischen Begutachtung von Erntegut eingesetzt. Sie ermitteln den Anteil von Bruchkörnern und Fremdbesatz, zeigen sie dem Fahrer an oder regeln das Drusch- und Reinigungssystem des Mähdreschers so, dass ein vom Bediener gesetzter Grenzwert nicht unterschritten wird.

Kameras werden zunehmend auch unter UAS (*Unmanned Aerial System,* Drohne) eingesetzt. Die in der Luft erstellten Einzelaufnahmen können nach der Befliegung zu einem Bild zusammengesetzt werden. Auf den Bildern ist eine visuelle Bestandsbeurteilung leicht möglich. Fehler oder Probleme bei der Aussaat, der Düngung und dem Pflanzenschutz sind auf den Aufnahmen erheblich besser zu erkennen als im Feld. Mit fortgeschrittenen Kenntnissen können die Bilder auch für das Zählen von Pflanzen oder die Messung von Pflanzenhöhen genutzt werden.

Vereinzelt werden Kameras auch für die Erkennung von Beikräutern eingesetzt. Sie ermöglichen dann die Optimierung des Einsatzes von Herbiziden, basierend auf dem Schadschwellenprinzip. Herbizide werden in diesem Fall nur dann ausgebracht, wenn die Beikrautdichte einen Wert überschreitet, der die Nutzpflanzen beeinträchtigt. Kamerasysteme, die Unkräuter oder die Nutzpflanzen erkennen, werden ebenso für die mechanische Unkrautbekämpfung eingesetzt. Die Positionen der Pflanzen werden aus dem Bild ermittelt und unerwünschte Pflanzen mit einem Stempel oder rotierenden Werkzeugen entfernt.

Kommen zwei fest miteinander verbundene Kameras zum Einsatz, wird mit stereoskopischen Verfahren die dreidimensionale Erfassung der Umgebung möglich. Solche Systeme werden für das Lenken von Fahrzeugen entlang von Pflanzenreihen, Dämmen oder Schwaden verwendet. Sie kommen auch auf Feldhäckslern zum Einsatz und werden dort genutzt, um den Auswurfkrümmer so zu steuern, dass der nebenherfahrende Wagen optimal beladen wird.

Nicht zuletzt lassen sich auch die Aufnahmen von UAS-getragenen Kameras für die Erstellung von 3D-Modellen einsetzen (Abb. 3.11). Aus diesen Daten können Pflanzenhöhen abgeleitet und teilweise die Anzahl von Pflanzen auf einer Fläche ermittelt werden (Abb. 3.11).

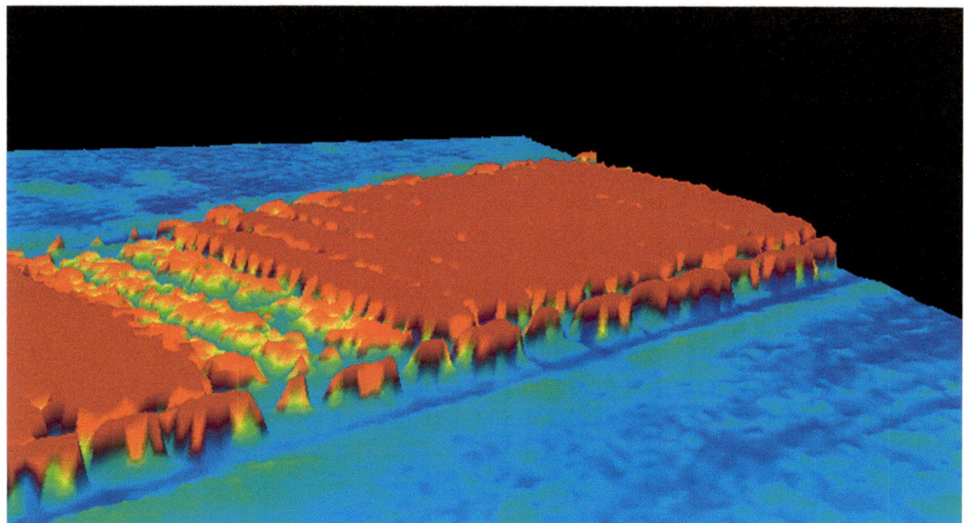

Abb. 3.11: 3D-Modell einer Versuchsparzelle (Quelle: eigene Darstellung)

3.1.7 Multi- und Hyperspektralsensoren

Multi- und Hyperspektralsensoren messen die Intensität elektromagnetischer Strahlung in unterschiedlichen Wellenlängenbereichen.

3.1.7.1 Grundlagen

Spektralsensoren erfassen in den meisten Fällen nicht die Intensität einer Strahlungsquelle. Vielmehr wird die Strahlung betrachtet, die von Gegenständen zurückgeworfen wird (Reflektion), diese passiert (Transmission) oder von Gegenständen aufgenommen (Absorption) wird (Abb. 3.12).

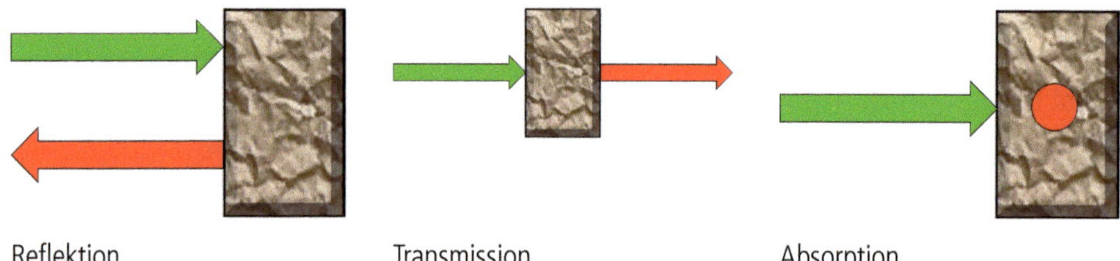

Reflektion Transmission Absorption

Abb. 3.12: Reflektion, Transmission und Absorption elektromagnetischer Strahlung (Quelle: eigene Darstellung)

Nachdem die in der Strahlung enthaltene Energie in Summe erhalten bleibt, lässt sich aus der Einstrahlung und je zwei weiteren Parametern der dritte Parameter ableiten (Formel 3.1).

$$\begin{aligned} &Reflektion = Einstrahlung - Transmission - Absorption \\ &Transmission = Einstrahlung - Reflektion - Absorption \\ &Absorption = Einstrahlung - Reflektion - Transmission \end{aligned} \qquad (3.1)$$

Das Maß der Reflektion, Transmission und Absorption ist einerseits von den physikalischen und chemischen Eigenschaften eines Stoffs oder eines Stoffgemischs abhängig und andererseits von der Wellenlänge. Somit ergeben sich aus den Messungen spektrale Muster (spektrale Signaturen), die für ein bestimmtes Material bzw. seine Zusammensetzung spezifisch sind (Abb. 3.13).

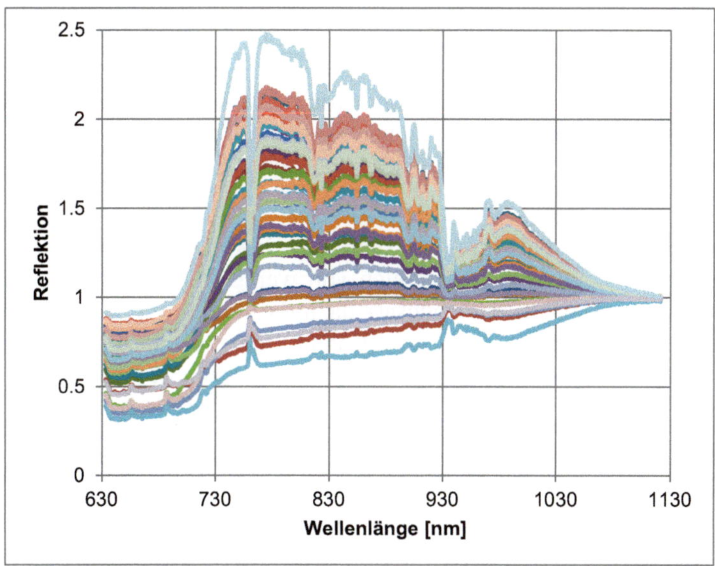

Abb. 3.13: Spektren unterschiedlicher Maispflanzen (Quelle: eigene Darstellung)

Die Messung der Zusammenhänge zwischen Rückstrahlung und Eigenschaften machen sich die Spektroskopie und das menschliche Auge zunutze, um Rückschlüsse auf die Qualität von Stoffen und die Quantität seiner Komponenten zu ziehen. Der Nachteil des menschlichen Auges liegt dabei im beschränkten spektralen Messbereich, in der eingeschränkten zeitlichen (max. 60 Hz) und räumlichen Auflösung der Wahrnehmung.

Zudem ist die Signalverarbeitung des Menschen vom psychischen und physischen Zustand des Betrachters und seiner Sozialisation abhängig und somit subjektiv. Im Gegensatz dazu liefern Spektrometer höher aufgelöste Werte, verfügen über einen breiteren spektralen Messbereich und erzeugen reproduzierbare Ergebnisse. Bei gleichen physikalischen Grundlagen der Messwerterfassung stellt die Spektroskopie somit eine Erweiterung und Verbesserung eines menschlichen Sinnesorgans dar.

3.1.7.2 Messbereich und Auflösung

Die elektromagnetische Strahlung deckt einen großen Wellenlängenbereich von den Röntgenstrahlen bis hin zu den Rundfunkfrequenzen im Langwellenbereich ab.

Ein kleiner Bereich davon (ca. 400 nm bis 750 nm) ist für das menschliche Auge sichtbar und erstreckt sich von Violett über Blau, Gelb, Grün bis hin zu Rot. Die am meisten verbreiteten Spektralsensoren sind Kameras, die die Reflektion von Strahlung im für das menschliche Auge sichtbaren Bereich des Lichts räumlich abbilden.

Spektrometer lassen sich anhand des Messbereichs charakterisieren. Einige Geräte erfassen die Intensität der Wellenlängen im Bereich des ultravioletten Lichts (< 400 nm), andere erweitern im Vergleich zum menschlichen Auge den Messbereich in den Bereich des nahinfraroten Lichts (> 780 nm). Dabei wird zwischen dem nahen Infrarot (NIR,

780 nm bis 1.400 nm) und dem kurzwelligen Infrarot (SWIR, 1.400 nm bis 3.000 nm) unterschieden (Abb. 3.15).

Die Reflektionen im infraroten Bereich des Lichts sind von besonderem Interesse, weil sie mit den Eigenschaften unterschiedlicher Stoffe, wie Wasser, Chlorophyll, Carotinoide, Fette und Öle sowie Lignin (Holz, Stroh), und der organischen Substanz („Humus") in Zusammenhang stehen.

Hyperspektralsensoren erfassen innerhalb ihres Messbereichs ein kontinuierliches Spektrum. Die spektrale Auflösung liegt dabei im Bereich von wenigen Nanometern oder darunter. Multispektralsensoren messen im Gegensatz dazu die Reflektion in wenigen, nicht aneinandergrenzenden Wellenlängenbereichen (Kanäle) mit einer stark variablen Bandbreite zwischen einem und mehreren Dutzend Nanometern (Abb. 3.14).

Ein weiteres wichtiges Unterscheidungskriterium für Spektralsensoren ist die räumliche Auflösung. Spektrometer sind nicht in der Lage, die reflektierte oder transmittierte Strahlung räumlich aufzulösen. Die Intensität wird in einem Messwert zusammengefasst. Dabei wird der Messwert entscheidend vom Abstand zum Objekt und von der Optik beeinflusst, die das Umgebungslicht bündelt und dem Sensor zuführt.

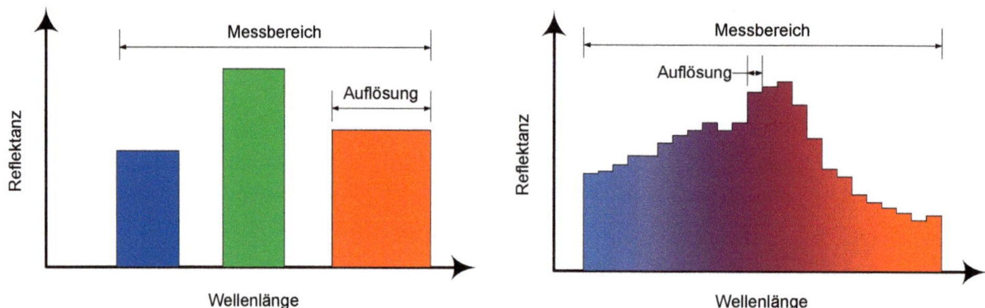

Abb. 3.14: Multispektralsensoren (links) und Hyperspektralsensoren (rechts) im Vergleich (Quelle: eigene Darstellung)

Bildgebende Verfahren (Kameras) erfassen die Intensität der elektromagnetischen Strahlung in Form eines Rasters, wobei jeder Zelle (Pixel) ein Messwert für die Intensität einer Wellenlänge zugeordnet ist. Ein normales Digitalfoto kann somit in drei Raster mit den Intensitäten für die Farben Rot, Grün und Blau zerlegt werden.

Multispektral- und Hyperspektralbilder bestehen dementsprechend ebenfalls aus einer Anzahl von kongruenten Rastern, die durch die Anzahl der Spektralkanäle bestimmt wird. Die Bildauflösung von Spektralsensoren ist sehr unterschiedlich (z. B. von 640 × 480 Pixel bis 6.000 × 4.000 Pixel) und bestimmt wesentlich die räumliche Auflösung des Messergebnisses.

Die räumliche Auflösung wird durch die Bildauflösung des Sensors einerseits und durch den Abstand zum Untersuchungsobjekt andererseits beeinflusst. Sie wird in der Regel in den Einheiten Pixel/m oder m/Pixel angegeben. Sie gibt an, welche Breite ein Pixel in der räumlichen Dimension aufweist, und nimmt mit zunehmender Auflösung und abnehmenden Abstand zum Untersuchungsgegenstand zu.

Der Abstand vom Objekt ist von der Trägerplattform abhängig. Bei hand- oder fahrzeuggetragenen Sensoren beträgt der Abstand zum Boden oder den Pflanzen lediglich wenige Meter. An UAV („Drohnen“) angebrachte Sensoren werden in einer Flughöhe von 10 m bis 100 m eingesetzt. Die räumliche Auflösung der Aufnahmen kann hier im Bereich von wenigen mm/Pixel liegen.

An Kleinflugzeugen angebrachte Sensoren nehmen Daten aus einer Höhe von bis zu 2.000 m auf. Die Aufnahmen von Satelliten weisen trotz hochauflösender Sensoren eine relativ geringe Auflösung im Bereich von 1 m/Pixel bis 60 m/Pixel auf. Trägerplattform und Sensorauflösung müssen in Abhängigkeit von der Anwendung so gewählt werden, dass die für die Anwendung erforderliche Mindestauflösung nicht unterschritten wird.

Mit zunehmendem Abstand von Objekt nimmt die räumliche Auflösung zwar ab, gleichzeitig nimmt die Schlagkraft der Sensorsysteme zu. Eine einzelne Satellitenaufnahme deckt einen Bereich von mehreren hundert Quadratkilometern ab.

Um ein durchschnittliches Feld (z. B. 10 ha) mithilfe eines an einem Multikopter-UAV montierten Sensors flächendeckend zu untersuchen, sind mehrere dutzend Aufnahmen erforderlich. Die Flächenleistung liegt hier in einem Bereich von ca. 50 ha/Tag. Mit Starrflügler-UAV können höhere Flächenleistung von mehreren hundert Hektar pro Tag erzielt werden.

3.1.7.3 Reflektanz und Indizes

Spektralsensoren können sowohl für die Messung der Reflektion als auch für die Messung der Transmission verwendet werden, wobei die Transmissionsmessung fast ausschließlich im Laborbereich zum Einsatz kommt. Beim Feldeinsatz überwiegt die Reflektionsmessung, z. B. bei der Bestimmung der Stickstoffaufnahme von Pflanzen, des Trockenmassegehalts von Erntegut und des Humusgehalts des Bodens.

Nachdem die Intensität der Reflektion elektromagnetischer Strahlung auch von der Intensität der Einstrahlung abhängt, muss diese bei der Messung berücksichtigt werden. Aus diesem Grund setzen viele Sensorsysteme aktive Lichtquellen ein. Aus dem Verhältnis von eingestrahlter und reflektierter Intensität kann dann die Reflektanz berechnet werden. Die Reflektanz ist der relative, prozentuale Anteil des Lichts, der reflektiert wird (Abb. 3.15).

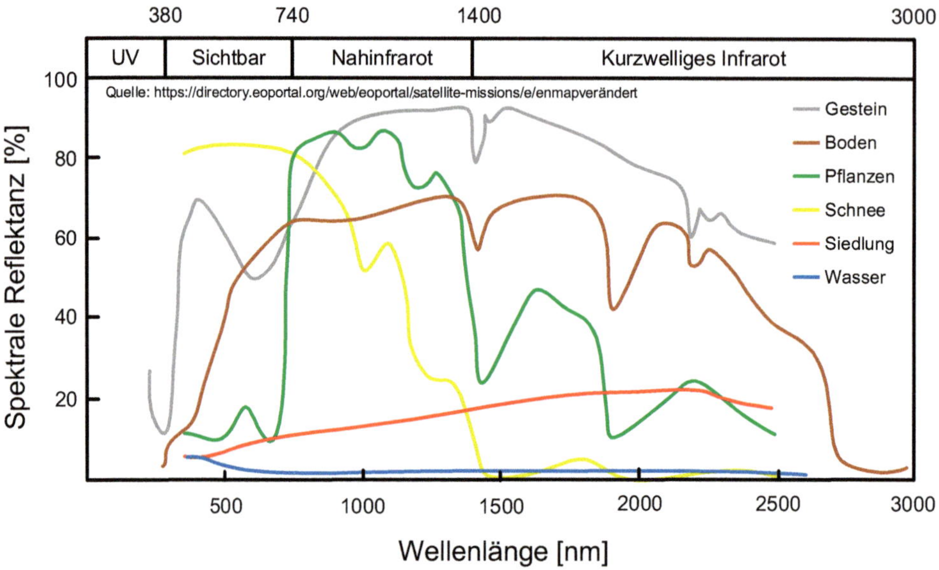

Abb. 3.15: Spektrale Reflektanz verschiedener Oberflächen (Quelle: eigene Darstellung)

Andere Sensorsysteme messen mit einem in der Regel in Richtung des Himmels ausgerichteten Sensor die Intensität der Einstrahlung und mit einem zweiten auf das Objekt ausgerichteten Sensor die Reflektion, sodass auch hier aus dem Verhältnis der Intensitäten die Reflektanz berechnet werden kann.

Wenn lediglich die Reflektion gemessen wird und die wechselnde Intensität der Einstrahlung unbekannt ist, kann die Variabilität der Einstrahlung durch die Berechnung von Indizes kompensiert werden. Hierbei werden die Reflektionen unterschiedlicher Wellenlängenbereiche ins Verhältnis gesetzt.

Ein einfacher Index, der auch auf Aufnahmen mit RGB-Kameras angewendet werden kann, ist das Verhältnis aus Grün und Rot (($Reflektion_{Grün}/Reflektion_{Rot}$). Es bleibt auch bei wechselnden Beleuchtungsbedingungen (Sonnenschein und Wolken) relativ stabil. Weitere in der Landwirtschaft bedeutende Indizes sind der NDVI (*Normalized Difference Vegetation Index*) und der REIP (*Red Edge Inflection Point*). Eine Zusammenstellung der wichtigsten Indizes hat die Universität Bonn zusammengestellt[1].

1 https://www.indexdatabase.de/

Der NDVI-Index (Formel 3.2) wird als Verhältnis der Differenz zwischen der Reflektion im nahinfraroten und roten Bereich und der Summe in diesen Wellenlängenbereichen gebildet.

$$NDVI = \frac{NIR - R}{NIR + R} \tag{3.2}$$

Er nimmt in der Theorie Werte zwischen –1 und 1 an, in der Praxis Werte zwischen 0 und 1. Über Boden ohne Pflanzenbestand nimmt der NDVI Werte um 0 an, mit zunehmenden Bedeckungsgrad und Chlorophyllgehalt steigt der Wert an.

In Abbildung 3.16 ist die Berechnung des NDVI-Indexes anhand einer Rasterdatei (z. B. einem Satellitenbild oder einer UAS-Aufnahme) dargestellt. Im linken oberen Bereich sind Reflektionen im Bereich des roten Lichts dargestellt. Die Auflösung beträgt 8 Bit, sodass die maximale Reflektion einen Wert von 255 annimmt. Rechts daneben finden sich die Reflektionswerte im infraroten Bereich.

Die Werte in den jeweils gleichen Zellen werden subtrahiert (Mitte, links) und addiert (Mitte, rechts). Abschließend werden die Werte der Differenzmatrix durch die Werte der Additionsmatrix geteilt. Das Ergebnis stellt ein Raster (Bild) mit den Werten des NDVI dar. Die beschriebenen Rechenvorgänge werden in einem GIS nach Eingabe der Formel und Auswahl von zwei Ebenen (NIR und R) für alle Rasterzellen (Pixel) automatisch durchgeführt.

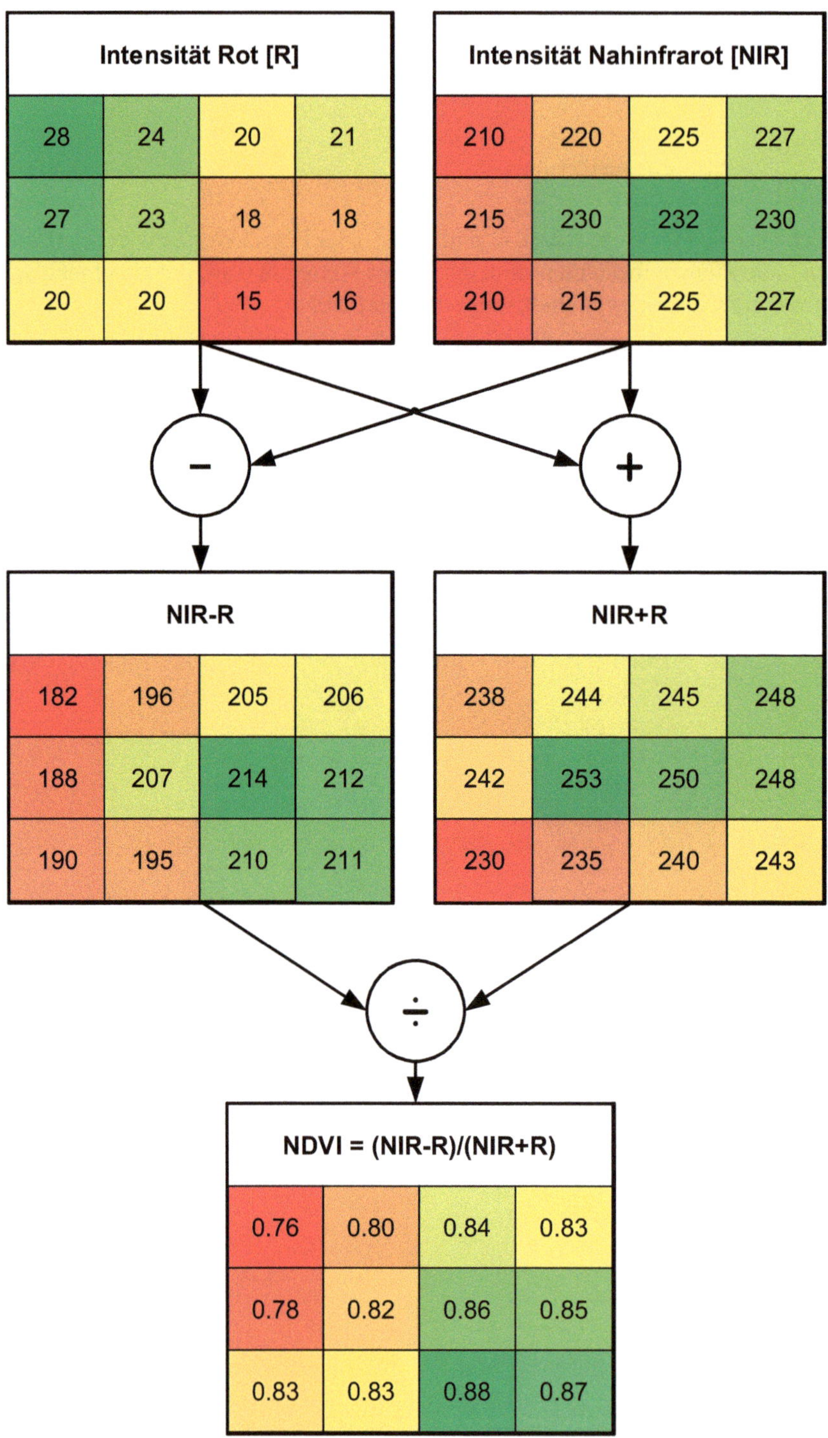

Abb. 3.16: Berechnung des NDVI bei Rasterdaten (Quelle: eigene Darstellung)

Der REIP-Index (Formel 3.3) wird von verschiedenen Stickstoffsensoren und in der Fernerkundung verwendet. Er steht ebenfalls in Zusammenhang mit dem Ernährungszustand von Pflanzen und bildet diesen bei guter Versorgung besser ab als der NDVI.

$$REIP_{[nm]} = 700 + 40 \cdot \frac{\frac{R_{670} + R_{780}}{2} - R_{700}}{R_{740} - R_{700}} \tag{3.3}$$

Die für die Berechnung des REIP benötigten Wellenlängen (*Red Edge*, 700 nm, 740 nm) werden nicht von allen Sensorsystemen erfasst.

3.1.7.4 Kalibrierung

Der Zusammenhang zwischen der spektralen Signatur und den chemischen oder physikalischen Eigenschaften von Untersuchungsobjekten wie Boden, Pflanzen, Futter- und Nahrungsmittel erfolgt über Kalibrierungen.

Einfache statistische Methoden wie die Korrelations- oder Regressionsanalyse sind hier nicht ausreichend, weil einem Zielwert (z. B. Ölgehalt) eine Vielzahl von Messwerten (Reflektion oder Transmission in unterschiedlichen Wellenlängenbereichen) gegenüberstehen.

Aus diesem Grund wird hier mit multivariaten Methoden (z. B. *Partial Least Square Regression* – PLSQR; *Support Vector Regression* – SVM) oder Deep-Learning-Ansätzen (z. B. Künstliche Neuronale Netzwerke – KNN bzw. ANN) gearbeitet. Die Methoden ermitteln aus den Intensitätsmessungen in verschiedenen Wellenlängenbereichen und Referenzmessungen ein Modell für die Schätzung des Zielwerts aus den Spektren. Dabei müssen in der Regel eine relativ große Anzahl von Proben (> 1.000) untersucht werden, die die komplette Bandbreite der auftretenden Zielwerte abbildet.

3.1.7.5 Einsatzgebiete

Spektralsensoren werden in der Landwirtschaft für die Messung von Boden-, Dünger-, Pflanzen- und Ernteguteigenschaften eingesetzt (Tabelle 3.2).

Tabelle 3.2: Einsatzbereiche von Spektralsensoren in der Landwirtschaft

	Anwendung	**Stationär/ mobil**	**Träger**	**Räumliche Auflösung**	**Spektrale Auflösung**
Boden	Organische Substanz	mobil	Bodensensor	–	Multispektral VIS, NIR
	Organische Substanz, Wassergehalt	mobil	Satellit	30 bis 60 m	Multispektral NIR, SWIR
Dünger	N-Konzentration Gülle	mobil	Güllefass	–	Hyperspektral VIS, NIR,SWIR
Pflanzenbestand	Chlorophyllgehalt, N-Bedarf Kulturpflanze	mobil	Traktor	6-8 m neben Fahrspur	Multispektral VIS, NIR
	Biomasse, Ausbringmengen Pflanzenschutz	mobil	Traktor	6-8 m neben Fahrspur	Multispektral VIS, NIR
	Biomasse, Chlorophyllgehalt, Kornfeuchte, Ölgehalt	mobil	UAS	0,5 bis 5 cm	Multi- und Hyperspektral VIS, NIR
	Keimung, Wildschäden, Abreife	mobil	UAS	0,5 bis 5 cm	RGB
	Biomasse, Chlorophyllgehalt	mobil	Kleinflugzeug	5 bis 50 cm	Multispektral VIS, NIR
	Biomasse, Chlorophyllgehalt	mobil	Satellit	5 bis 30 m	Multispektral VIS, NIR, (SWIR)
Futtermittel	Trockenmassebestimmung, Rohprotein Futter	stationär	Labor	–	Hyperspektral VIS, NIR, SWIR
	Inhaltsstoffe Körnerfürchte und Leguminosen (Protein, Öl)	stationär	Labor	–	Hyperspektral VIS, NIR, SWIR
	Trockenmassebestimmung Mais/Grashäcksel	mobil	Feldhäcksler	–	Hyperspektral VIS, NIR,SWIR

Der Einsatz von Spektralsensoren für die Messung von Bodeneigenschaften ist im Vergleich zu anderen Anwendungen relativ neu. An Scharkörper angebrachte Sensoren messen bei der Bodenbearbeitung oder bei der Aussaat die Reflektion von sichtbarem und infrarotem Licht durch den Boden. Die Zielgröße ist hierbei der Gehalt an organischer Substanz bzw. sein Humusgehalt. Er korreliert eng mit der Wasserhaltefähigkeit des Bodens und seinem Nährstoffgehalt. Unterschiede im Humusgehalt können als Ausgangspunkt für die variable Bodenbearbeitung oder die teilflächenspezifische Aussaat genutzt werden.

Das Veris® MSP System[2] nutzt diese Technologie für die Erstellung von Karten, aus denen im Nachgang zur Überfahrt des Felds Applikationskarten erstellt werden können. Das Produkt SmartFirmer[3] der Firma Precision Planting ermittelt ebenfalls den Gehalt an organischer Substanz und variiert Aussaatdichte, die Sorte oder die Aussaattiefe in Echtzeit während der Aussaat. Das System bestimmt zusätzlich die Bodenfeuchte und den Anteil von Ernterückständen im Boden.

Bodeneigenschaften können auch mit Laborspektrometern ermittelt werden. Dieses Verfahren hat gegenüber nasschemischen Verfahren den Vorteil, dass die Zielwerte schneller und kostengünstiger ermittelt werden können.

Weitverbreitet ist ebenfalls die Nutzung von Satellitendaten für die Untersuchung von Bodeneigenschaften. Dies setzt allerdings voraus, dass der Boden nicht mit Pflanzen bedeckt ist. Mit Fernerkundungsdaten von Satelliten werden regelmäßig die Bodenfeuchte sowie Bodenart und Bodentyp ermittelt. Die Verbreitung in der Landwirtschaft ist bisher allerdings begrenzt, weil der Boden auf landwirtschaftlichen Nutzflächen selten unbedeckt ist.

Im Bereich der organischen Düngung werden seit mehreren Jahren ebenfalls Spektrometer eingesetzt. Sie dienen hier der Bestimmung des Nährstoffgehalts (Stickstoff, Kalium, Phosphat). Organische Dünger weisen im Gegensatz zu Mineraldüngern stark variable Nährstoffgehalte auf. Dies hängt bei der tierischen Gülle einerseits von der Tierart (Rind, Schwein, Huhn) und andererseits vom Haltungssystem und der Lagerung ab. Tierische Gülle unterscheidet sich wiederum von Gülle pflanzlicher Herkunft (Biogasgärsubstrat).

Bisher werden die Ausbringmengen (in Kubikmeter pro Hektar) auf Basis von Laboranalysen berechnet. Mithilfe von Online-Sensoren, die die Nährstoffzusammensetzung spektral analysieren, kann der Nährstoffgehalt jedoch in Echtzeit bestimmt werden. So kann die Ausbringmenge fortlaufend an den Nährstoffgehalt angepasst werden.

Die Firma Zunhammer bietet seit mehreren Jahren das sogenannte VAN-Control-System[4] an. Es wird in die Güllefässer integriert und kann über ein ISOBUS-Terminal bedient werden. Somit ist auch die Option einer teilflächenspezifischen Gülledingung gegeben und eine Dokumentation der Ausbringmengen möglich.

Die Firma John Deere bietet ebenfalls ein NIR-Spektrometer unter der Bezeichnung *Manure Sensing* an. Sie greift hierbei auf die Spektrometer zurück, die bereits auf dem Feldhäcksler und im Stall für die Bestimmung von Qualitätsparametern von Futtermitteln zum Einsatz kommen.

Der Sensor bestimmt ebenso wie das VAN-Control-System den Trockenmassegehalt sowie den Gehalt an Stickstoff, Kalium und Phosphor. Die Bedienung erfolgt über ein Terminal in der Kabine, mit dem auch die Ausbringmengen aufgezeichnet werden können.

2 https://www.veristech.com/the-sensors/msp

3 http://www.precisionplanting.com/products/smartfirmer/

4 http://www.zunhammer.de/de/produkte/elektronik/van-control

Als Stickstoffsensoren werden Spektrometer bereits seit mehr als einem Jahrzehnt für die bedarfsgerechte Düngung eingesetzt. Vorreiter war hier die Firma YARA mit den sogenannten N-Sensoren. Die Geräte werden auf dem Dach der Kabine montiert und messen von dort die Reflektion des Pflanzenbestands. Aus der Rückstrahlung wird über den REIP-Index (siehe Formel 3.3) die Stickstoffaufnahme ermittelt und der Stickstoffbedarf des Bestands ermittelt.

Die ersten Sensor-Systeme der Firma YARA waren passiv. Die Intensität der Sonnenstrahlung wurde mit einem zusätzlichen Sensor auf dem Dach ermittelt und mit den Messwerten der Sensoren, die die Reflektionen des Bestands erfassten, verrechnet. Somit konnte das System nur bei Tageslicht eingesetzt werden.

Die nachfolgenden Generationen von N-Sensoren sind mit einer aktiven Lichtquelle ausgestattet, die auf den Bestand gerichtet ist. Es ist so weniger abhängig von der Tageszeit und wechselnden Beleuchtungsbedingungen.

Die Firma Fritzmeier hatte zunächst einen Sensor mit der Bezeichnung MiniVeg N entwickelt, der die Stickstoffaufnahme mit der laserinduzierten Chlorophyllfluoreszenz bestimmt. Nachdem sich diese Messmethode als zu teuer und zu aufwendig herausgestellt hatte, erfolgte die Entwicklung des ISARIA-Sensors (Abb. 3.17). Das System wird in der Front des Schleppers im Frontkraftheber oder an einer speziellen Konsole angebracht und kann so schnell an- und abgebaut werden.

Am ausklappbaren Gestell sind links und rechts jeweils ein Sensorkopf angebracht. Die Sensorköpfe bestehen aus einer Lichtquelle und mehreren Sensoren (Abb. 3.17). Das Gerät misst zwei Indizes (IRMI und IBI), deren Berechnung an bekannte Indizes angelehnt ist. Die Kommunikation mit dem Terminal in der Kabine erfolgt über eine Bluetooth-Schnittstelle.

Abb. 3.17: ISARIA-Stickstoffsensor im Einsatz (links) und ISARIA-Messkopf (rechts) (Quelle: Fritzmeier Umwelttechnik GmbH)

Beim Düngungssystem ISARIA konnten frühzeitig Ertragspotenzialkarten bei der Berechnung der Ausbringmengen berücksichtigt werden. Die Düngermenge wird bei diesem Verfahren nicht alleine aus den Messwerten der Sensoren abgeleitet. Zusätzlich wird die Ertragsfähigkeit des Standorts berücksichtigt (Ertragspotenzial). So soll verhindert werden, dass in Bereichen mit geringem Ertragspotenzial zu viel Stickstoff ausgebracht wird. Die Ursachen für ein geringes Ertragspotenzial können dabei vielfältig sein (geringe Wasserhaltefähigkeit, geringer Nährstoffgehalt).

Ertragspotenzialkarten können aus verschiedenen Datengrundlagen, wie Ertragskarten, Karten der Reichsbodenschätzung, Bodenleitfähigkeitskarten und Satellitenaufnahmen, abgeleitet werden.

Neben den YARA-N-Sensoren und dem Fritzmeier ISARIA-System ist der ursprünglich von der Firma NTech entwickelte Greenseeker der Firma Trimble relativ weitverbreitet. Es wird ebenfalls im Frontkraftheber angebracht und nutzt drei oder fünf Sensorköpfe mit aktiver Lichtquelle, um den NDVI und damit die Stickstoffaufnahme des Pflanzenbestands zu ermitteln. Neben den genannten Stickstoffsensoren sind weitere Produkte am Markt verfügbar oder in Entwicklung.

In Ergänzung zu den fahrzeuggetragenen Spektralsensoren werden vermehrt Satellitenaufnahmen in der Landwirtschaft eingesetzt. Die spektrale und räumliche Auflösung ist dabei vom Fernerkundungssystem abhängig.

Am bekanntesten ist die Landsat-Mission, die seit 40 Jahren von der NASA und dem *United States Geological Survey* (USGS) betrieben wird. Die Nutzung des Satellitensystems ist dabei nicht auf die Nutzung im landwirtschaftlichen Kontext beschränkt oder gar darauf abgestimmt. Die Aufnahmen werden in sehr unterschiedlichen Zusammenhängen für die Beobachtung der Erdoberfläche und der Meere eingesetzt.

Die ersten Landsat-Missionen verfügten über eine sehr geringe spektrale und räumliche Auflösung (vier Kanäle, 70 Meter/Pixel). Die aktuelle Generation von Satelliten und Sensoren verfügt über elf Kanäle und liefert eine räumliche Auflösung vom 30 Metern/Pixel (Tabelle 3.3). Die Aufnahmen können mittlerweile kostenlos beim USGS heruntergeladen werden (https://earthexplorer.usgs.gov/).

Tabelle 3.3: Wellenlängen und räumliche Auflösung der Landsat-Missionen (Quelle: https://landsat.usgs.gov/what-are-band-designations-landsat-satellites)

Landsat-Mission	Sensoren	Wellenlänge [nm]	Auflösung [m/Pixel]
1-5	MSS	500 – 600	60
		600 – 700	60
		700 – 800	60
		800 – 1100	60
4-5	TM	450 – 520	30
		520 – 600	30
		630 – 690	30
		760 – 900	30
		1550 – 1750	30
		10400 – 12500	30
		2080 – 2350	30

Landsat-Mission	Sensoren	Wellenlänge [nm]	Auflösung [m/Pixel]
7	ETM+	450 – 520	30
		520 – 600	30
		630 – 690	30
		770 – 900	30
		1550 – 1750	30
		10400 – 12500	30
		2090 – 2350	30
		520 – 900	15
8	OLI, TIRS	435 – 451	30
		452 – 512	30
		533 – 590	30
		636 – 673	30
		851 – 879	30
		1566 – 1651	30
		2107 – 2294	30
		503 – 676	15
		1363 – 1384	30
		10600 – 11190	30
		11500 – 12510	30

Seit dem Jahr 2014 betreibt die *European Space Agency* (ESA) ein eigenes Erdbeobachtungssystem mit dem Namen Sentinel. Für die Landwirtschaft besonders interessant ist die Sentinel-2-Mission. Sie besteht aus zwei Satelliten, die im Abstand weniger Tage zwölf verschiedene Wellenlängenbereiche mit einer Auflösung von 10 m bis 60 m erfasst (Tabelle 3.4). Die Daten stehen ebenfalls kostenlos zum Download zur Verfügung (https://dataspace.copernicus.eu/).

Tabelle 3.4: Wellenlängen und räumliche Auflösung der Sentinel-2-Satelliten (Quelle: https://earth.esa.int/web/sentinel/technical-guides/sentinel-2-msi/msi-instrument)

Bänder	Sentinel-2A	Sentinel-2B	Auflösung [m/Pixel]
	Wellenlänge [nm]		
1	430.4 – 457.4	419.8 – 464.8	60
2	447.6 – 545.6	443.1 – 541.1	10
3	537.5 – 582.5	536.0 – 582.0	10
4	645.5 – 683.5	645.5 – 684.5	10
5	694.4 – 713.4	693.8 – 713.8	20

Bänder	Sentinel-2A	Sentinel-2B	Auflösung [m/Pixel]
	Wellenlänge [nm]		
6	731.2 – 749.2	730.1 – 748.1	20
7	768.5 – 796.5	765.7 – 793.7	20
8	762.6 – 907.6	766.5 – 899.5	10
8a	848.3 – 881.3	848.0 – 880.0	20
9	932.0 – 958.0	929.7 – 956.7	60
10	1336.0 – 1411.0	1338.9 – 1414.9	60
11	1542.2 – 1685.2	1539.9 – 1680.9	20
12	2081.4 – 2323.4	2066.7 – 2304.7	20

Die Reflektionsmesswerte der Sensoren können sich hinsichtlich der Auflösung unterscheiden. Einige Banden werden in 8-Bit-Auflösung (256 Abstufungen), andere in 16-Bit-Auflösung (65.536 Abstufungen) gespeichert.

Die Satellitenaufnahmen werden in unterschiedlichen Verarbeitungsstufen bereitgestellt. Die Verarbeitungsstufen werden als *Processing Levels* bezeichnet. Die Aufnahmen des Sensors der Sentinel-2-Mission werden wie nachfolgend beschrieben verarbeitet. Die Prozesse sind bei anderen Fernerkundungssystemen ähnlich. In der ersten Verarbeitungsstufe (Level 0) werden die gesammelten Daten auf grundlegende Fehler überprüft und datiert.

In einem weiteren Verarbeitungsschritt (Level 1) werden die Daten radiometrisch korrigiert und orthorektifiziert. Bei der radiometrischen Korrektur werden Fehler bei der Messung von Strahlungsintensitäten erkannt und behoben und die Bilder in ein gemeinsames Rastersystem überführt. Durch die Orthorektifizierung entstehen Senkrechtaufnahmen. Sie korrigiert die durch den Aufnahmewinkel und das Gelände erzeugten Verzerrungen.

Im letzten Verarbeitungsschritt werden in den Level-1-Produkten Fehler, die im unteren Teil der Atmosphäre auftreten, korrigiert und es erfolgt eine Klassifikation. Zusätzlich werden bei diesem Schritt Qualitätsparameter wie der Aerosolgehalt der Atmosphäre, ihr Wasserdampfgehalt sowie der Wolken- und Schneeanteil in den Aufnahmen ermittelt. Diese Werte sind bei Beurteilung der Eignung der Aufnahmen für die weitere Verarbeitung (z. B. Erstellung von Potenzialkarten, Applikationskarten) entscheidend.

Satellitenaufnahmen können in Geographischen Informationssystemen dargestellt und verarbeitet werden. So lassen sich durch die Verrechnung unterschiedlicher Kanäle Karten erzeugen, die den NDVI oder andere Indizes darstellen.

Aus diesen Karten lassen sich unterschiedlichste Informationen (Biomasseentwicklung, Stickstoffaufnahme, Fruchtart) ableiten. Satellitendaten werden im Rahmen des InVeKoS-Verfahrens für die Überprüfung der Angaben in Förderanträgen genutzt. Ebenso lassen sich aus den Aufnahmen Sollwertkarten für die teilflächenspezifische Stickstoffdüngung und den teilflächenspezifischen Pflanzenschutz ableiten. Nicht zuletzt werden die Aufnahmen für die Erstellung von Ertragspotenzialkarten genutzt.

Die Ableitung von Applikationskarten für die Düngung nutzt dieselben Zusammenhänge zwischen der Reflektion im Bereich des roten und nahinfraroten Lichts wie die Stickstoffsensoren. Dies ist in Abbildung 3.18 zu erkennen. Hier sind die aus einem Landsat-8-Satellitenbild abgeleitete NDVI-Darstellung und die Messwerte eines Stickstoffsensors in einer Karte dargestellt. Die Übereinstimmung der abgeleiteten Größe hinsichtlich der räumlichen Verteilung ist klar erkennbar.

Die Verarbeitung von Satellitendaten erfolgt im Gegensatz zur Online-Düngung mit Sensoren allerdings zeitverzögert. Man spricht deshalb von einem Offline-Verfahren. Die Vorteile von Satellitenaufnahmen liegen in den geringen Kosten für die Beschaffung und der großen Flächenabdeckung. Als Nachteile sind die geringere spektrale und räumliche Auflösung sowie die Abschattung durch Wolken zu nennen.

Abb. 3.18: Landsat-8-Satellitenbild (NDVI) und Messwerte eines Stickstoffsensors (Quelle: eigene Darstellung)

Neben Satelliten und Fahrzeugen kommen vermehrt UAV („Drohnen“) als Trägerplattform für Multispektralsensoren zum Einsatz. Sie eignen sich wegen der geringen Flächenleistung in der Regel nicht für ackerbauliche Anwendungen, sind jedoch im landwirtschaftlichen Versuchswesen relativ weitverbreitet.

Sie liefern in Abhängigkeit vom Sensor und der Flughöhe eine hohe spektrale und vor allem eine hohe räumliche Auflösung im Bereich weniger Zentimeter oder Millimeter (Abb. 3.19).

Abb. 3.19: UAV-Multispektralaufnahme eines Parzellenversuchs (Quelle: eigene Darstellung)

Seit mehr als zehn Jahren kommen Spektrometern auf Feldhäckslern für die Bestimmung des Trockenmassegehalts von Gras, Mais und anderen Futtermitteln zum Einsatz. Daneben können teilweise auch andere Parameter wie der Stickstoff-, der Zucker- und der Stärkegehalt des Ernteguts ermittelt werden.

Die Messwerte können für die Dokumentation oder für die Abrechnung von Dienstleistungen gespeichert werden. Teilweise werden auch die Schnittlänge und die Dosierung von Silierhilfen auf Basis der Messwerte geregelt.

Die NIRS-Technologie wird auch in Mähdreschern für die Messung der Gutfeuchte und des Proteingehalts von Körnerfrüchten eingesetzt. Dieses Verfahren hat sich bei der Getreideernte jedoch bisher lediglich im Versuchswesen durchgesetzt.

Im Laborbereich werden NIRS-Spektrometer für die Erfassung von qualitätsbestimmenden Parametern wie Trockenmasse, Rohproteingehalt, Rohfaser- und Rohfettgehalt und Zuckergehalt eingesetzt.

Der Einsatzbereich erstreckt sich hier über Silagen, Speise- und Futtergetreide bis hin zu Ölsaaten. Bei Letzteren kann zusätzlich der Ölgehalt bestimmt werden. Der Einsatz von Spektrometern verdrängt die nasschemische Analyse bei der Analyse von Futtermitteln, Speisewaren und Saatgütern zunehmend. Die Analyse von Inhaltsstoffen kann mit Spektrometern wesentlich schneller und kostengünstiger erfolgen.

Neben dem Einsatz im landwirtschaftlichen Bereich setzt sich die Spektroskopie auch im nachgelagerten Bereich der Verarbeitung und des Handels zunehmend durch. Bei der Getreidelagerung und Verarbeitung kommen sie bei der Qualitätskontrolle und der Optimierung der Einstellung von Geräten zum Einsatz.

Im Bereich der Fleischverarbeitung werden mit Spektrometern Wasser- und Fettgehalt bestimmt. Auch bei der Analytik von Milch und Milchprodukten spielt die Spektroskopie bei der Bestimmung von Inhaltsstoffen eine wichtige Rolle. Somit nimmt die Bedeutung von NIRS-Spektrometern in allen die Landwirtschaft berührenden Bereichen und in der Landwirtschaft selbst fortlaufend zu (Abb. 3.20).

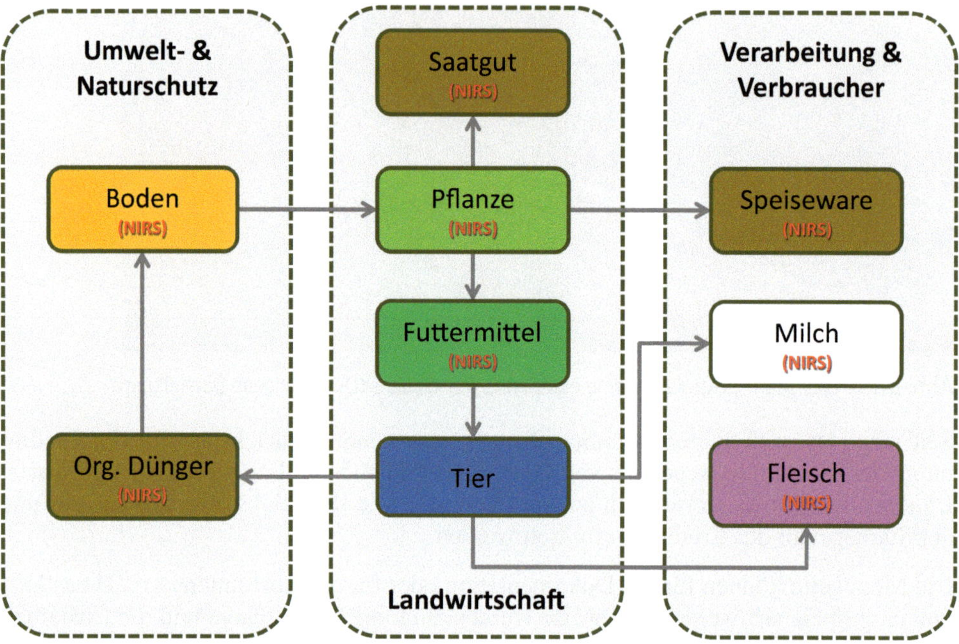

Abb. 3.20: Einsatz von NIRS im Bereich Landwirtschaft, Nahrungsmittel und Umweltschutz (Quelle: eigene Darstellung)

Der Einsatz von Spektrometern, Multi- und Hyperspektralsensoren in der Landwirtschaft und im nachgelagerten Bereich ist extrem vielfältig. Das Verfahren erlaubt schnell und kostengünstig Rückschlüsse auf die chemischen und physikalischen Eigenschaften von landwirtschaftliche Betriebsmitteln und Produktionsmitteln.

Die Zuverlässigkeit der Messung steigt mit der Anzahl der Referenzproben, die für die Modellierung verwendet werden. Zudem tragen neue Modellierungsmethoden wie Deep Learning dazu bei, dass die Genauigkeit der abgeleiteten Größen steigt.

3.1.8 Geoelektrische und elektromagnetische Sensoren

Die Messung der scheinbaren elektrischen Leitfähigkeit und die Messung des scheinbaren elektrischen Widerstands von Böden ermöglichen die kleinräumige Qualifizierung von Bodeneigenschaften.

Die Messergebnisse hängen wesentlich vom wirksamen Querschnitt des elektrischen Leiters Boden ab. Dieser wird unter Feldbedingungen in abnehmender Reihenfolge durch die Bodenart, den Wassergehalt und die Lagerungsdichte beeinflusst.

Der Elektrolytgehalt der Bodenlösung spielt auf nichtsalinen Standorten (also in Europa) in ausreichendem zeitlichem Abstand zu einer Mineraldüngung nur eine nachrangige Rolle.

Es werden grundsätzlich zwei Messverfahren für die Bestimmung der scheinbaren elektrischen Leitfähigkeit unterschieden. Elektromagnetische Sensoren bauen in einer Primärspule ein magnetisches Feld auf, das den Boden durchdringt. Eine zweite Spule (Sekundärspule) misst die Änderung des magnetischen Felds, die in Beziehung zur elektrischen Leitfähigkeit des Bodens steht.

Geoelektrische Messsysteme stehen über Scheiben oder Zahnräder in direktem Kontakt mit der Bodenoberfläche. Ein Scheibenpaar leitet elektrischen Strom in den Boden ein und quer zur Fahrtrichtung oder in Fahrtrichtung angeordnete Scheibenpaare messen den Stromfluss durch den Boden.

In Deutschland sind die elektromagnetischen Systeme der Firmen Geonics[5] (EM 38) und Geoprospectors[6] (Topsoil Mapper) am weitesten verbreitet. Bei den geoelektrischen Systemen haben die Geräte der Firma Veris[7] mit verschiedenen Modellen und die Firma Geophilus[8] mit dem gleichnamigen Sensor die weiteste Einsatzverbreitung.

Die von den Geräten ermittelten Messwerte geben die scheinbare elektrische Leitfähigkeit (EC_a, *Apparent Electric Conductivity*) in den Einheiten S/m, mS/m oder teilweise in Ω/m an. Sie wird dann als scheinbarer elektrischer Widerstand bezeichnet. Die Messwerte können nicht direkt in Bodeneigenschaften umgerechnet werden, spiegeln jedoch die Bodenart bzw. die Bodenzusammensetzung, seinen Wassergehalt sowie den Grad der Verdichtung wider. In Abbildung 3.21 ist der Zusammenhang zwischen der mit einem Veris Q2800 gemessenen scheinbaren elektrischen Leitfähigkeit und der im Trockenschrank ermittelten Bodenfeuchte in der oberen Bodenschicht dargestellt.

[5] http://www.geonics.com/
[6] http://www.geoprospectors.com
[7] http://www.veristech.com
[8] http://www.geophilus.de/

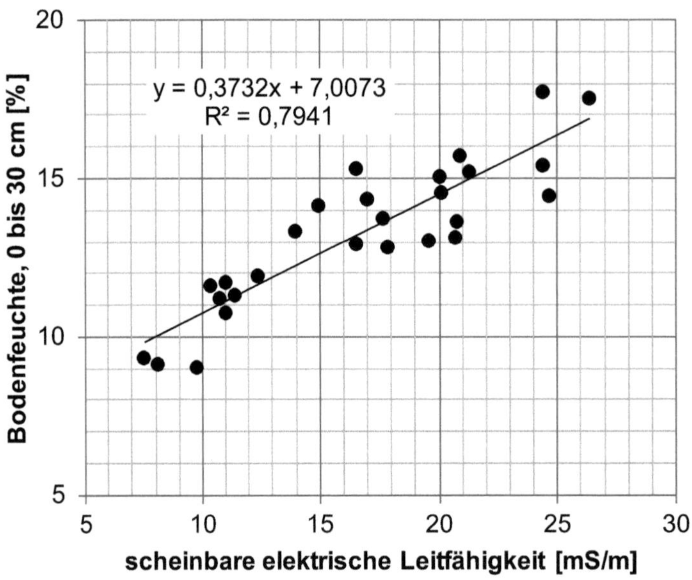

Abb. 3.21: Zusammenhang zwischen Bodenfeuchte (0 bis 30 cm) und der scheinbaren elektrischen Leitfähigkeit (Quelle: eigene Darstellung)

Der lineare Zusammenhang zwischen scheinbarer Leitfähigkeit und Bodenfeuchte ist deutlich erkennbar. Es ist jedoch davon auszugehen, dass dieser Zusammenhang schlagspezifisch ist und dass sich darüber hinaus die Gerade bei erneuter Messung an einem anderen Zeitpunkt verschiebt. Der dargestellte funktionale Zusammenhang ist somit als Kalibrierung unbrauchbar.

Die Messdaten der Sensoren werden entweder zusammen mit den Positionen eines GNSS-Empfängers von den Geräten selbst oder einem Datenlogger aufgezeichnet oder für die Echtzeit-Steuerung von Anbaugeräten eingesetzt. Die aufgezeichneten Daten können in einem GIS zu Karten verarbeitet werden, die Bodenunterschiede im Schlag darstellen.

Diese Karten dienen oft als Grundlage für die Einteilung von Schlägen für die teilflächenspezifische Bodenbeprobung und die nachfolgende Grunddüngung nach Gehaltsklassen (siehe Düngung). Dieses Verfahren hat den Vorteil, dass gezielt Zonen mit unterschiedlichen Bodeneigenschaften beprobt werden können und die aus den Analysewerten und den Positionen erzeugten Nährstoffkarten die tatsächliche Nährstoffverteilung besser darstellen als bei einer zufälligen Probenahme ohne Vorinformationen.

Die im GIS erzeugten Karten können auch für die teilflächenspezifische Aussaat genutzt werden. Man geht in diesem Fall davon aus, dass eine niedrige Leitfähigkeit mit einer niedrigen Wasserhaltefähigkeit des Bodens (nutzbare Feldkapazität) einhergeht. Dementsprechend wird die Aussaatdichte an Stellen mit niedriger Leitfähigkeit reduziert und an Stellen mit hoher Leitfähigkeit im Vergleich zum Schlagdurchschnitt angehoben.

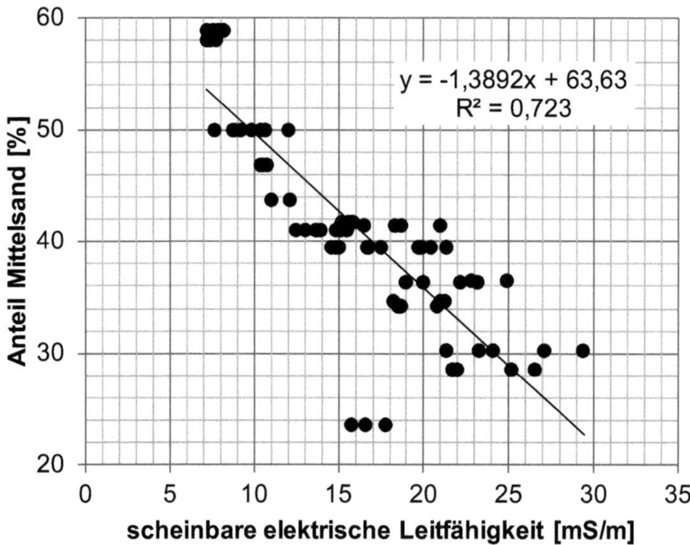

Abb. 3.22: Zusammenhang zwischen scheinbarer elektrischer Leitfähigkeit und Mittelsandanteil des Bodens (Quelle: eigene Darstellung)

Bei der Grundbodenbearbeitung besteht ebenfalls eine Abhängigkeit zwischen den Eigenschaften des Bodens und der optimalen Bearbeitungsintensität (Tiefe). Diese wird durch den Sand- bzw. Tongehalt bestimmt. Zwischen dem Sandanteil im Boden und scheinbaren elektrischen Leitfähigkeit besteht ebenfalls ein relativ enger Zusammenhang: Mit zunehmendem Sandanteil nimmt die Leitfähigkeit ab (Abb. 3.22). Somit lassen sich aus Karten der scheinbaren elektrischen Leitfähigkeit auch Sollwertkarten für die hinsichtlich der Intensität teilflächenspezifischen Bodenbearbeitung ableiten.

Bei beiden genannten Methoden handelt es sich im Offline-Verfahren, bei denen die Daten absätzig gesammelt, verarbeitet und bei der Durchführung von Maßnahmen genutzt werden. Dieses Vorgehen ist mit der Ableitung von Stickstoff-Düngekarten aus Satellitenbildern vergleichbar. Die Firma Geoprospectors verfolgt mit dem Topsoil Mapper auch einen Online-Ansatz. Das Gerät kann über eine optionale ISOBUS-Schnittstelle, basierend auf den Messungen der scheinbaren elektrischen Leitfähigkeit, sowohl die Bearbeitungstiefe von Bodenbearbeitungsgeräten als auch die Aussaatdichte von Sämaschinen in Echtzeit steuern.

Verschiedene Untersuchungen haben gezeigt, dass die aus den Messungen mit verschiedenen Systemen zur Bestimmung der scheinbaren elektrischen Leitfähigkeit zu sehr ähnlichen Zonierungen führen. Die absoluten Werte können an gleicher Stelle abweichen, die relative Verteilung von hohen und niedrigen Werten ist jedoch weitgehend deckungsgleich.

Die Systeme unterschieden sich allerdings hinsichtlich der Tiefenauflösung. Einige Sensoren können die scheinbare elektrische Leitfähigkeit in bis zu sechs Tiefenschichten messen, andere nur in vier oder zwei Schichten.

Zudem unterscheiden sich geoelektrische und elektromagnetische Systeme hinsichtlich ihrer Eignung für unterschiedliche Einsatzszenarien. Die berührungslos arbeitenden elektromagnetischen Systeme können auch im Grünland, auf sehr trockenen Böden und bei dichter Bedeckung mit Ernterückständen eingesetzt werden. Hier stoßen die geoelektrischen Sensoren oft an Grenzen, weil kein ausreichender Bodenkontakt hergestellt werden kann. Andererseits gelten diese Systeme gegenüber Umwelteinflüssen (Temperatur, Wasser- und Versorgungsleitungen im Boden) als robuster.

3.1.9 Weitere Sensoren

Neben den aufgeführten Sensoren kommen weitere Sensoren für die Datenerfassung, Steuerung und Regelung in der Landwirtschaft zum Einsatz.

Schallsensoren (Mikrofone) bestimmen im hinteren Teil von Mähdreschern den Anteil von Körnern, die zusammen mit dem Stroh den Mähdrescher verlassen. Dieses Verfahren wird auch als Verlustmessung bezeichnet und stellt eine wichtige Grundlage für die Optimierung der Einstellung von Drusch- und Reinigungsorganen dar.

Mikrofone oder die ihnen verwandten Piezosensoren werden in anderen Industriebereichen für die Messung von Erschütterungen und Vibrationen eingesetzt. Aus den Messwerten lassen sich die Belastung von Bauteilen ableiten und Schäden an bewegten Teilen frühzeitig erkennen (*Condition Monitoring System*, siehe Kap. 2.4 Kalibrierung und Prognosewerkzeuge).

Mithilfe von Dehnmessstreifen (DMS), Hallsensoren oder der Magnetostriktion können **Drehmomente** in Wellen gemessen werden. Oft wird parallel die Drehzahl erfasst, sodass mit den Messwerten einerseits die Belastung von Bauteilen bestimmt und andererseits die übertragene Leistung als Produkt aus Drehmoment und Drehzahl ermittelt werden kann. Diese Anwendung bietet sich beispielsweise bei zapfwellenbetriebenen Geräten an.

Lasersensoren können ebenso wie Ultraschall aus der Laufzeit von Signalen die Entfernung von Objekten bestimmen. Licht ist jedoch im Gegensatz zu Schall abhängig von den Umgebungsbedingungen. Lasersensoren werden auf Mähdreschern und Feldhäckslern zum Erkennen von Schnittkanten eingesetzt. Die Messwerte werden dann einerseits für das Lenken der Fahrzeuge und andererseits für die Bestimmung der tatsächlichen Schnittbreite verwendet.

Nicht zuletzt können für alle möglichen Prozesse in der Landwirtschaft relevanten Größen wie **Temperatur und Feuchte** mit einfachen Sensoren gemessen und für die Steuerung und Regelung eingesetzt werden. Sie kommen in Wetterstationen für die Messung der Luftfeuchte und Lufttemperatur zum Einsatz.

Pflanzenbaulich sind auch Feuchte und Temperatur des Bodens relevant. In der Innenwirtschaft werden die Sensoren für die Überwachung und Steuerung des Klimas in Ställen und Lagern eingesetzt.

3.2 Fernerkundung

Dr. Florian Schlenz, geo | cledian GmbH

3.2.1 Einführung und Grundlagen

3.2.1.1 Warum überhaupt Fernerkundung?

Warum sollte man sich beim Thema Precision Farming mit Fernerkundung beschäftigen?

Weil teilflächenspezifischer Pflanzenbau auf Daten basiert und Fernerkundungssensoren einen großen Teil dieser Daten liefern können. Meist sind dies Multispektraldaten und die Eigenschaften dieser Daten und ihr Informationsgehalt, bezogen auf Pflanzen, sind weitgehend unabhängig davon, ob wir es mit Satelliten-, Flugzeug-, Drohnen-(UAV-) oder traktorgestützten Systemen zu tun haben. Mit all diesen Systemen kann man letztlich Fernerkundung betreiben, auch wenn streng genommen die bodengestützten Systeme nicht zur Fernerkundung gerechnet werden. Mit der Verfügbarkeit neuer, teilweise günstigerer Systeme haben Fernerkundungstechnologien in der Landwirtschaft in den letzten Jahren immer mehr Verbreitung gefunden.

Fernerkundung ist die Sammlung von Informationen über Objekte im Raum ohne Berührung. Dies geschieht vor allem über die Messung elektromagnetischer Wellen und durch bildgebende Verfahren. Wenn dabei die Erdoberfläche untersucht wird, sprechen wir auch von Erdbeobachtung. In der Regel wird dies von Luft- oder Raumfahrzeugen aus durchgeführt.

In diesem Kapitel soll eine erste Einführung in die Grundlagen und wichtigsten Arten von Fernerkundungsdaten, ihre Eigenschaften und Methoden vorgestellt werden, die benötigt werden, um Fernerkundungsdaten im Rahmen von Precision Farming sinnvoll einsetzen zu können. Diese Einführung erhebt keinen Anspruch auf Vollständigkeit, es sollen nur einzelne Themen herausgegriffen werden, die in diesem Kontext als relevant erscheinen.

Das Ziel ist zu verstehen wie diese Methoden einzuschätzen, auszuwählen und vielleicht auch selbst anzuwenden sind. Noch wichtiger aber ist, nachvollziehen zu können, was in einer handelsüblichen Precision-Farming-Software, wie sie heute von vielen verschiedenen Anbietern zu beziehen ist, gemacht wird, um selbst entscheiden zu können, was man mit einer bestimmten Softwarelösung erledigen möchte und was man vielleicht lieber selbst entwickelt.

Der Fokus dieses Kapitels liegt auf den multispektralen Fernerkundungsdaten, weil dies der am weitesten verbreitete Fernerkundungsdatentyp in der Landwirtschaft ist. Darüber hinaus soll ein kurzer Überblick über weitere Fernerkundungsmethoden gegeben werden. Nach einer Vorstellung der wichtigsten Multispektralsatelliten diskutieren wir, worin sich die verschiedenen Sensorplattformen unterscheiden. Hierbei werden auch bodengestützte Systeme (z. B. Traktor) gegenübergestellt. Die Fragestellungen, mit denen wir uns dabei befassen wollen, sind Folgende:

- Was sagen uns diese Daten (und was nicht)?
- Wie verarbeitet man diese Daten?

- Was kann man damit gewinnbringend machen und was nicht?
- Auf was muss ich achten, wenn ich solche Daten oder Dienstleistungen einkaufe?

In Fernerkundungsdaten können wir räumliche Muster in Pflanzenbeständen erkennen, die wir mit dem menschlichen Auge nicht sehen können. Wir können Beobachtungen zur Pflanzenentwicklung quantifizieren und daher Bestände oder Felder quantitativ vergleichen. Wir können aus Zeitreihen von Fernerkundungsmessungen Parameter zum Pflanzenwachstum ableiten, die uns helfen, besser zu verstehen, wie sich ein Bestand entwickelt.

3.2.1.2 Eine kurze Geschichte der (optischen) Satellitenfernerkundung

Satellitenbasierte Fernerkundung oder Erdbeobachtung wurde geprägt von den amerikanischen Landsat-Missionen. Landsat 1 (1972, USA) kann wohl als Vorläufer der heutigen optischen Erdbeobachtungssatelliten bezeichnet werden, mit denen wir uns in diesem Kapitel hauptsächlich befassen wollen. Gleichzeitig markierte er den Anfangspunkt der sehr erfolgreichen amerikanischen Landsat-Missionen, die – bis heute – eine sehr wertvolle, weil ununterbrochene, Zeitreihe an Erdbeobachtungsdaten geliefert haben, welche in vielen Bereichen, aber auch eben in der Landwirtschaft, bereits früh Verwendung fand. Mit Landsat 8 (2013, USA) entschied der Betreiber der Landsat-Missionen, die Daten kostenlos verfügbar zu machen, was zu einem enormen Boom von Fernerkundungsanwendungen beigetragen hat, da viele Anwendungen ermöglicht wurden, die vorher durch die hohen Kosten der Bilder verhindert wurden.

Mit dem Start von Sentinel-1A (2014, EU) brach dann eine neue Ära der Erdbeobachtung an. Die Sentinel-Satelliten-Familie unter dem Dach des Copernicus-Programms der EU stellt das bisher ambitionierteste Unternehmen der EU in der Erdbeobachtung dar. Es liefert kostenlose, kontinuierliche Datenströme verschiedener Sensoren, die eine zeitlich höher aufgelöste Beobachtung der Erde und ihrer Atmosphäre erlauben als je zuvor. Vor allem die Datenströme von C-Band Radardaten (Sentinel-1) und optisch hochaufgelösten Multispektraldaten (Sentinel-2) ermöglichen heute völlig neue Anwendungen, auch in der Landwirtschaft. Sentinel 3-6 zielen dagegen auf die eher großräumige Beobachtung der Landoberflächen sowie der Atmosphäre und der Ozeane ab, was gerade unter Klimawandelaspekten sehr wichtig, für die Landwirtschaft aber weniger relevant ist. Jeder Sensortyp wird dabei auf mehreren Satelliten gleicher Bauart gleichzeitig geflogen, sodass diese Satellitenkonstellationen neben einer hohen Ausfallsicherheit für eine zeitlich sehr hochfrequente Versorgung mit Bildern sorgen. Momentan ist das Programm bis über 2030 hinaus angesetzt, was eine hohe Planungssicherheit erlaubt. EU und ESA geben für das Copernicus-Programm viel Geld aus, was auch dazu führt, dass die Politik an einer möglichst starken Nutzung dieser Daten interessiert ist und diese auch durch verschiedene Förderprogramme auszubauen versucht. Nicht zuletzt im EU-Agrarsubventionsprogramm wird die Nutzung dieser Daten massiv vorangetrieben.

Die Anzahl der aktiven Satelliten, die die Erde umkreisen, ist etwa seit dem Beginn der Sentinel-Ära sehr viel schneller gewachsen als in den Jahrzehnten vorher. Neben öffentlich finanzierten Projekten spielt hier die private Raumfahrtindustrie eine immer größere Rolle, die inzwischen teilweise durch ganze Flotten günstigerer Kleinsatelliten große Mengen an täglich verfügbaren Daten liefert. Neben den Satelliten vieler Nationen und privater Anbieter werden die nächsten Jahrzehnte wahrscheinlich Satelliten chinesischer Bauart eine größere Rolle spielen.

Abbildung 3.23 liefert einen Überblick über die wichtigsten zivilen Satellitenmissionen der letzten Dekaden, die hochauflösende optische Daten lieferten. Zu diesen Missionen gehörten sowohl öffentlich zugängliche Satelliten (d. h., die im Rahmen einer Open-Data-Politik betrieben werden), wie die Landsat-Serie und Sentinel-2, als auch kommerzielle Missionen, die in erster Linie auf die Beschaffung von Daten für ein vom Kunden vorher definiertes Interessengebiet abzielen („tasked"). Was die öffentlich zugänglichen Satelliten betrifft, so ist über die letzten Jahrzehnte ein deutlicher Anstieg der optischen Bildauflösung zu beobachten, von ca. 80 m Pixelgröße für die Landsat-Missionen 1-3 (1972 bis 1983), 30 m für Landsat 4-9 (1982 bis heute) und 10 m für Sentinel-2 (2015 bis heute). Die panchromatischen Kanäle haben teilweise noch höhere Auflösungen. Diese Zunahme der verfügbaren optischen Bildauflösung ging einher mit einer allmählichen Zunahme der Wiederholrate von 18 Tagen für Landsat 1-3, 16 Tagen für Landsat 4-8 und fünf Tagen für Sentinel-2A/B. Landsat 9 trägt den gleichen Sensor wie Landsat 8, wurde am 27.09.2021 gestartet und liefert seit 2022 regelmäßig Daten.

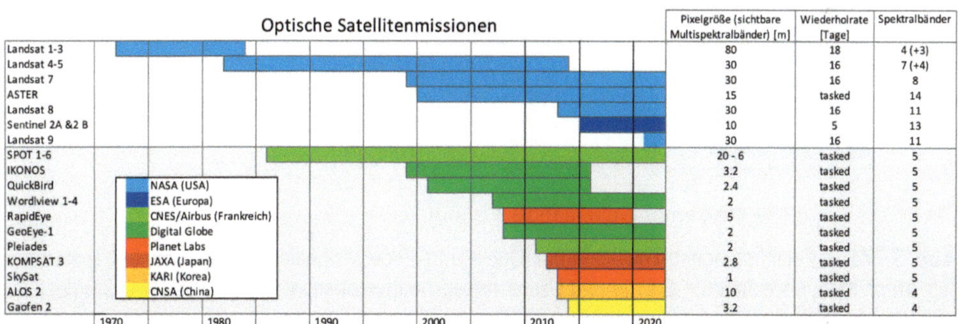

	Pixelgröße (sichtbare Multispektralbänder) [m]	Wiederholrate [Tage]	Spektralbänder
Landsat 1-3	80	18	4 (+3)
Landsat 4-5	30	16	7 (+4)
Landsat 7	30	16	8
ASTER	15	tasked	14
Landsat 8	30	16	11
Sentinel 2A &2 B	10	5	13
Landsat 9	30	16	11
SPOT 1-6	20 - 6	tasked	5
IKONOS	3.2	tasked	5
QuickBird	2.4	tasked	5
Wordlview 1-4	2	tasked	5
RapidEye	5	tasked	5
GeoEye-1	2	tasked	5
Pleiades	2	tasked	5
KOMPSAT 3	2.8	tasked	5
SkySat	1	tasked	5
ALOS 2	10	tasked	4
Gaofen 2	3.2	tasked	4

Abb. 3.23: Zeitleiste der wichtigsten zivilen Erdbeobachtungssatelliten mit optischen Bildsensoren globaler Abdeckung (Quelle: eigene Darstellung nach Vos et al 2019).

Die Satelliten unterscheiden sich teilweise deutlich hinsichtlich Sensorqualität (z. B. Signal-to-Noise Ratio) oder Lagegenauigkeit. Tendenziell sind die teuren großen Satelliten qualitativ deutlich besser als die kleinen günstigen, oft kommerziell betriebenen. Darüber hinaus gibt es große Unterschiede hinsichtlich räumlicher Auflösung (Kantenlänge eines Pixels), radiometrischer Auflösung (Anzahl Spektralkanäle) und Wiederholrate (Anzahl an Tagen, bis der gleiche Ort wieder aufgenommen werden kann). Letzteres wird neben der Breite des Aufnahmestreifens („Schwad") vor allem von der Anzahl an Satelliten gleichen Typs bestimmt, die gemeinsam eine Konstellation bilden (z. B. Sentinel-2, Pleiades, Skysat).

3.2.1.3 Elektromagnetische Strahlung

Neben dem Spektralbereich des sichtbaren Lichts gibt es weitere für die Landwirtschaft relevante Bereiche des elektromagnetischen Spektrums, die in der folgenden Auflistung kurz vorgestellt werden (nach Albertz 2001; siehe auch Abb. 3.24):

- Ultraviolette Strahlung (UV): ca. 300 – 400 nm Wellenlänge
- Sichtbares Licht (VIS): ca. 400 – 700 nm Wellenlänge
- Nahe Infrarotstrahlung (NIR): ca. 700 nm – 1,0 µm Wellenlänge
- Kurzwellige oder mittlere Infrarotstrahlung (SWIR): 1,0 – 7,0 µm Wellenlänge
- Thermale oder ferne Infrarotstrahlung (TIR): > 7,0 µm Wellenlänge
- Mikrowellen: ca. 1 mm – 1 m Wellenlänge

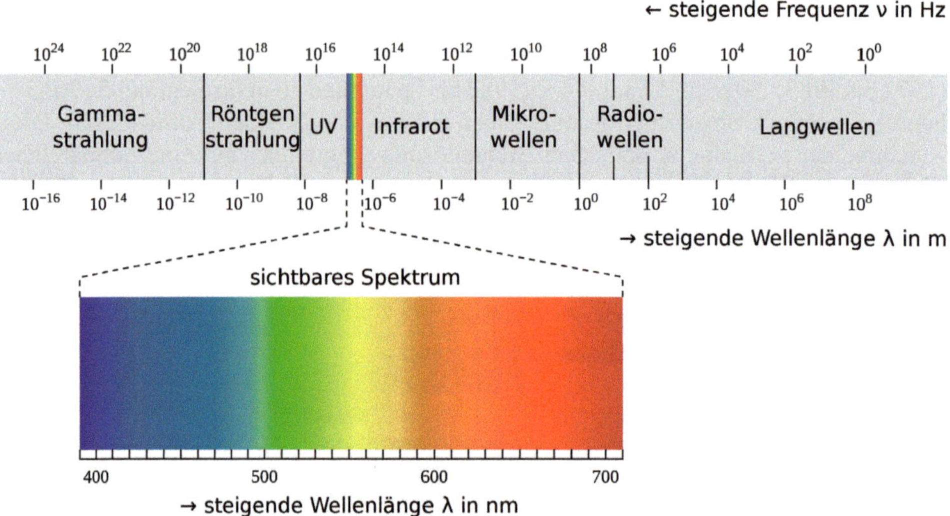

Abb. 3.24: Das elektromagnetische Spektrum (Quelle: https://de.wikipedia.org/wiki/Datei:EM-Spektrum.svg; Autor: Matt; unverändert; CC BY-SA 3.0 Lizenz: https://creativecommons.org/licenses/by-sa/3.0/deed.de)

Die einzelnen Teilbereiche sind nicht scharf abgegrenzt und überlappen sich teilweise. Je nach Sprachraum und Quelle unterscheiden sich die Grenzen gelegentlich. Für das elektromagnetische Spektrum gilt: Je höher die Wellenlänge, desto weniger Energie enthält die elektromagnetische Strahlung. Eine noch kleinere Wellenlänge als UV-Licht hat Röntgen- und Gammastrahlung, die bekanntlich sehr viel Energie enthält und daher für den Menschen gefährlich sein kann. Eine größere Wellenlänge als Mikrowellen, die neben Fernerkundung auch für WLAN, Mobilfunk, Bluetooth und andere Funktechnologien verwendet werden, haben Radiowellen. Im Bereich des sichtbaren Lichts hat violettes und blaues Licht eine kleine Wellenlänge, gefolgt von grünem, gelbem und orangem Licht. Rotes Licht hat hier die höchste Wellenlänge und enthält somit am wenigsten Energie. Im thermalen Bereich des Infrarotlichts können wir die Strahlung als Wärme spüren. Abgesehen von sichtbarem Licht ist Strahlung aus den anderen Bereichen des elektromagnetischen Spektrums für Menschen nicht wahrnehmbar.

Optische Fernerkundung basiert darauf, dass die von der Sonne ausgestrahlte elektromagnetische Strahlung verschiedener Wellenlängen an der Erdoberfläche teilweise reflektiert und dann von Spektralsensoren (auch Spektrometer genannt) gemessen wird. Dies können Sensoren auf Satelliten, Flugzeugen, Drohnen oder anderen Plattformen sein. Der Teil der an der Erdoberfläche ankommenden Sonnenenergie, der nicht reflektiert wird, wird dort entweder transmittiert (passiert z. B. Blätter) oder absorbiert (aufgenommen) und kann dort beispielsweise den Boden erwärmen oder zur Photosynthese in Pflanzen genutzt werden (siehe dazu auch Abb. 3.28).

Reflektion = Einstrahlung – Transmission – Absorption (3.4)

Da das Absorptionsverhalten von den physikalischen und chemischen Eigenschaften der Oberfläche abhängt (z. B. Pflanzen, offener Boden, Beton oder Wasser), sagt die Art und Menge der reflektierten Energie einer bestimmten Wellenlänge viel über die physikalischen und chemischen Eigenschaften der reflektierenden Oberfläche aus. Da tiefes, klares Wasser einen Großteil des sichtbaren Lichts aufnimmt und sich dabei erwärmt, reflektiert es in diesem Wellenlängenbereich kaum und sieht daher von oben sehr dunkel aus. Bei Beton ist es umgekehrt, kaum Absorption, daher viel Reflexion von sichtbarem Licht, was zu einer hell aussehenden Oberfläche führt. Dieses Absorptionsverhalten ist je nach Material für unterschiedliche Wellenlängen sehr unterschiedlich ausgeprägt. In Abbildung 3.15 sind die spektralen Muster oder Signaturen verschiedener Oberflächen eingezeichnet.

Bevor die solare Einstrahlung die Erdoberfläche erreicht, muss sie allerdings noch die Atmosphäre passieren. Hier werden in einigen Wellenlängenbereichen sehr große Mengen der eingestrahlten Energie von Bestandteilen der Atmosphäre absorbiert, sodass an der Erdoberfläche nur noch ein Teil der Sonneneinstrahlung von oberhalb der Atmosphäre ankommt. So absorbiert das Molekül Ozon (O_3) beispielsweise Teile der UV-Strahlung, Wasserdampf (H_2O) Teile der kurzwelligen Infrarotstrahlung und Kohlenstoffdioxid (CO_2) Teile der thermalen Infrarotstrahlung. Die Absorptionsbanden dieser Moleküle machen sich durch deutliche Dellen in den Spektren in Abbildung 3.15 bemerkbar. Aerosole absorbieren auch Teile des sichtbaren Lichts, Wolken bekanntermaßen auch.

3.2.1.4 Sensoren und Auflösungen

Die Sonne emittiert nicht in allen Bereichen des elektromagnetischen Spektrums gleich viel Energie. Am meisten Energie emittiert sie im sichtbaren Bereich, dies ist auch der Grund, warum die meisten Lebewesen auf der Erde in diesem Bereich sehen können. Mit sinkender Wellenlänge fällt die abgestrahlte Energie in Richtung UV sehr schnell stark ab, mit steigender Wellenlänge, also in Richtung Infrarotstrahlung, langsamer. Dies bedeutet, dass Fernerkundung im sichtbaren Bereich des elektromagnetischen Spektrums, d. h. optische Fernerkundung, am meisten Sonnenenergie zur Verfügung hat, weshalb hier die räumliche Auflösung aller passiven Sensoren am größten sein kann. Je weiter man sich vom sichtbaren Licht in Richtung der Infrarotstrahlung entfernt, desto geringer wird die Energie, die von einer definierten Fläche der Erde reflektiert werden kann. Dies führt dazu, dass die kleinste Menge Energie, die gerade noch detektiert werden kann, von einer immer größer werdenden Fläche stammen muss, je größer die Wellenlänge wird. Die räumliche Auflösung wird in m/Pixel oder Pixel/m angegeben und beschreibt die Kantenlänge eines Pixels in Metern. Sie ist auch höher, je näher ein Sensor sich an der Erdoberfläche befindet. Abbildung 3.25 zeigt exemplarisch was der Effekt der räumlichen Auflösung in verschiedenen Satellitenbildern einer landwirtschaftlich geprägten Region Deutschlands ist.

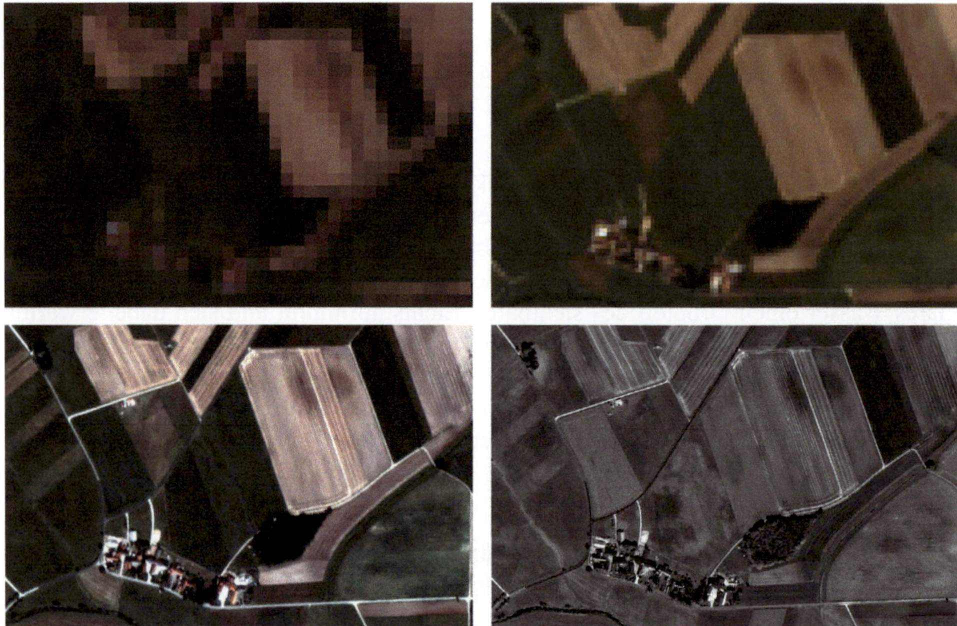

Abb. 3.25: Vier Ausschnitte aus Satellitenaufnahmen des gleichen Gebiets in Bayern in unterschiedlicher räumlicher Auflösung: Landsat-8 RGB (20.08.2020) in 30 m (links oben), Sentinel-2 RGB (09.08.2020) in 10 m (rechts oben), Pleiades RGB (10.08.2020) in 2 m (links unten) und Panchromatisch in 0,5 m (rechts unten). (Quelle: eigene Darstellung; Contains modified Copernicus Sentinel data 2020; U.S. Geological Service Landsat 8 used in compiling this information; © CNES (2020) distribution Airbus DS)

Spektralkanäle nennt man die Bereiche des elektromagnetischen Spektrums, in denen ein Sensor für die gemessene Strahlung sensitiv ist. Die Anzahl der Spektralkanäle bestimmt die ***spektrale Auflösung***. Ein Sensor mit vielen Spektralkanälen kann also in verschiedenen Bereichen des Spektrums Messungen durchführen und sammelt damit viele Informationen über das physikalische Verhalten der reflektierenden Oberfläche in verschiedenen Wellenlängen; er hat eine hohe spektrale Auflösung. Die meisten optischen Sensoren haben mindestens drei spektrale Kanäle; einen im blauen, einen im grünen und einen im roten Bereich des sichtbaren Lichts. Kombiniert man flächenhafte Messungen dieser drei Kanäle zu einem RGB-Bild (beispielsweise auf einem Computermonitor), erhält man eine Aufnahme, die aussieht wie ein Foto. Sensoren, die in mehreren Spektralkanälen Aufnahmen machen, nennt man Multispektralsensoren. Sind es dagegen hunderte, spricht man von Hyperspektralsensoren; sie können ein quasi-kontinuierliches Spektrum abbilden. Mit handbetriebenen Spektrometern lassen sich vergleichbare Messungen am Boden durchführen, allerdings liefern Spektrometer keine Bilder, sondern nur eine Punktmessung eines Spektrums, ähnlich wie in Abbildung 3.15 gezeigt.

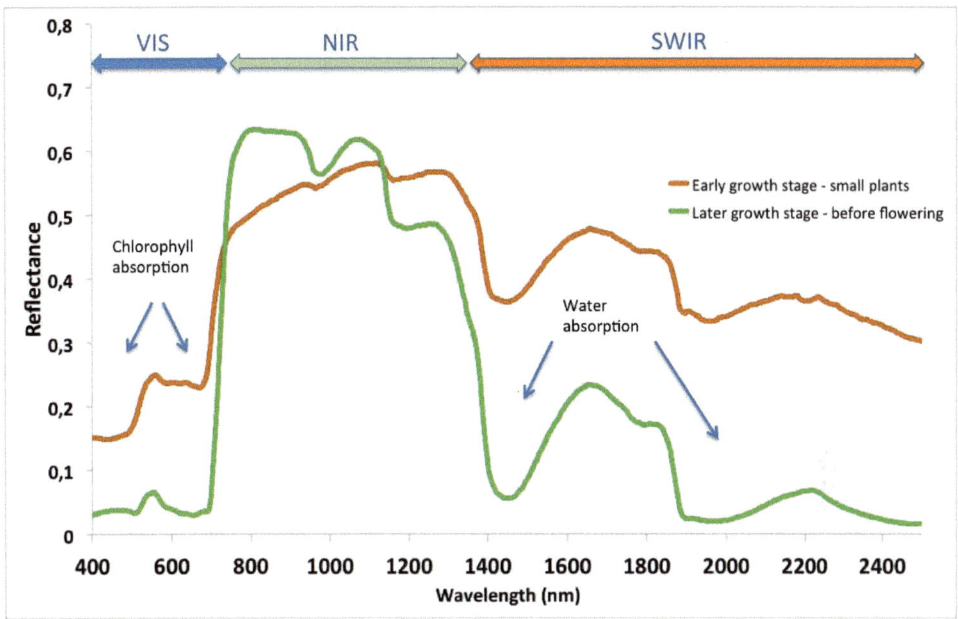

Abb. 3.26: Zwei typische Vegetationsspektren, eines für kleine Pflanzen und hohe Bodensichtbarkeit (braun) und das andere, bei dem die reife Pflanze den gesamten Boden bedeckt (grün). Dargestellt sind die Chlorophyll-Absorptionsbanden im sichtbaren Bereich, der ausgeprägte Reflexionsgrad im NIR und die Wasserabsorptionsbanden im kurzwelligen Infrarotbereich des Spektralbereichs (Quelle: eigene Darstellung; ©Geocledian GmbH)

Die Breite der Spektralkanäle bestimmt, wie viel Energie den Sensor erreicht. Je breiter der Kanal, desto mehr Energie kann gemessen werden. Je mehr Energie den Sensor erreicht, desto kleiner kann man die Bodensegmente wählen, von denen Energie gesammelt wird, die für die Messung eines Pixels verwendet wird. Sprich, je breiter ein Spektralkanal ist, desto größer kann auch die räumliche Auflösung gewählt werden. Deshalb haben viele optische Sensoren auf Satelliten einen zusätzlichen panchromatischen Spektralkanal, der sehr breit ist und sich so über mehrere Farben des sichtbaren Lichts erstreckt, dafür aber eine sehr hohe räumliche Auflösung hat (Beispiel Landsat).

Hinsichtlich räumlicher und spektraler Auflösung unterscheiden sich Sensoren sehr stark. Dies betrifft sowohl satellitengestützte Systeme als auch drohnen- oder bodengestützte Systeme.

Tabelle 3.5: Wellenlängen und räumliche Auflösung des MSI Instruments der Sentinel-2-Satelliten (Quelle: https://sentinel.esa.int/web/sentinel/technical-guides/sentinel-2-msi/msi-instrument)

Bänder	Sentinel-2A	Sentinel-2B	Räumliche Auflösung [m]
	Wellenlänge [nm]	Wellenlänge [nm]	
1 – Coastal / Aerosol	430 – 457	420 – 465	60
2 – Blue	448 – 546	443 – 541	10
3 – Green	538 – 583	536 – 582	10
4 – Red	646 – 684	646 – 685	10
5 – Vegetation Red Edge	694 – 713	694 – 714	20
6 – Vegetation Red Edge	731 – 749	730 – 748	20
7 – Vegetation Red Edge	769 – 797	766 – 794	20
8 – NIR	763 – 908	767 – 900	10
8A – Vegetation Red Edge	848 – 881	848 – 880	20
9 – Water vapour	932 – 958	930 – 957	60
10 – Cirrus	1336 –1411	1339 – 1415	60
11 – SWIR 1	1542 – 1685	1540 – 1681	20
12 – SWIR 2	2081 – 2323	2067 – 2305	20

Tabelle 3.6: Wellenlängen und räumliche Auflösung der Satelliten Landsat-8 und Landsat-9 (OLI und TIRS Instrumente) (Quelle: https://landsat.gsfc.nasa.gov/satellites/landsat-8/; https://landsat.gsfc.nasa.gov/satellites/landsat-9/landsat-9-instruments/landsat-9-spectral-specifications/)

Bänder	Landsat-8	Landsat-9	Räumliche Auflösung [m]
	Wellenlänge [nm]	Wellenlänge [nm]	
1 – Coastal / Aerosol	435 – 451	433 – 453	30
2 – Blue	452 – 512	450 – 515	30
3 – Green	533 – 590	525 – 600	30
4 – Red	636 – 673	630 – 680	30
5 – NIR	851 – 879	845 – 885	30
6 – SWIR 1	1566 – 1651	1560 – 1660	30
7 – SWIR 2	2107 – 2294	2100 – 2300	30
8 – Panchromatic	503 – 676	500 – 680	15
9 – Cirrus	1363 – 1384	1360 – 1390	30
10 – Thermal 1	10600 – 11190	10300 – 11300	100
11 – Thermal 2	11500 – 12510	11500 – 12500	100

Neben der spektralen und der räumlichen Auflösung gibt es noch die zeitliche und radiometrische Auflösung. Die ***radiometrische Auflösung*** wird auch Farbtiefe genannt und gibt an, wie viele Graustufen ein Sensor eines Spektralkanals unterscheiden bzw. messen kann. Er wird in Bit angegeben. 8 Bit entsprechen 256 Graustufen, 12 Bit entsprechen 4.096 und 16 Bit entsprechen 65.536 Graustufen. Die ***zeitliche Auflösung*** von Satellitendaten gibt an nach, wie viel Tagen ein Sensor oder eine Konstellation mehrerer Sensoren gleicher Bauart den gleichen Punkt auf der Erde wieder aufnehmen kann (falls es keine Wolken gibt). Dieses Zeitintervall wird auch Wiederholrate oder Bildgebungsintervall genannt und hängt u. a. von der Bahnhöhe des Satelliten über der Erdoberfläche und der Breite des Aufnahmestreifens eines Satelliten ab, der auch Schwad genannt wird. Je breiter der Schwad desto kürzer dauert es, bis die komplette Erde aufgenommen ist. Somit wird die Wiederholrate kleiner, je breiter der Schwad ist. Ein weiterer Faktor, der über die Qualität von Satellitenbildern entscheidet, ist die Positionsgenauigkeit. Unter ihr versteht man die horizontale Positionsgenauigkeit in Metern, die ein Satellit hat. Sie bestimmt, ob mehrere Bilder eines Orts des gleichen Sensors auch tatsächlich übereinanderliegen.

3.2.1.5 Farbmischung, Pixelwerte

Ein Pixel ist ein zweidimensionales Element eines digitalen Bilds. Ein Fernerkundungsbild wird auf einem Monitor mit Pixeln dargestellt, die in einer zweidimensionalen Matrix mit Zeilen und Spalten angeordnet sind. Wenn die Zoomstufe so eingestellt wird, dass jeder Bildpunkt auf dem Monitor ein aufgenommener Pixel des Sensors darstellt, zeigt der Monitor die native Auflösung des Bilds. Jeder Pixel hat einen Helligkeitswert, dessen Wertebereich von der radiometrischen Auflösung abhängt. Ein 8-Bit-Pixel kann beispielsweise 256 verschiedene Grauwerte von schwarz bis weiß annehmen (0 – 255). Wenn man mehrere solcher Bilder übereinander stapelt, beispielsweise ein Bild je aufgenommenem Spektralband eines Sensors, spricht man von einem mehrdimensionalen Raster. Multispektrale Bilder stellen solche mehrdimensionalen Bildstapel dar, deren einzelne Bilder werden auch Bänder genannt. Je mehr Bänder ein Multispektralbild hat, desto mehr Messwerte, also Informationen, enthält jeder Pixel über den aufgenommenen Teil der Erdoberfläche.

Will man mehrere Bänder eines solchen Multispektralbilds gleichzeitig auf dem Monitor darstellen, hat man dafür drei Farben zur Verfügung: Rot, Grün und Blau (RGB). Jeder Bildpunkt eines Monitors kann jede dieser drei Farben in einer bestimmten Helligkeit darstellen. Zusammen ergeben sie eine Farbe je Pixel nach dem Prinzip der additiven Farbmischung. So ergibt Rot und Grün beispielsweise Gelb, Grün und Blau Cyan und Rot und Blau Magenta. Werden mit den drei Farben die drei Bänder dargestellt, die tatsächlich in den drei Spektralbändern Rot, Grün und Blau aufgenommen wurden, sieht das Bild wie ein Foto aus und man spricht von einem Echtfarbenbild. Kombiniert man aber andere Bänder, beispielsweise Grün, Rot und NIR, spricht man von einem Falschfarbenkomposit, in diesem speziellen Fall vom Color-Infrarot-Bild (CIR), was in Land- und Forstwirtschaft verbreitet ist. Es zeichnet sich dadurch aus, dass Vegetation rot erscheint, während unbewachsener Boden türkis und Wasser schwarz dargestellt wird (siehe Abb. 3.27).

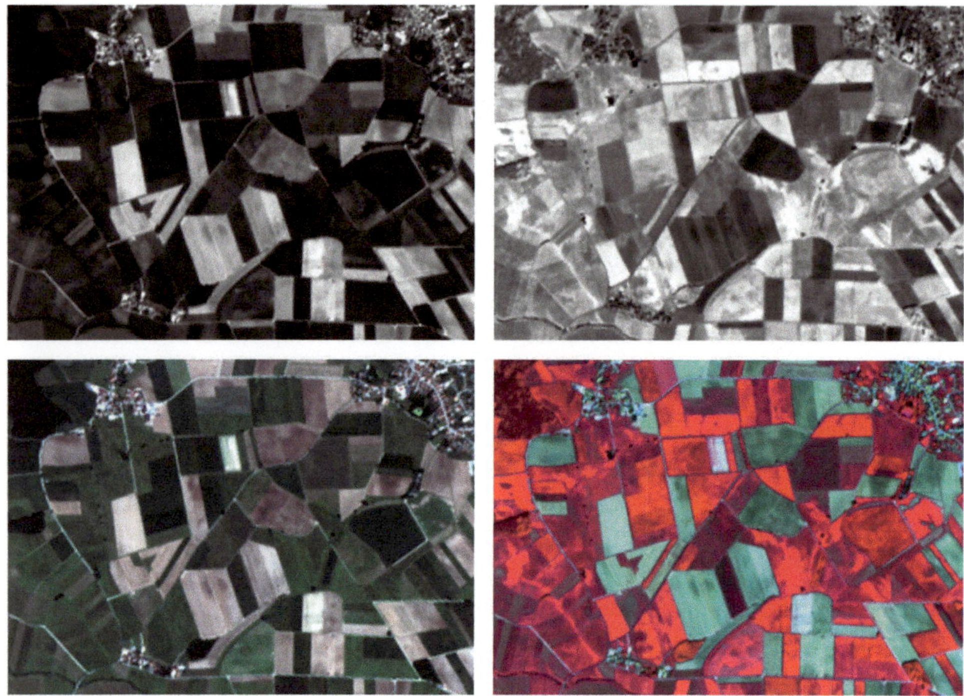

Abb. 3.27: Ein Ausschnitt eines Sentinel-2-Bilds in Bayern (09.08.2020). Links oben: Band 4 (Rot), rechts oben: Band 8 (NIR); links unten: Band 4, 3, 2 (RGB); rechts unten: Band 8,4,3 (CIR). In Letzterem erkennt man die Heterogenität des Pflanzenbestands in einigen Feldern deutlich besser (Quelle: eigene Darstellung; Contains modified Copernicus Sentinel data 2020).

3.2.1.6 Sensorsysteme und Plattformen

Neben passiven Systemen, die, wie in der optischen Fernerkundung, nur mit reflektierter Sonnenenergie oder von der Erde ausgestrahlter Energie (z. B. Thermalfernerkundung) arbeiten, messen aktive Systeme die reflektierte Strahlung, die von einer eigenen Beleuchtungsquelle ausgesendet wird. Im sichtbaren Bereich des Spektrums sind dies beispielsweise traktorgestützte Systeme, die eine eigene Beleuchtungsquelle (Scheinwerfer) besitzen. Im Bereich der Mikrowellen sind dies meist Radarsysteme (z. B. Sentinel-1).

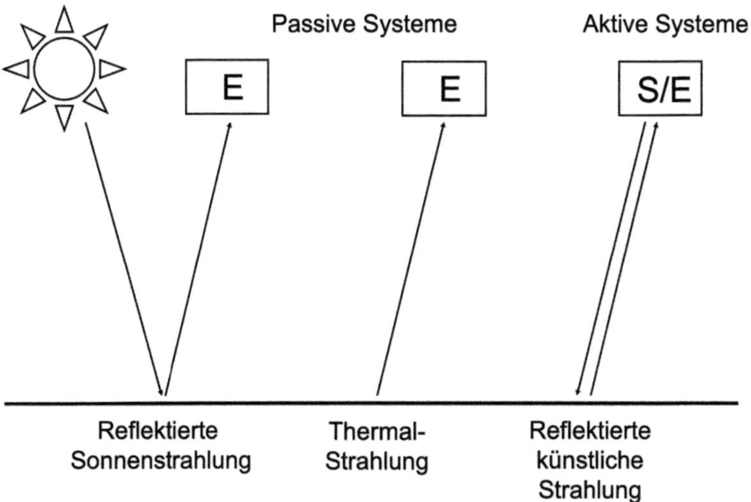

Abb. 3.28: Schema des Strahlungsflusses bei der Datenaufnahme mit passiven und aktiven Systemen. E = Empfänger oder Sensor; S = Sender (Quelle: eigene Darstellung nach Albertz 2001).

Zur optischen Fernerkundung rechnet man neben Multi- und Hyperspektralfernerkundung auch photographische Aufnahmen, wie sie von den Landesvermessungsämtern als Luftbilder erstellt werden.

Multispektralfernerkundung, auf der in diesem Kapitel der Schwerpunkt liegt, basiert auf Sensoren, die mehrere Spektralkanäle besitzen, mit denen sie Messungen in unterschiedlichen Bereichen des Spektrums zwischen sichtbarem und Infrarotlicht aufnehmen können. Neben den Landsat-Missionen ist Sentinel-2 ein Beispiel für Multispektralsatelliten. Auch auf allen anderen Plattformen wie Flugzeugen, Drohnen oder bodengestützten System werden Multispektralsensoren seit Langem eingesetzt. Mithilfe multispektraler Messungen über Pflanzenbeständen können Vegetationsparameter abgeleitet werden, die Informationen über Pflanzenzustand und Entwicklungsstadium enthalten. Außerdem werden Multispektralsensoren in vielen anderen Bereichen der Landwirtschaft eingesetzt. Im nächsten Kapitel wird dies weiter vertieft.

Neben Multispektralfernerkundung gibt es weitere wichtige Fernerkundungsbereiche, die in der Landwirtschaft eine Rolle spielen. Die wichtigsten sind:

- Hyperspektralfernerkundung
- Thermalfernerkundung
- Radarfernerkundung
- Mikrowellenradiometrie

Hyperspektralsensoren zeichnen sich dadurch aus, dass ein Sensor nicht nur wenige, sondern dutzende oder hunderte Spektralkanäle besitzt (vgl. Abb. 3.14). Das dadurch quasi-kontinuierliche Spektrum, das für jeden Pixel gemessen werden kann, erlaubt genauere Ableitungen von Vegetationsparametern, beispielsweise zur quantitativen Bestimmung der Nährstoffversorgung von Ackerpflanzen. Dies geht allerdings auf Kosten der räumlichen Auflösung, da die einzelnen Spektralkanäle deutlich schmäler sind als die von Multispektralsensoren. Hyperspektralsensoren werden sowohl auf bodengestützten Systemen als auch auf Drohnen, Flugzeugen und Satelliten eingesetzt. Der Start der ersten deutschen Hyperspektral-Satellitenmission EnMAP (Environmental Mapping and Analysis Program) erfolgte 2022. EnMAP-Daten haben eine räumliche Auflösung von 30 m und 230 Spektralkanäle vom sichtbaren Licht bis zum kurzwelligen Infrarot.

Thermalfernerkundung kann mit Sensoren betrieben werden, die Spektralkanäle im Bereich des thermalen Infrarots besitzen, beispielsweise Landsat 9. Hierbei wird die von der Erdoberfläche emittierte thermale Infrarotstrahlung gemessen, von der die Oberflächentemperatur abgeleitet werden kann. Da die Blatttemperatur von Pflanzen durch die Verdunstungsleistung beeinflusst wird, können aus ihr Aussagen zur Verdunstungsaktivität abgeleitet werden, was Aussagen über die Wasserversorgung und photosynthetische Aktivität von Pflanzen zulässt. Dies findet Anwendung in der Überwachung oder Steuerung von Bewässerungslandwirtschaft.

In der Radarfernerkundung werden die an der Erdoberfläche reflektierten Mikrowellenimpulse, die von einem Sender ausgestrahlt wurden, an einem Empfänger gemessen. Meist befinden sich Sender und Empfänger auf einem Satelliten (z. B. Sentinel-1) oder einem Flugzeug. Durch Menge und Art der empfangenen Strahlung lassen sich Aussagen über die reflektierende Oberfläche machen. Je nach Wellenlänge der verwendeten Strahlung können dies Aussagen zu Boden- und Pflanzenfeuchte oder anderen Pflanzenparametern sein, die beispielsweise helfen können, Pflanzenarten zu unterscheiden oder das Entwicklungsstadium zu bestimmen. Radarfernerkundung hat den Vorteil, dass sie weitgehend unabhängig von der Wolkenbedeckung oder Beleuchtung funktioniert und daher zuverlässiger Daten liefert als optische Fernerkundung.

Mikrowellenradiometrie spielt in der Landwirtschaft eine untergeordnete Rolle, da die Daten, die sie, meist von Satelliten, liefert, in der Regel eine räumliche Auflösung von vielen Kilometern haben. Hierbei wird die natürlich von der Erde ausgestrahlte Energie im Bereich der Mikrowellen gemessen. Allerdings lassen sich mit dieser passiven Technik die Bodenfeuchte und der Pflanzenwassergehalt genauer bestimmen als mit anderen Fernerkundungsmethoden. Daher werden diese Daten in Kombination mit höher aufgelösten Daten heute für die Entwicklung neuer Produkte für die Landwirtschaft zu Bodenfeuchte und Biomasse verwendet. Beispiele für Satelliten, die auf dieser Technik basieren, sind SMOS (*Soil Moisture and Ocean Salinity*) und SMAP (*Soil Moisture Active Passive*).

Heute dominiert Multispektralfernerkundung bei landwirtschaftlichen Anwendungen, und zwar sowohl auf satelliten- wie auch auf drohnen- (UAV-) oder traktorgestützten Systemen. Allerdings werden wir in Zukunft wohl mehr und mehr Fernerkundungsprodukte sehen, die auf einer Kombination verschiedener Datenquellen beruhen, um den größten Mehrwert zu generieren.

Aber welche Art der Sensorplattform ist für die Landwirtschaft am geeignetsten? Diese Frage lässt sich pauschal nicht beantworten und hängt sowohl von der geplanten Anwendung als auch dem Einsatzort und dem verfügbaren Kostenrahmen ab. Die Wahl der Sensorplattform hat Auswirkungen auf die räumliche und zeitliche Auflösung der erzeugten

Daten. Je näher der Sensor am Bestand ist, desto höher kann die räumliche Auflösung sein, sie reicht üblicherweise von 1 – 60 m bei Satelliten bis zu Zentimetern (Drohnen) oder darunter für traktorgestützte Systeme. Die zeitliche Auflösung von Satellitendaten liegt theoretisch im Bereich von einigen Tagen, praktisch wird sie bei der optischen Fernerkundung jedoch stark von der Wolkenbedeckung gesteuert und kann daher in Mitteleuropa auch zu Datenlücken von mehr als einer Woche führen. In trockeneren Gebieten ist dies natürlich anders. Die Kosten von Satellitendaten sind je nach Sensor sehr unterschiedlich. Frei verfügbare Daten (räumliche Auflösung von 10 – 60 m) sind kostenlos erhältlich, während hochauflösende, kommerzielle Daten hunderte Euro pro Bild kosten können. Für Drohnen oder traktorgestützte Systeme steigen die Kosten natürlich mit der technischen Ausrüstung und dem personellen Aufwand, der für Aufnahme und Aufbereitung nötig ist, dafür hat man den Nachteil der etwas unberechenbaren zeitlichen Auflösung nicht. Je nach Datenquelle müssen die Daten auch unterschiedlich aufbereitet werden, um unerwünschte Störungen oder Verzerrungen zu korrigieren. Dies kann sich in aller Regel aber durch die Wahl einer entsprechenden Software oder Komplettlösung erübrigen. Flugzeuggetragene Sensoren spielen in der europäischen Landwirtschaft eine untergeordnete Rolle. Nur in der Forstwirtschaft oder bei Datensätzen, die von den Landesvermessungsämtern gekauft werden können (z. B. Orthophotos oder Digitale Geländemodelle) sind sie relevant. Oft wird eine Kombination verschiedener Datenquellen das beste Ergebnis liefern, dafür sollten die kombinierten Sensoren aber zusammenpassen (z. B. die Spektralkanäle).

3.2.1.7 Datenbeschaffung und Verarbeitung

Die Datenbeschaffung von Satellitendaten ist je nach Datenquelle sehr unterschiedlich. Freie Satellitendaten können einfach beim Datenprovider heruntergeladen werden (Sentinel: https://dataspace.copernicus.eu/; Landsat: https://earthexplorer.usgs.gov/). Kommerzielle Daten müssen jedoch in aller Regel vor der Aufnahme bestellt und bezahlt werden. Allerdings haben sehr viele Lieferanten von Software für landwirtschaftliche Anwendungen diese Daten bereits integriert und ermöglichen so einen einfachen Zugriff darauf.

Satellitendaten werden in unterschiedlichen Verarbeitungslevels ausgeliefert. Level-1 Daten werden geometrisch und radiometrisch korrigiert. Ausgeliefert werden meist nur Level-1C-Daten als „Top-Of-Atmosphere“-(TOA-)Reflektanzen in einer geographischen Projektion. Diese Daten sind meist wenige Stunden nach Aufnahme verfügbar. Sie enthalten die oberhalb der Atmosphäre gemessene, an der Erdoberfläche reflektierte Sonnenstrahlung je Pixel. In der Regel sollte man mit Level-2-Daten arbeiten, da diese zusätzlich von Atmosphäreneinflüssen (Streulicht, Staub, Dunst, Schleierwolken etc.) durch eine Atmosphärenkorrektur korrigiert sind. Diese „Bottom-Of-Atmosphere“-(BOA-)Daten enthalten die Reflektanz, wie sie direkt über der Erdoberfläche gemessen werden könnte. Trotzdem können auch diese Daten noch fehlerhafte Pixel, Wolkenreste oder unsauber korrigierte Bereiche enthalten, was bei der weiteren Verarbeitung und Auswertung unbedingt bedacht werden muss.

3.2.2 Vegetation in Multispektraldaten

Einige Eigenschaften von Pflanzen lassen sich mit optischer Fernerkundung messen, da verschiedene Pflanzenteile ein spezifisches spektrales Absorptionsverhalten aufweisen. So dringt rotes und blaues Sonnenlicht durch die oberste Schicht der Blätter (Epidermis) in Blätter ein und wird von den Chloroplasten im Palisadengewebe darunter weitgehend absorbiert und zur Photosynthese verwendet, während grünes Licht von den Chloroplasten weitgehend reflektiert wird. Daher sehen gesunde Pflanzen in der Regel grün aus. Nahe Infrarotstrahlung hingegen durchdringt die Chloroplasten unbeeinflusst und wird vom Schwamm-Mesophyll darunter sehr stark reflektiert.

So wird die einfallende Strahlung in spezifischen Wellenlängenbereichen von bestimmten Molekülen absorbiert oder reflektiert, was Rückschlüsse über deren Mengen in den Pflanzen aus der reflektierten Strahlung zulässt. Neben Chlorophyll a und b sind dies vor allem Karotinoide, Cellulose, Wasser und Lignin.

Das daraus entstehende typische Pflanzenspektrum zeichnet sich durch eine niedrige Reflektion im sichtbaren Bereich aus, weil hier das einfallende Licht von den Blattpigmenten absorbiert wird. Auffällig ist die starke Absorption von Chorophyll im blauen und roten Spektralbereich (siehe Abb. 3.15).

Im Bereich des nahen Infrarots zeigt sich eine starke Zunahme der Reflektion, die ein deutliches Plateau zwischen 0,7 und 1,3 µm aufweist. Die starke Reflektion in diesem Bereich wird durch die innere Zellstruktur (Schwamm-Mesophyll) des gesunden Blatts verursacht. Der steile Anstieg der Reflektion vom roten Licht zum nahen Infrarot wird Red Edge genannt und ist sehr charakteristisch für grüne Vegetation.

Bis zum kurzwelligen Infrarot sinkt die Reflektion wieder ab. Bei 1,4 µm, 1,9 µm und 2,6 µm ist das kurzwellige Infrarot deutlich durch drei Wasserabsorptionsbanden geprägt. Die den Reflektionsgrad je nach Wassergehalt verringern.

Absterbende, austrocknende oder abreifende Vegetation ändert daher ihr typisches Reflektionsverhalten, indem es sich dem vom offenen Boden annähert. Die Reflektion im sichtbaren Bereich und kurzwelligen Infrarot nimmt deutlich stärker zu als im nahen Infrarot. Die Wasserabsorptionsbanden ebnen sich ein. Bei sich änderndem Wassergehalt von grüner Vegetation ändert sich vor allem die Form der Reflektion im kurzwelligen Infrarot.

Unterschiedliche Pflanzenarten weisen ein unterschiedliches typisches Reflektionsverhalten auf. So bleibt die grundlegende Form des Pflanzenspektrums bei den meisten grünen Pflanzen gleich, allerdings variieren je nach Pflanzenart Teile der Spektren, sodass sich Pflanzenarten anhand ihrer Spektren unterscheiden lassen. Auch das Alter von Blättern wirkt sich auf das Reflektionsverhalten aus.

3.2.2.1 Vegetationsindizes

Vegetationsindizes sind ein einfaches Mittel, um dieses spektrale Reflektionsverhalten von Pflanzen zu benutzen und quantitative Indikatoren aus Multispektraldaten abzuleiten, die etwas über bestimmte Pflanzeneigenschaften aussagen. Da man bei Multispektralsensoren, anders als etwa bei Hyperspektralsensoren, nur wenige Spektralkanäle zur Verfügung hat, ist man darauf angewiesen, diese punktuellen Messungen in bestimmten Teilen des Pflanzenspektrums zu nutzen. Vegetationsindizes basieren darauf, dass die Messwerte von zwei oder mehr Spektralkanälen durch eine mathematische Formel zueinander ins Verhältnis gesetzt werden um die spektrale Information in einen Wert zu transformieren. Dies stellt eine Reduktion der Dimensionalität dar. Der resultierende Index ist eine einheitslose Messung zur Beobachtung des Vegetationszustandes und kann Informationen zu Aufbau, Dichte, Verteilung, Wassergehalt, Nährstoffgehalt, Pflanzenwachstumsstadium, oder Schädigungen des Pflanzenbestands enthalten. Die Vielzahl der Vegetationsindizes, die es gibt, haben unterschiedliche Sensitivitäten für Bodeneinflüsse (z. B. Farbe), Strahlungsschwankungen (z. B. jahreszeitliche Änderungen des Sonnenstands) oder atmosphärische Störungen. Daher ist kein Vegetationsindex immer für alle Anwendungsbereiche optimal geeignet, sondern sollte sorgfältig für die geplante Anwendung ausgewählt werden.

So können viele Indizes beispielsweise nur aus den Daten bestimmter Sensoren berechnet werden, wenn sie auf Spektralkanäle im Bereich des Red Edge angewiesen sind, die auf vielen Sensoren nicht verfügbar sind. Da verschiedene Spektralkanäle eines Sensors oft Daten in unterschiedlicher räumlicher Auflösung liefern, bestimmt die Wahl des Index auch die räumliche Auflösung des Ergebnisses. Dies sollte auch bedacht werden, wenn Indizes aus Daten von verschiedenen Sensoren oder Plattformen kombiniert werden sollen (z. B. unterschiedliche Satelliten oder Drohnen mit Traktorgestützten Systemen). Je nach verwendeten Spektralkanälen lassen sich aus verschiedenen Indizes Rückschlüsse auf unterschiedliche Pflanzbestandteile ziehen.

Einer der bekanntesten und auch ältesten Vegetationsindizes ist der Normalized Difference Vegetation Index (NDVI) (Rouse 1973) der sich aus den zwei Spektralkanälen im roten (RED) und nahen Infrarot (NIR) gem. Formel 3.5 berechnet.

$$NDVI = \frac{NIR - RED}{NIR + RED} \tag{3.5}$$

Da die meisten optischen Satelliten diese beiden Spektralkanäle besitzen, lässt er sich aus fast allen Multispektraldaten berechnen, was seine Verbreitung gefördert hat. Er basiert auf dem für gesunde Pflanzen typischen Anstieg der Reflektion vom roten zum nahen Infrarotbereich, der infolge der starken Chlorophyllabsorption im roten und starken Reflektion der Blattstruktur im nahen Infrarotbereich beobachtet werden kann. Je größer die Differenz dieser beiden Werte ist, desto mehr gesunde, grüne Blattfläche ist typischerweise vorhanden. So ermöglicht der NDVI eine einheitslose Messung zur Beobachtung des Vegetationszustands, die über das hinausgeht, was das menschliche Auge wahrnehmen kann. Er findet Anwendung in Land- und Forstwirtschaft sowie der Umweltforschung und vielen anderen Bereichen der Fernerkundung. Er hat einen Wertebereich von –1 bis 1 und weist für unterschiedliche Oberflächen diese typischen Werte auf:

- Wald: um 0,8
- Gras: um 0,6
- Offener Boden: 0,1 – 0,2

- Siedlung: 0 – 0,2
- Wasser: < 0

Beleuchtungsunterschiede (z. B. Sommer/Winter) werden durch die Normierung mit der Summe NIR+RED größtenteils ausgeglichen.

Werte nahe 1 werden dabei typischerweise auf gesunden, dichten Pflanzenbeständen mit hohen Chlorophyllmengen erreicht. Eine Abnahme kann verschiedene Gründe haben: Abreife, Ernte oder Pflanzenschädigung. Der NDVI korreliert mit dem Chlorophyll- und Stickstoffgehalt, der Biomasse und der Blattfläche von Beständen.

Da der NDVI bereits seit 1973 benutzt wird, ist er weitverbreitet und gut erforscht. Neben seiner Verständlichkeit aufgrund der einfachen Formel hat er den Vorteil, mit praktisch jedem Multispektralsensor zu funktionieren. Allerdings ist bekannt, dass der NDVI bei hohen Blattflächen sättigt, er steigt also bei sehr dichten Beständen irgendwann kaum noch, selbst wenn die Bestände noch dichter werden. Daher wurden viele weitere Indizes entwickelt, um diese und weitere Nachteile auszugleichen. Einen Überblick hierüber liefert die Index DataBase der Universität Bonn (http://www.indexdatabse.de) (Henrich et al. 2012). Generell haben Indizes, die auf Spektralbändern im Red Edge basieren, eine deutlich höhere Sensitivität zu den genannten Parametern als der NDVI. Hierzu zählen beispielsweise NDRE (*Normalized Difference Red Edge Index*), CI-RE (*Chlorophyll Index Red Edge*) oder REIP (*Red Edge Inflection Point*). So korreliert der CI-RE und andere Red Edge basierte Indizes zu bestimmten Zeitpunkten gut mit dem Stickstoff- und Chlorophyllgehalt von Gras, Weizen, Kartoffeln, Mais, Soja und anderen Fruchtarten (Clevers & Gitelson 2013, Clevers et al. 2017, Wolters et al. 2021).

Darüber hinaus gibt es noch sehr viele weitere Indizes, die für spezielle Zwecke entwickelt wurden, um beispielsweise den Wasserstress oder Wassergehalt von Pflanzen abzuschätzen oder bestimmte Blattfarbstoffe wie die Anthocyanine zu detektieren, die im Weinbau eine Rolle spielen. Andere haben eine geringere Sensitivität zur Bodenfarbe bei nicht kompletter Bodenbedeckung oder zu atmosphärischen Einflüssen.

Während viele der genannten Indizes nach dem gleichen Schema funktionieren wie der NDVI, beruht der REIP (Red Edge Inflection Point) auf vier Spektralkanälen und versucht, den Wendepunkt zu beschreiben, bei dem die Steigung im Übergang vom RED zum NIR wieder abnimmt (Formel 3.6). R_{670}, R_{780}, R_{740} und R_{700} sind die gemessenen Reflektionen bei der entsprechenden Wellenlänge in nm; diese werden jedoch nicht von allen Sensoren erfasst. Der REIP wird für viele Anwendungen in der Landwirtschaft genutzt, z. B. von verschiedenen Stickstoffsensoren, da er den Ernährungszustand von Pflanzen besser erfassen kann als der NDVI und vieler anderer Indizes.

$$REIP = 700 + 40 \cdot \frac{\frac{R_{670} + R_{780}}{2} - R_{700}}{R_{740} - R_{700}} \tag{3.6}$$

3.2.2.2 Vegetationsparameter

Vegetationsindizes haben den Nachteil, dass sie mit keiner physikalischen Größe, die im Feld oder Labor gemessen werden kann, direkt vergleichbar sind. Zur Ableitung landwirtschaftlich bedeutsamer Parameter wie Wuchshöhe oder Stickstoffgehalt ist immer ein Zwischenschritt nötig. Neben Vegetationsindizes gibt es weitere Möglichkeiten, quantitative Parameter zur Beschreibung von Pflanzen aus Fernerkundungsdaten abzuleiten. Solche biophysikalischen Parameter sind beispielsweise:

- Leaf Area Index (LAI), ein Blattflächenindex, der die aufsummierte grüne Blattfläche, die über einem Quadratmeter Boden steht, beschreibt;
- FAPAR (Fraction of Absorbed Photosynthetically Active Radiation), ein Maß für die Photosyntheseleistung;
- Fcover, der Bodenbedeckungsgrad mit grüner Vegetation;
- Biomasse;
- Chlorophyllgehalt;
- Stickstoffgehalt;
- Wassergehalt.

Diese Parameter sind im Gegensatz zu Indizes nicht direkt aus den spektralen Signaturen ableitbar, allerdings beschreiben sie eine tatsächlich messbare Größe, die auch im Feld bzw. Labor gemessen werden kann. Sie können durch empirisch-statistische Verfahren, beispielsweise durch Regression aus Feldmessungen mit Vegetationsindizes abgeleitet werden oder durch Modelle aus den spektralen Signaturen bestimmt werden. Der Vorteil statistischer Methoden ist, dass sie in der Regel einfach und schnell einzusetzen sind und wenige zusätzliche Annahmen getroffen werden müssen.

Modelle können entweder auf physikalischen Annahmen beruhen und Pflanzenwachstumsmodelle mit invertierten Strahlungstransfermodellen nutzen, um die gewünschten Parameter abzuleiten oder auf maschinellem Lernen beruhen (z. B. neuronale Netze). Für die Kalibrierung beider Methoden sind jedoch große Mengen Referenzmessdaten nötig. Gut kalibrierte Modelle können genauer und besser übertragbar in Raum und Zeit sein als statistische Verfahren, erfordern aber mehr Aufwand.

3.2.3 Anwendungen

3.2.3.1 Zeitreihenbasierte Anwendungen

Zeitreihen von Vegetationsindizes oder -parametern erlauben, das Pflanzenwachstum über eine Saison quantitativ zu verfolgen und somit Vergleiche zwischen Feldern, Jahren oder Pflanzenarten anzustellen. Phänologische Indikatoren wie Start und Ende einer Saison, der Höhepunkt oder die Dauer der Saison lassen sich ableiten. Abbildung 3.29 illustriert einen solchen Vergleich von NDVI-Verlaufskurven. Auf regionaler oder kontinentaler Skala lassen sich auch Dürre oder Verzögerungen der landwirtschaftlichen Produktion durch Abweichungen vom langjährigen Mittel abschätzen. Beispielsweise verwenden FAO, USDA und JRC u. a. NDVI-basierte Indikatoren der landwirtschaftlichen Produktion und geben regelmäßig Berichte dazu heraus.

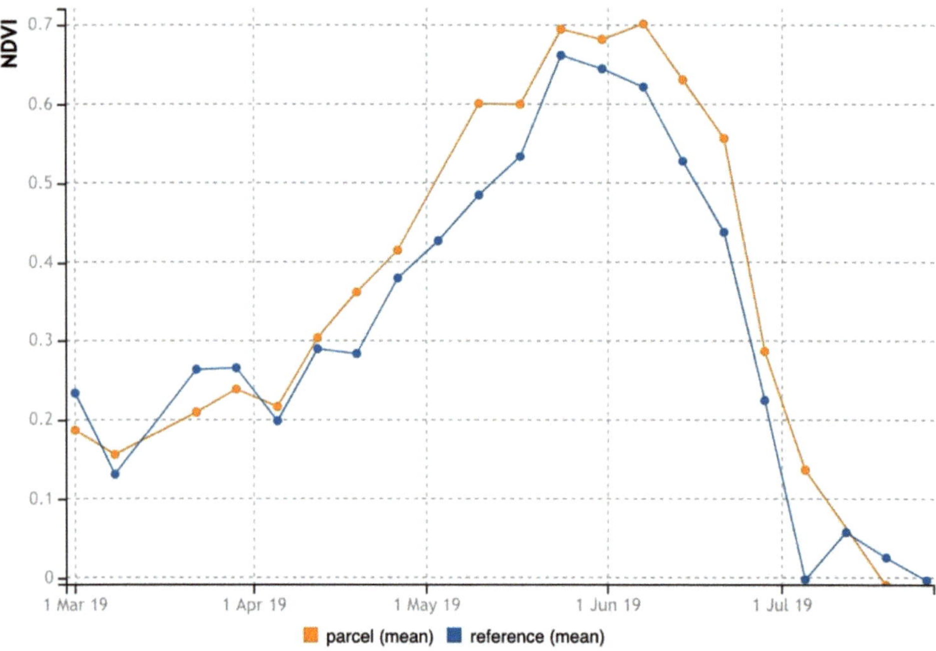

Abb. 3.29: Eine NDVI-Verlaufskurve eines Felds (blau) und eine Referenzkurve (orange), die aus umliegenden Feldern der gleichen Fruchtart generiert wurde. Somit ist ein direkter Vergleich der Pflanzenentwicklung möglich (Quelle: Eigene Darstellung; © Geocledian GmbH; Contains modified Copernicus Sentinel data 2021; U.S. Geological Service Landsat 8 used in compiling this information).

Neben dem Beginn des Pflanzenwachstums ist natürlich auch die Abreife interessant, die durch die Abnahme des Chlorophylls in den Blättern auch in Fernerkundungsdaten sichtbar wird und sich beispielsweise durch die Abnahme von Vegetationsindizes auszeichnet. Dieser Zusammenhang kann benutzt werden, um die Ernteplanung zu optimieren. Abbildung 3.30 zeigt eine NDVI-Verlaufskurve eines Maisfelds in Deutschland 2020. Deutlich sieht man die Datenlücken im Juli aufgrund von Wolkenbedeckung.

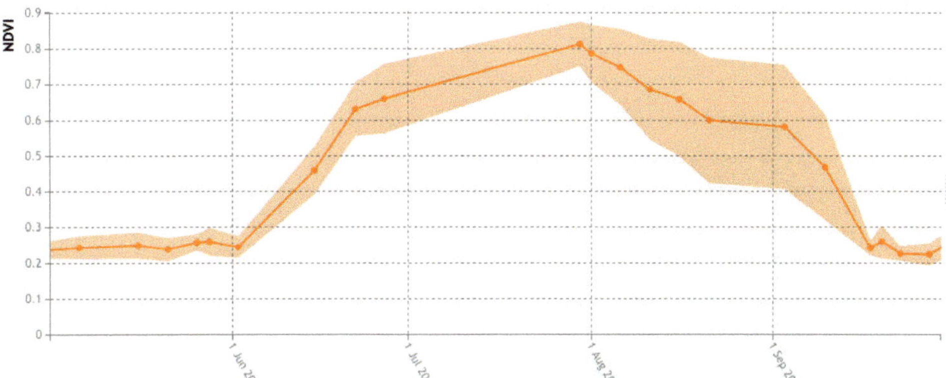

Abb. 3.30: Eine Sentinel-2-NDVI-Verlaufskurve eines Maisfelds in Deutschland 2020 (Mittelwert ± Standardabweichung) (Quelle: eigene Darstellung; © Geocledian GmbH; Contains modified Copernicus Sentinel data 2021)

Pflanzenwachstums- und Ertragsmodelle können verbessert werden, indem Fernerkundungsdaten dazu benutzt werden, die Pflanzenentwicklung realistischer abzubilden. So beruhen viele Modelle auf Annahmen über den typischen Wachstumsverlauf einer Fruchtart und benutzten beispielsweise LAI-Verlaufskurven um die Pflanzenentwicklung zu simulieren. Wenn diese Annahmen beispielsweise über LAI-Messungen aus Fernerkundungsdaten korrigiert und somit realistischer werden, können die Modellaussagen zuverlässiger werden. Fruchtartenklassifikationen basieren darauf, die unterschiedliche zeitliche Entwicklung der spektralen Muster verschiedener Pflanzen zu nutzen um sie zu unterscheiden.

3.2.3.2 Teilflächenspezifischer Pflanzenbau und bildbasierte Anwendungen

Während einige teilflächenspezifische Anwendungen auf der Aufnahme des aktuellen Zustands der Vegetation beruhen, um beispielsweise die Düngung, den Pflanzenschutz oder die Bewässerung zu optimieren, nutzen andere Verfahren die Möglichkeit, langfristig stabile Muster von Unterschieden im Pflanzenbestand herauszuarbeiten, um beispielsweise Zonierungskarten abzuleiten, die Informationen über die Heterogenität der Wachstumsbedingungen enthalten. Somit entstehen Karten, die Aussagen über die Wuchsbedingungen von Beständen zulassen, welche beispielsweise vom Boden, der Topographie oder der Wasserversorgung abhängen können. Abbildung 3.31 zeigt ein Ergebnis einer solchen Zonierung langfristiger Wachstumsunterschiede anhand eines runden, durch Pivotbewässerung geprägten Felds. Auf Basis dieser Datensätze lassen sich auch Ertragspotenzialkarten erstellen.

Abb. 3.31: Zonierung eines Felds mit Pivotbewässerung. Durchmesser ca. 800 m. Rote und orange Zonen repräsentieren unterdurchschnittliches Wachstum, grüne Zonen überdurchschnittliches Wachstum (Quelle: eigene Darstellung; © Geocledian GmbH; Contains modified Copernicus Sentinel data 2021).

Fernerkundungsdaten können benutzt werden, um Beobachtungen aus dem Feld in Ausmaß und Verbreitung zu quantifizieren. Der aktuelle Zustand des Bestands kann mittels Fernerkundungsdaten in der Fläche quantifiziert werden, indem beispielsweise Punktmessungen mit Fernerkundungsdaten korreliert und dann mithilfe der Fernerkundungsdaten in der Fläche interpoliert werden. Dies kann für verschiedene Parameter durchgeführt werden, wie z. B. Stickstoffgehalt, Biomasse oder Trockensubstanzgehalt.

Abbildung 3.32 zeigt eine Gegenüberstellung einer Wuchshöhenkarte eines Maisbestands zur Blüte im Juli 2021 und einer NDVI-Karte. Bei diesem Schlag erkennt man optisch, trotz Abweichungen, eine hohe Übereinstimmung der räumlichen Muster in beiden Karten. Dies ist nicht selbstverständlich, da die Wuchshöhe nicht direkt mit dem NDVI korreliert, der vor allem von der grünen Blattfläche abhängt. Aber unter bestimmten Bedingungen kann es solche Zusammenhänge geben.

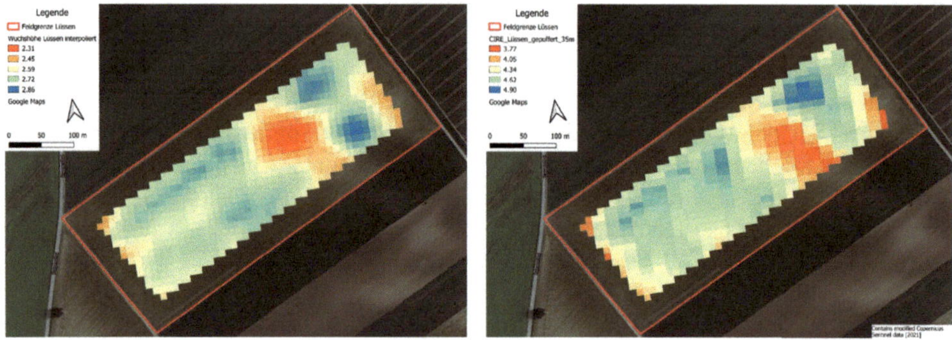

Abb. 3.32: Interpolierte Wuchshöhenmesswerte in einem Maisbestand zur Blüte 2021 (links) und Sentinel-2 Chlorophyll Red Edge Index (CIRE) (rechts) (Quelle: eigene Darstellung; Contains modified Copernicus Sentinel data 2021)

Auf Basis von solchen Momentaufnahmen des Pflanzenbestands oder Karten, die über ein oder mehrere Jahre integriert wurden, können Entscheidungen getroffen werden oder Applikationskarten für teilflächenspezifische Stickstoffdüngung oder Pflanzenschutz erstellt werden.

Das Ausmaß eines Schadens kann auch auf Basis von Fernerkundungsdaten quantifiziert werden. Allerdings muss immer berücksichtigt werden, dass in den Fernerkundungsdaten selbst nicht direkt der Grund für einen Abfall der Pflanzenvitalität erkannt werden kann. So kann ein Vegetationsindex oder der LAI sowohl durch eine Schädigung von Pflanzen als auch einen anderen phänologischen Entwicklungszustand verringert sein.

3.3 Röntgensensorsysteme für die Analyse von Nutzpflanzen

Dr. Stefan Gerth, Dr. Norman Uhlmann, Michael Salamon
Fraunhofer EZRT

3.3.1 Einführung

In den letzten Jahrzehnten wurde die Röntgentechnik zunehmend für die zerstörungsfreie Visualisierung von optisch unzugänglichen Pflanzenstrukturen eingesetzt (Liu et al. 2020, Schmidt et al. 2020, Metzner et al. 2015, Gregory et al. 2003, Paya et al. 2015, Pfeifer et al. 2015, Heeraman et al. 1997). Diese Technologie ist ursprünglich hauptsächlich für die medizinische Bildgebung verwendet worden (Kalender 2006, Villarraga-Gómez et al. 2019), dient heutzutage jedoch als Standardwerkzeug in industriellen Anwendungen zur Materialanalyse oder -inspektion (Villarraga-Gómez et al. 2019, Hanke et al. 2008, du Plessis et al. 2016, Jolly et al. 2015). Röntgenstrahlen sind in der Lage, feste Objekte zu durchdringen, während sie im Material abgeschwächt werden (Carlsson & Carlsson 1996). Neben der reinen Verwendung der zweidimensionalen Bildgebung anhand von Röntgenprojektionen ermöglicht die Röntgen-Computertomographie (CT) eine Rekonstruktion der 3D-Volumeninformationen von Objekten anhand vieler Röntgenprojektionen aus unterschiedlichen Winkeln eines Objekts (Munro 2010). Mithilfe dieser Informationen kann anschließend eine zerstörungsfreie Analyse von optisch unzugänglichen Strukturen unter- und oberirdisch durchgeführt werden. Der momentane Schwerpunkt dieser technologischen Entwicklungen liegt auf der Visualisierung unterirdischer Wachstumsprozesse wie zum Beispiel Kartoffelknollen (Van Harsselaar 2021, Pérez-Torres 2015, Ferreira et al. 2010) oder Wurzelsystemen (Metzner et al. 2015, Gregory et al. 2003, Rogers et al. 2016, Mawodza et al. 2020, Mairhofer et al. 2018, Xu et al. 2018, Mooney et al. 2012, Tracy et al. 2010, Ferreira et al. 2010, Ahmed et al. 2016, Pfeifer et al. 2016, Mawodza et al. 2020) sowie der Sortierung und Bewertung von Materialströmen. Im Falle der Röntgenbildgebung ist es notwendig, das Objekt von sich gegenüberliegenden Seiten zu erfassen, wodurch für die Anwendungen mittels Röntgentechnologie immer spezielle Aufbauten vonnöten sind. Wie in allen Sensorsystemen ist auch bei den Daten eines Röntgensensors eine digitale Nachbearbeitung erforderlich (Bildverarbeitung, bzw. Methoden des maschinellen Lernens). Je nach Anwendungsfall können diese Algorithmen zum Teil sehr komplex werden. Zur Erfassung des Wurzelwachstums oder der Analyse unterirdischer Wachstumsprozesse, müssen diese zunächst segmentiert werden. Dabei wird die zu untersuchende Struktur vom Boden getrennt. Anschließend können in dem erzeugten Datensatz nun Merkmale mit verschiedenen Algorithmen extrahiert werden (Strange et al. 2015, Mairhofer et al. 2012, Gerth et al. 2021, Flavel et al. 2017, Gao et al. 2019, Tabb et al. 2018, Smith et al. 2020, Douarre et al. 2016, Phalempin et al. 2021, Mairhofer et al. 2016).

Abhängig von der Auflösung, dem Objektdurchmesser und dem erforderlichen Durchsatz existieren verschiedene Röntgensensorsysteme. Die meisten Systeme zur röntgenbasierten Bewertung von Pflanzen sind jedoch Laboranlagen aus dem Bereich der zerstörungsfreien Prüfung. Diese Art von Systemen ist nicht speziell für die Phänotypisierung von Pflanzen entwickelt worden, wodurch im Speziellen für eine Verwendung in der landwirtschaftlichen Praxis oder bei Züchtern teilweise dediziertes Fachwissen benötigt wird. Es existieren jedoch auch Röntgensysteme, die besonders für diese Art der Prüfung von Pflanzen und deren Bestandteile entwickelt wurden und zum Beispiel direkt in ein Fördersystem für die automatische Zuführung von Pflanzen integriert sind. Diese Art Systeme sind dabei nicht besonders flexibel, da sie für wiederholende Prozesse in der Züchtung oder der landwirtschaftlichen Praxis einmal optimiert wurden. Dennoch handelt es sich bei all diesen Systemen um komplexe Sensorsystem, bestehend aus verschiedenen Technologien. Daher werden wir in verschiedenen Abschnitten die Hauptbestandteile eines Röntgensystems, das Design und die Anpassungsmöglichkeiten derartiger Sensoren und die Datenverarbeitung behandeln. Auf diese Weise decken wir die gesamte technologische Bandbreite der Röntgensysteme für die quantitative Analyse pflanzlicher Bestandteile ab und stellen exemplarische Anwendungsfälle für die ober- und unterirdische Analyse von Pflanzen vor.

3.3.2 Röntgenquellen

Röntgenstrahlen werden meistens in einer Röntgenröhre erzeugt. Dabei wird eine Hochspannung angelegt und die Elektronen von der Kathode zur Anode beschleunigt. Das Innere der Röntgenröhre wird meistens unterhalb von 10^{-6} bar evakuiert, um die Elektronen effektiv zwischen Kathode und Anode zu bewegen und Stromüberschläge zu vermeiden. In den meisten industriellen Röntgensystemen besteht die Anode dabei aus Wolfram. Dieses Anodenmaterial definiert am Ende die Form des resultierenden Röntgenenergiespektrums. Dieses Energiespektrum besteht aus zwei Komponenten: der Bremsstrahlung und den charakteristischen Spektrallinien. Die Bremsstrahlung entsteht durch die Abbremsung und Richtungsänderung der hochenergetischen Elektronen in unmittelbarer Nähe zu den Atomen (genauer gesagt zu den Elektronen, die das Atom umgeben) innerhalb der Anode. Der Energieunterschied, welcher durch diesen Brems- bzw. Ablenkungsprozess entsteht, wird in Form eines breiten kontinuierlichem Energiespektrums abgestrahlt. Die charakteristischen Linien entstehen durch den Energieunterschied zwischen verschiedenen Elektronenschalen der Anodenatome. In diesem Fall entfernen die eintreffenden hochenergetischen Elektronen ein Elektron aus der Atomschale innerhalb der Anode; dieses sogenannte Loch wird von einem Elektron einer anderen Atomschale aufgefüllt und die Energiedifferenz wird dann als Photon mit einer für das Anodenmaterial charakteristischen Wellenlänge bzw. Energie dargestellt. Ein weiterer Designaspekt von Röntgenröhren ist die Hochspannungsversorgung (HV), die die maximale Beschleunigungsenergie der Röhre in kV definiert. Dies begrenzt auch direkt die maximale Energie der erzeugten Röntgenphotonen (kVp) innerhalb des Röntgenspektrums. Höhere Röntgenenergie ermöglicht vielfältige Anwendungen, stellt jedoch auch Anforderungen an die Größe und Komplexität des Systems, die sich hauptsächlich aus den Isolationseigenschaften der HV-Versorgung und ihrer Peripherie, z. B. Kabel zur Vermeidung von Kurzschlüssen und Überschlägen, ergeben. Im Gegensatz zu medizinischen Anwendungen sind die notwendigen Beschleunigungsspannungen für derartige Röntgensysteme stark von den zu untersuchenden Materialien und deren Umgebung abhängig. Insbesondere für Anwendungen der Wurzelphänotypisierung oder der Analyse unterirdischer Wachstumsprozesse werden schnell Beschleunigungsspannungen von

225 kV erreicht. Im Detailaufbau gibt es Variationen in der Konstruktion von Röntgenröhren, wobei jede Art der technologischen Umsetzung eigene Vor- und Nachteile hat. In allen Röntgenröhren wird jedoch das beschriebene Prinzip zur Erzeugung der Röntgenstrahlung umgesetzt (Hayashi et al. 2021). Oft wird zwischen sogenannten „offenen“ und „versiegelten“ Röntgenröhren unterschieden. Wird das Vakuum direkt bei der Herstellung der Röntgenröhre versiegelt, wird von einer versiegelten Röntgenröhre gesprochen. Dagegen muss in einem als „offen“ bezeichneten Röntgensystem das Vakuum permanent mit sogenannten Vakuumpumpen aufrechterhalten werden. Das offene Design hat den Vorteil, dass die Verschleißteile im Inneren der Röntgenröhre ausgetauscht werden können, sodass die Röhre eine nahezu unbegrenzte Lebensdauer hat. Der Nachteil ist jedoch, dass der Betrieb erfahrene Mitarbeiter erfordert, um die komplexen Systeme zu warten. Offene Röntgenröhren bieten zusätzliche Funktionen wie eine Fokussiereinheit, die die Größe des Brennflecks minimiert. Kleinere Brennfleckgrößen ermöglichen höhere optische Vergrößerungen und höhere Auflösungen über die Pixelgröße des verwendeten Detektors hinaus. Jedoch ist die thermische Belastung des Anodenmaterials viel größer. Diese hochauflösenden Röntgenröhren sind in Bezug auf die Wartung somit deutlich anspruchsvoller und finden nur selten in der landwirtschaftlichen Praxis oder bei Züchtern Verwendung. Versiegelte Röhren haben dagegen den Vorteil eines sehr geringeren Wartungsaufwands und damit einhergehend einer geringeren Systemkomplexität, was die Robustheit der Röntgeninspektion steigert. Die Nachteile sind jedoch die relativ hohen Austauschkosten im Falle einer Beschädigung der Röntgenröhre. Darüber hinaus ermöglicht die gute Vorhersagbarkeit der Lebensdauer von versiegelten Röhren eine zuverlässige Kostenabschätzung. Die Wahl einer geeigneten Röntgenröhre wird in erster Linie durch die Anwendung und die daraus resultierenden Anforderungen an die Durchdringungsfähigkeit, die Durchleuchtungszeit und die Größe des Brennflecks bestimmt. Eine Spezialform der versiegelten Röntgenröhren sind die sogenannten Monoblock-Röhren. Bei dieser Art von Röntgenröhre sind die Hochspannungsversorgung und die Röntgenröhre in einem Gehäuse untergebracht, was den Wartungsaufwand und die störanfälligen Peripheriegeräte reduziert. Die Röntgenröhre ist damit zu einer einfachen Blackbox geworden, die leicht mit elektrischen Standardschnittstellen anstelle von Hochspannungskabeln ausgetauscht werden kann. Obwohl diese Art von Röntgenröhre viele Vorteile bietet, gibt es Einschränkungen in Bezug auf die erreichbare Leistung und die Strahlcharakteristik.

3.3.3 Wechselwirkung Röntgenstrahlen/Material

Die Grundlage für die Röntgenbildgebung ist die Wechselwirkung der Röntgenstrahlen mit der Materie. Ein Röntgenstrahl mit einer *Primärintensität* I_0 durchdringt ein Material mit einer bestimmten Dicke l. Die Intensität hinter diesem Material kann durch das sogenannte Lambert-Beer-Gesetz ermittelt werden:

$$I = I_0 e^{-\mu l}, \tag{3.7}$$

wobei μ der Absorptionskoeffizient ist und von der Ordnungszahl des Materials, seiner Dichte, aber auch von der Energie des Röntgenphotons abhängt (Munro 2010, Authier 2006, Knoll 1989). Außerdem steigt die Durchdringungsfähigkeit der Photonen mit höherer Röntgenenergie. Eine detailliertere Form des Lambert-Beer-Gesetzes ist daher wie folgt gegeben:

$$I = \int_0^{E_{\max}} I_0(E) e^{-\int_z \mu(z,E)dz} dE \,. \tag{3.8}$$

Aufgrund der schädlichen Wirkung von Röntgenstrahlen auf biologisches Material müssen Röntgenbildgebungsgeräte für einen sicheren Betrieb abgeschirmt werden. Zur Abschirmung werden meist Materialien mit einer hohen Ordnungszahl und einer hohen Dichte verwendet. Blei ist ein beliebtes Material für die Abschirmung wegen seines relativ niedrigen Preises, seiner Verfügbarkeit und Formbarkeit.

Auch die Absorption von Röntgenstrahlen ist auf ihre Wechselwirkung mit Materie zurückzuführen. Röntgenstrahlen interagieren mit unterschiedlichen Prozessen, abhängig von ihrer Energie und den Eigenschaften des Materials.

3.3.3.1 Photoelektrische Absorption

In diesem Fall interagiert das Röntgenphoton mit den Elektronen innerhalb der Atomhülle in der Materie. Dabei wird es vollständig absorbiert, indem seine gesamte Energie auf das gebundene Hüllenelektron übertragen wird. Die kinetische Energie des gebundenen Elektrons, das die Hülle nach der Wechselwirkung verlässt, entspricht der Energie des Röntgenphotons abzüglich der Bindungsenergie (Munro 2010, Authier 2006, Knoll 1989, Sivia 2013). Dieser Wechselwirkungszweig ist der bevorzugte Typ für eine Röntgenbildgebung, da das Photon vollständig absorbiert wird, was zu idealem Bildkontrast führt.

3.3.3.2 Compton-Streuung

Bei der Compton-Streuung oder inkohärenten Streuung interagiert das Röntgenphoton mit einem Hüllenelektron. Dabei wird nur ein Teil seiner Energie auf das Elektron übertragen und anschließend verlässt das eingehende Photon das Atom unter einem anderen Winkel und mit weniger Energie. Der Streuungswinkel und die Energie (E_γ) des einfallenden Photons tragen zur Restenergie des gestreuten Photons bei (Authier 2006, Knoll 1989, Sivia 2013). Die Compton-Formel wird verwendet, um diese Restenergie des Streuprozesses zu berechnen:

$$E'_\gamma = \frac{E_\gamma}{1 + \frac{E_\gamma (1 - \cos \Theta)}{m_0 c^2}} \tag{3.9}$$

Diese Wechselwirkung mindert die Qualität der Röntgenbilder, da die gestreuten Röntgenstrahlen nicht der Ursprungsflugbahn folgen. Wenn diese nun auf den Detektor treffen, können sie nicht auf die gleiche Weise interpretiert werden wie absorbierte Röntgenphotonen.

3.3.3.3 Rayleigh-Streuung

Der dritte Interaktionsprozess ist die Rayleigh-Streuung oder kohärente Streuung. Das Röntgenphoton wechselwirkt mit einem Hüllenelektron und wird in eine andere Richtung gestreut, wobei jedoch keine Energie auf das Elektron übertragen wird (Munro 2010, Authier 2006, Knoll 1989, Sivia 2013). Das Röntgenphoton verlässt das Atom unter einem anderen Winkel als der ursprünglichen Flugbahn.

3.3.3.4 Paarbildung

Bei Röntgenenergien von mehr als 1,022 MeV kann das Röntgenphoton direkt mit dem Feld des Atomkerns wechselwirken und das Photon wird in ein Elektron und ein Positron umgewandelt (Authier 2006, Knoll 1989, Sivia 2013). Das Positron durchquert das umgebende Material und annihiliert mit einem anderen Elektron zu zwei Röntgenphotonen, jedes mit einer Energie der Elektronenruhemasse (511 keV).

In Abbildung 3.33 sind die verschiedenen Absorptionskoeffizienten μ für die verschiedenen Wechselwirkungszweige von Röntgenphotonen mit Materie in Abhängigkeit von der Röntgenenergie angegeben.

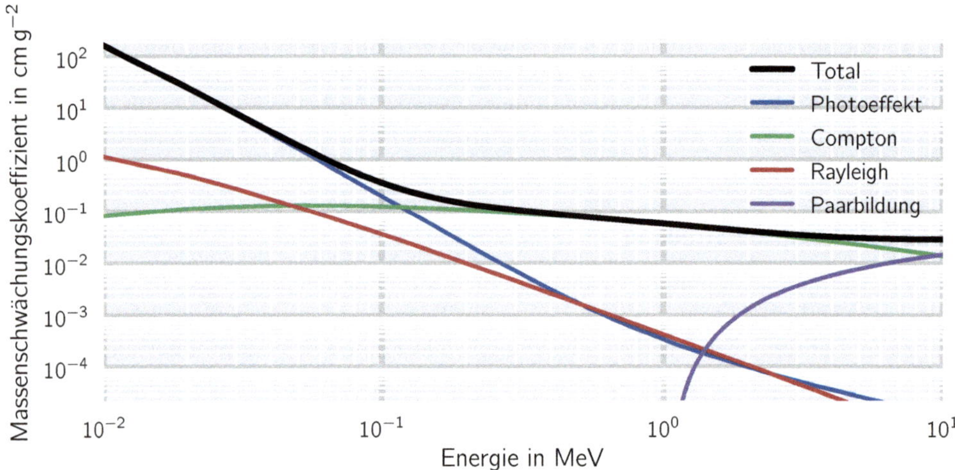

Abb. 3.33: Energieabhängigkeit der Wirkungsquerschnitte für kohärente und inkohärente Streuung, photoelektrische Absorption und Paarproduktion (Quelle: Richard Schielein)

Im Gesetz von Lambert-Beer werden die jeweiligen vier Absorptionskoeffizienten für jeden Wechselwirkungsprozess zu einem Gesamtabsorptionskoeffizienten μ summiert:

$$\mu(E,\rho,Z) = \mu_{ph} + \mu_{coh} + \mu_{incoh} + \mu_{pp}\,, \tag{3.10}$$

wobei μ_{ph} die photoelektrische Absorption, μ_{coh} die Rayleigh-Streuung, μ_{incoh} die Compton-Streuung und μ_{pp} die Paarbildung bezeichnet. Mit dem Gesetz von Lambert-Beer lässt sich anhand der Intensität I_a des Röntgenstrahls hinter einem bestimmten Material a mit einer Dicke l_a durch $I_a = I_0 e^{-\mu_a l_a}$ berechnen, wobei μ_a der Absorptionskoeffizient des spezifischen Materials für ein bestimmtes Röntgenspektrum ist. Der Kontrast zwischen den verschiedenen Intensitäten I_0 und I_a ist definiert durch $C = \frac{(I_0 - I_a)}{(I_0 + I_a)}$ mit $I_0 > I_a$.

Wenn der Röntgenstrahl mehrere Materialien mit unterschiedlichen Dicken durchdringt (l_a, l_b), kann die Intensität des Strahls hinter den Materialien wie folgt berechnet werden $I = I_0 e^{-(\mu_a l_a + \mu_b l_b + \ldots)}$. Bei der Röntgenaufnahme durchdringen die Röntgenstrahlen der Röntgenquelle alle verschiedenen Materialien des Objekts mit ihren jeweilig unterschiedlichen Weglängen. Es muss hervorgehoben werden, dass die durch das Gesetz von Lambert-Beer gegebenen Intensitäten aus mehreren Gründen nicht einfach berechnet werden können.

Ein Grund dafür ist, dass sich das von der Quelle emittierte Röntgenspektrum entlang des Wegs durch das Objekt verändert. Nicht nur die Intensität wird aufgrund von Absorption abgeschwächt, auch das Energiespektrum ändert sich; die mittlere Energie steigt und somit variiert das Abschwächungsverhalten für nachfolgende Materialien in Abhängigkeit der Veränderung des Energiespektrums. Dieser Effekt wird als Strahlenhärtung bezeichnet, da niedrigere Energien im Vergleich zu höheren Energien des Spektrums in der Materie stärker abgeschwächt werden und ein geringeres Durchdringungsvermögen haben. Ein weiterer Grund dafür ist, dass bei der Wechselwirkung der Röntgenstrahlen mit dem Material ein nicht zu vernachlässigender Teil der Röntgenintensität gestreut wird (Compton- oder Rayleigh-Streuung) und den Detektor abseits der ursprünglichen Trajektorie trifft. Dies führt zu einer Modulation der Intensität an einem bestimmten Punkt auf dem Detektor. Im Anwendungsbereich der Landwirtschaft ist dies von einer besonderen Bedeutung, da das Wasser in der Pflanze und dem Boden eine sehr starke Quelle für Streuung darstellt. Darüber hinaus tragen die interne Streuung des Detektors und das Rauschen (Elektronik, Statistik im Szintillator oder in der Sensorschicht) weiter zu einer Modulation bei der Intensitätsmessung bei. All diese Faktoren müssen berücksichtigt werden, wenn die Bilder in späteren Phasen für eine 3D-Rekonstruktion verwendet oder für Dichte- oder Weglängenberechnungen analysiert werden.

Während das Wissen über die Wechselwirkung zwischen der Strahlung und dem Material für die Qualität der Rekonstruktion und die anschließende Datenauswertung wichtig ist, ist der Einfluss der Strahlung auf die Pflanze selbst nicht zu vernachlässigen. Im Gegensatz zur medizinischen CT ist der Einfluss einer bestimmten Strahlendosis auf den resultierenden Phänotyp nicht vollständig erfasst (McCormick & Platt 1962, Zappala 2013). Bei hohen Strahlungsdosen, die durch hochauflösende oder lange Messungen erzeugt werden, wurden je nach Sorte und verwendetem Röntgenstrahlenspektrum von negativen Auswirkungen auf die Pflanze berichtet (Zappala 2013, Blaser et al. 2018, Gianoncelli et al. 2015, Beetz & Jacobsen 2003, Hornsey 1956). Um die CT als zerstörungsfreie Methode für die Phänotypisierung von Pflanzen zu etablieren, müssen daher die Messhäufigkeit und Scandauer bei der Versuchsplanung durchaus berücksichtigt werden (Jones et a. 2017, Jones et al. 2020). Röntgenstrahlung erhöht die Bildung von freien Radikalen. Ist die Pflanze nicht in der Lage, diese zu regulieren, führt es zu Gewebe- und möglicherweise DNA-Schäden. Dies verhindert, dass die extrahierten Merkmale durch den zusätzlichen Stress, der durch die Dosis entsteht, beeinflusst werden. Da Pflanzen ständig direktem Sonnenlicht ausgesetzt sind, verfügen sie jedoch auch über Mechanismen zur Regulierung von Stress durch freie Radikale (Huang et al. 2019, Apel & Hirt

2004). Dies könnte die pflanzenabhängige Reaktion auf erhöhte Strahlung und die bessere Resistenz von ionisierender Strahlung im Vergleich zu einem Menschen erklären.

3.3.4 Detektor

Das Grundprinzip für alle bildgebenden Röntgendetektoren ist das gleiche. Die von der Quelle emittierten Röntgenphotonen durchdringen das Objekt und werden je nach ihrer Energie, dem Material und der Weglänge im Objekt abgeschwächt, setzen ihre Reise fort und treffen auf den Detektor. Die Photonen interagieren mit der detektions-empfindlichen Schicht entweder durch Photoabsorption, Compton-Streuung oder, bei höheren Energien, durch Paarbildung (Knoll 1989). Bei all diesen Wechselwirkungen wird ein hochenergetisches Elektron aus der Atomhülle emittiert. Dieses gibt dann seine Energie durch die Erzeugung weiterer Elektronen auf seinem Weg durch die Sensorschicht ab. Die in der Sensorschicht deponierte Energie wird verwendet, um ein elektronisches Signal zu erzeugen, das gemessen und als digitales Bild gespeichert werden kann.

Es gibt zwei Haupttypen von Detektoren: den direkt konvertierenden Detektor, bei dem die Sensorschicht ein Halbleiter (Knoll & McGregor 1993, Hall 1966) oder ein Hochdruckgas ist, und den indirekt konvertierenden Detektor, bei dem ein Szintillator als Sensorschicht verwendet wird (Chotas et al. 1999, Siewerdsen et al. 1998).

Die Sensorschicht des indirekt konvertierenden Detektors besteht aus einem Szintillatormaterial, in dem die deponierte Energie der Röntgeninteraktion in optisch sichtbare Photonen umgewandelt wird. Diese werden anschließend von einer mit dem Szintillator gekoppelten Photodiode erfasst. Die Photodiode wandelt das optische Signal in ein elektrisches Signal um. Der Vorteil des indirekt konvertierenden Detektors ist, dass Szintillatoren großflächig hergestellt und Fotodiodengitter mit geringem Aufwand gekoppelt werden können, was zu Detektoren mit großer Fläche und relativ niedrigen Preisen, aber dennoch guter Effizienz führt. Während des Betriebs werden über einen bestimmten Zeitraum alle optischen Photonen in der Photodiode integriert. Nach der Integrationszeit wird deponierte Intensität gemessen. Diese korreliert mit der Intensität der Röntgenstrahlen, die auf das Detektorpixel trifft.

Die Sensorschicht des direkt konvertierenden Detektors besteht aus einem Halbleiter, in dem die deponierte Energie der Röntgenphotonen in Form von Sekundärelektronen durch eine hohe Vorspannung gesammelt und direkt in ein elektrisches Signal umgewandelt wird. Es gibt zwei mögliche Betriebsarten von direkt konvertierenden Detektoren: Die eine ist der Integrationsmodus, der mit dem indirekt konvertierenden Detektor vergleichbar ist, bei dem die Ladung über einen bestimmten Zeitraum (Integrationszeit) gesammelt wird und die Stärke des erzeugten elektrischen Signals die Intensität der Röntgenstrahlung repräsentiert. Der andere Betriebsmodus ist der Photonenzählmodus, der anspruchsvollere Elektronik für jedes einzelne Pixel erfordert. Im Photonenzählmodus wird die Ladung jeder Röntgeninteraktion im Pixel der Sensorschicht erfasst und in ein digitales Signal umgewandelt. Je nach elektronischer Leistungsfähigkeit wird das Signal in jedem Pixel mit verschiedenen Schwellenwerten verglichen, was zur Erhöhung verschiedener interner Zähler führt. Somit kann die Anzahl der auf den Detektor auftreffenden Photonen und deren Energie unterschieden werden. Direkt konvertierende

Detektoren weisen im Vergleich zu indirekt konvertierenden Detektoren eine höhere Effizienz bei niedrigeren Energien auf, sind aber teurer und nur mit kleineren empfindlichen Bereichen erhältlich.

3.3.5 CT-Systeme für die Phänotypisierung von Nutzpflanzen

Ein CT-System für die Phänotypisierung von Nutzpflanzen besteht aus der Röntgenquelle, einem Manipulationssystem und dem Detektor. Die Abstände von der Quelle zur Pflanze und von der Quelle zum Detektor werden als Fokus-Objekt-Abstand (FOA) bzw. Fokus-Detektor-Abstand (FDA) bezeichnet. Geometrisch wird das Objekt auf den Detektor vergrößert (siehe Abb. 3.34). Der Vergrößerungsfaktor wird bestimmt durch $M = {}^{FDA}\!/_{FOA}$ (Munro 2010). Mehrere Einflussfaktoren tragen dabei zur endgültigen Auflösung des CT-Systems bei. Sie sind die Pixelgröße des Detektors sowie die Vergrößerung und die Größe des Brennflecks. Jedoch ist letztendlich der resultierende Kontrast in der Probe ausschlaggebend dafür, ob eine Struktur sichtbar ist oder nicht.

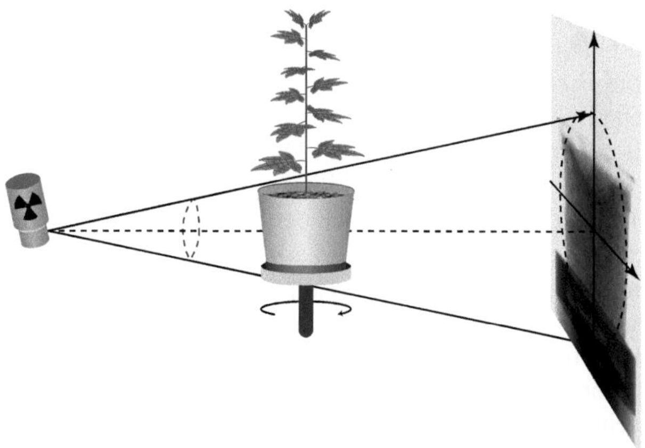

Abb. 3.34: Schematische Darstellung der geometrischen Vergrößerung in einem Computertomographiesystem. Die Abstände zwischen Brennfleck, Objekt und Detektor bestimmen die Vergrößerung auf dem Detektor (Quelle: eigene Darstellung).

Es gibt es zwei unterschiedliche Ansätze, ein Röntgensystem für die Phänotypisierung von Pflanzen zu entwickeln. Der erste Ansatz besteht in der Nutzung der geometrischen Vergrößerung M. Dies führt in der Regel zu größeren Systemen, die eine breite Palette unterschiedlicher Vergrößerungen ermöglichen. In diesen Systemen verfügen die Detektoren über einen höheren Pixelabstand mit hoher Quanteneffizienz und Röntgenquellen mit kleinen Brennfleckgrößen. Diese kleinen Brennfleckgrößen sind erforderlich, um die Unschärfe U_g zu minimieren, welche sich aus der Kombination von Brennfleckgröße und hoher Vergrößerung ergibt (siehe Abb. 3.35). Diese Unschärfe wird wie folgt berechnet: $U_g = f \cdot (M - 1)$. Aufgrund der kleinen Brennfleckgröße ist jedoch die maximale Leistung – und damit die maximale Intensität – begrenzt. Solche Systeme sind sehr vielseitig und haben eine gute Sensordatenqualität, benötigen jedoch im Vergleich zu anderen Ansätzen längere Scanzeiten aufgrund des großen FDA und der kleinen Brennfleckgröße.

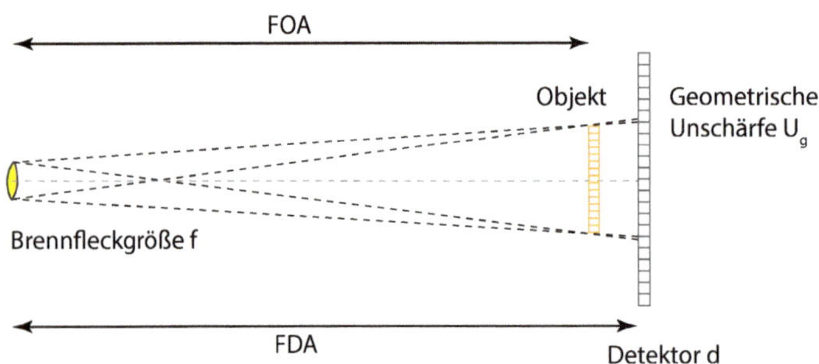

Abb. 3.35: Visualisierung der geometrischen Unschärfe in Abhängigkeit von der Vergrößerung M. Die Brennfleckgröße trägt zur geometrischen Unschärfe bei und nimmt mit der Auflösung zu (Quelle: eigene Darstellung).

Beim zweiten Ansatz wird die Pflanze direkt vor dem Detektor positioniert, was dazu führt, dass der Vergrößerungsfaktor M des CT-Systems nahe bei 1 liegt (siehe Abb. 3.36). Daher korreliert die Unschärfe $U_g = f \cdot (M - 1)$ nicht direkt mit der Größe des Brennflecks. Bei dieser Anordnung von Quelle, Objekt und Detektor ist die erreichbare Auflösung dagegen ausschließlich vom Pixelabstand des Detektors abhängig. Die meisten dieser Systeme sind für Messungen mit hohem Durchsatz konzipiert und verwenden eine leistungsstarke Röntgenquelle mit einem großen Brennfleck. Dies führt in der Regel zu höheren Scangeschwindigkeiten, begrenzt aber die Flexibilität bei der Auflösung. Die Verringerung der Pixelgröße des Detektors verringert jedoch bei hohen Auflösungen die Empfindlichkeit der einzelnen Pixel. Die meisten Detektoren arbeiten mit quadratischen Pixelgrößen von 200 µm oder mehr, was zu einer hohen Empfindlichkeit führt. Diese Art von Detektoren wird typischerweise in CT-Systemen verwendet, die auf geometrische Vergrößerung mit kleinen Brennfleckgrößen angewiesen sind. Im Gegensatz dazu werden quadratische Pixelgrößen von nur 45 µm in Systemen mit höherem Durchsatz verwendet, die auf eine geometrische Vergrößerung von nahezu 1 angewiesen sind.

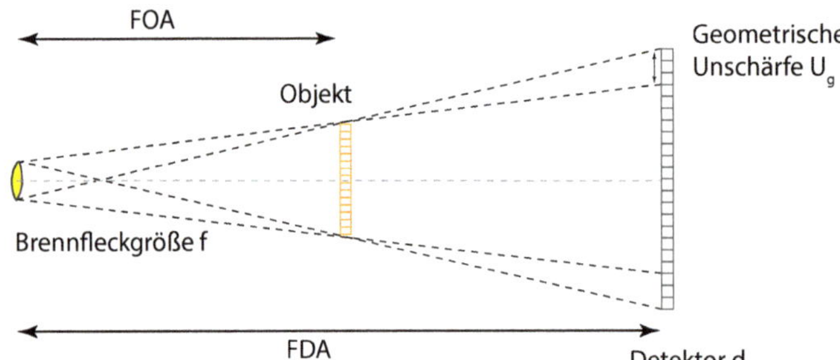

Abb. 3.36: Visualisierung der geometrischen Unschärfe bei einer Vergrößerung nahe 1. Die Größe des Brennflecks trägt kaum zur geometrischen Unschärfe bei (Quelle: eigene Darstellung).

Eine CT-Messung wird durch die Projektion des Abschwächungsbilds des Objekts aus einem Winkelbereich von bis zu 360° erstellt, was entweder durch die Drehung des Objekts oder des Bildgebungssystems auf einem sogenannten „Gantry"-System erreicht werden kann. Wichtig ist, dass die mathematische Rekonstruktion darauf beruht, dass sich ausschließlich der Scanwinkel während des Scanvorgangs ändert. In der medizinischen Radiologie dominiert der Gantry-Typ die Anwendung aufgrund der notwendigen Rotationsgeschwindigkeit von etwa 3 – 4 Hz (Bley et al. 2005), während bei industriellen Anwendungen meistens das Objekt gedreht wird und das Bildgebungssystem in Position bleibt. Die letztere Anordnung bietet eine wesentlich höhere Flexibilität durch die einfache Anpassung der Vergrößerung und geht daher mit einer Reduzierung der Kosten einher. Für die Phänotypisierung von Nutzpflanzen kann jeder Ansatz erforderlich sein. Beim Vermessen von oberirdischen Pflanzenteilen ist ein Gantry-System von Vorteil, um zu verhindern, dass sich empfindliche Strukturen wie Stängel, Früchte und sogar Blätter durch die Rotation bewegen. Im Gegensatz zu den medizinischen Gantry-Systemen drehen sich diese Geräte in der horizontalen Ebene, sodass die Pflanze in aufrechter Position bleibt. Für stabile Objekte wie Wurzeln oder Knollen in mit Substrat gefüllten Töpfen, bei denen die Drehung einen vernachlässigbaren Einfluss auf die Position der abgebildeten Strukturen hat, wird ein feststehendes Bildgebungssystem bevorzugt.

Das Vermessen selbst kann auf unterschiedliche Weise, je nach erforderlicher Bildqualität und Durchsatz, erfolgen. In den letzten Jahren hat sich der sogenannte „FlyBy“, oder auch kontinuierliche Scan etabliert. Durch eine kontinuierliche Rotation entfällt eine zeitaufwendige Positionierung für jeden der mehreren Hundert oder Tausend Scan-Winkel (Munro 2010). Die Bildaufnahme erfolgt zeitgleich und wird derart an die Geschwindigkeit angepasst, dass die durch die Bewegung verursachte Unschärfe bestenfalls kleiner als die Pixelgröße bleibt und somit nicht sichtbar ist. Die Anzahl der Winkel (NOA), die für eine Rekonstruktion benötigt werden, hängt von der Anzahl der Detektorpixel (NOP) auf ab, die von der Objektprojektion abgedeckt werden. Mit der folgenden Regel, die aus dem Nyquist-Theorem abgeleitet ist: $NOA = NOP \cdot \pi/2$, wird die höchste Qualität in Bezug auf die geometrische Genauigkeit erreicht (Yester & Barnes 1977). In der Praxis wird die Regel reduziert auf: $NOA = NOP \cdot \pi/4$. So wird bei typischen Anwendungen mit 2.000 Detektorpixeln der NOA von 1200 – 1600 angewendet. Neben dem FlyBy-Betrieb kann auch ein sogenannter Stop-and-Go-Modus verwendet werden. In diesem Modus wird jeder der Winkelschritte einzeln angefahren. Er wird für Messungen mit sehr langen Scanzeiten verwendet, bei denen jedes Bild eine lange Integrationszeit benötigt und es notwendig sein kann, jedes der Bilder weiter zu mitteln. Somit wird die gesamte Messzeit von der Aufnahme selbst dominiert und der Positionierungsaufwand kann vernachlässigt werden. Der Stop-and-Go-Messmodus wird typischerweise für hochauflösende Messungen von stationären Objekten wie Samen oder Organen verwendet, die in Töpfen dargestellt werden. Im Gegensatz dazu wird für Messungen mit höherem Durchsatz ein FlyBy-Modus verwendet.

Die Mess-Trajektorien und Strahlgeometrien sind weitere Aspekte, die in modernen CT-Anwendungen relevant sind. Die Strahlengeometrie wird durch den Brennpunkt und die Detektorkanten bestimmt. Bei Verwendung eines sogenannten „linearen Detektorarrays“ mit nur einer Pixelreihe bildet die Strahlengeometrie die Form eines Fächers. Die heute vorherrschende Strahlgeometrie ist der Kegelstrahl, der sich aus der Verwendung eines 2D-Detektorarrays (DDA) ergibt. Durch die gleichzeitige Erfassung eines quadratischen Bereichs wird das Scannen von großen Objekten mit einer Drehung erreicht, während bei der Fächerstrahlgeometrie jede Reihe des Objekts eine Drehung erfordert.

Neben der Strahlgeometrie beschreibt die Trajektorie den Abbildungspfad um das Objekt, der für die Erfassung und Rekonstruktion der Daten verwendet wird. Die ursprüngliche Trajektorie ist die 360°-Drehung mit äquidistanten Schritten, die auch in dem populärsten Rekonstruktionsalgorithmus angewendet wird, der 1984 von Feldkamp et al. beschrieben wurde (Feldkamp et al. 1984). Heute ist diese Art von Trajektorie und Rekonstruktion auch als 3D-CT bekannt. Im Laufe der jahrzehntelangen Forschung und Entwicklung haben sich weitere Trajektorien entwickelt, die wichtigste ist die Messung entlang einer Helix (Denshi Jōhō Tsūshin Gakkai et al. 1989, Bresler & Skrabacz 1989). Diese Trajektorie fügt der Rotation eine transversale Bewegung hinzu und ermöglicht so das kontinuierliche Scannen von länglichen Objekten. Bei medizinischen Anwendungen ist dies zum Beispiel ein vollständiger Scan eines menschlichen Körpers. In der Pflanzenphänotypisierung kann dies die kombinierte Messung einer ganzen Pflanze und derer ober- und unterirdischen Bestandteilen sein, wobei deren Höhe das vertikale Sichtfeld des CT-Systems übersteigt.

3.3.6 Vom Sensor zu den Daten

Die Durchführung einer CT-Messung zum Zwecke der Phänotypisierung von Pflanzen resultiert nicht direkt in einem phänotypischen Merkmal. Bei den meisten CT-Systemen sind die ersten beiden Nachverarbeitungsschritte der Normalisierung und Rekonstruktion inbegriffen und nach einem Scan ist es nur eine Frage der Zeit, bis das 3D-Volumen der rekonstruierten Pflanze visualisiert werden kann. Dies allein ermöglicht jedoch noch keine quantitative Merkmalsanalyse. Für die Phänotypisierung von Pflanzen gibt es verschiedene Lösungen, um das rekonstruierte Volumen zu segmentieren und die darin enthaltenen Merkmale zu analysieren. Es ist zu beachten, dass nicht jeder Algorithmus in der Lage ist, jedes rekonstruierte Volumen zu verarbeiten. Dies liegt an der Inkompatibilität der Datentypen oder an der Auflösung des Scanners und der daraus resultierenden Dateigröße.

Für die unterirdische Wurzelphänotypisierung existieren mehrere Möglichkeiten. Die meisten dieser Algorithmen basieren auf der Arbeit von Frangi et al. (1998), die ursprünglich entwickelt wurde, um Blutgefäße im menschlichen Körper zu segmentieren, indem die Eigenwerte der Hess'schen Matrix verwendet werden. Aufgrund der Ähnlichkeit der Wurzelarchitektur und der Blutgefäße werden diese oder weitere Erweiterungen der Arbeit von Frangi et al. oft als „Vesselness"-Ansätze bezeichnet (Gerth et al. 2021, Lo et al. 2010, Schulz et al. 2012). Algorithmen, die nur auf Vesselness basieren, werden jedoch an jeder Kreuzung innerhalb der Wurzelarchitektur die einzelnen Wurzeln trennen. So haben z. B. Schulz et al. zunächst Vesselness-Strukturen erkannt und anschließend die getrennten Wurzeln mithilfe einer Schätzung des kürzesten Wegs wieder verbunden. Alternative Ansätze, meist aus dem Bereich der Computer-Vision, basieren auf Verfolgung der Wurzel auf der Grundlage der Level-Set-Segmentierungsmethode (Mairhofer et al. 2016). Schicht für Schicht wird die Wurzel auf der Grundlage von Intensitäten und Forminformationen an den Rändern verfolgt oder von einem lokalen Merkmal, das in den röhrenförmigen Formen erkannt wurde, genutzt (Gao et al. 2019). Mit modernen Entwicklungen auf dem Gebiet des maschinellen Lernens wird die Selbstähnlichkeit von Wurzelsystemen für die Segmentierung genutzt. Ein sogenanntes „U-Netz" wurde kürzlich vorgeschlagen (Smith et al. 2020, Zhao et al. 2020) sowie Encoder-Decoder-Architekturen (Soltaninejad et al. 2020) für die Segmentierung von Wurzeln eingeführt. Ursprünglich wurde das „U-net" für biomedizinische Anwendungen entwickelt und ist für eine schnelle und präzise Bildsegmentierung ausgelegt (Ronneberger et al. 2015). Theoretisch können durch starkes Downscaling und Upscaling in diesem Netzwerk beliebige Bildgrößen verarbeitet werden und die Anwendung ist im Vergleich zu Sliding-Window-Netzwerkarchitekturen sehr schnell. Encoder-Decoder-Netzwerke werden typischerweise in der Sprachverarbeitung verwendet, um zusammenhängende Strukturen zu verstehen. Im Bereich der Bildsegmentierung geht es darum, die Konnektivität von Strukturen zu lernen, wie z. B. die Wurzelarchitektur. Sobald ein Netzwerk trainiert ist, ermöglichen diese maschinellen Lernansätze die schnelle Segmentierung riesiger Datensätze. Im Gegensatz zu herkömmlichen Bildsegmentierungsalgorithmen erfordern maschinelle Lernansätze jedoch eine beträchtliche Menge an manuell segmentierten Trainingsdaten (Smith et al. 2020, Zhao et al. 2020, Soltaninejad et al. 2020). Diese sind sehr mühsam zu erzeugen und benötigen eine gut etablierte und normalisierte Datengenerierungspipeline von den Sensordaten zum rekonstruierten Datensatz, um Sensorverzerrungen während der Segmentierung zu vermeiden.

3.3.7 Röntgenphänotypisierung von Weizenähren

CT-Systeme für die Phänotypisierung von Nutzpflanzen werden unter Umständen dort eingesetzt, wo die zerstörungsfreie Merkmalserkennung aufgrund von Verdeckungseffekten eine Herausforderung darstellt. In vielen Fällen ist es aus optischen Gründen nicht möglich, die Reifung verschiedener Früchte, Samen oder Kolben zu beurteilen.

Die Phänotypisierung von Ertragsdaten von Weizensorten erfolgt in der Regel durch maschinelles Dreschen auf dem Feld (MacDonald 1975) oder durch manuelles Dreschen in kleinen Versuchen. Insbesondere bei Weizen führt diese Phänotypisierung zu Samenverlusten (beim maschinellen Dreschen etwa 10 %) oder zum Aufbrechen der Samen (46 % beim maschinellen Dreschen und etwa 1 % bei von Hand gedroschenen Proben) (Tuff & Telford 1964, Basavaraja et al. 2007). Das Dreschen von Hand ist jedoch mühsam und daher kostspielig und zeitaufwendig. Insbesondere bei Wildsorten und Landsorten ist das Dreschen eine große Herausforderung. Die phänotypische Bewertung ertragsrelevanter Saatguteigenschaften erfordert daher zusätzliche manuelle Arbeit und schränkt den Durchsatz für die hochpräzise Phänotypisierung von Saatgut weiter ein (Tzarfati et al. 2013, Denčić et al. 2000, Nicol & Ortiz-Monasterio 2004). Mittels Computertomographie ist eine genaue und zerstörungsfreie Methode zur Messung der Körner von Weizenähren unter verschiedenen abiotischen Stressbedingungen zur Phänotypisierung von Pflanzen nach der Ernte möglich (Schmidt et al. 2020).

Das verwendete System (CTportable160.90) verfügt über einen hochauflösenden Flachbilddetektor mit einer quadratischen Pixelgröße von 49,5 µm und 2.304 Pixeln in horizontaler Richtung. Das Scannen der Ähre in der Nähe des Detektors ermöglicht ein großes Sichtfeld bei einer resultierenden kubischen Voxelgröße von 31,25 µm. Mittels Messung unter Verwendung einer Helix-Trajektorie (siehe Abschn. 3.3.5) konnten wir gleichzeitig vier intakte Ähren mit einer Länge von bis zu 20 cm analysieren. Mit diesem Ansatz konnten wir einen verhältnismäßig hohen Durchsatz von sieben Minuten pro Ähre beibehalten. Dank der hohen Auflösung konnten wir die morphologischen Verformungen bestimmen, die für Weizen unter Trocken- und Froststress symptomatisch sind.

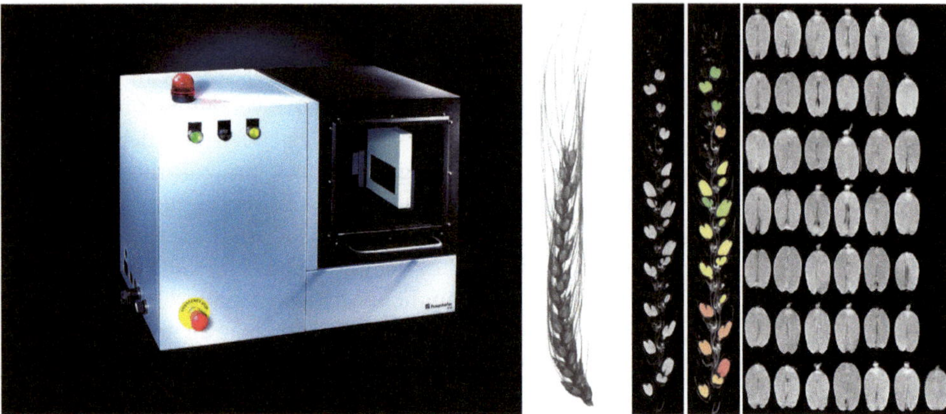

Abb. 3.37: Von links nach rechts: Foto des verwendeten CT-Systems für die Phänotypisierung von Weizenähren. 3D-Rendering einer einzelnen Ähre mit einer Länge von bis zu 20 cm. Virtueller 2D-Querschnitt mit einer Überlagerung der segmentierten Weizenkörner. Übersichtsbild mit jedem extrahierten Korn, das automatisch entlang des größten Durchmessers ausgerichtet ist (Quelle: eigene Darstellung).

Nach der Datengenerierung wurden bei der Datenverarbeitung vier einzelne Teilvolumina erzeugt, die eine Ähre enthalten. Dann wurde der EarS-Segmentierungsalgorithmus verwendet, um jedes einzelne 3D-Volumen einer Ähre zu verarbeiten (siehe Abb. 3.37). Zusätzlich zur Segmentierung jedes einzelnen Korns wurden von diesen orientierte 2D-Querschnitte erzeugt und jedes virtuell gedroschene Korn in einem individuellen 3D-Volumen gespeichert, um präzise weitere Merkmale zu extrahieren. Die Merkmale wurden auf der Ährenebene (Gesamtgewicht der Körner pro Ähre, Anzahl der Körner pro Ähre, Gewicht der Samen entlang der Ähre) und auf der Einzelkorn-Ebene (Gewicht der einzelnen Körner, Größe der Körner, Form der Körner, Oberfläche der Körner und physikalische Dichte der Körner) berechnet. Die extrahierten quantitativen Merkmale wurden verwendet, um die Leistung verschiedener Weizenarten unter zwei Stressregimen zu bewerten. Im Vergleich zwischen Trockenstress und kombinierten Trocken- und Hitzestress waren das Gewicht der einzelnen Samen und die Samengröße unter kombinierten Stressbedingungen reduziert. Aufgrund der hohen Auflösung konnten wir die morphologische Form der einzelnen Samen analysieren und beobachteten bei kombinierten Stressbedingungen eine längliche Form und gleichzeitig eine größere Oberfläche. Außerdem war der Schwächungskoeffizient innerhalb des Korns bei beiden Behandlungen ähnlich. Dieser Abschwächungskoeffizient repräsentiert die physikalische Dichte des Korns und in Verbindung mit der detaillierten Analyse des Kornvolumens konnten wir feststellen, dass diejenigen Körner, die dem kombinierten Stress ausgesetzt waren, im Durchschnitt 0,02 g leichter waren als Samen, die nur dem Trockenstress ausgesetzt waren. Außerdem enthielten die Ähren von Pflanzen, die Trockenstress ausgesetzt waren, durchschnittlich größere und rundere Körner. Diese größeren Körner waren in den meisten Fällen voll entwickelt. Im Gegensatz dazu waren die Körner beim kombinierten Stressszenario nicht vollständig entwickelt und wiesen morphologische Unterschiede auf (große Hohlräume und Oberflächenbereiche).

Mit dieser Kombination aus einem CT-System und der anschließenden Datenverarbeitung konnten wir einzelne Samen in großem Detail phänotypisieren, ohne die Ähre zu dreschen. Mit diesem Ansatz zur Extraktion morphologischer Informationen aus CT-Daten war es möglich, phänotypische Merkmale auf Ähren- und Körnerebene zu extrahieren und Einblicke in die phänotypischen Unterschiede verschiedener Genotypen in zwei abiotischen Stressregimen zu erhalten.

3.3.8 Zusammenfassung

CT-Systeme werden derzeit häufig sowohl für die unter- als auch die oberirdische Phänotypisierung eingesetzt. Mit der derzeit verfügbaren Technologie ist es möglich, optisch undurchsichtige Strukturen mit hoher Detailgenauigkeit zu visualisieren. Je nach phänotypischem Merkmal, das von Interesse ist, sind unterschiedliche Auflösungen erforderlich und der resultierende Durchsatz dieser Systeme variiert. Die berichteten Messzeiten reichen von einigen Minuten bis zu einer Stunde, was die Tatsache verdeutlicht, dass bisher noch kein standardisiertes CT-Phänotypisierungssystem für Nutzpflanzen existiert. Entweder handelt es sich bei den Systemen um allgemeine CT-Systeme aus dem Bereich der zerstörungsfreien Prüfung, die für eine Vielzahl von Anwendungen gebaut wurden, oder sie sind speziell für die Bewertung einer Reihe von phänotypischen Merkmalen bei hohem Durchsatz konzipiert. Außerdem erzeugt das CT-System nie direkt ein quantitatives Merkmal. Daher ist es ebenso wichtig, die beste Kombination aus Sensordatenerzeugung und Nachbearbeitung zu finden. Nur in Kombination mit den geeigneten Datensegmentierungs- und Analysealgorithmen ist es möglich, quantitative phänotypische Merkmale zu extrahieren. Derzeit ist ein Vergleich zwischen extrahierten phänotypischen Merkmalen, die aus verschiedenen Datenquellen stammen, aufgrund der Vielfalt der CT-Systeme, Nachbearbeitungsalgorithmen und ihrer Kombination nahezu unmöglich. Die Verwendung von Röntgenstrahlen ermöglicht jedoch die zerstörungsfreie Analyse von Wachstumsprozessen. Für die direkte Bewertung von sich ändernden biotischen oder abiotischen Belastungen ist CT in Kombination mit Genotypisierungsansätzen ein wertvolles Instrument.

In Zukunft wird eine Standardisierung der Datengenerierung und der Nachbearbeitungsalgorithmen erforderlich sein, um phänotypische Experimente zu vergleichen, die an unterschiedlichen Standorten mit verschiedenen Systemen durchgeführt wurden. Diese Standardisierung fand bereits in medizinischen Anwendungen statt, indem die CT-Systeme auf die Proportionen eines menschlichen Körpers normalisiert wurden. Aufgrund der Vielfalt der Topfgrößen, Pflanzenarchitekturen und Bewässerungssysteme ist jede Verallgemeinerung bei der Phänotypisierung von Pflanzen eine Herausforderung und es gibt keine Standardlösung. Mit Standardisierung der Datenverarbeitungspipelines und Zugang zu den generierten Daten aus CT-Phänotypisierungssystemen nach den FAIR-Prinzipien (auffindbar, zugänglich, interoperabel und wiederverwendbar) werden zukünftige KI-Ansätze eine schnellere und einfachere Datensegmentierung und -analyse ermöglichen. Um den Durchsatz des gesamten Phänotypisierungsprozesses weiter zu erhöhen, könnte zukünftig auch eine kombinierte Sensorerfassung von Bedeutung sein. Beispielsweise könnte es möglich sein, während der CT-Messungen die oberirdische Pflanzenarchitektur mit optischen Scannern zu erfassen und gleichzeitig die hyperspektrale Reflexion der Pflanze zu messen. Auf diese Weise könnte die Analysezeit pro Pflanze reduziert und durch die Fusion der Sensordaten könnten zusätzliche Informationen für die weitere Phänotypisierung verfügbar werden. Diese fusionierten Daten sind ein großartiges Anwendungsgebiet für die derzeit verfeinerten KI-basierten Algorithmen.

Technologisch gesehen liegt die Zukunft der CT-Phänotypisierung von Nutzpflanzen in gepulsten Hochleistungsquellen, wie sie für medizinische Anwendungen verwendet werden, oder in Hochleistungsquellen mit kleinen Brennflecken, die zur weiteren Steigerung des Durchsatzes eingesetzt werden können. In Kombination mit neuen photonenzählenden Detektoren mit kleinen Pixelabständen würden sich somit schnelle Scanzeiten realisieren lassen. Gegenwärtig werden auch im Bereich der medizinischen CT-Bildgebung photonenzählende Detektoren eingesetzt, die gleichzeitig verschiedene Energien des Röntgenspektrums unterscheiden. Mit diesen Ansätzen können Artefakte wie die Strahlenhärtung reduziert und gleichzeitig der Kontrast erhöht werden.

3.4 Aktoren, Steuerung und Regelung

Wenn Prozesse automatisiert werden sollen, stellen Sensoren die Grundlage für die Steuerung und Regelung von Aktoren dar. In der Landwirtschaft kommen hauptsächlich hydraulische und elektrische Aktoren (Antriebe, Zylinder) zum Einsatz. In einzelnen Fällen werden auch pneumatische Systeme verwendet.

Mit Steuerungen- und Regelungen werden fortlaufend die mittels Sensorik erfassten Istwerte der Aktoren (Drehzahlen, Stellung) mit den Sollwerten verglichen und dem Sollwert angenähert. Die weiteste Verbreitung findet hierbei der sogenannte PID-Regler.

3.4.1 Hydraulische, elektrische und pneumatische Antriebe

Hydraulische Aktoren finden sich in Landmaschinen meist in Form von Ventilen, Zylindern, Pumpen oder Ölmotoren. Hydraulische Aktoren sind kostengünstig, bewährt und können große Kräfte und hohe Leistungen übertragen.

Gleichzeitig zeichnen sie sich jedoch durch einen geringen Wirkungsgrad, eine hohe Verschmutzungsempfindlichkeit und die negative Umweltwirkung im Fall von Leckagen aus. Hinsichtlich der Regelung besonders nachteilig wirkt sich das im Vergleich zu elektrischen Antrieben verzögerte Ansprechverhalten aus (große Latenz). Sehr kurzfristige Anpassungen der Position oder der Drehzahl sind mit hydraulischen Systemen nicht möglich. Die Regelung wird auch durch den von der Öltemperatur abhängige Viskosität und die damit verbundene Variabilität des Wirkungsgrads beeinflusst.

Elektrische Antriebe haben eine geringere Leistungsdichte und sind aus diesem Grund weniger für die Übertragung großer Kräfte und hoher Leistungen geeignet. Zudem ist die Versorgung mit elektrischer Energie gerade auf Anbaugeräte in der Regel eingeschränkt.

Elektrische Antriebe bieten jedoch viele Vorteile: Sie weisen einen hohen Wirkungsgrad und eine hohe Drehzahlsteifigkeit auf. Die Drehzahl kann stufenlos variiert werden und der Drehmomentverlauf ist relativ gleichmäßig. Abgesehen von den in den Bauteilen enthaltenen Schwermetallen ist bei einer Fehlfunktion keine negative Umweltwirkung zu erwarten. Der größte Vorteil hinsichtlich der Regelung liegt in der geringen Latenz, also dem schnellen Ansprechverhalten.

Pneumatische Aktoren weisen im Falle eines Schadens ebenso wie Elektromotoren eine weniger negative Umweltwirkung auf als hydraulische Antriebe. Sie sind kostengünstig, haben jedoch eine geringe Leistungsdichte. Aufgrund der hohen Kompressibilität des Mediums Luft sind sie für eine genaue Regelung meist nicht geeignet.

3.4.2 Pulsweitenmodulation (PWM)

Die Steuerung von elektrischen und hydraulischen Antrieben erfolgt meist mittels Pulsweitenmodulation. Bei diesem Verfahren wird die elektrische Leistung so variiert, dass Drehzahlen oder Volumenströme angepasst werden.

Die Leistung als Produkt aus Strom und Spannung wird dabei durch die Pausenlänge zwischen zwei Spannungspulsen gesteuert (Abb. 3.38). Liegt die Pausenlänge bei 75 %, liegt lediglich 25 % der Zeit eine Spannung an. Dementsprechend wird auch nur 25 % der maximalen Leistung übertragen. Man spricht in diesem Fall von einem Tastgrad von 25 %.

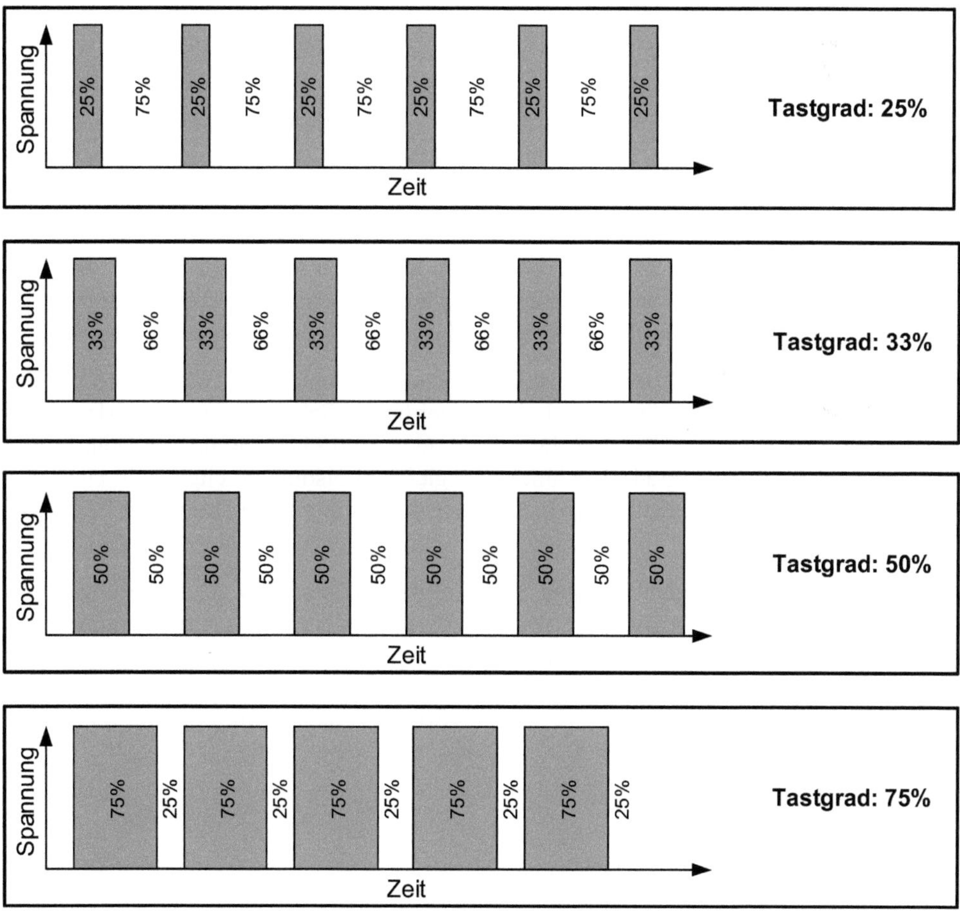

Abb. 3.38: Pulsweitenmoduliertes Signal (Quelle: eigene Darstellung)

Dementsprechend werden bei 50 % Pausenlänge nur 50 % der Leistung übertragen (P (*Tastgrad*) = $U \cdot$ *Tastgrad* $\cdot I$). Diese Form der Steuerung führt bei Elektromotoren zu einer direkten Änderung der Drehzahl, wenn das Drehmoment gleich bleibt ($P = 2 \cdot \pi \cdot M \cdot n$).

Bei elektromagnetischen Ventilen und anderen Aktoren wirkt sich die übertragene Leistung über das Magnetfeld einer Spule auf die Stellung von federbelasteten Wirkelementen oder die Öffnung von Ventilen aus. Vereinfacht gesagt gilt: je höher die Leistung, desto größer der Öffnungsgrad. So erhöht sich bei steigendem Tastgrad der Volumenstrom und damit die übertragene Leistung (P), die sich aus dem Produkt von Druck (p) und Volumenstrom ($\dot{V}$) berechnet ($P = p \cdot \dot{V}$).

Bei einfacheren Schwarz-Weiß-Ventilen steuert die Pulsbreite die Öffnungsdauer des Ventils. Statt eines kontinuierlichen Volumenstroms werden die Ventile ständig geöffnet und geschlossen. Aus dem Verhältnis von Öffnungs- und Verschlussdauer ergibt sich ein mittlerer Volumenstrom.

3.4.2.1 PID-Regler

Für die Anpassung der Position oder der Drehzahl eines Aktors ist theoretisch nur eine einmalige Kalibrierung erforderlich (siehe Kap. 2.4 Kalibrierung und Prognosewerkzeuge). Der Aktor wird mit unterschiedlichen Steuersignalen (z. B. Tastgraden) angesprochen und seine Position oder Drehzahl mit einem Referenzsystem ermittelt.

Aus den resultierenden Wertepaaren lässt sich anschließend mittels Regression eine Regelkurve erstellen. Mit der Regelkurve kann im laufenden Betrieb das Steuersignal für einen Sollwert berechnet werden. Dieses Verfahren, bei dem Sollwerte vorgegeben werden, ohne die Istwerte (z. B. Drehzahlen) zu überprüfen, wird als Steuerung bezeichnet.

In vielen Fällen ist eine Steuerung jedoch nicht ausreichend. Die Drücke und die Viskosität in hydraulischen Systemen ist ebenso zeitlichen Schwankungen unterlegen wie das Drehmoment und die Reibung bei rotierenden Antrieben. Somit wird durch eine Regelkurve über den Tastgrad zwar immer die gleiche Leistung bereitgestellt. Die resultierende Position oder Drehzahl wird jedoch zusätzlich durch die Drücke und Drehmomente beeinflusst (s. o.).

In diesen Fällen kommt eine Regelung zum Einsatz. Im Gegensatz zur Steuerung erfolgt bei einer Regelung ein fortlaufender Abgleich zwischen dem Sollwert und dem meist mit einem Sensor ermittelten Istwert. Eine der am weitesten verbreiteten und sehr vielfältigen Methode für die Regelung ist der PID-Regler. Er berücksichtigt bei der Vorgabe von Sollwerten die Differenz zwischen Istwert und Sollwert, die Summe der Differenzen und die Änderung der Differenz über die Zeit (Abb. 3.39).

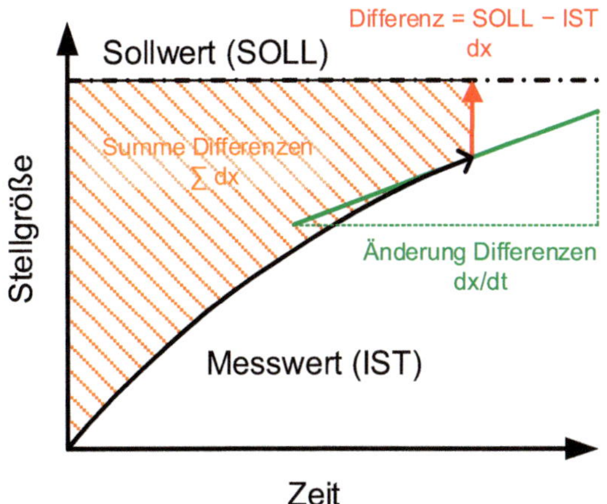

Abb. 3.39: Eingangsgrößen eines PID-Reglers (Quelle: eigene Darstellung)

Dabei werden alle Eingangsgrößen mit einem Faktor multipliziert: die Abweichung zwischen Istwert und Sollwerte (*e*) mit dem Faktor *P* (K_P, proportionale Verstärkung), die Summe der Fehler mit dem Faktor *I* (K_I, Integral) und die Änderung der Fehler mit dem Faktor *D* (K_D, Differenzial).

Die Berechnung des Stellwerts berechnet sich danach wie folgt:

$$Stellwert = Istwert + K_P \cdot e + K_I \cdot \sum e + K_D \cdot \frac{\Delta e}{\Delta t} \tag{3.11}$$

Der Regelkreis kann anhand der Gestängehöhenführung einer Feldspritze erläutert werden (Abb. 3.40). Sie ermittelt den Abstand zwischen Gestänge und Boden mit einem Ultraschallsensor. Die Gestängehöhe und die Winkelstellung der Arme werden über Zylinder gesteuert.

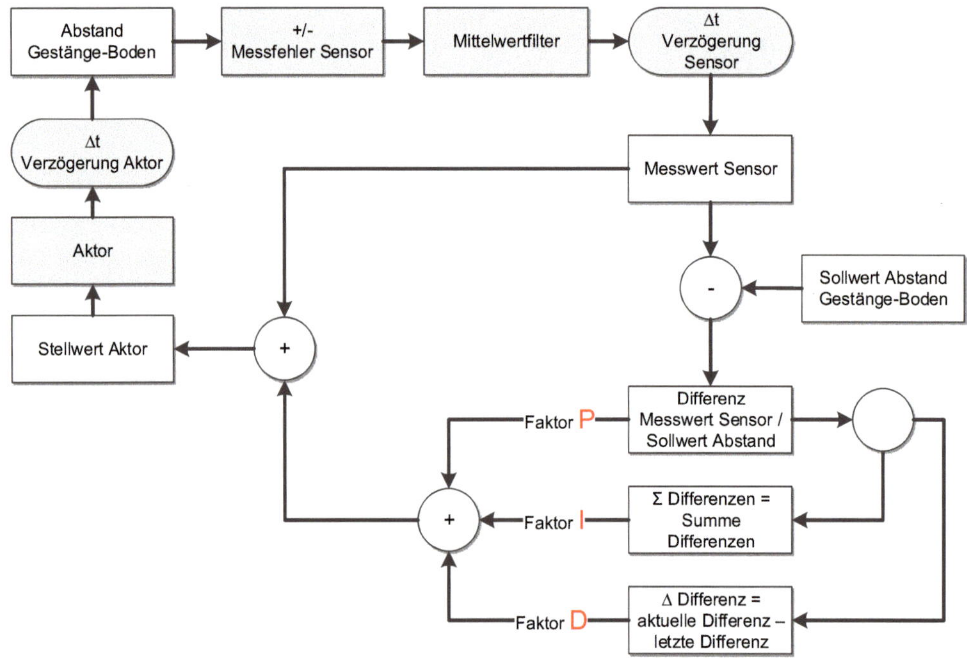

Abb. 3.40: Ablauf bei der Regelung der Gestängehöhe (Quelle: eigene Darstellung)

Der Abstand zwischen Gestänge und Boden wird mit dem Sensor ermittelt. Dabei treten Messfehler auf, die mit Filtern (z. B. Mittelwertfilter) reduziert werden. Die Messwerterfassung und Verarbeitung führt zu einer verzögerten Ausgabe.

Der Sollwert der Gestängehöhe wird vom durch den Sensor ermittelten Istwert subtrahiert. Die Differenz wird mit dem P-Faktor multipliziert. Gleichzeitig werden alle ermittelten Differenzen fortlaufend aufsummiert und die Summe mit dem I-Faktor multipliziert. Zudem wir die zeitliche Änderung der Differenz durch den Vergleich der aktuellen Differenz mit der zuletzt ermittelten berechnet und mit dem D-Faktor multipliziert.

Schließlich werden alle ermittelten Regelwerte und der aktuelle Istwert zu einem neuen Sollwert addiert und als Stellwert dem Aktor, in diesem Fall dem Zylinder, zugeführt. Danach beginnt der Regelkreis von Neuem: Der Sensor ermittelt den Abstand zwischen Gestänge und Boden.

Der Vorteil von PID-Reglern liegt darin, dass verschiedene Einflussfaktoren, wie unterschiedliche Druckverhältnisse im hydraulischen System, Messfehler des Ultraschallsensors, seine Messverzögerung und das verzögerte Ansprechverhalten der Hydraulik, dynamisch ausgeglichen werden können.

Der Nachteil von PID-Reglern liegt in der Parametrierung, also der Suche nach den optimalen Werten für K_P, K_I und K_D. Bei einfachen Regelungsaufgaben erfolgt die Optimierung oft durch Ausprobieren. Komplexere Regelungen können anhand von Einstellregeln optimiert werden. Dazu sind in der Vergangenheit verschiedene Verfahren vorgeschlagen worden (Ziegler und Nichols, Hrones und Reswick, Oppelt, Rosenberg).

Bei der Suche nach den richtigen Einstellungen entsteht oft ein Zielkonflikt zwischen schneller Ansprache auf Änderungen im System oder bei der Sollwertvorgabe und einem ruhigen, schwingungsfreien, materialschonenden Regelverhalten.

3.5 Ackerschlagkarteien, Geographische Informationssysteme (GIS) und Datenbanken

Die Entwicklung Geographischer Informationssysteme für die Landwirtschaft nahm 1962 seine Anfänge in Kanada. Mit dem *Canada Land Inventory* wurde das erste GI-System von Roger Tomlinson entwickelt und beschrieben. 1969 wird mit Esri die erste Firma gegründet, die sich ausschließlich mit Geographischen Informationssystemen befasst. Esri ist mit seinem Produkt ArcGIS bis heute Marktführer im Bereich kommerzieller GI-Systeme.

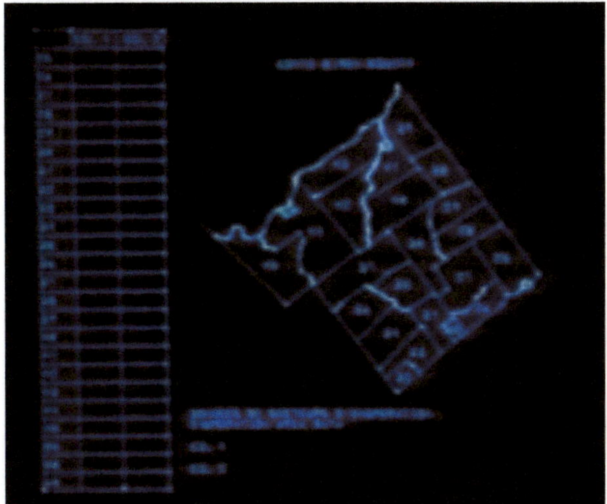

Abb. 3.41: GIS mit Attributtabelle und Karte: Canada Land Inventory (1967) (Quelle: https://youtu.be/ryWcq7Dv4jE)

Im Jahr 1972 wurde der erste Landsat-Satellit in die Umlaufbahn gebracht. Er war die erste Quelle für Satellitenaufnahmen, für deren Darstellung und Auswertung GIS-Programme benötigt werden. 1985 wurde das vom amerikanischen Militär entwickelte GRASS als erstes Open-Source-GIS vorgestellt.

Seit 2002 wird das Programm QGIS (ehemals Quantum GIS) von verschiedenen Entwicklern als Open-Source-Produkt entwickelt. Es ist unter allen gängigen Betriebssystemen (Windows, Linux, Mac) lauffähig und integriert Funktionen von GRASS und dem ebenfalls als Open-Source-Produkt entwickelten SAGA GIS[9].

[9] http://www.saga-gis.org/en/index.html

2005 startete Google seinen internetbasierten Kartenservice Maps und stellt kurz darauf die erste Version von Google Earth vor. Durch das integrierte Kartenmaterial und die einfache Bedienung gewann der Umgang mit geographischen Informationen in kurzer Zeit enorm an Bedeutung und Popularität.

2007 wurde die Direktive 2007/2/EC zur Freigabe von Geoinformationen mit Umweltrelevanz durch die Europäische Kommission beschlossen (INSPIRE – *Infrastructure for Spatial Information in Europe*). Danach sollen durch die Mitgliedsstaaten Infrastrukturen geschaffen werden, die öffentlichen Zugriff auf geographische Informationen bzw. Daten ermöglichen, die in weiten Teilen auch die Landwirtschaft betreffen (u. a. Boden, Landnutzung, Wetter, Luftbilder, Geländemodelle). Die INSPIRE-Richtlinie ist in Deutschland durch das Geodatenzugangsgesetz des Bundes (GeoZG) bzw. in Bayern durch das bayerische Geodateninfrastrukturgesetz (BayGDIG) umgesetzt worden.

2015 wurde der erste Satellit der Sentinel-2-Mission gestartet. Die Sentinel-Satelliten wurden im Rahmen des europäischen Copernicus-Programms entwickelt und gelten als Fortführung der Landsat- und SPOT-Missionen. Die Sensoren der Sentinel-2-Satelliten erfassen zehn spektrale Kanäle mit unterschiedlicher räumlicher Auflösung (10 m, 20 m und 60 m). Die Satellitenaufnahmen werden der Öffentlichkeit für die weitere Nutzung zur Verfügung gestellt. Nach dem Start des zweiten Sentinel-2-Satelliten stehen von allen Orten der Erde alle fünf Tage aktuelle Aufnahmen zur Verfügung.

Abb. 3.42: Sentinel-2-Aufnahme der Po-Ebene (Quelle: modifizierte Copernicus Sentinel-Daten 2015/ Verarbeitung durch ESA)

GI-Systeme werden in der Landwirtschaft auf vielfältige Art und Weise eingesetzt. In Ackerschlagkarteien sind GIS-Funktionen für die Darstellung von Feldern integriert. Sie dienen der Verwaltung von Flächen (z. B. Pachtverwaltung), der Darstellung der schlagbezogenen Planung und Dokumentation von Maßnahmen sowie der teilflächenspezifischen Bewirtschaftung. Auch bei iBALIS (integriertes Bayerisches Landwirtschaftliches Informations-System) handelt es sich um ein GI-System. Die Bedienterminals von automatischen Lenksystemen stellen Fahrspuren, Feldgrenzen, die bereits bearbeitete Fläche und das Fahrzeug in Kartenform dar. Insofern können diese ebenfalls als GIS betrachtet werden.

Die Nutzung von GI-Systemen in der Landwirtschaft wird dem Hintergrund der zunehmenden Digitalisierung, dem vermehrten Einsatz von GNSS auf landwirtschaftlichen Fahrzeugen (Prozessdatenerfassung, Telemetrie) und der steigenden Verfügbarkeit von Geoinformationen (INSPIRE, Sentinel-Mission) in den nächsten Jahren stark zunehmen.

Die Funktionen von Ackerschlagkarteien und GIS-Programmen sind bei vielen im Markt verfügbaren Produkten nicht eindeutig zu trennen, da viele Ackerschlagkarteien über GIS-Funktionen verfügen und ein GIS auch als Ackerschlagkartei genutzt werden kann.

3.5.1 Datenbanken

Datenbanken werden genutzt, um Informationen und Werte in strukturierter Form zu speichern und für die Aufbereitung und Auswertung zur Verfügung zu stellen. Eine Datenbank besteht aus einer oder mehreren Tabellen, die miteinander verknüpft sein können.

3.5.1.1 Aufbau von relationalen Datenbanken

Tabellen einer Datenbank bestehen aus Spalten (Datenbankfelder) und Zeilen (Datensätzen). Jedes Datenbankfeld hat einen eindeutigen Namen und enthält einen bestimmten Datentyp, z. B. Text, Datum, Ganzzahl, Fließkommazahl, Währung. Jeder Eintrag in der Datenbank wird in einer eigenen Zeile (Datensatz) gespeichert.

Datenbanken haben gegenüber Text- und Exceldateien verschiedene Vorteile.

- Es können mehrere Benutzer gleichzeitig auf die Daten zugreifen.
- Der Zugriff auf die Daten kann durch Passwörter abgesichert und so geschützt werden.
- Aufgrund der genauen Festlegung auf bestimmte Datentypen sind fehlerhafte Eingaben (z. B. Text in einem Zahlenfeld) nicht möglich.
- Datensätze unterschiedlicher Tabellen können über eindeutige Werte verknüpft werden.

Die häufigsten Typen für Datenfelder sind

- Text (String),
- Zahlen (Byte, Integer usw.),
- Datum und Uhrzeit,
- Währung,

- Autowerte (ID, eindeutige Zahl) und
- Boolesche Zustände (Ja/Nein, Bit).

Einige Datenbanken können auch komplette Dateien als BLOB (Binary Large Objects) speichern. Der Umfang der Datentypen ist abhängig von der Datenbank.

Von besonderer Bedeutung sind die Autowerte (IDs). Die Werte werden beim Anlegen eines neuen Datensatzes automatisch vergeben und sind eindeutig. Nur mithilfe der ID können Datensätze gezielt bearbeitet, verändert und vor allem miteinander verknüpft werden (siehe SQL).

3.5.1.2 Datenbankmodell

Die Gesamtheit aller Tabellen, Datenbankfelder und die Beziehungen zwischen den Datensätzen wird als Datenbankmodell bezeichnet. In der Landwirtschaft kommen überwiegend die beschriebenen tabellenbasierten, relationalen Datenbankmodelle zum Einsatz. Andere Datenbankmodelle sind objekt- oder dokumentenorientiert aufgebaut (z. B. MongoDB[10]).

Bei der Erstellung des Datenbankmodells muss mit großer Sorgfalt und Weitsicht vorgegangen werden. Änderungen, die nach dem Einfügen von Datensätzen durchgeführt werden, können dazu führen, dass Fehler auftreten oder die Daten nicht mehr so genutzt werden können wie ursprünglich vorgesehen.

Die am häufigsten verwendeten Datenbanken sind dBASE, Microsoft Access, SQL Server, MySQL, Oracle Datenbanken, PostgreSQL sowie SQLite. dBASE-Dateien finden häufig im GIS-Bereich Anwendung, da das Esri Shape-Format (Esri 1998) bei der Speicherung von Attributen diese Datenbank verwendet.

Datenbanken können auf der Festplatte eines Rechners, einem mobilen Datenträger oder auf einem Server gespeichert werden. Der Speicherort ist dabei für die Zugänglichkeit der Daten entscheidend.

Auf einem Server gespeicherte Datenbanken sind, die Zugriffsrechte vorausgesetzt, von jedem beliebigen Ort und mit fast jedem beliebigen Gerät zugänglich. Voraussetzung ist dabei eine Internetverbindung. Datenbanken auf einer Festplatte oder einem mobilen Datenträger (z. B. USB-Stick) sind nur die Personen zugänglich, die Zugriff auf den Rechner oder den Datenträger haben. Dafür ist in diesem Fall keine Internetverbindung erforderlich.

[10] https://www.mongodb.com/

Tabelle: Mitarbeiter

	Autowert	Text	Text	Datum	Integer	Long	Datentyp
	ID	Name	Vorname	Geburts-datum	Arbeitszeit	BetriebsID	Feldname
Datensätze	1	Müller	Peter	01.03.1987	40	1	
	2	Stampfer	Hans	01.08.1980	20	2	
	3	Huber	Johann	02.06.1977	30	1	

Tabelle: Betriebe

Autowert	Text	Text	Integer	Text	Double
ID	Betrieb	Strasse	PLZ	Ort	Fläche
1	Kerner	Ahornstr. 5	99232	Graten	141,3
2	Hermann	Hochweg 2	23567	Hofhausen	80,5
3	Gruber	Stallgasse 5	80809	Oberhofen	177,3

Tabelle: Maschinen

Autowert	Text	Text	Datum	Integer	Long
ID	Hersteller	Modell	Baujahr	Betriebs-stunden	BetriebsID
1	Fendt	515	2014	516	3
2	John Deere	6630	2007	5500	2
3	Claas	Arion	2016	324	1

Abb. 3.43: Einfaches, relationales Datenbankmodell (Quelle: eigene Darstellung)

Beispiel Ackerschlagkartei (siehe Abb. 3.43): In einer Tabelle werden Informationen zu Mitarbeitern eines Betriebs gespeichert. Sie hat fünf Spalten: Name (Text), Vorname (Text), Geburtsdatum (Datum), wöchentliche Arbeitszeit (Integer) und eine Betriebs-ID (Long). Es können beliebig viele Spalten mit weiteren Informationen ergänzt werden.

In einer zweiten Tabelle werden Maschinen verwaltet. Hier sind die Felder Modell und Hersteller als Text, das Baujahr als Datum und die Betriebsstunden als Integer angelegt. Ebenso wie bei den Mitarbeitern wird in dieser Tabelle eine Spalte mit der Betriebs-ID mitgeführt.

In der dritten Tabelle werden wichtige Informationen zum Betrieb verwaltet (Name, Adresse, Betriebsfläche). Sowohl die Datensätze in der Tabelle Mitarbeiter als auch die Datensätze in der Tabelle Maschinen sind über die Betriebs-ID mit einem Betrieb verknüpft. Die Verknüpfung bietet große Vorteile. Die Informationen zum Betrieb müssen nicht in jedem Datensatz eines Mitarbeiters gespeichert werden, sodass in erheblichem Maße Speicherplatz eingespart wird. Zudem muss bei Änderungen (z. B. Adresse) nur ein einziger Datensatz angepasst werden.

Das genannte Beispiel lässt sich beliebig um Felder, Flurstücke, Lager, Ställe und Tiere erweitern. Die große Datenvielfalt auf landwirtschaftlichen Betrieben und die Beziehung zwischen den Daten lassen sich nur in einer Datenbank vollständig und strukturiert abbilden.

Nicht alle Datenbanken verfügen wie Microsoft Access über eine Benutzeroberfläche, mit der Datensätze erstellt, abgerufen, gefiltert, verändert oder gelöscht werden können. Die meisten Datenbanken stellen für diese Funktionen eine Schnittstelle in Form der Sprache SQL (*Structured Query Language*) zur Verfügung. Diese Abfragesprache kann von verschiedenen Anwendungen auf beliebigen Rechnerplattformen mit beliebigen Betriebssystemen genutzt werden, um auf Daten zuzugreifen.

Die Darstellung der Daten in einer GUI (*Graphical Unser Interface*, grafische Benutzeroberfläche) ist dann von den Daten selbst getrennt. Diese Trennung hat verschiedene Vorteile: Die Benutzeroberfläche und die Zugriffsrechte können nutzerorientiert erfolgen

(z. B. Fahrer, Betriebsleiter, Berater). Außerdem ist die Darstellung der Benutzeroberfläche für verschiedene Landessprachen erheblich vereinfacht, denn die Daten ändern sich nicht, lediglich die Darstellung der Daten auf einem Bildschirm.

3.5.1.3 Structured Query Language (SQL)

Mit der *Structured Query Language* („Strukturierte Abfragesprache“) können Werte aus einzelnen oder mehreren Tabellen extrahiert werden. Zudem ist das Ergänzen, Ändern und Löschen von Datensätzen möglich.

Für die reibungslose Nutzung von SQL wird empfohlen, bei der Benennung von Tabellen und Feldern auf Umlaute, Leerzeichen und Sonderzeichen (außer „_“) zu verzichten. Innerhalb der Abfragen werden die Namen von Tabellen und Feldern verwendet. Wenn auf mehrere Tabellen zugegriffen wird, muss zusätzlich zum Feld die Tabelle genannt werden. Es wird deshalb grundsätzlich empfohlen, dem Tabellennamen – getrennt durch einen Punkt – den Feldnamen voranzustellen (Kunde.Name statt Name).

Einfügeabfragen

Mit Einfügeabfragen werden einer bestehenden Tabelle Datensätze hinzugefügt.

INSERT INTO [Tabelle] ([Feld1], [Feld2], [Feld3]) VALUES (Wert1, Wert2, Wert3);

Der Name der Tabelle, in die Werte eingefügt werden sollen, folgt dem Schlüsselwort INSERT INTO. Danach werden in Klammern die Namen der Datenbankfelder angegeben. Es folgt das Schlüsselwort VALUES und eine geklammerte Liste mit den einzufügenden Werten.

Die Reihenfolge der Datenbankfelder in der ersten Klammer bestimmt die Reihenfolge der Werte in der zweiten Klammer. Es müssen nicht alle Spalten der Tabelle befüllt werden, es sei denn, die Felddefinition erfordert eine Eingabe. Buchstaben werden durch einfache Hochkommas eingefasst (STRG + #). Für die Formatierung von Datums- und Zeitangaben gelten spezielle Regeln.

Auswahlabfrage

Eine Auswahlabfrage liefert eine temporäre Tabelle zurück. Das Ergebnis der Abfrage wird nicht in der Datenbank gespeichert.

SELECT [Feld1] FROM [Tabelle] WHERE [Feld2] = Wert1;

Eine Auswahlabfrage muss mindestens die Schlüsselwörter SELECT und FROM enthalten. Auf das SELECT folgen die Feldnamen, die abfragt werden sollen (ggf. getrennt durch Kommas). Wenn ALLE Werte abgefragt werden sollen, wird statt eines oder mehrerer Feldnamen das Zeichen * eingefügt.

Optional kann die Abfrage auf Datensätze eingeschränkt werden, für die bestimmte Bedingungen gelten (=, >, <). Wenn die Begrenzung auf Basis von Text erfolgt, ist dieser in Hochkommas zu klammern (STRG + #). Bei Textfeldern kann auch der LIKE Operator verwendet werden. Dann werden auch ähnliche Felder ausgegeben. Als Platzhalter kommt hier das %-Zeichen zum Einsatz (z. B.: LIKE 'AMS%' gibt alle Datensätze zurück, die mit AMS beginnen).

Mit dem INNER JOIN und dem ON Schlüsselwort können in einer Abfrage Datensätze aus mehreren Tabellen auf Basis gemeinsamer Werte kombiniert werden.

SELECT * FROM [Tabelle1] INNER JOIN [Tabelle2] ON [Tabelle1].[Feld1] = [Tabelle2].[Feld2];

Diese Abfrage gibt alle Datensätze aus Tabelle 1 und Tabelle 2 zurück, bei denen das Feld 1 in Tabelle 1 den gleichen Wert hat wie das Feld 2 in Tabelle 2. Die Datensätze aus beiden Tabellen werden dann in einem Datensatz vereinigt (JOIN).

Änderungsabfrage

Mit Änderungsabfragen können Felder in bestehenden Datensätzen verändert werden (Update).

UPDATE [Tabelle] SET [Feld1] = Wert1, [Feld2] = Wert2 WHERE [Feld3] = Wert4;

Auf das Schlüsselwort UPDATE folgt der Name der Tabelle, auf das Schlüsselwert SET eine kommagetrennte Liste mit Feldnamen und den entsprechenden Werten. Das WHERE-Schlüsselwort legt fest, welche Datensätze verändert werden sollen. Fehlt es, werden alle Datensätze mit den neuen Werten belegt.

Löschabfrage

Mit einer Löschabfrage werden Datensätze gelöscht, die ein bestimmtes Kriterium erfüllen.

DELETE FROM [Tabelle] WHERE [Feld3] = Wert4;

Auf das DELETE-Schlüsselwort folgt der Name der Tabelle. Nach dem WHERE Schlüsselwort wird das Kriterium für die Datensätze festgelegt, die gelöscht werden sollen.

Aggregatfunktionen

Über die Aggregatfunktionen können Spalten von numerischen Feldern mithilfe einer SELECT-Anweisung zusammenfassend bewertet werden. Die wichtigsten Funktionen sind COUNT (Anzahl), STDEV (Standardabweichung), SUM(Summe) und AVG (Mittelwert).

Beispiel:

SELECT AVG([Feld1]) AS MW FROM [Tabelle] WHERE [Feld2] = Wert1;

Diese Funktion gibt eine Tabelle mit dem Feld MW aus, dass den Mittelwert aller Zahlen aus der Spalte Feld 1 enthält, in denen das Feld Feld2 den Wert Wert1 hat. Wenn der Mittelwert über alle Datensätze ermittelt werden soll, kann die WHERE-Klausel entfallen.

3.5.2 Ackerschlagkarteien

Ackerschlagkarteien dienen der Dokumentation von Maßnahmen in der Außenwirtschaft, also der Pflanzenproduktion.

Die Maßnahmendokumentation ist gesetzlich vorgeschrieben. Sie stellt die Grundlage für staatliche Direktzahlungen, Ausgleichszahlungen für Umweltleistungen und verschiedene Förderprogramme dar. Dabei ist nicht vorgeschrieben, dass der Nachweis über Art, Umfang und dem Zeitpunkt von Maßnahmen digital erfolgen muss. Er kann auch auf Karteikarten („Ackerschlagkartei") oder in anderer analoger Form geführt werden. Die Maßnahmendokumentation in digitaler Form ist gegebenenfalls mit höherem Aufwand verbunden (Investitionen, Arbeitszeit). Gleichzeitig ist die Erstellung von gesetzeskonformen Nachweisen mit einer Ackerschlagkartei mit erheblich geringerem Aufwand verbunden.

Die Dokumentation ist auch eine Form von Qualitätsmanagement und spielt im Vertragsanbau eine immer wichtigere Rolle. Von der abnehmenden Hand wird zunehmend eine über die gesetzlichen Vorgaben hinausgehende Aufzeichnung von Betriebsabläufen gefordert. So soll sichergestellt werden, dass die von landwirtschaftlichen Betrieben erzeugten Produkte den Qualitätsanforderungen der verarbeitenden Betriebe und des Handels genügen. Nicht zuletzt legen auch die Verbraucher einen immer größeren Wert darauf, dass Herkunft und Erzeugung transparent gemacht werden (Nachverfolgbarkeit, *Traceability*).

Nicht zuletzt versetzen digitale Ackerschlagkarteien Betriebsleiter und ihre Berater in die Lage, mit den erfassten und damit ohnehin vorhandenen Daten und Informationen betriebswirtschaftliche Analysen durchzuführen (z. B. Deckungsbeitragsrechnung). So kann die Wirtschaftlichkeit von einzelnen Schlägen, von Maschinen und Geräten sowie Produktionszweigen getrennt analysiert und bewertet werden. Durch die Analyse von Kostenstrukturen besteht die Möglichkeit, Schwachstellen im Betrieb zu erkennen und abzustellen.

Bei der Buchung einer Maßnahme in einer Ackerschlagkartei werden die verwendeten Ressourcen (Personal, Maschinen, Betriebsmittel) aus den Stammdaten ausgewählt und die Maßnahme mit zeitlicher Zuordnung (Datum, Uhrzeiten) einem Schlag zugewiesen. Dabei wird vereinfacht gesagt lediglich eine Verknüpfung zwischen den Datensätzen verschiedener Tabellen (Feld, Maschine ...) und dem Zeitbezug hergestellt.

In einer Tabelle mit Maßnahmen stehen dann neben dem Anfangs- und Endzeitpunkt der Maßnahme in weiteren Spalten die ID-Werte der entsprechenden Ressourcen. Gegebenenfalls sind Aufwand- oder Ausbringmengen zu ergänzen. Für die Buchung erforderliche Stammdaten wie zugelassene Pflanzenschutzmittel und marktverfügbare Düngermischungen werden von den Herstellern von Ackerschlagkarteien teilweise mitgeliefert oder online bereitgestellt.

Die Datenerfassung kann durch Terminals, Tablets oder Mobiltelefone erheblich erleichtert werden. Die Maßnahmen werden in diesem Fall in der Ackerschlagkartei geplant und auf mobile Geräte übertragen. Während der Feldarbeit wird automatisch die Zeit und in den meisten Fällen auch Position des Fahrzeugs fortlaufend erfasst. Nach Abschluss der Maßnahme können die Daten – teilweise automatisch – in die Ackerschlagkartei übernommen werden.

Diese Form der Dokumentation hat den Vorteil, dass zusätzlich die Positionen und gegebenenfalls Prozessdaten (Dieselverbrauch, Drehzahlen, Ausbringmengen) während der Bearbeitung gespeichert und in die Ackerschlagkartei überführt werden.

Die meisten Ackerschlagkarteien verfügen neben Eingabemasken für Daten auch über eine Kartenfunktion. Hier können die Anbauplanung, abgeschlossene Maßnahmen in Kartenform dargestellt werden. Zusätzlich können in den Kartenmodulen auch Fahrspuren für Lenksysteme geplant, Ertragsdaten dargestellt oder Karten für die teilflächenspezifische Ausbringung von Betriebsmitteln erstellt werden.

Die in den Datenbanktabellen gespeicherten Daten können mit einer Ackerschlagkartei nach unterschiedlichen Kriterien gefiltert und ausgewertet werden (nach Fahrzeug, Mitarbeitern, Feldern). Meist sind bereits Vorlagen für bestimmte Fragestellungen oder gesetzlich vorgeschriebene Dokumente und Berichte voreingestellt verfügbar.

Ein Beispiel ist in Abbildung 3.44 dargestellt. Die für den Anbau verbrauchten Mittel (Dünger und Pflanzenschutzmittel fehlen) und deren Kosten sind ebenso aufgeführt wie die Kosten für den Maschineneinsatz und die geleistete Arbeit. Der dargestellte Datenbericht kann auf Knopfdruck erzeugt werden, wenn im Vorfeld alle Maßnahmen wie Aussaat, Düngung, Pflanzenschutz und Ernte korrekt gebucht wurden.

Feldanbau - Bericht

01.04.2015 - 01.04.2017

Fruchtfolgeinfo	**Ausgesät**		**geerntet**		
2015 Weizen	10.10.2015		19.07.2016		
Mittel	**Menge**	**je Einheit**	**Menge/ha**	**Kosten/ha**	**Summe**
Saatgut					
Weizen - Saatgut	3,600.000 kg	2.00€	180.00 kg	360.00€	7,200.00 €
			Saatgut Summe:	**360.00**	**7,200.00 €**
			Mittel Summe:	**360.00**	**7,200.00 €**
Maschinen	**Menge**	**je Einheit**	**Menge/ha**	**Kosten/ha**	**Summe**
Mähdrescher	20.00 ha	90.00€	1.00 ha	90.00€	1,800.00 €
Sämaschine	20.00 ha	20.00€	1.00 ha	20.00€	400.00 €
Traktor	3.00 h	50.00€	0.15 h	7.50€	150.00 €
			Maschinen Summe:	**117.50**	**2,350.00 €**
Arbeitskosten	**Menge**	**je Einheit**	**Qty/ha**	**Kosten/ha**	**Summe**
Holz, Peter	10.00 h	10.00€	0.50 h	5.00€	100.00 €
			Arbeitskosten Summe:	**5.00**	**100.00 €**
			Gesamtausgaben	**482.50**	**9,650.00 €**

Abb. 3.44: Datenbankbericht Ackerschlagkartei (Quelle: eigene Darstellung)

Ackerschlagkarteien waren ursprünglich klassische PC-Anwendungen. Das Programm und die dazugehörige Datenbank waren auf einem Bürorechner oder Laptop installiert. Der Vorteil ist dabei, dass ein Datenzugriff jederzeit auch ohne Internetzugang möglich ist.

Das Installieren und Speichern auf einem PC oder Laptop hat jedoch auch Nachteile: Die Daten werden in der Regel nicht oder zumindest zu selten gesichert. Im Falle eines Schadens am Rechner sind gegebenenfalls die Daten mehrerer Jahre verloren. Weiterhin nachteilig ist, dass die Daten nur dann eingesehen und gepflegt werden können, wenn der Bediener Zugang zum Rechner hat.

Aus diesem Grund haben sich in den letzten Jahren zunehmend Cloud-Lösungen durchgesetzt: Die Daten werden dann auf einem zentralen Server gespeichert und dort regelmäßig gesichert. Der Zugriff auf die Daten ist mit speziellen Programmen oder direkt über eine Weboberfläche möglich. So können mehrere Personen gleichzeitig und vor allem unabhängig vom Aufenthaltsort auf die in der Datenbank gespeicherten Informationen zugreifen, wenn eine Internetverbindung verfügbar ist. Gleiches gilt für Terminals, Tablets oder Mobiltelefone, die im Feld erfasste Daten ohne Umwege über einen USB-Stick oder eine Speicherkarte direkt in die Datenbank einpflegen können.

Die Vor- und Nachteile von serverbasierten Ackerschlagkarteien sind in Tabelle 3.7 zusammengestellt. Neben den berechtigten Bedenken bezüglich der Datensicherheit und dem möglichen Datenmissbrauch bietet die serverbasierte Speicherung von Daten ausschließlich Vorteile. Es ist deshalb davon auszugehen, dass sich diese Form der Datenhaltung mittelfristig durchsetzen wird.

Tabelle 3.7: Vor- und Nachteile von serverbasierten Ackerschlagkarteien

	Cloud/Server	**PC/Laptop**
Vorteile	▪ Zugriff von überall ▪ Zugriff für Dienstleister ▪ Keine Datensicherung ▪ Keine Updates nötig	▪ Daten „sicher" ▪ Zugriff auch ohne Internet
Nachteile	▪ Fremdnutzung/Missbrauch	▪ Datensicherung ▪ Kompatibilität ▪ Updates

3.5.3 Geographische Informationssysteme (GIS)

Die Abkürzung GIS steht für Geographische Informationssysteme (auch Geo-Informationssysteme) oder *Geographic Information Systems*. Mit GIS können Daten mit Raumbezug erzeugt, verändert, analysiert und dargestellt werden. Daten mit Raumbezug sind dabei Bilder (Luftbilder, Satellitenbilder) oder Punkte, Linien und Flächen (Vektordaten). Die Daten sind in Ebenen (Layern) angeordnet, die über- oder untereinanderliegen

3.5.3.1 Rasterdaten

Die Bilddaten werden auch als Rasterdaten bezeichnet, weil sie aus rechteckigen, meist quadratischen Zellen, den Bildpixeln bestehen. Jedem Pixel ist dabei ein Wert zugeordnet. Ein digitales Foto besteht aus drei Ebenen: je einer für den roten, grünen und blauen Bereich.

In den Pixeln der Ebene wird der Farbanteil zwischen 0 % und 100 % abgespeichert. Satellitenaufnahmen verfügen in der Regel über mehr als drei Farbkanäle. In den zusätzlichen Kanälen wird dabei überwiegend der Anteil der nahinfraroten Strahlung (NIR, siehe Abschn. 3.1.7) gespeichert.

Der Raumbezug der Rasterdaten wird über Koordinaten hergestellt. Meist wird hierbei die Koordinate der linken, oberen Ecke, die Breite der Pixel, die Höhe der Pixel und die Drehung des Bilds als Referenz verwendet. Mit diesen Informationen kann jedem Pixel eine Koordinate zugeordnet werden und die Rasterzellen haben mit ihren Werten einen Raumbezug (Abb. 3.45).

Rasterdaten können jedoch auch in einem GIS aus Punktdaten erzeugt werden. Punktuell erhobene Daten wie Bodenproben lassen lediglich eine Aussage über eine Eigenschaft (Attribut) an einer Position zu. Aussagen zu Positionen zwischen den Punkten sind nicht möglich. Bei der Interpolation wird für jedes Pixel/jede Rasterzelle ein Schätzwert aus den umliegenden Punkten berechnet. Dieses Verfahren wird als räumliche Interpolation (siehe Abschn. 3.5.3.5) bezeichnet.

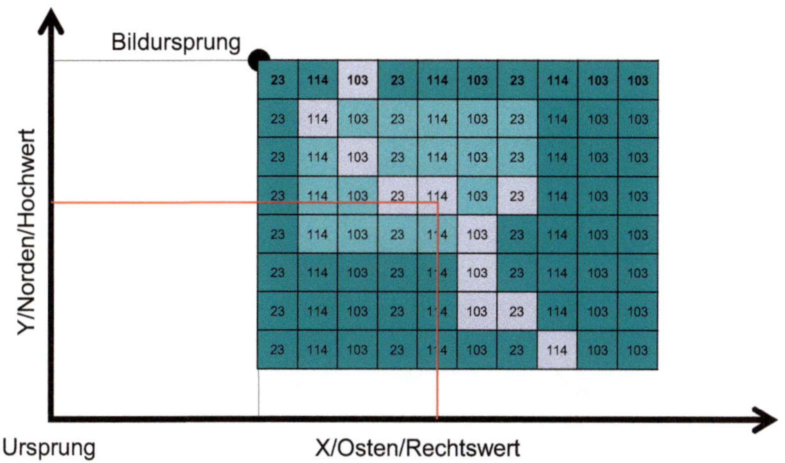

Abb. 3.45: Rasterebene mit Pixelwerten (Quelle: eigene Darstellung)

3.5.3.2 Vektordaten

Vektordaten setzen sich aus einem oder mehreren Punkten und dazugehörigen Eigenschaften (Attributen) zusammen. Ein weitverbreitetes Format für die Speicherung von Geodaten sind Esri-Shape-Dateien (Esri 1998). Sie bestehen aus drei Dateien, wobei in einer (dBASE-Datei, *.dbf) die Attribute enthalten sind. Pro Punkt, Linie oder Fläche gibt es einen Datensatz in der Datenbank.

In einer Punktebene sind einzelne Koordinaten (X- und Y-Wert) mit je einer Zeile (einem Datensatz) in einer Datenbanktabelle verknüpft. Die Datensätze können dabei beliebige Eigenschaften enthalten (Text, Zahlen, Datum). Beispiel für Punktdateien sind Hydranten, Beprobungsstellen oder die Positionen eines Fahrzeugs mit zugehörigen Messdaten wie Ertrag, Ausbringmenge, Dieselverbrauch oder Motordrehzahl.

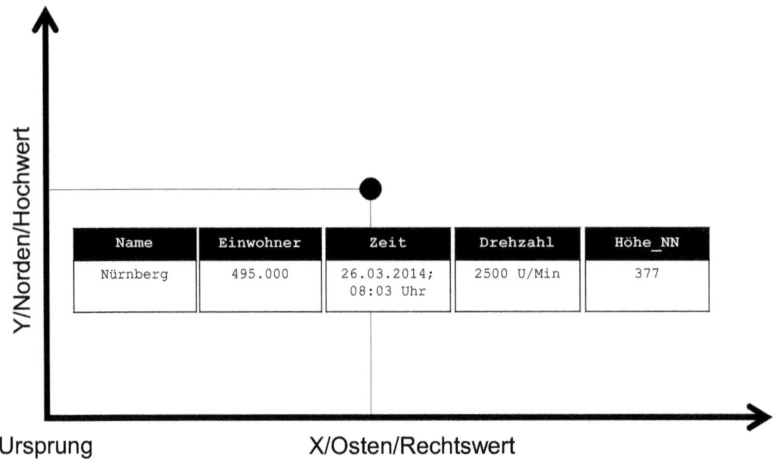

Abb. 3.46: Vektorebene mit Punktdaten (Quelle: eigene Darstellung)

Linien werden als eine aufeinanderfolgende Ansammlung von Punkten zusammen mit einem Datenbankeintrag verknüpft (Abb. 3.47). Eine Linie besteht streng genommen nur aus zwei Punkten, deshalb ist der Begriff Polylinie gebräuchlich, da Linienebenen meist aus verschiedenen Linien zusammengesetzt sind, wobei der letzte Punkt der ersten Linie dem ersten Punkt der zweiten Linie entspricht. Beispiele für Linienebenen sind Fahrspuren, Flüsse, Drainagen, Zäune, und Bewässerungsrohre.

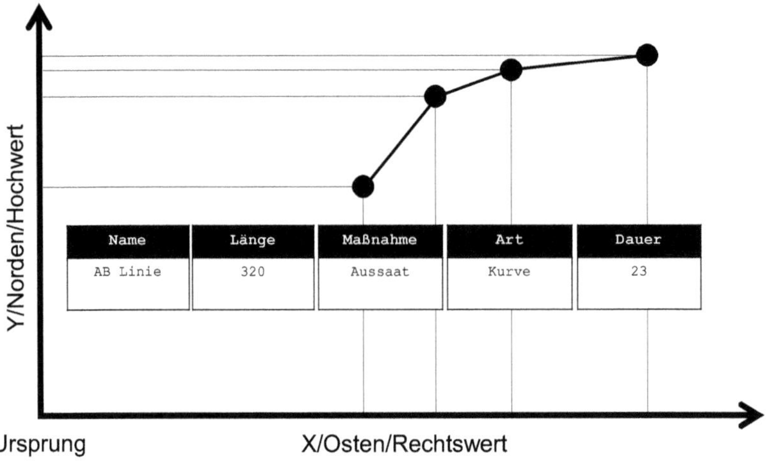

Abb. 3.47: Vektorebene mit Liniendaten (Polylinie) (Quelle: eigene Darstellung)

Gleiches gilt für Flächen (Polygone), die ebenfalls als eine Ansammlung von Punkten gespeichert und dargestellt werden. Die Besonderheit ist hierbei, dass der erste und der letzte Punkt dieselbe Koordinate haben (Abb. 3.48). Beispiele für Polygone oder Flächen sind Flurstücke, Bewirtschaftungsgrenzen, Managementzonen, Kreis- und Landesgrenzen oder Naturschutz- und Wasserschutzgebiete.

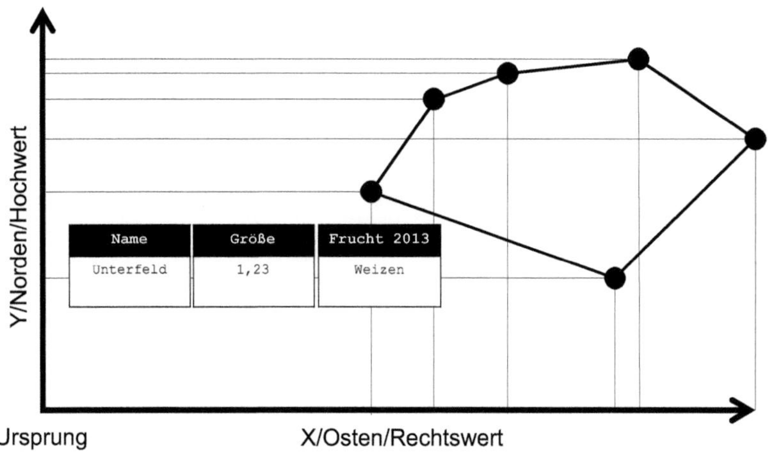

Abb. 3.48: Vektorebene mit Flächendaten (Polygon) (Quelle: eigene Darstellung)

3.5.3.3 Ebenen/Layer

In einem GIS können unterschiedliche Datensätze in Ebenen übereinander gelegt dargestellt werden. Diese Ebenen werden auch als Layer bezeichnet (Abb. 3.49).

Jeder Layer enthält genau einen Datensatz (Punkt, Polylinie, Polygon oder Raster). Im GIS sind den Ebenen verschiedene Eigenschaften zugeordnet, wie zum Beispiel das Koordinatensystem (s. u.), die Füllfarbe, die Linienfarbe sowie die Art und Größe von Symbolen, mit denen die Elemente dargestellt werden.

Die Ebenen werden in einem Projekt zusammengefasst. Das Projekt enthält nicht die Dateien selbst, sondern speichert lediglich, wo diese abgelegt sind. Eine Datei kann also Bestandteil von verschiedenen Projekten sein. Die Reihenfolge der Ebenen kann im Projekt verändert werden. Im Kartenfenster ist in der Regel nur die obere Ebene sichtbar, es sei denn, sie deckt die darunter gelegenen Ebenen nicht komplett ab oder ist mit einer Transparenz versehen.

Die Ebenen können miteinander verrechnet werden. So können zum Beispiel während eines Tages aufgezeichnete Positionsdaten von Traktoren oder Mähdreschern auf Feldgrenzen zugeschnitten werden (Funktion: Clipping). Somit ist eine Zuordnung von Erträgen und dem Kraftstoffverbrauch zu einzelnen Schlägen oder Teilflächen möglich (Funktion: Point in Polygon). Zudem kann aus den Zeitangaben die benötigte Arbeitszeit bestimmt werden.

Auch die Pixelwerte von Rasterdaten (z. B. Drohnenaufnahmen, Satellitenbilder) können mit Feldgrenzen und den Grenzen von Teilflächen verschnitten werden. So können Karten der Reichsbodenschätzung (Flächen mit Acker-/Bodenzahl) mit Schätzwerten für die Biomasse auf diesen Flächen (berechnet aus Satellitendaten) verknüpft und verglichen werden.

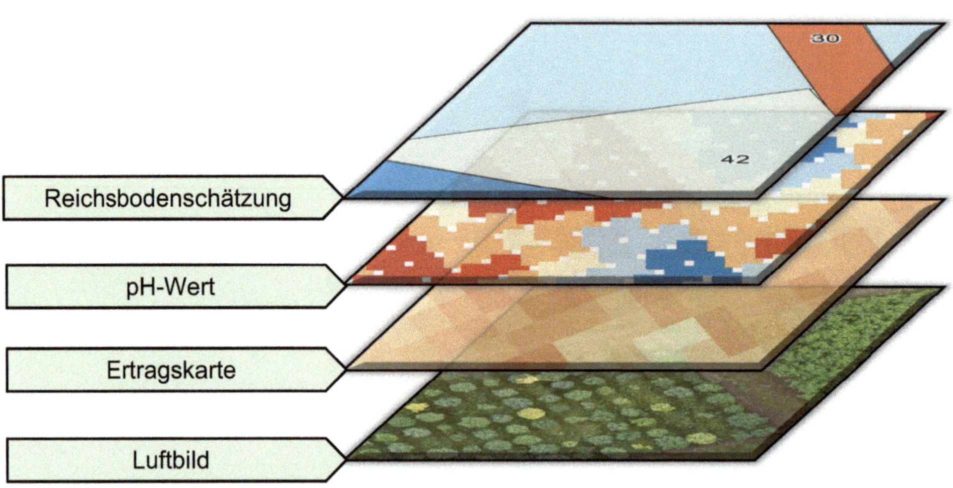

Abb. 3.49: GIS-Layer (Quelle: eigene Darstellung)

3.5.3.4 Koordinatensysteme

Wichtig ist dabei, dass alle Daten bzw. Layer im selben Koordinatensystem bzw. Koordinatenbezugssystem (KBS) vorliegen. Es gibt weltweit hunderte, wenn nicht sogar tausende von Koordinatensystemen. Der Aufbau ist bei allen ähnlich. Zunächst wird versucht die Erde, die an den Polen abgeplattet ist und eine sehr unregelmäßige Oberfläche aufweist, mit einem Ellipsoid zu beschreiben.

Ein Ellipsoid ist ein kugelähnliches Gebilde mit zwei Halbdurchmessern (Pol- bzw. Äquatordurchmesser). Dieses Ellipsoid kann, um es in bestimmten Regionen besser an die Erdoberfläche anzupassen, in drei Richtungen verschoben und gedreht werden. Um die Oberfläche der Ellipse in der Ebene (auf einem Blatt oder dem Bildschirm) darstellen zu können, ist eine Projektion erforderlich. Dazu wird das Ellipsoid in Tranchen aufgeteilt (wie die Teile einer Apfelsine). Die Oberfläche der Tranche wird danach in ebene Koordinaten umgerechnet (Abb. 3.50).

Jedes Koordinatensystem ist durch ein Ellipsoid und eine Projektion definiert. Damit Koordinatensysteme eindeutig identifiziert werden können, sind sie durch die *European Petroleum Survey Group Geodesy* (EPSG) mit eindeutigen Nummern (EPSG-Codes) versehen worden. Dies war erforderlich, weil die Schreibweise der Namen zuvor teilweise nicht eindeutig oder abweichend war.

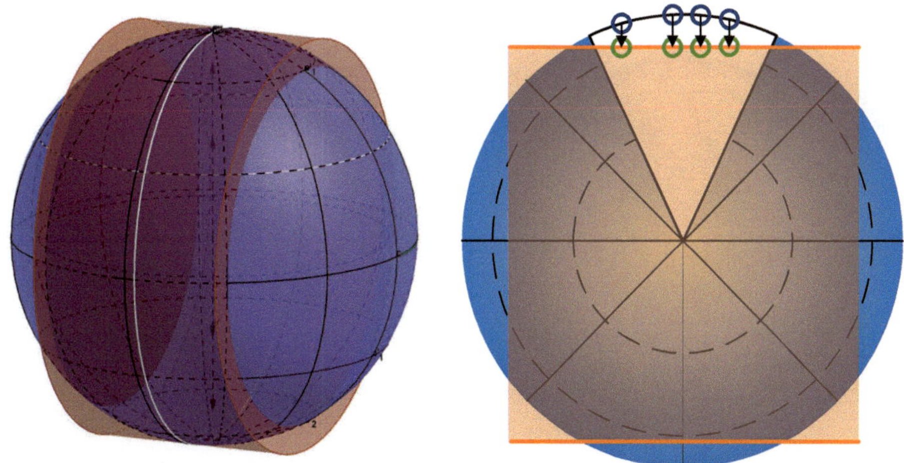

Abb. 3.50: Transverse Mercator Projektion (Quelle: eigene Darstellung)

In Deutschland sind drei Koordinatensysteme von besonderer Bedeutung:

- WGS84 (EPSG 4326),
- UTM (EPSG 25832, 25833) und
- Gauß-Krüger (EPSG 31466, 31467, 31468, 31469).

Das WGS84-Koordinatensystem (Abb. 3.51) wird von den meisten GNSS-Systemen bei der Ausgabe von Positionen verwendet. Die Position wird ausgehend vom Äquator und dem Nullmeridian in Grad angegeben.

Der Nullmeridian verläuft durch Greenwich, einem Vorort von London (0°). Die X-Koordinate (in diesem Fall die Longitude oder Länge) nimmt vom Nullmeridian ausgehend nach Osten und Westen zu. Den Koordinaten wird in diesem Fall ein W (Westen, West) oder O oder E (für Osten oder East) vorangestellt. Alternativ werden die Koordinaten Richtung Westen mit einem negativen Vorzeichen versehen. Der Wertebereich der Länge ist dementsprechend –180° bis 180°.

Die Y-Koordinate (Latitude, Breite) nimmt vom Äquator (0 Grad) ausgehend zu den Polen hin zu. Ihnen wird entsprechend der Lage entweder ein N (Norden, North) oder ein S (Süden, South) vorangestellt. Alternativ werden die Werte Richtung Süden mit einem negativen Vorzeichen versehen. Der Wertebereich der Breite liegt also im Bereich –90° (Südpol) bis 90° (Nordpol).

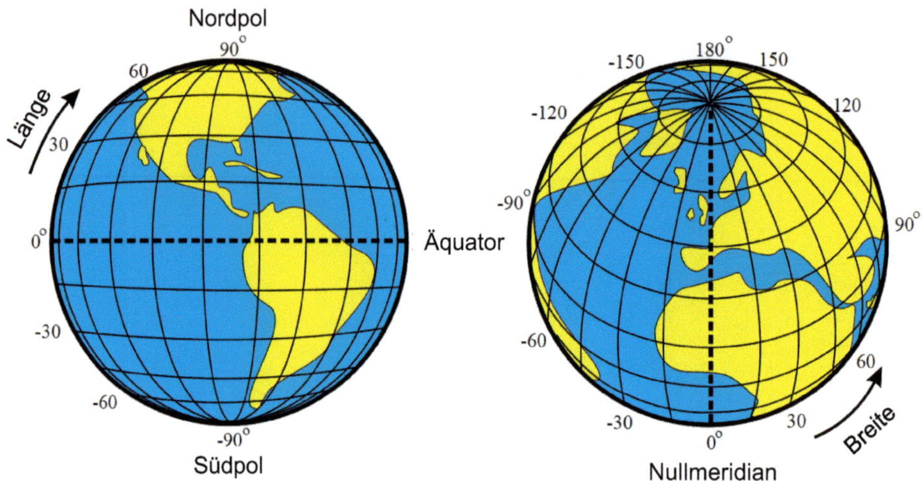

Abb. 3.51: Koordinatensystem WGS84, Länge/Breite (Latitude/Longitude) (Quelle: Wikimedia Commons, Autor: Djexplo; http://commons.wikimedia.org/wiki/File:Latitude_and_Longitude_of_the_Earth.svg)

Der Vorteil des WGS84-Koordinatensysteme ist, dass es weltweit gültig ist. Es eignet sich deshalb besonders für globale Positionierungssysteme (GNSS).

Der Nachteil des WGS84-Koordinatensystems ist, dass es nicht flächen- und winkeltreu ist. Entfernungen und Flächengrößen können nur in Grad berechnet werden. Die Überführung in Einheiten wie Meter, Kilometer oder Hektar ist aufwendig, da der in Grad angegebene Abstand mit zunehmendem Längengrad kleiner wird. So entspricht ein Längengrad am Äquator etwa 110 km, in Deutschland etwa 70 km und einen Meter von den Polen entfernt 1,7 cm. Ein „Quadratgrad" entspricht am Pol somit einer viel kleineren Fläche als am Äquator.

Gleichzeitig ändert sich der Winkel mit zu- oder abnehmender Breite. Dies ist ebenfalls durch den zu den Polen hin abnehmenden Abstand zwischen den Längengraden zu erklären. Der Vorteil der weltweiten Eindeutigkeit bei der Erfassung von Positionen bringt also entscheidende Nachteile bei der Verarbeitung der Daten in einem GIS mit sich.

Aus diesem Grund werden mit GNSS-Empfängern erhobene Daten – oder allgemein alle in WGS84 vorliegenden Daten – vor der Verarbeitung mit einem GIS meist in das UTM oder das Gauß-Krüger-Koordinatensystem umgerechnet. Beide Systeme geben die Koordinaten als Rechts- und Hochwerte (X und Y) in einem rechtwinkligen Koordinatensystem in der Einheit Meter an, sodass die Berechnung von Entfernungen und Flächengrößen problemlos möglich ist. Die Koordinatensysteme sind winkel-, entfernungs- und flächentreu.

Gauß-Krüger ist das von den meisten Landesvermessungsämtern verwendete Koordinatensystem (Abb. 3.52). Es teilt Deutschland in vier drei Grad breite Streifen ein: die Zonen 2 bis 5 (Tab. 3.8). Der tiefste Westen Deutschlands (Raum Aachen) liegt in der Zone 2. Baden-Württemberg, große Teile Niedersachsens, Nordrhein-Westfalens, Hessens und Schleswig-Holsteins liegen in der Zone 3, Bayern und die neuen Bundesländer liegen überwiegend in der Zone 4. Die Zone 5 deckt die östlichsten Teile der neuen Bundesländer und das Gebiet um Passau ab.

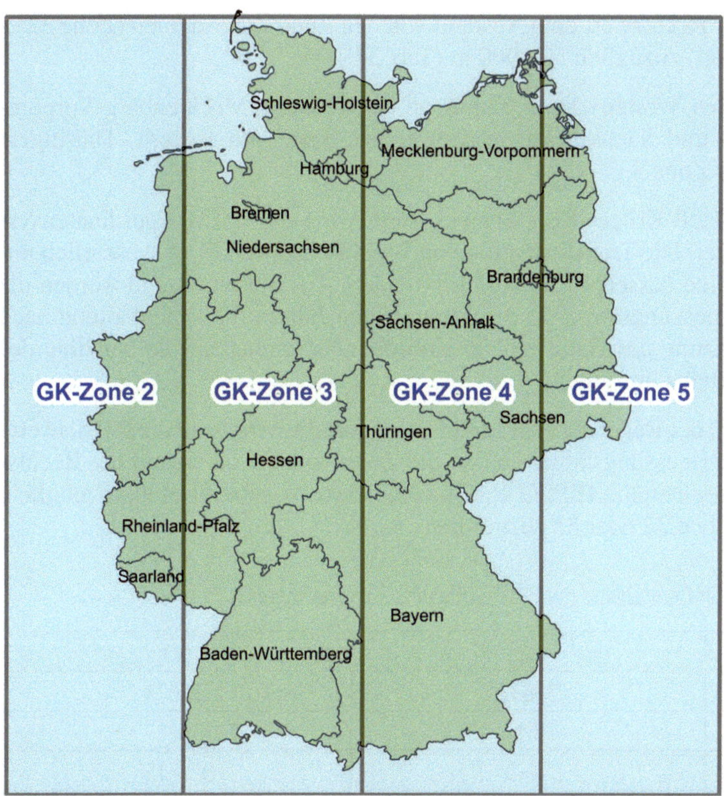

Abb. 3.52: Gauß-Krüger-Zonen in Deutschland (Quelle: eigene Darstellung)

Die Hochwerte (Y-Koordinate) des Gauß-Krüger-Systems sind siebenstellig und geben den Abstand vom Äquator auf dem Bessel-Ellipsoid in Metern wieder. Die Rechtswerte sind ebenfalls siebenstellig. Die erste Ziffer entspricht der Zone (2 bis 5). Die restlichen Ziffern geben an, wie weit die Position von den Zentralmeridianen der Zonen (Zone 2: 6 Grad, Zone 3: 9 Grad, ...) entfernt sind – zuzüglich einem Offset von 500.000 m. Dieser Offset dient dazu, dass in keinem Fall negative Rechtswerte auftreten.

Tabelle 3.8: Gauß-Krüger-Zonen in Deutschland mit EPSG-Code und Gültigkeitsbereich

Zone	2	3	4	5
EPSG	31466	31467	31468	31469
Zentralmeridian (Länge)	6°	9°	12°	15°
Gültigkeit (Länge)	4,5° – 7,5°	7,5° – 10,5°	10,5° – 13,5°	13,5° – 16,5°

Das UTM-Koordinatensystem (Abb. 3.53) ist ähnlich aufgebaut wie das Gauß-Krüger-Koordinatensystem. Allerdings sind die Streifen hier sechs Grad und nicht drei Grad breit. Der Hochwert entspricht wiederum dem Abstand vom Äquator auf dem WGS84-Ellipsoid, der Rechtswert dem Abstand von den Zentralmeridianen (Zone 32: 9 Grad, Zone 33: 12 Grad) zuzüglich 500.000 m (Tab. 3.9).

Die Zone 32 deckt den Westen Deutschlands ab, große Teile Mecklenburg-Vorpommerns, Brandenburgs und Sachsen liegen ebenso wie Teile von Bayern, Thüringen, Sachsen-Anhalt in der Zone 33.

Im Gegensatz zum Gauß-Krüger-Koordinatensystem wird das UTM-Koordinatensystem weltweit verwendet. Die Transformation von WGS84 nach UTM ist wesentlich unkomplizierter, weil beide dasselbe Ellipsoid verwenden. Aus diesem Grund werden die deutschen Landesvermessungsämter in den kommenden Jahren die Datenhaltung nach und nach von der Nutzung des Gauß-Krüger-Koordinatensystems auf die Nutzung des UTM-Koordinatensystems umstellen.

Da beim Rechtswert in der Regel die Zone nicht vorangestellt wird, sind die Rechtswerte sechsstellig. Einige Vermessungsämter stellen die Zone voran – dann sind die Rechtswerte (X-Koordinate) achtstellig (EPSG 4647). Ohne diese Angabe ist es nicht möglich, die Koordinaten der Zone 32 oder 33 zuzuordnen.

Tabelle 3.9: UTM-Zonen in Deutschland mit EPSG-Code und Gültigkeitsbereich

Zone	**32**	**33**
EPSG	32632	32633
Zentralmeridian (Länge)	6°	12°
Gültigkeit (Länge)	3° – 9°	9° – 15°

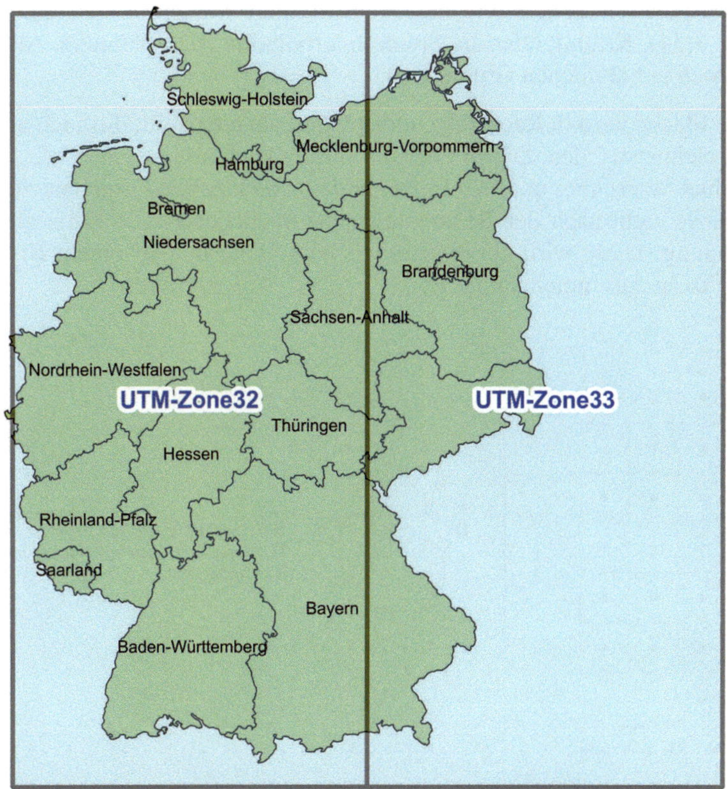

Abb. 3.53: UTM-Zonen in Deutschland (Quelle: eigene Darstellung)

Ohne grundlegendes Wissen über Koordinatensysteme ist das Arbeiten mit einem GIS oder den GIS-Funktionen einer Ackerschlagkartei fast unmöglich. Die von den Vermessungsämtern und anderen Behörden bereitgestellten Daten liegen je nach Bundesland in Gauß-Krüger- oder UTM-Koordinaten unterschiedlicher Zonen vor. Satellitendaten sind meist im UTM-Koordinatensystem abgespeichert. Falsche Einstellungen beim Öffnen oder Importieren von Geodaten führt dazu, dass diese verschoben dargestellt und entsprechend nicht mit anderen Daten verschnitten oder verrechnet werden können.

Ausführliche Informationen zu Koordinatensystemen finden sich in der Fachliteratur bei Bill (2023) und Snyder (1987).

3.5.3.5 Interpolation

Eine grundlegende Funktion von Geographischen Informationssystemen ist die räumliche Interpolation. In der Regel werden Daten im Feld nur punkthaft erfasst. Das gilt für die Bodenbeprobung, die Ertragskartierung, die Messung von Bodenleitfähigkeiten und die Messung der Stickstoffaufnahme. Für die weitere Verarbeitung stellt jedoch meist eine flächendeckende Karte die Grundlage für die Verrechnung von Daten aus unterschiedlichen Quellen dar.

Für die räumliche Interpolation stehen verschiedene Verfahren wie *Inverse Distance Weighting* (IDW, Abb. 3.54), Kriging oder die Spline Interpolation zur Verfügung. Alle Verfahren beruhen jedoch auf ähnlichen Grundlagen.

Eine zuvor festgelegte Fläche wird in Rechtecke, meist Quadrate eingeteilt, die auch als Grids oder Zellen bezeichnet werden. Die in oder um diese Quadrate liegenden Messpunkte werden gewichtet verrechnet und das Ergebnis dem Rechteck als Ergebnis zugewiesen (Abb. 3.55). So steht nach der Berechnung eine flächendeckende Karte aus Rechtecken zur Verfügung. Diese wird als Rasterkarte bezeichnet und ist einem Bild vergleichbar, das aus Pixeln zusammengesetzt ist.

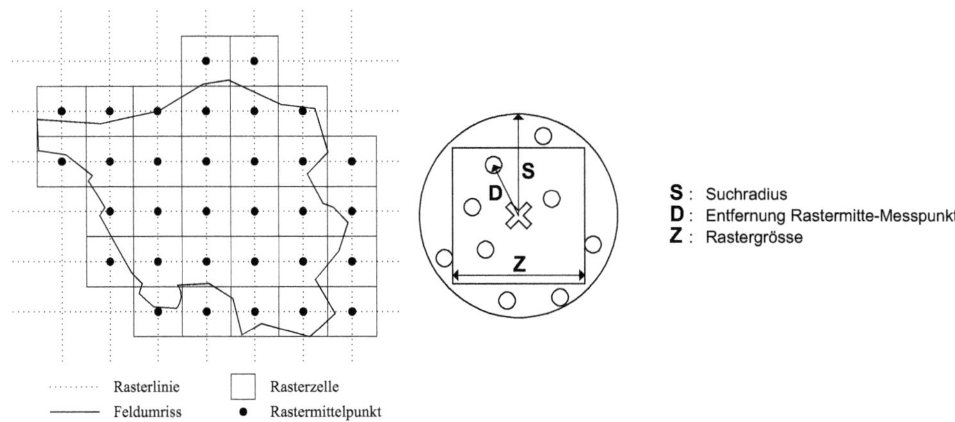

Abb. 3.54: Inverse Distance Interpolation (Quelle: eigene Darstellung)

Nach der Interpolation können Punktdaten, die an unterschiedlichen Stellen innerhalb eines Schlags erhoben wurden, direkt miteinander verglichen werden. Dem Vergleich liegen dann allerdings Schätzwerte und nicht Messwerte zugrunde. Die Interpolationsverfahren unterscheiden sich lediglich in den mathematischen Verfahren, mit denen die Werte gewichtet werden.

Messwerte							
				Entfernung		Anteil	
Punkt	X	Y	Wert	einfach	quadriert	relativ	absolut
1	5	4	1.7	1.00	1.00	2%	0.03
2	7	10	2.5	5.39	29.00	44%	1.10
3	8	6	2.3	3.16	10.00	15%	0.35
4	10	4	1.1	5.10	26.00	39%	0.43
				SUMME	66.00	100%	1.91

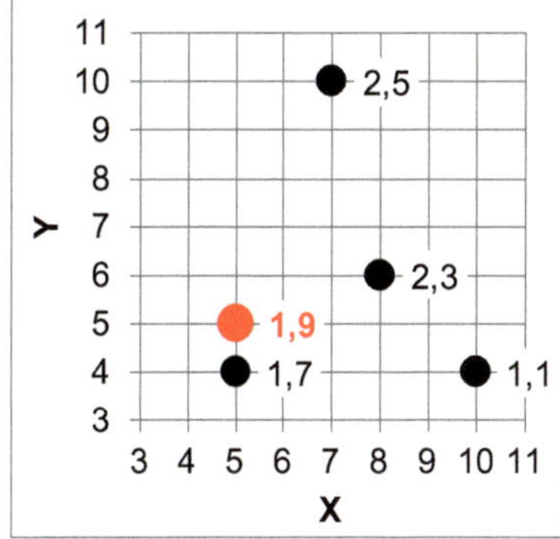

Schätzwert			
Punkt	X	Y	Wert
Schätzwert	5	5	1.91

Abb. 3.55: Interpolation mit inverser Distanzwichtung (Quelle: eigene Darstellung)

Eine entscheidende Größe bei der Interpolation ist Größe bzw. Breite und Höhe der Zellen. Sie kann beliebig gewählt werden, sollte jedoch an die Herkunft der Daten und deren spätere Verwendung angepasst sein. Es erscheint wenig sinnvoll, Ertragsdaten eines Mähdreschers auf eine Zellgröße von einem Meter zu interpolieren, da die Breite des Schneidwerks größer ist und durch die Interpolation eine räumliche Auflösung erzeugt wird, die die räumliche Auflösung des Messsystems deutlich überschreitet. Bei der Erstellung von Düngekarten sollte die Zellgröße aus denselben Gründen an die Arbeitsbreite des Düngerstreuers angepasst werden.

Geographische Informationssysteme oder deren Funktionen werden in der Landwirtschaft auf unterschiedlichste Art und Weise eingesetzt. Sie bieten Funktionen für das Berechnen von Flächengrößen, Abständen und Pufferzonen (z. B. um Gewässer). Die Aufbereitung, Auswertung und Darstellung von Ertrags- und Nährstoffkarten ist ohne ein GIS nicht möglich. Gleiches gilt für die Aufbereitung und Auswertung von Drohnenaufnahmen und Satellitendaten. Nicht zuletzt können GI-Systeme auch für die Planung von Fahrspuren genutzt werden.

3.6 Datenspeicherung und Datenübertragung

Digitale Anwendungen in der Landwirtschaft sind darauf angewiesen, dass Daten gespeichert und übertragen werden können. Ohne diese Funktionen ist die Dokumentation sowie die Steuerung und Regelung von Prozessen nicht möglich.

3.6.1 Speichermedien

Auf PCs, Laptops, Tablets und Servern („Cloud“) werden Daten in Form von Dateien oder Datenbanken auf Festplatten gespeichert. Auch Controller bzw. Steuergeräte in Maschinen und Anbaugeräten verfügen über die – meist eingeschränkte – Möglichkeit, Daten zu speichern. Um Daten von einem Gerät auf ein anderes zu übertragen, können Datenträger eingesetzt werden. Dies ist zum Beispiel dann der Fall, wenn auf einem Mähdrescher aufgezeichnete Ertragsdaten auf einem PC ausgewertet werden sollen oder wenn im Büro erstellte Karten mit Ausbringmengen (Applikationskarten) auf Bedienterminals übertragen werden sollen.

Die Übertragung von Dateien oder Verzeichnissen wie Ertragsdaten, Dokumentationsdaten und Applikationskarten erfolgt üblicherweise mit mobilen Datenträgern. Dabei hat sich zuletzt der USB-Stick durchgesetzt, es sind jedoch auch weiterhin PCMCIA-Karten, CF-Karten und SD-Karten verbreitet. Der Speicherplatz auf diesen Datenträgern ist mit mehreren Gigabyte oder Terrabyte in der Regel mehr als ausreichend.

3.6.2 Speicherformate

Einige Hersteller von Maschinen und Geräten speichern Daten in firmeneigenen, sogenannten proprietären Formaten. Diese Dateien können dann in der Regel nur von Geräten oder der Software dieses Herstellers gelesen werden.

Weitverbreitet sind nach wie vor auch einfache Textdateien. Die Daten sind hier in einem auch für den Menschen lesbaren Format abgespeichert und werden durch Kommas, Semikolons oder andere Sonderzeichen abgespeichert. Textdateien haben den Vorteil, dass sie ohne großen Aufwand in viele Anwendungen wie Microsoft Excel, Microsoft Access, Ackerschlagkarteien oder GIS-Programme importiert und dann dort weiterverarbeitet werden können.

Geographische Daten in Vektorform werden meist im sogenannten Esri-Shape-Format abgespeichert. Hier werden in drei gleichnamigen Dateien mit den Endungen SHP, SHX und DBF Position und Eigenschaften (Attribute) gespeichert. Das Esri-Shape-Format wurde von der Firma Esri entwickelt, ist jedoch öffentlich zugänglich dokumentiert. Die Dateien können mit allen GIS-Programmen und den meisten Ackerschlagkarteien geöffnet werden.

Ebenfalls zunehmend verbreitet ist das sogenannte ISOXML-Format. Auch diese Dateien können größtenteils mit Textverarbeitungsprogrammen geöffnet und gelesen werden. Das Format ist Bestandteil des herstellerunabhängigen ISO-Standards 11783. Es erlaubt das Speichern von Prozessdaten für Tasks (Maßnahmen: Dauer, Beginn, Ende, Schlagname, Positionen, Ertrag ...) und Sollausbringmengen (Applikationskarten). Der Vorteil ist, dass die Daten in einem Format gespeichert werden und von allen ISO-fähigen Terminals und Softwareprodukten – unabhängig vom Hersteller – gelesen und geschrieben werden können. So wird der Datenaustausch von herstellereigenen Datenformaten entkoppelt.

3.6.3 Datenübertragung

Wenn Daten schnell und häufig zwischen zwei Systemen ausgetauscht werden müssen, sind mobile Datenträger dafür nicht geeignet. Messwerte von Sensoren werden teilweise zehnmal oder hundertmal pro Sekunde ausgegeben. Die Daten müssen dann drahtgebunden und drahtlos übertragen werden.

Die drahtgebundene Übertragung erfolgt dabei in der Landwirtschaft in den allermeisten Fällen über serielle Schnittstellen (RS-232, v. a. GNSS, auch Sensoren) oder über CAN-Bus Systeme. In letzter Zeit kommt auch zunehmend Ethernet für die Datenübertragung zum Einsatz. Ethernet bietet gegenüber der seriellen Datenübertragung mittels RS-232 und CAN den Vorteil, dass größere Datenmengen in kürzerer Zeit übertragen werden können (100 Mbit/s bzw. 250/115 Kbit/s).

Sowohl bei CAN-Bus-Systemen als auch bei der seriellen Datenübertragung basiert die Übermittlung der Information auf der Übertragung von Nullen und Einsen (Spannung aus/ein). Mittels dieser Zustandsänderungen werden Bits übertragen, die die Daten enthalten (siehe Kap. 2.1). Die Übertragungsrate wird in Baud oder Bits/Sekunde angegeben, die beiden Begriffe sind gleichbedeutend. Die Übertragungsrate begrenzt die Datenmenge, die pro Zeiteinheit übertragen werden kann.

3.6.3.1 RS-232

Für die serielle Kommunikation werden in den meisten Fällen drei Leitungen genutzt: eine für das Senden (TxD, *Transmit*), eine für das Empfangen (RxD, *Receive*) und eine als Signalmasse. Das Protokoll ermöglicht somit eine bidirektionale Kommunikation, wenn die TxD-Leitungen eines Geräts jeweils mit der RxD-Leitung des anderen Geräts verbunden ist.

Für den Anschluss von seriellen Geräten werden meist Sub-D-9-Steckverbindungen verwendet (Abb. 3.56). Grundsätzlich sind auch andere Stecker- und Kabelverbindungen möglich und kommen in der Praxis auch teilweise zum Einsatz. Besondere Beachtung ist der korrekten Verbindung der beiden Sende- und Empfangsleitungen sowie der Signalmasse zu widmen. Durch den Einsatz von Kabeln mit unterschiedlicher Belegung (Modem-, Nullmodem-Kabel) und den Einsatz von Invertieradapter (*Gender Changer*) entsteht erhebliches Fehlerpotenzial.

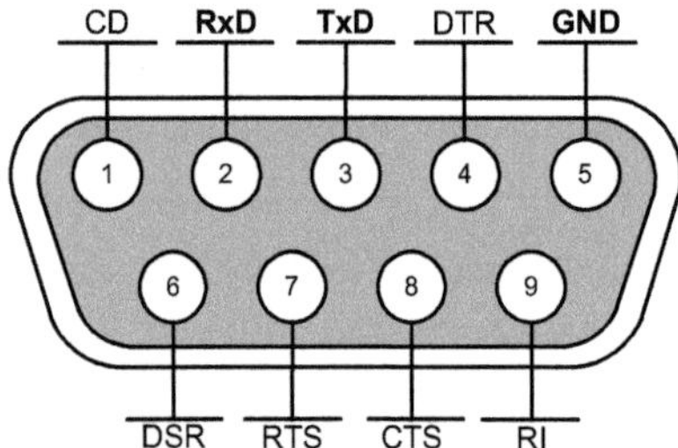

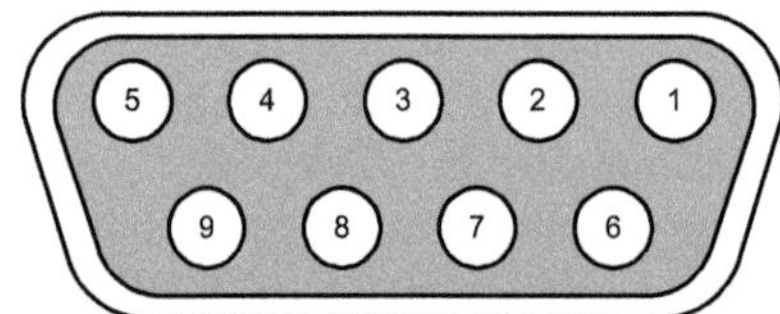

Abb. 3.56: RS-232 Sub-D-9-Stecker und Buchse mit Pinbelegung (Quelle: eigene Darstellung)

Die meisten PCs, Laptops und Tablets verfügen im Gegensatz zu früheren Zeiten nicht mehr über eine serielle Schnittstelle mit Sub-D-9-Stecker. Als Ersatz kommen sogenannte USB-Serial Adapter zum Einsatz. Diese werden an den USB-Port angeschlossen und sind auf dem Endgerät danach als virtuelle serielle Schnittstelle verfügbar.

Die Einstellungen für die Kommunikation betreffen den Anschluss (COM-Port), die Baudrate, die Anzahl der Daten- und Stopbits sowie die Parität. Es kann mehr als eine serielle Schnittstelle an einem Gerät genutzt werden. Deshalb werden die Anschlüsse durchnummeriert (COM1, COM2, …). Die richtige Einstellung für Daten- bzw. Stopbits ist meist 8 bzw. 1. Die Datenraten steigen von 300 Baud immer um das Doppelte des vorhergehenden Werts an, teilweise mit Zwischenschritten (600, 1200, 2400, 4800, …, 14400, …, 57600).

Übliche Baudraten sind 9600, 19200 und 38400. Die Obergrenze liegt in der Regel bei 115200 Baud. Die maximal empfohlene Übertragungsrate ist von der Leitungslänge abhängig. Sie nimmt mit zunehmender Leitungslänge ab. Laut nicht belegten Angaben liegt die maximale Kabellänge für eine Baudrate von 9600 Bit/s bei 152 m und für eine Baudrate von 57600 Bit/s bei lediglich 5 m.

Die Baudrate kann landwirtschaftliche Anwendungen empfindlich einschränken. Eine Teilbreitenschaltung (siehe Abschn. 4.1.2) benötigt für die Ansteuerung der Gerätesektionen zehnmal pro Sekunde Daten mit aktuellen Informationen zur Fahrtrichtung aus den NMEA-GGA- und VTG-Nachrichten (siehe Abschn. 3.1.1.7):

$$GGA \rightarrow 90\,\text{Zeichen:}\ 90\frac{\text{Byte}}{\text{Nachricht}}\cdot 10\frac{\text{Bit}}{\text{Byte}}\cdot 10\frac{\text{Nachrichten}}{\text{s}} = 9000\frac{\text{Bit}}{\text{s}}$$

$$VTG \rightarrow 40\,\text{Zeichen:}\ 40\frac{\text{Byte}}{\text{Nachricht}}\cdot 10\frac{\text{Bit}}{\text{Byte}}\cdot 10\frac{\text{Nachrichten}}{\text{s}} = 4000\frac{\text{Bit}}{\text{s}}$$

$$\rightarrow 9000\frac{\text{Bit}}{\text{s}} + 4000\frac{\text{Bit}}{\text{s}} = 13000\frac{\text{Bit}}{\text{s}} = 13000\,\text{Baud}$$

In diesem Fall müssen die Daten also mit mindestens 14400 Baud übertragen werden. Mit einer geringeren Baudrate ist eine Übertragung nicht möglich.

Die Darstellung, das Aufzeichnen und Senden von seriellen Daten kann mithilfe von spezieller Software, sogenannten Terminalprogrammen, erfolgen. Zu empfehlen ist hier das kostenlose Programm TeraTerm[11], das neben der seriellen Datenübertragung auch TCP/IP-Verbindungen aufbauen kann.

```
0,1021*4F
$GPVTG,92.3,T,,,003.21,N,005.95,K,D*74
$GPGGA,161035.20,4850.27922357,N,01112.36184753,E,4,15,0.7,450.349,M,47.749,M,8.
0,1021*44
$GPVTG,92.1,T,,,003.14,N,005.82,K,D*76
$GPGGA,161035.40,4850.27920548,N,01112.36210949,E,4,15,0.7,450.347,M,47.749,M,8.
0,1021*4D
$GPVTG,94.5,T,,,003.13,N,005.79,K,D*77
$GPGGA,161035.60,4850.27919367,N,01112.36237712,E,4,15,0.7,450.340,M,47.749,M,8.
0,1021*4C
$GPVTG,95.1,T,,,003.18,N,005.90,K,D*7E
$GPGGA,161035.80,4850.27919429,N,01112.36264001,E,4,15,0.7,450.323,M,47.749,M,8.
0,1021*49
$GPVTG,91.1,T,,,003.18,N,005.88,K,D*73
$GPGGA,161036.00,4850.27919914,N,01112.36290731,E,4,15,0.7,450.315,M,47.749,M,9.
0,1021*4A
$GPVTG,86.8,T,,,003.21,N,005.94,K,D*7B
$GPGGA,161036.20,4850.27920156,N,01112.36316887,E,4,15,0.7,450.301,M,47.749,M,9.
0,1021*44
$GPVTG,86.4,T,,,003.17,N,005.88,K,D*7F
$GPGGA,161036.40,4850.27919108,N,01112.36344061,E,4,15,0.7,450.300,M,47.749,M,9.
0,1021*45
$GPVTG,91.0,T,,,003.18,N,005.88,K,D*72
```

Abb. 3.57: Terminalprogramm TeraTerm mit GNSS-NMEA-Daten (Quelle: eigene Darstellung)

Mit einer seriellen Schnittstelle können nur jeweils zwei Geräte Daten austauschen. Dies ist oft ein Nachteil. Die Anwendung eines Sensors für mehrere Anwendungen (z. B. GNSS) wird dadurch erschwert. So werden die Daten von GNSS-Empfängern sowohl für das Lenken als auch für die Teilbreitenschaltung, das Flottenmanagement und die Dokumentation benötigt. Wenn diese Aufgaben von verschiedenen Modulen übernommen werden, ist die Bereitstellung der GNSS-Daten für alle Anwendungen über eine serielle Schnittstelle nicht einfach möglich.

Zudem ist die Übertragungsrate von seriellen Schnittstellen auf 115 Kbit/s begrenzt. Große Datenmengen und Bilder können deshalb nicht über eine serielle Schnittstelle

[11] http://ttssh2.osdn.jp/index.html.en

transportiert werden. Auch wird die maximale Kabellänge mit zunehmender Datenrate begrenzt (2 m bei 115 Kbit/s).

3.6.3.2 Einführung CAN-Bus und ISO 11783

Mit CAN-Bus-Systemen können mehrere Teilnehmer (Steuergeräte, Terminals) vernetzt werden. CAN bedeutet *Controller Area Network* und das zugrunde liegende Konzept ist ähnlich dem eines LAN, das Computer in einer Einrichtung verbindet. Der Unterschied ist, dass hier Steuergeräte (Controller, ECU: *Electronical Control Unit*) und nicht PCs und Laptops Daten austauschen. Dabei verfügen die Controller im Gegensatz zu PCs und Laptops nicht über eine Benutzerschnittstelle (HMI, *Human Machine Interface*; MMI, *Man Machine Interface*), sondern sind primär für das Auslesen von Sensoren oder die Ansteuerung von Aktoren (Ventile, Motoren) zuständig.

Auch beim CAN-Bus sind wie bei der seriellen Datenübertragung mittels RS-232 Datenrate und Kabellänge begrenzt. Maximal kann 1 MBit pro Sekunde übertragen werden. Die in der Landwirtschaft üblichen ISO-Standards 11783 und J1939 sind jedoch auf 250 KBit/s begrenzt. Wenn viele Steuergeräte an einen Bus angeschlossen sind und viele Daten übertragen werden, stoßen CAN-Bus-Systeme heute an ihre Grenzen. Vor diesem Hintergrund ist auch die zunehmende Nutzung von Ethernet-Verbindungen zu sehen.

Der ISO-Standard 11783 (ISO 2011) ist für Precision Farming von besonderer Bedeutung. Er legt herstellerunabhängig den Aufbau eines Nachrichtennetzwerkes fest, mit dem Daten zwischen Terminals, Traktoren, Anbaugeräten und Ackerschlagkarteien ausgetauscht werden können (Noack 2007). Die Darstellung auf Terminals und deren Aufbau ist in der Norm ebenso festgelegt wie der Aufbau von Dateien (ISOXML) sowie die Form und Belegung von Steckern und Buchsen.

Die Norm besteht aus verschiedenen Teilen, die angelehnt an das OSI-Schichtenmodell (ISO 1994) den Aufbau eine Kommunikationsinfrastruktur in vierzehn Teilen beschreiben. Auf der physikalischen Ebene wird festgelegt, wie die Leitungen und Steckverbinder in und außerhalb der Kabine beschaffen sein sollen.

Bei den Kabeln handelt es sich in der Regel um eine Vierdrahtverbindung, die neben einem CAN-High- und einem CAN-Low-Kanal eine Stromversorgung bereitstellt. Die Kabel sind verdrillt, um elektromagnetische Störungen weitestgehend auszuschalten. Für die Datenübertragung der Bits sind die Spannungsunterschiede zwischen der CAN-High- und CAN-Low-Leitung relevant.

Für den Anschluss von Geräten in der Kabine ist der sogenannte InCab Connector vorgesehen. Außen am Fahrzeug befinden sich hinten und optional vorne die sogenannten *Implement Bus Breakaway Connectors*, mit denen Traktorbus und Gerät verbunden werden können. Über diesen Stecker ist auch eine Stromversorgung mit maximal 60 A möglich. Beim Anschluss ist darauf zu achten, dass der Bus gegebenenfalls durch einen 120-Ω-Widerstand abgeschlossen werden muss.

Die Anfänge der Normung gehen in die 1990er-Jahre zurück. Damals wurde in Deutschland an einem Standard für ein „Landwirtschaftliches Bus-System (LBS)" gearbeitet (Abb. 3.58). In diesem Zusammenhang wurden die Steckverbinder, der Aufbau des

Terminals, die Geräterechner (ECU), der Aufbau eines Netzwerks aus Steuergeräten sowie ein Dateiformat (ADIS) für den Austausch von Daten zwischen dem Fahrzeug und dem Bürorechner beschrieben. Die Arbeiten flossen damals in die Norm DIN 9684 ein. Die Entwicklung basierte auf dem CAN-2.0A-Standard der Firma Bosch. Schon früh entstanden in der Industrie Bedenken gegen den DIN-Standard 9684, die sich unter anderem an der geringen Baudrate (125 kBit/s) und der auf 11 Bit begrenzten Länge der Nachrichtenkennung (Identifier) entzündete.

Parallel begann in den USA eine Arbeitsgruppe die Arbeit an der ISO-Norm 11783, die auch als ISOBUS bezeichnet wird. Der ISOBUS nutzt den CAN-2.0B-Standard als Grundlage. Er ermöglicht eine höhere Datenrate von 250 kBit/s und kann für die Übertragung einer größeren Anzahl von Nachrichten genutzt werden (29 Bit Identifier). Bei der Entwicklung des ISO-Standards 11783 wurden wesentliche Elemente bereits vorhandener Standards aus dem Nutzfahrzeugbereich (J1939, SAE 2012) und dem Bereich der Satellitenortung (NMEA 2012, 2015) übernommen.

Im Jahr 2001 wurde die Entwicklung des LBS-Standards in den ISOBUS-Standard überführt. Seit 2008 erfolgt die Koordination der ISOBUS-Aktivitäten durch die AEF[12] (*Agricultural Industry Electronics Foundation*), einem Zusammenschluss verschiedener Landtechnikhersteller und Zulieferfirmen.

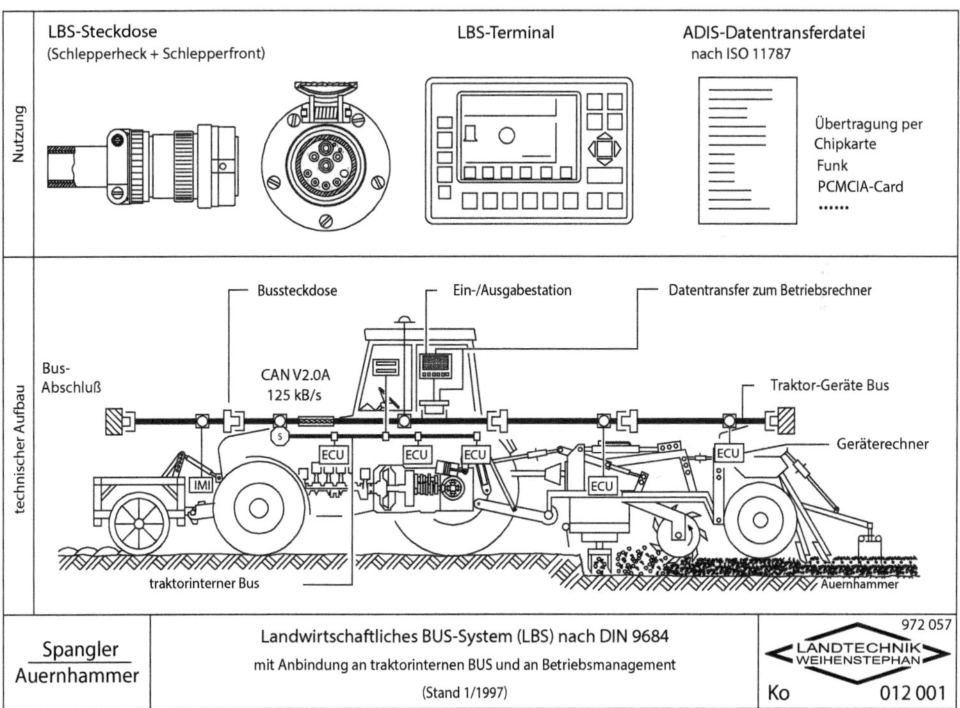

Abb. 3.58: Landwirtschaftliches Bus-System (DIN 9684) als Vorreiter der ISO 11783 (Quelle: Spangler, A.; Auernhammer, H. (2001): Landwirtschaftliches BUS-System (LBS) nach DIN 9684. AgTecCollection: Institut für Landtechnik TUM / Zeichenbüro, TU München 2009, http://mediatum.ub.tum.de/?id=733340)

[12] www.aef-online.org

Die Fähigkeit eines CAN-Busses, nach ISO 11783 Daten zu übertragen, ist trotz der im Vergleich zu CAN 2.0 A gesteigerten Datenrate von 250 kBit/s eingeschränkt. Die steigenden Anforderungen der Nutzer an die grafische Oberfläche und die Trennung von Recheneinheit (ECU) und Display (UT) zeigen die Grenzen immer wieder auf.

Eine CAN-Bus-Nachricht hat eine Länge von maximal 128 Bit (Tab. 3.10). Sie kann dann 64 Bit oder 8 Byte an Daten im Datenfeld übertragen. Der verbleibende Speicherraum wird für Zusatzinformationen wie die Priorität oder die Nachrichtenart verbraucht.

Zwischen zwei Nachrichten muss ein Abstand von mindestens 3 Bit eingehalten werden. Somit können maximal etwa 1.900 Nachrichten oder 15.250 Byte pro Sekunde auf einem ISO 11783 CAN-Bus übertragen werden. Die tatsächliche maximale Datenrate liegt jedoch meist darunter.

Für die Übertragung von Zahlen (vier Integer, zwei Long, ein Double pro Nachricht) sind CAN-Bus-Nachrichten gut geeignet. Die Übertragung eines kleinen Bilds mit 36 kB dauert jedoch bereits etwas länger als 2,3 Sekunden, selbst wenn sonst keine Nachrichten über den Bus ausgetauscht werden. Somit sind dem CAN-Bus bei der Gestaltung von grafischen Oberflächen deutliche Grenzen gesetzt.

Tabelle. 3.10: Aufbau einer CAN-Bus-Nachricht mit erweitertem Identifier

Bezeichnung	Länge [Bit]	Position [Bit]	Bemerkung
Nachrichtenstart	1	1	Markiert den Beginn der Nachricht
Identifier	11	2	Eindeutige Identifizierung der Nachricht und Priorität
SRR	1	13	Frametyp
ID	1	14	Identifiertyp
Erweiterter Identifier	18	15	Eindeutige Identifizierung der Nachricht und Priorität
RTR	1	33	Frametyp
Reserviert	2	34	–
Datensatzlänge	8	36	Länge des folgenden Datenfelds
Datenfeld	64	44	Nutzdaten
Checksumme	16	108	Prüfsumme
Nachrichtenende	7	124	Markiert das Ende der Nachricht
Pause	3	131	Mindestabstand zwischen zwei Nachrichten, nicht Bestandteil der Nachricht

Im Datenfeld der CAN-Nachricht können mehrere Werte enthalten sein. Dies soll anhand der WBSD-Nachricht (*Wheel-based Speed and Distance*) mit dem Identifier 0CFE-48FE erläutert werden. Hier wird in den Bits 58 und 59 der Zustand der Zündung in 2 Bits codiert. Der Bitoffset hat entsprechend den Wert 58. Die Bitreihenfolge folgt dem Intel-Standard. Der Wert wird nicht skaliert, hat einen Faktor von 1. Die Bitfolge 00 bedeutet, dass die Zündung nicht aktiv ist, und 01 bedeutet, dass sie aktiv ist. Ein Wert von 10 weist auf einen Fehler hin und 11 bedeutet, dass die Funktion nicht zur Verfügung steht. In ähnlicher Art und Weise wird in den Bits 56 und 57 die Fahrtrichtung codiert (00 = rückwärts, 01 = vorwärts, 10 = Fehler, 11 = nicht verfügbar).

Komplizierter wird es, wenn Zustände mit fließenden Übergängen – wie die Fahrtgeschwindigkeit – übertragen werden. Die Geschwindigkeit des Fahrzeugs wird in den Bits 0 bis 15, also den ersten beiden Bytes, in der Einheit m/s übertragen. Die Übertragung erfolgt in der Intel-Bytefolge und der Wert wird mit einem Faktor von 0,001 skaliert. Ein übertragener Wert von $2B_{16}\,56_{16}$ (2 Bytes) entspricht dann:

$$(2B_{16}56_{16})\cdot 0{,}001 = (43_{10}86_{10})\cdot 0{,}001 = ((43\cdot 2^8)+86)\cdot 0{,}001 = 11{,}094\ \text{m/s} \qquad (3.12)$$

Die Codierung der Nachrichteninhalte sind in den Normen ISO 11783 und SAE J 1939 festgelegt. Sie werden in der Regel in Datenbanken gespeichert, sodass der Inhalt der Nachrichten leichter verwaltet und genutzt werden kann. Als Programme werden hierfür in der Agrartechnik in der Regel die Produkte der Firmen Vector Informatik[13] oder Peak-System Technik[14] verwendet.

In Abbildung 3.59 ist eine Eingabemaske der Software PCAN Symbol Editor der Firma PEAK zu sehen. Hier ist die Definition der Nachricht des Werts *Wheel Based Speed* (s. o.) in der WBSD-Nachricht dargestellt.

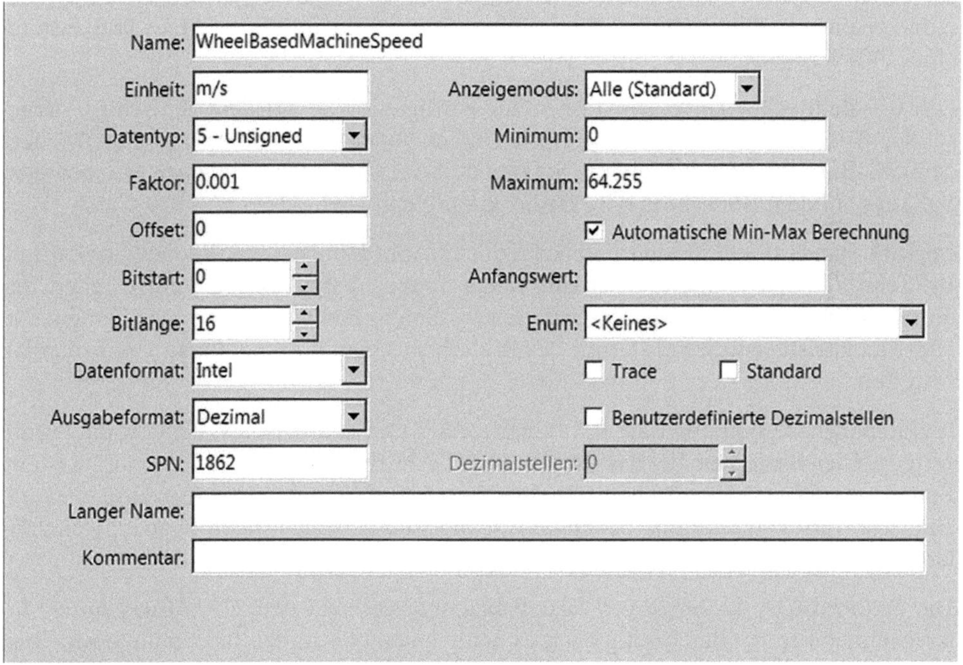

Abb. 3.59: Screenshot Eingabemaske PCAN Symbol Editor (Quelle: eigene Darstellung)

[13] https://vector.com/

[14] www.peak-system.com/

Die Datenbanken mit den Informationen zu den Inhalten von CAN-Bus-Nachrichten werden auf PCs oder Steuergeräten (ECU) hinterlegt, sodass dort der Inhalt von Nachrichten entschlüsselt und verarbeitet werden kann.

Mit den entsprechenden Softwareprodukten können nicht nur bestehende Datenbanken verwaltet und bearbeitet werden (z. B. um eigene Nachrichten zu definieren), sondern auch CAN-Bus-Daten aufgezeichnet und komplette CAN-Busse simuliert werden.

Im ISO-Standard 11783 ist auch festgelegt, wie bestimmte Funktionen gesteuert werden können. Über fest definierte Nachrichten können Lenkradien vorgegeben, einzelne Teilbreiten eines Anbaugeräts ein- oder ausgeschaltet und die Ausbringmengen von Sämaschinen, Düngerstreuern und Pflanzenschutzspritzen von außen beeinflusst werden.

Im Teil 10 der Norm wird zudem festgelegt, in welchem Dateiformat Daten zwischen PC-Programmen (FMIS – *Farm Management Information System*) und Steuergeräten ausgetauscht wird. Daten können hierbei Mitarbeiter, Betriebe, Felder, Maschinen, Ausbringmengen, Arbeitszeiten, Sollwertkarten, Referenzlinien für Lenksysteme oder Anbaugerätegeometrien sein.

Die AEF hat die Komponenten eines CAN-Bus-Systems in unterschiedliche Kategorien aufgeteilt (Tab. 3.11). Eine zentrale Rolle spielt das Universal Terminal (UT), das früher als Virtual Terminal (VT) bezeichnet wurde. Das UT dient als Bedieneinheit für unterschiedliche Geräte und hat dabei lediglich die Funktion eines Bildschirms mit Eingabemöglichkeiten und ist somit im übertragenen Sinne mit Bildschirm, Maus und Tastatur eines PCs vergleichbar.

Das UT stellt selbst keine Funktionen zur Verfügung. Die auf dem Bildschirm dargestellten Bilder, Grafiken, Texte und Werte werden vom Steuergerät des Anbaugeräts über den ISO-Bus zum Terminal übertragen und dort dargestellt. Die Eingaben erfolgen über Softkeys auf dem Bildschirm oder Bedienknöpfe und Drehräder.

Im ISO-Standard 11783 sind unterschiedliche Anordnungen von Bedienknöpfen und Bildschirmgrößen definiert. Unter Umständen sind die Fähigkeiten des universellen Terminals nicht kompatibel mit den Funktionen, die das Anbaugerät zur Verfügung stellt. Dies kann beispielsweise die Größe des Bildschirms oder die Anordnung von Symbolen betreffen.

Im laufenden Betrieb überträgt das Steuergerät Werte zum Display, die dort dargestellt werden. Gleichzeitig meldet das Display über CAN-Bus-Nachrichten Tastendrücke oder Benutzereingaben an das Steuergerät. Der Vorteil der Normung liegt also darin, dass mit einem universellen Terminal beliebige Anbaugeräte bedient werden können, wenn das Gerät ISO-Bus-fähig ist.

Die Traktor ECU, das Steuergerät des Fahrzeugs, stellt auf dem CAN-Bus zentrale Informationen bereit. Gleichzeitig dient es als Schnittstelle zu den fahrzeuginternen Bus-Systemen („Gateway"). In der Norm sind drei Klassen oder Ausbaustufen für die Traktor ECU definiert. Eine T-ECU Class 1 sendet Informationen zur Geschwindigkeit, der Position des Heckkrafthebers (0 % bis 100 %), der Zapfwellendrehzahl und dem Status der Beleuchtung.

In der zweiten Ausbaustufe werden zusätzlich Parameter wie Datum, Uhrzeit, zurückgelegter Weg und der Status von Zusatzsteuerventilen übertragen. Eine T-ECU nach Class 3 kann im Gegensatz zu den vorher genannten Klassen Befehle empfangen und umsetzen. Anbaugeräte können so über das Senden von CAN-Bus-Nachrichten die Geschwindigkeit des Fahrzeugs, die Stellung der Hubwerke, die Zapfwelle und hydraulische Steuerventile ansteuern (*Tractor Implement Management* – TIM).

Die TIM-Funktionen sind noch nicht final festgelegt und können aus diesem Grund noch nicht uneingeschränkt genutzt werden. Die größten Herausforderungen liegen hier im Bereich der Sicherheit und der Haftung im Fall von Sach- oder Personenschäden.

Tabelle 3.11: AEF Icons für ISO-11783-Geräte und -Funktionen

UT	Nutzung eines Terminals für unterschiedliche Geräte
TECU	Traktorsteuergerät, das Basisinformationen bereitstellt (Geschwindigkeit, Zapfwellendrehzahl)
AUX-N	Zusatzbedienelemente (z. B. Joystick)
TC-BAS	Einfache Dokumentation
TC-GEO	Positionsbezogene Dokumentation und Mengenregelung ISO-fähiger Geräte
TC-SC	Teilbreitenschaltung für ISO-fähige Geräte

Die AUX-N-Funktion ermöglicht den Anschluss von Zusatzbedienelementen (in der Regel Joysticks). Die Betätigung von Bedienfunktionen werden per CAN-Bus übertragen und können auf dem UT Funktionen des Traktors oder Funktionen von Anbaugeräten zugewiesen werden. So ist es möglich, mit einem Joystick verschiedene Geräte oder Gerätekombinationen zu bedienen und dabei die Funktion den Bedürfnissen des Nutzers anzupassen

Mit der Funktion TC-BAS ist eine grundlegende Dokumentation von Arbeitsgängen möglich. Die Abkürzung TC steht für *Task Controller*. Dabei werden zurückgelegte

Wegstrecken, die Auftragsdauer, der Fahrer sowie Summenparameter (z. B. Ausbringmengen, Verbrauch) erfasst und gespeichert. Diese Informationen können nach dem Abschluss einer Maßnahme mittels Datenträger (z. B. USB-Stick) oder drahtlos (Bluetooth, Mobilfunk) in eine Ackerschlagkartei (FMIS) übertragen werden.

Die Funktion TC-GEO setzt die Nutzung eines GNSS-Empfängers voraus. Sie ermöglicht dann die positionsbezogene Erfassung von Daten während der Durchführung von Maßnahmen. Die so erfassten Daten können ebenfalls in ein FMIS übernommen und dort in Kartenform dargestellt und ausgewertet werden. Somit ist eine teilflächenspezifische Auswertung von Dieselverbrauch, Ausbringmengen oder Fahrtgeschwindigkeiten ebenso möglich wie die Analyse von Stillstandszeiten.

Zusätzlich können mit der Funktion TC-GEO Ausbringmengen von Anbaugeräten positionsbezogen geregelt werden. Dieses Verfahren wird auch als *Variable Rate Technology* (VRT) oder *Variable Rate Application* (VRA) bezeichnet. Dazu muss zuvor eine Sollwertkarte (auch Applikationskarte) erstellt werden, in der die Ausbringmengen für bestimmte Teilflächen hinterlegt sind (Abb. 3.60). Diese Karte wird meist als ISOXML- oder als Esri-Shape-Datei auf den Task-Controller übertragen.

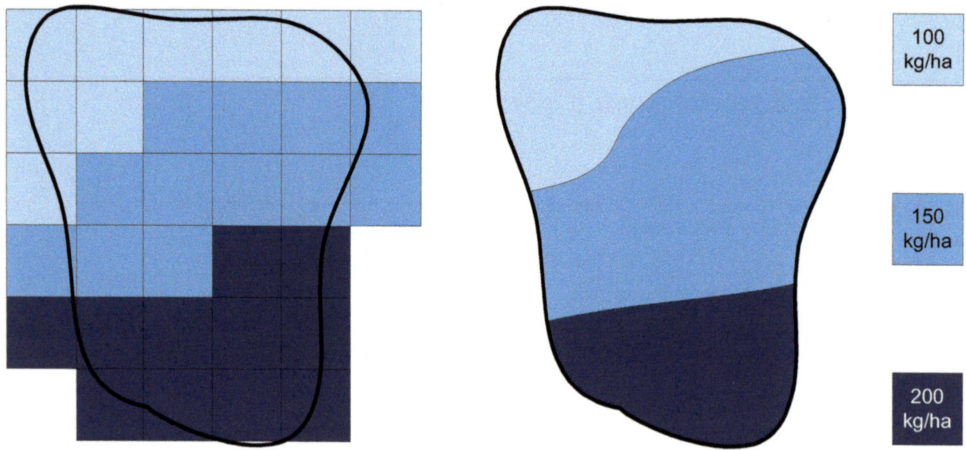

Abb. 3.60: Applikationskarte als Raster (links) oder Vektordatei (rechts) (Quelle: eigene Darstellung)

Voraussetzung für die teilflächenspezifische Regelung ist, dass das Anbaugerät ISOBUS-fähig ist. Die positionsbezogene Regelung findet Anwendung bei der Bodenbearbeitung, bei der Aussaat, bei der Düngung und im Pflanzenschutz.

Die Funktionalität von ISOBUS unterliegt einer Zertifizierung. Die Geräte werden dabei hinsichtlich der Übereinstimmung ihrer Funktionen mit dem Standard überprüft. Zurzeit sind von der AEF vier Testlabore für die Zertifizierung zugelassen, wobei zwei davon in Deutschland ansässig sind (DLG, Groß-Umstadt; TCI Osnabrück). Nach erfolgreicher Prüfung können die Geräte mit den in Tabelle 3.11 dargestellten Zeichen versehen werden. Zusätzlich zur Zertifizierung führt die AEF regelmäßig Plugfeste durch, bei der die Hersteller von ISOBUS-Komponenten die Kompatibilität ihrer Systeme überprüfen.

Welche Traktoren, Anbau- und Steuergeräte miteinander kompatibel sind, ist in einer Datenbank hinterlegt. Diese ist unter https://www.aef-isobus-database.org öffentlich zugänglich. Hier besteht auch die Möglichkeit, Probleme bei der Inbetriebnahme von Systemen in einem Ticketsystem zu melden.

Der Schwerpunkt der weiteren Entwicklung des ISOBUS-System liegt in der Normierung von Hochvoltbordnetzen, die die Versorgung von elektrischen Antrieben auf Anbaugeräten ermöglichen, in der Integration von Kamerasystemen sowie in der Normierung der drahtlosen Datenübertragung (Telemetrie) mittels WLAN oder Mobilfunk.

3.6.3.3 Technische Grundlagen CAN und ISO 11783

Dr. Matthias Rothmund, OSB connagtive GmbH

In der Landtechnik werden heute viele verschiedene Arten der Datenübertragung zu unterschiedlichen Zwecken in zahlreichen Anwendungen eingesetzt. Die klassische Einteilung bildet dabei die elektronische Kommunikation innerhalb von Maschinensystemen einerseits, meist über CAN-Bus, und die Datenübertragung zwischen Maschinen und Farm-Management-Informations-Systemen (FMIS) andererseits, bisher meist über USB-Stick. In den letzten Jahren kommen jedoch verstärkt weitere Technologien zur Datenübertragung innerhalb der Landtechnik zur Anwendung und die Grenzen zwischen Anwendungen innerhalb und außerhalb von Maschinensystemen werden aufgelöst, z. B. durch die Kommunikation zwischen mehreren Maschinensystemen oder die Einbindung von cloudbasierten Funktionen in die maschinellen Arbeitsprozesse. Der starke Trend zur Agrar-Robotik verstärkt diese Entwicklung. In Abbildung 3.61 sind die wichtigsten Datenübertragungsarten aus der Landtechnik dargestellt und eingeordnet.

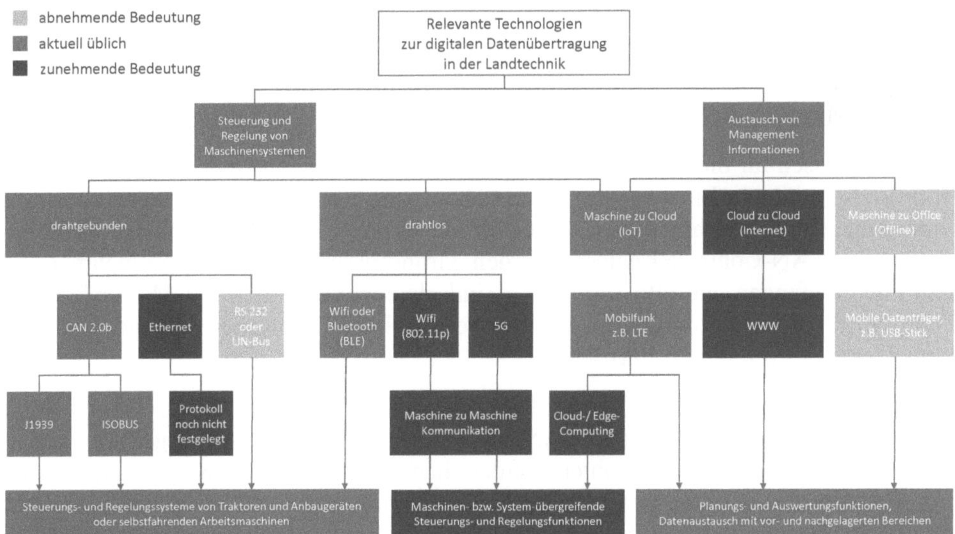

Abb. 3.61: Relevante Technologien zur digitalen Datenübertragung in der Landtechnik (Quelle: eigene Darstellung)

Das derzeit verbreitetste Übertragungsmedium innerhalb von Steuerungssystemen für Landmaschinen ist der CAN-Bus. Dieser wird hauptsächlich in zwei Ausprägungen verwendet:

a) Definition nach SAE J1939

b) Definition nach ISO 11783 (ISOBUS)

Im Folgenden werden deshalb zunächst diese CAN-Bus-basierten Technologien ausführlich und danach andere ältere und neuere Technologien kurz behandelt. Sowohl bei drahtlosen als auch bei Ethernet-basierten Übertragungstechnologien ist ein starker Anstieg der Bedeutung in der Zukunft zu erwarten, jedoch sind die nötigen Standards für eine umfassende Nutzung in Traktor-Maschinen-Kombinationen (Ethernet) oder für die Maschine-zu-Maschine- bzw. Maschine-zu-Cloud-Kommunikation (drahtlose Technologien) noch nicht ausreichend definiert. Deshalb beschränkt sich die Anwendung aktuell auf Systeme einzelner Hersteller ohne die wünschenswerte Kompatibilität zu Systemen anderer Hersteller.

CAN-Bus und SAE J1939

Als Datenbus wir ein System bezeichnet, bei dem mehrere Teilnehmer einen gemeinsamen Weg zur digitalen Datenübertragung nutzen. Davon abgeleitet ist der Name CAN-Bus. CAN steht für Controller Area Network. Über den CAN-Bus tauschen mehrere Embedded-Controller Daten aus, also in unserem Fall elektronische Steuergeräte zur Steuerung und Regelung von Maschinenfunktionen. Man spricht beim CAN-Bus und anderen ähnlichen Bus-Systemen für die Automatisierungstechnik auch von Feldbussen. Der CAN-Bus wurde in den 1980er-Jahren unter maßgeblicher Beteiligung der Firmen BOSCH und INTEL entwickelt. Eine wichtige Eigenschaft des CAN-Busses ist die Bus-Topologie, bei der die Teilnehmer (Controller) über Stichleitung an einer durchgehenden Bus-Leitung angeschlossen sind.

Datenübertragung mit einem CAN-Bus

Charakteristisch für die digitale Datenübertragung ist, dass Informationen als Abfolgen von 0/1 bzw. ja/nein Einzelinformationen übertragen werden. Diese Information muss vom sendenden Teilnehmer im CAN-Controller erzeugt und vom empfangenden Teilnehmer im CAN-Controller gelesen werden. Grundsätzlich kann jeder Teilnehmer senden und empfangen und alle Teilnehmer sind gleichberechtigt (Multi-Master-Prinzip). Als Übertragungsmedium wird in der Regel ein Twisted-Pair-Kabel verwendet, also ein Kabel aus zwei verdrehten Einzeladern.

Die eigentliche Information (0/1) wird über ein Differenzsignal erzeugt. Wenn sich die an beiden Adern (CAN_high und CAN_low) anliegenden Spannungspegel um mindestens einen bestimmten Betrag unterscheiden, handelt es sich um eine logische 1, sonst um eine logische 0 (Abb. 3.62). Diese Informationsabfolge, die durch den jeweiligen Sender im Netzwerk durch die Veränderung der Spannungspegel und den Ausgängen des CAN-Controllers erzeugt wird, wird an den Eingängen des CAN-Controllers von allen Netzwerkteilnehmern empfangen. Ob die durch dieses Signal erzeugte Information auch innerhalb des Steuergeräts weitergeben und interpretiert werden soll, kann jeder Teilnehmer selbst entscheiden.

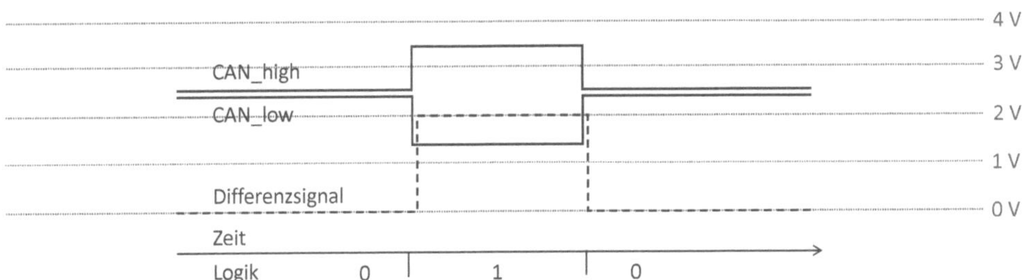

Abb. 3.62: Ableitung der logischen 0/1 aus dem Differenzsignals zwischen CAN_high und CAN_low (Quelle: eigene Darstellung)

Digitale Signale können auch auf einer Ader durch Veränderung des Spannungspegels übertragen werden, jedoch ist die Bildung des Differenzsignals aus zwei verdrillten Leitungen deutlich robuster gegenüber Störeinflüssen (Abb. 3.63). Um Reflexionen unterdrücken, die auf dem CAN-Bus zu Signalüberlagerungen und damit einer Qualitätsbeeinträchtigung des Rechtecksignals führen, werden an den beiden Enden der Hauptleitung CAN_high und CAN_low mit einem Abschlusswiderstand verbunden (= Busabschluss).

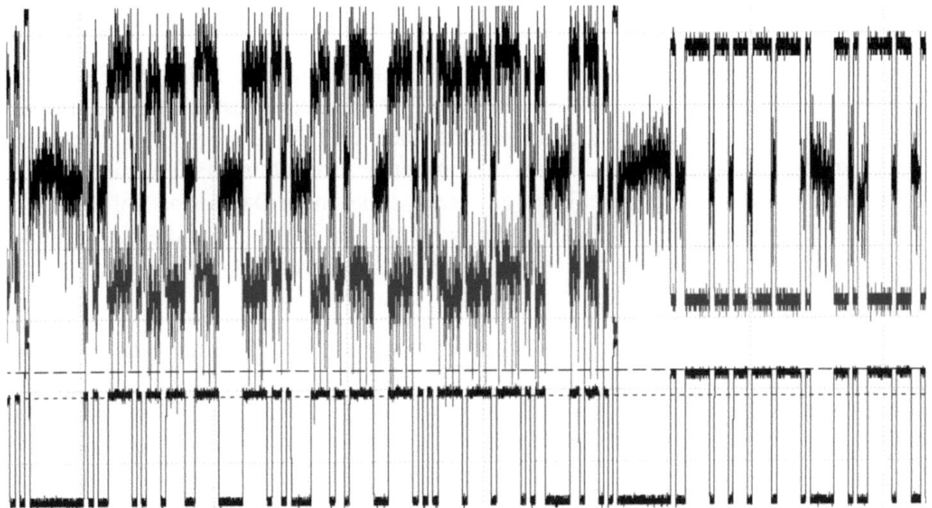

Abb. 3.63: CAN_high/low-Signale unterschiedlicher Qualität (oben) und resultierendes Differenzsignal (unteres Drittel) am Oszilloskop (Quelle: eigene Darstellung)

Damit aus den Einzelinformationen (0/1, entspricht einem Bit) spezifische Informationen werden können, gibt es sogenannte Frames oder Telegramme. Innerhalb eines Frames gibt es definierte Informationsabfolgen, die den Anfang und das Ende des Frames kenntlich machen. Dazwischen sind feste Bereiche definiert, die Informationen zur Steuerung der Kommunikation und des Netzwerks und die Nutzdaten – also die eigentliche anwendungsbezogene Information, die übertragen werden soll – enthalten.

Die Abfolge der logischen 0-en und 1-en des Differenzsignals vom physikalischen CAN-Bus entspricht also letztlich den Bit-Folgen, aus welchen die Telegramme eines Kommunikationsprotokolls bestehen. Die Übertragungsgeschwindigkeit sagt dabei aus, wie viele Bits pro Zeiteinheit durch die am Netzwerk angeschlossen CAN-Controller auf den Bus geschickt werden, z. B. 250 kBit/s (also das CAN_high/CAN_low-Signal wechselt bis zu 250.000-mal pro Sekunde). Die Übertragungsgeschwindigkeit muss bei allen Teilnehmern gleich eingestellt sein.

Neben den Daten-Frames, die in anwendungsbezogenen Kommunikationsprotokollen genutzt werden, gibt es weitere Mechanismen, um auftretende CAN-Nachrichten-Fehler beispielsweise durch gleichzeitiges Senden oder andere Signalüberlagerungen direkt auf der Ebene der CAN-Controller beim Senden und Empfangen zu behandeln.

Notwendige Festlegungen zu Topologie, Übertragungsmedium, elektrischen Signalen, zeitlicher Abfolge und Frame-Aufbau in einem CAN-Bus sowie die Fehlerbehandlung bei der Nachrichtenübertragung sind in der ISO-Norm 11898 getroffen. Für eine eingehende Betrachtung der Funktion eines CAN-Busses sei der Wikipedia-Beitrag „Controller Area Network“ empfohlen (Wikipedia 2023c).

SAE J1939 zur Datenübertragung in mobilen Maschinen und als Grundlage des ISOBUS

In anwendungsbezogenen Standards, in unserem Fall der Norm SAE J1939 (SAE – *Society of Automotive Engineers*, mit Sitz in den USA) ist im Detail festgelegt, wie die Verbindung und die Datenkommunikation zwischen den Teilnehmern des CAN-Netzwerks erfolgt, um die Technologie CAN-Bus in konkreten Anwendungsfällen, hier z. B. in Trucks und mobilen Arbeitsmaschinen, einsetzen zu können. Dabei sind vor allem folgende Bereiche wichtig: der Physical-Layer (= Hardware-Schicht) und das Kommunikationsprotokoll, das die Definitionen für das Netzwerkmanagement (Network-Layer) und die Nutz- oder Anwendungsdaten (Application-Layer) enthält.

Im Physical-Layer sind dabei unter anderem Topologien und Leitungslängen, Kabeleigenschaften und -ausführungen, Steckverbindungen, elektrische Signaleigenschaften und erlaubtes Verhalten der CAN-Controller sowie die Übertragungsgeschwindigkeit definiert. Soweit es sich um abgeschlossene Systeme handelt, spielen bestimmte Aspekte der Standardisierung nur eine untergeordnete Rolle und die einzelnen Teile der Norm SAE J1939 dienen dann eher als Anleitung für die Entwicklung eines stabilen elektronischen Kommunikationssystems. So können beispielsweise eigene Stecker im System definiert werden, soweit die elektrischen Spezifikationen erfüllt sind oder auch eine abweichende Übertragungsgeschwindigkeit gewählt werden, solange diese bei allen angeschlossenen Controllern gleich ist.

Im Network-Layer ist geregelt, wie sich Teilnehmer im CAN-Bus-Netzwerk anmelden und dass diese mit einer Netzwerk-Adresse eindeutig identifizierbar sind. Dazu kann ein Prozess für die dynamische Adressvergabe genutzt werden. So wird sichergestellt, dass niemals zwei Teilnehmer die identische Adresse haben. Dieser Mechanismus spielt für den ISOBUS eine tragende Rolle. Handelt es sich wiederum um ein abgeschlossenes Netzwerk, in dem sichergestellt werden kann, dass alle Teilnehmer immer fest eingestellte, unterschiedliche Adressen haben, kann auf die Implementierung der dynamischen Adressvergabe verzichtet werden. Die eindeutigen Adressen sind nötig, damit Teilnehmer im Netzwerk gezielt angesprochen (adressiert) werden können und immer bekannt ist, von wem gesendete Daten stammen.

Für die Application-Layer wird in der Norm SAE J1939 die Datenübertragung in CAN-Nachrichten nach der CAN 2.0B mit einem 29-Bit-Identifier und bis zu 8 Datenbytes verwendet (Abb. 3.64).

29-Bit-Identifier			...	Daten
28…26	25…8	7…0 Bit		0…8 Byte
Priorität	Parameter Group Number (PGN)	Source Address		Protocol Data Unit (PDU)

Abb. 3.64: Relevante Technologien zur digitalen Datenübertragung in der Landtechnik (Quelle: eigene Darstellung)

Neben der Source Adresse, die den Sender der Nachricht kenntlich macht, ist hier die PGN (*Parameter Group Number*) aus dem CAN-Identifier von Bedeutung. Sie beschreibt, welchen thematischen Inhalt (= Parameter) die anschließenden Datenbytes enthalten, und ermöglicht so der verbundenen Anwendungssoftware, die empfangenen Daten zu interpretieren. Aus der PGN kann auch ermittelt werden, ob es sich um eine Broadcast-Nachricht – das heißt, der Inhalt ist für alle Teilnehmer gedacht, die ein Interesse daran haben – oder um eine spezifische Nachricht für einen bestimmten Teilnehmer handelt. In diesem Fall enthält die PGN auch die Netzwerkadresse des gewünschten Empfängers.

Welche Inhalte durch eine bestimmten PGN beschrieben werden, ist in den Normteilen der SAE J1939 für die verschiedenen Application Layer beschrieben. Es gibt auch PGNs für proprietäre Inhalte, die der Benutzer selbst definieren kann. Diese werden oft von Herstellern mobiler Arbeitsmaschinen genutzt, um innerhalb der 8 Datenbytes ein eigenes, spezifisches Datenprotokoll für die Steuerung und Überwachung von Maschinenfunktionen zu definieren.

Das Konzept der Data-Frames mit bis zu 8 Bytes Nutzdaten eignet sich gut für die Realisierung von Steuerungsfunktionen und für die periodische Übermittlung von Messdaten, jedoch weniger für die Übertragung größerer Datenmengen oder Dateien am Stück über den CAN-Bus. Hierfür ist in SAE J1939 zusätzlich ein Transportprotokoll definiert, das z. B. für die Übertragung von grafischen Bedienoberflächen im ISOBUS genutzt wird.

Für einen umfassenden Überblick zur SAE J1939 bietet sich die Lektüre des Wikipedia-Beitrags „SAE J1939“ an (Wikipedia 2023h).

ISOBUS

Bereits seit Mitte der 1980er-Jahre gab es Bestrebungen, die elektronische Datenkommunikation zwischen Traktor und Anbaugerät zu standardisieren. Zunächst wurde aus einer deutschen Normungsaktivität die DIN 9684 geboren und dann in den 1990er-Jahren in eine internationale Norm ISO 11783 überführt. Für Anwendungen auf Grundlage dieser Norm wurde in der Landtechnik der Begriff ISOBUS geprägt. Antrieb für die Standardisierungsaktivitäten war der Wunsch, Funktionen zwischen Traktor und Anbaugerät zu verteilen und über die Grenzen der einzelnen Maschine nutzen zu können. Dazu gehören, wie in Abbildung 3.65 angedeutet, die Anzeige und Bedienung des Anbaugeräts über das Terminal und Bedienhebel des Traktors, die Steuerung von Ausbringfunktionen des Geräts durch eine im Traktor vorhandene Task-Controller-Funktion mit angeschlossenem GNSS-Receiver oder die systemweite Diagnose.

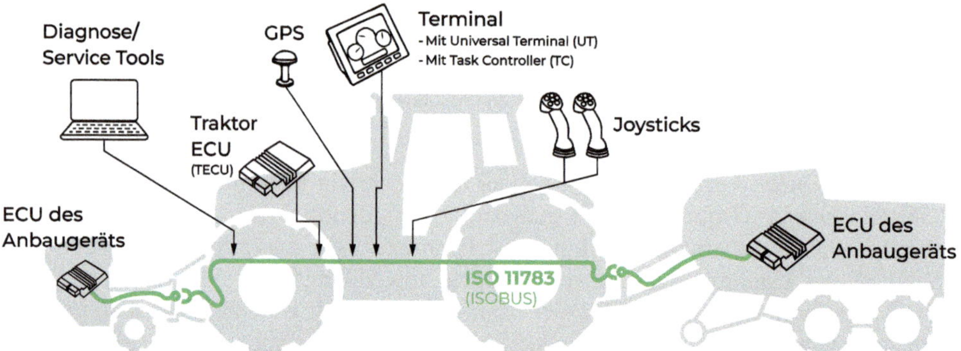

Abb. 3.65: Komponenten und maschinenübergreifende Anwendungen im ISOBUS-Netzwerk (Quelle: eigene Darstellung)

Für wesentliche Bestandteile der Datenübertragung werden in der ISO 11783 Definitionen aus der Norm SAE J1939 entweder unverändert oder in angepasster Form übernommen. Das gilt für die CAN-Kommunikation und den Aufbau der CAN-Nachrichten, aber auch für das Netzwerkmanagement und spezielle Mechanismen wie das Transportprotokoll. Darüber hinaus gibt es aber auch wesentliche Unterschiede, die hauptsächlich durch das Anwendungsgebiet der Landtechnik bedingt sind. In der Landwirtschaft werden in der überwiegenden Zahl der Anwendungsfälle Maschinen und Komponenten verschiedener Hersteller miteinander kombiniert, um gemeinsam einen bestimmten Arbeitsprozess auszuführen. Häufig müssen dabei Steuerungs- und Regelfunktionen über die Herstellergrenzen hinweg im Maschinensystem ausgeführt und oft auch Daten mit Systemen außerhalb des Arbeitsprozesses ausgetauscht werden. Daraus ergeben sich folgende zusätzliche Anforderungen:

a) Verbindliche Festlegung von Steckverbindungen
b) Verbindliche Unterstützung der dynamischen Vergabe von CAN-Netzwerkadressen
c) Systemübergreifende Diagnose

d) Definition von Anzeige- und Steuerungsfunktionen

e) Schaffung von Datenschnittstellen zwischen Maschinensystem und Farm-Management-System

Die Norm ISO 11783 ist in 14 Teile unterteilt und folgt dabei im Wesentlichen dem ISO/OSI-Referenzmodell (OSI – *Open System Interconnection*), dass eine Schichtenarchitektur für Netzwerke beschreibt (Wikipedia 2023f). Abbildung 3.66 beschreibt die Strukturierung der Layer und Funktionen im ISOBUS.

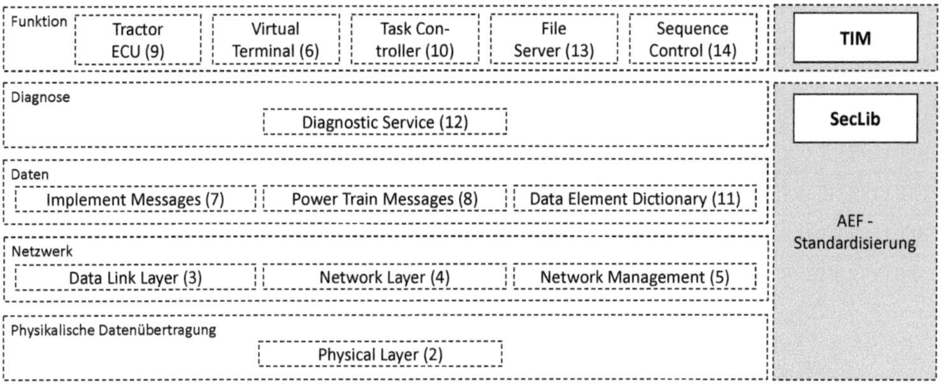

Abb. 3.66: Schematische Darstellung von ISO 11783/ISOBUS mit Nennung der Normteile (Quelle: eigene Darstellung)

Die Funktionsschicht (Application-Layer) des ISOBUS wurde inzwischen außerhalb der Normung unter ISO 11783 um eine Funktionalität Traktor-Implement-Management (TIM, siehe Abschn. 3.6.3.2) und einen Authentifizierungsmechanismus für TIM (SecLib) erweitert. Dies ist bezeichnend für eine neuere Entwicklung, die Standardisierung auch seitens der Agricultural Industry Electronics Foundation (AEF) weiterzutreiben. Die AEF wurde als Branchenverband gegründet, um bestehende Standards für Elektronik- und Softwareanwendungen in der Landtechnik im Markt zu etablieren, aber auch aktiv Zukunftstechnologien zu identifizieren und zu fördern, bei Bedarf Branchenstandards zu schaffen und in eine Normung zu überführen.

In Tabelle 3.12 sind die ISO-11783-Normteile den AEF-Funktionalitäten gegenübergestellt. Allerdings mit einer gewissen Unschärfe, da eine exakte Zuweisung nicht immer möglich ist und einige Normteile für mehrere AEF-Funktionalitäten relevant sind. Die Details zur Vorgehensweise der AEF sind zusätzlich in nicht öffentlichen, jedoch für alle AEF-Mitgliedsfirmen zugänglichen AEF International Guidelines beschrieben.

Tabelle 3.12: Gegenüberstellung der ISO-11783-Normteile und der AEF-ISOBUS-Funktionalitäten

ISO 11783		**Beschreibung/Kommentar**	**AEF-Funktionalität**
ISO 11783-1	General Standard ...	Codierungslisten/Online	
ISO 11783-2	Physical Layer		AEF-Hardware-Zertifizierung
AISO 11783-3	Data Link Layer		
ISO 11783-4	Network Layer		Minimum CF
ISO 11783-5	Network Management		
ISO 11783-6	Virtual Terminal		UT
			AUX-O / AUX-N
ISO 11783-7	Implement Messages	Datendefinitionen	
ISO 11783-8	Power Train Messages		
ISO 11783-9	Tractor ECU		TECU
ISO 11783-10	Task Controller		TC-BAS
			TC- SC
			TC-GEO
ISO 11783-11	Data Element Dictionary	Prozessdatendefinition / Online	
ISO 11783-12	Diagnostic Services		Minimum CF
ISO 11783-13	File Server		FS
ISO 11783-14	Sequence Control		
		Branchenstandard	TIM

Die AEF hat in den 2010er-Jahren den ISOBUS-Conformance-Test eingeführt. Alle Hersteller, die AEF-Mitglied sind, können die AEF-Funktionalitäten ihrer ISOBUS-Maschinen und -Komponenten durch einen bestandenen Conformance-Test zertifizieren lassen. Alle Zertifikate können in die AEF-ISOBUS-Datenbank (AEF 2. April 2022) eingetragen werden. Auf diese Weise können Landwirte und Händler die Kompatibilität ihrer Traktoren mit ihren Anbaugeräten oder Nachrüstkomponenten auf Ebene der einzelnen AEF-ISOBUS-Funktionalitäten nach einer kostenlosen Registrierung prüfen.

Im Folgenden werden die relevanten Normteile der ISO 11783 und die AEF-ISOBUS-Funktionalitäten kurz beschrieben.

Physical-Layer

Teil 2 der Norm spezifiziert das physikalische Datenübertragungsmedium, die Steckverbindungen sowie Anforderungen an die elektrischen Signale und Versorgung (ISO 2011). Die physikalische Datenübertragung erfolgt auf einem CAN-Bus nach der Spezifikation CAN 2.0b mit 250 kbit/s Datenübertragungsgeschwindigkeit. Es sind Steckverbindungen für die Anwendung innerhalb und außerhalb der Kabine sowie zur Systemdiagnose spezifiziert. Die Steckverbindung außerhalb der Kabine enthält einen integrierten, automatisch schaltenden Busabschluss und ermöglicht zusätzlich die Leistungsübertragung von bis zu 60 A für den Betrieb von elektrischen Leistungsabnehmern.

Netzwerk

Teil 3 der Norm, Data Link Layer, definiert Format und Struktur für die Identifizierung von CAN-Botschaften im Netzwerk. Dabei ist auch die Übertragung von proprietären Inhalten möglich (ISO 2011). Teil 4 der Norm, Network Layer, beschreibt Einheiten und Regeln zur Verbindung unterschiedlicher Netzwerksegmente (ISO 2011). Teil 5 der Norm, Network Management, regelt die Identifizierung jeder Steuerungsfunktion im System über eine eindeutige Quelladresse. Der Identifizierungs- und Adressvergabeprozess bei der Anmeldung in einem ISO-11783-Netzwerk sowie der Lösungsweg bei Adresskonflikten ist hierbei genau geregelt (ISO 2011).

Daten

Während die Teile 2 bis 5 der Norm die grundsätzlichen Regeln für die Funktion und das Zusammenspiel in einem ISO-11783-Netzwerk definieren, beschreiben die höheren Teile 6 bis 14 spezielle Funktionalitäten für die Steuerung von Maschinensystemen und Datenschnittstellen mit dem Farm-Management-System.

Die Teile 7, 8, 11 der Norm dienen der inhaltlichen Spezifikation von Botschaften zur Kommunikation von und mit Arbeitsgeräten (Teil 7, Implement Messages), Traktor- oder Selbstfahrerkomponenten (Teil 8, Power Train Messages) sowie der Definition von Prozessdaten (Teil 11, Mobile Data Element Dictionary) (ISO 2011).

Diagnose

Teil 12 der Norm, Diagnostics Services, definiert ein Basis-Diagnosesystem, das die Identifikation aller Netzwerkteilnehmer und ihrer Funktionen sowie die Übermittlung von Fehlercodes regelt (ISO 2011). Zur Darstellung der Diagnoseinformation kann das Virtual Terminal genutzt oder ein eigenes Ausgabegerät angeschlossen werden.

Tractor ECU

Im Teil 9 der Norm ist die Tractor ECU als Informationsbrücke (Gateway) zwischen dem geschlossenen Traktor-Bus und dem offenen ISOBUS definiert (ISO 2011). Es muss dort ein Minimum an Information zu Power Management, Geschwindigkeit, Hubwerks- und Zapfwellenstatus, Beleuchtungsstatus und Spracheinstellungen ausgetauscht werden. Optional können weitere Informationen ausgetauscht werden.

Ursprünglich war unter dem Begriff Tractor ECU class 3 geplant, Kommandos an Hubwerk, Zapfwelle und Hydraulikventile des Traktors schicken zu können. Dieser Ansatz wurde inzwischen durch das TIM-Konzept (siehe Abschn. 3.6.3.2) ersetzt.

In der Nomenklatur der AEF entspricht die Tractor ECU der Funktionalität TECU.

Virtual Terminal

Teil 6, Virtual Terminal, definiert ein zentrales Element eines ISOBUS-Systems: die Interaktion des Benutzers mit dem Steuerungssystem der Maschine. Als virtuelle Terminals werden dabei Anzeige- und Bedieneinheiten bezeichnet, die von allen anderen Teilnehmern des ISO-11783-Netzwerks genutzt werden können (ISO 2011). In der Softwarearchitektur des ISOBUS ist das Virtual Terminal (VT) auf dem Traktor-Bedienterminal der VT-Server.

Die Konfiguration von Anzeigen und Eingabemöglichkeiten erfolgt durch die Steuerungseinheit des ISO-11783-Netzwerks, die momentan das Virtual Terminal nutzt. Die Steuerungseinheit verfügt dafür über einen Virtual Terminal Client (VT-Client), der mit der Gegenstelle an der Terminaleinheit (VT-Server) kommuniziert. Die Darstellung auf einem Display des Virtual Terminals erfolgt innerhalb der in der Norm vorgegebener Möglichkeiten (Größe, Auflösung, Farben, Art der dargestellten Objekte).

In der Nomenklatur der AEF entspricht das Virtual Terminal der Funktionalität UT (Universal Terminal).

Auxiliaries

Ebenfalls im Teil 6 der Norm sind die Auxiliaries definiert. Diese beschreiben die Möglichkeit, mit Bedienhebeln (Joysticks) und -knöpfen des Traktors Funktionen am Anbaugerät zu bedienen. In der ISOBUS-Architektur werden dabei die Bedienelemente des Traktors als Auxiliary Inputs und die zu bedienenden Funktionen der Arbeitsmaschine als Auxiliary Functions bezeichnet.

Da das Konzept der Auxiliaries in einer Überarbeitung der Norm geändert wurde, nachdem bereits Produkte mit dieser Funktion im Markt waren, unterscheidet die AEF zwei Funktionalitäten, AUX-O (old) und AUX-N (new), die zwischen ‚Inputs' und ‚Functions' nicht im Mischbetrieb genutzt werden können.

Task Controller

Während alle bisher beschriebenen Normteile sich mit der Kommunikation innerhalb des ISO-11783-Netzwerks befassen, definiert der Teil 10, Task Controller, auch eine Schnittstelle zum Datenaustausch mit einem Managementsystem außerhalb der Maschine (z. B. PC-Schlagkartei, Farm-Management-System) (ISO 2011). Diese ISOBUS-Auftragsdaten werden auch als ISOBUS-TaskData oder ISOXML-Daten bezeichnet.

Die Task-Controller-Einheit auf der Maschine verarbeitet dabei in einem Speicher abgelegte Aufträge und schreibt diese wiederum in den Speicher zurück. Die Art der Datenübertragung zwischen Managementsystem und Maschinensystem ist nicht festgelegt, wohl aber die Datenstruktur und das Datenformat.

Auftragsdaten können auch genutzt werden, um die Applikation mit einem Arbeitsgerät zu steuern. Ebenso können Prozessdaten des Arbeitsgeräts wieder in den Auftrag zurückgeschrieben werden. Dazu ist zum Task Controller (TC-Server) im Traktor eine Gegenstelle in der Steuerungseinheit des Arbeitsgeräts (TC-Client) nötig. Dieser Mechanismus bildet die technische Grundlage zur Umsetzung von teilflächenspezifischen Applikationen im Sinne des Precision Farming mit ISOBUS-Systemen. Dazu muss in der Regel am Traktor auch ein GNSS-Receiver vorhanden sein, der Positionsdaten an den Task Controller liefert.

In der Nomenklatur der AEF wird zwischen drei unterschiedlichen Task-Controller-Funktionalitäten unterschieden:

a) TC-BAS: Dokumentation und Auftragsmanagement
b) TC-SC: Section Control zur Automatischen Teilbreitenschaltung
c) TC-GEO: Variable Rate Control (VRC) zur Steuerung der Ausbringmenge nach hinterlegter Applikationskarte (Prescription Map)

File Server

Der File Server, definiert in Teil 13 der Norm, ist ein Gerät, welches physikalischen Speicher und ein Dateisystem für alle anderen ISO-11783-Netzwerkteilnehmer (File Server Clients) zur Verfügung stellt. Über festgelegte Kommandos können Dateien angelegt, abgelegt, aufgerufen, gelöscht und aktualisiert werden (ISO 2011).

In der Nomenklatur der AEF entspricht der der File Server der Funktionalität FS (File Server).

Sequence Control

Der Normteil 14 spezifizierte erstmals im ISOBUS eine Automatisierungsfunktion, die sich über das Gesamtsystem, also Traktor und angebaute Arbeitsgeräte, erstreckt (ISO 2011). Es können hierbei Abfolgen von Steuerungsfunktionen aller Steuereinheiten im ISO-11783-Netzwerk aufgezeichnet und wiedergegeben werden. Damit kann beispielsweise das Vorgewendemanagement ISOBUS-konform umgesetzt werden. Teil 14 wurde 2010 abgeschlossen, seitdem jedoch nicht weiter überarbeitet oder seitens der AEF als ISOBUS-Funktionalität in den Markt gebracht. Der Grund dafür sind nötige, aber noch fehlende Ergänzungen in anderen Normteilen. Sequence Control stellt eine sinnvolle Ergänzung zur seit 2020 verfügbaren TIM -Funktionalität (siehe Abschn. 3.6.3.2) im Sinne einer Prozessautomatisierung dar.

ISOBUS-Automation

Die ISOBUS-Automation wird von der AEF seit den frühen 2010er-Jahren entwickelt sowie standardisiert und ist seit 2020 als AEF-Funktionalität TIM (Traktor-Implement-Management) verfügbar (AEF 2020) und kann von der Landmaschinenindustrie umgesetzt werden. Erste Modelle bei Traktoren (TIM-Server) und Anbaugeräten (TIM-Client) sind mit TIM-Funktionalität ausgestattet.

TIM ermöglicht es Anbaugeräten und Nachrüstkomponenten, auf Traktorfunktionen zuzugreifen und diese zu steuern. Dazu gehören die Änderung der Geschwindigkeit, An-/Abschalten der Zapfwelle, Verstellung des Ölflusses an Hydraulikventilen und die Lenkung. Damit kann eine Automatisierung im Arbeitsprozess über das gesamte Maschinensystem stattfinden.

Um die Umsetzung der für solche Funktionen bestehenden Anforderungen an die funktionale Sicherheit von Maschinen erfüllen zu können, war es nötig einen Sicherheitsmechanismus zu schaffen, der es ausschließlich zertifizierten und damit autorisierten Anwendungen (TIM-Clients) erlaubt, sich mit dem TIM-Server des Traktors zu verbinden. Dazu wurde von der AEF eine Sicherheitsbibliothek (SecLib) entwickelt, die in die Software der Anwendungen integriert werden muss. Im Gegensatz zu anderen ISOBUS-Funktionalitäten ist die Nutzung der TIM-Funktionalität nur möglich, wenn das zugehörige Steuerungssystem vorab den AEF-Conformance-Test bei einem der akkreditierten Testinstitute bestanden hat.

Die Überführung der TIM-Funktionalität in eine ISO-Norm zur ISOBUS-Automatisierung ist in Planung.

Sonstige kabelgebundene Technologien zur Datenübertragung in Maschinensystemen

Der CAN-Bus ist derzeit – auch aufgrund seiner Robustheit gegen Störeinflüsse unter ungünstigen Einsatzbedingungen trotz kostengünstiger Verkabelung – das am weitesten verbreitete kabelgebundene, digitale Übertragungsmedium für Steuerungselektronik in der Landtechnik. Dennoch gibt es weitere Technologien, die wie die serielle Datenübertragung nach RS-232 wegen ihrer großen Verbreitung noch länger zu finden sein werden oder wie der LIN-Bus für bestimmte Anwendungsnischen ihre Berechtigung haben. Andere Bustechnologien, die teilweise in der Industrieautomation oder der Fahrzeugtechnik weitverbreitet sind wie Profi-Bus, MOST, FlexRay oder andere CAN-Bus-Kommunikationsprotokolle, z. B. das in der Baumaschinenbranche recht häufig vorkommende CAN-Open, spielen in der Landtechnik eine untergeordnete Rolle. Eine große Rolle wird dagegen in Zukunft die Datenübertragung über Ethernet-Technologien einnehmen.

Ethernet und High Speed ISOBUS

Das Ethernet ist in unterschiedlichen Ausprägungen das wichtigste kabelgebundene Übertragungsmedium in lokalen Computernetzen mit unzähligen Anwendungen im IT-Bereich und in der Industrie (Industrial Ethernet) und findet seit einiger Zeit auch zunehmende Verbreitung in der Fahrzeugtechnik. Eine wesentliche Motivation, die CAN-Busse auch in der Landtechnik durch Ethernet-Netzwerke zu ersetzen oder zu ergänzen, liegt in den gestiegenen Anforderungen an die zu übertragende Datenmenge und an die Echtzeitfähigkeit in Steuerungs- und Regelungsanwendungen.

In abgeschlossenen Systemen einiger Hersteller von Traktoren, Anbaugeräten oder selbstfahrender Arbeitsmaschinen gibt es bereits Anwendungen. Seit einigen Jahren läuft ein Standardisierungsprojekt der AEF unter dem Namen High Speed ISOBUS, um zukünftig die Ethernet-Technologie innerhalb des ISOBUS, also bei der maschinenübergreifenden Kommunikation, einsetzen zu können. Beispiele für angestrebte Anwendungen sind dabei die Nutzung von Kameras im Gesamtsystem zur Visualisierung und Bildverarbeitung sowie auch die Verbesserung von Bediensystemen oder die Umsetzung schneller Regelungssysteme im Gesamtsystem.

Als wesentlichen Unterschied beim verwendeten ‚geswitchten' Ethernet gegenüber der CAN-Bus-Technologie gibt es keine durchgängige Datenleitung, sondern jeweils eine

Punkt-zu-Punkt-Verbindung eines Teilnehmers zu einem Switch und Punkt-zu-Punkt-Verbindungen der Switches untereinander (Abb. 3.67).

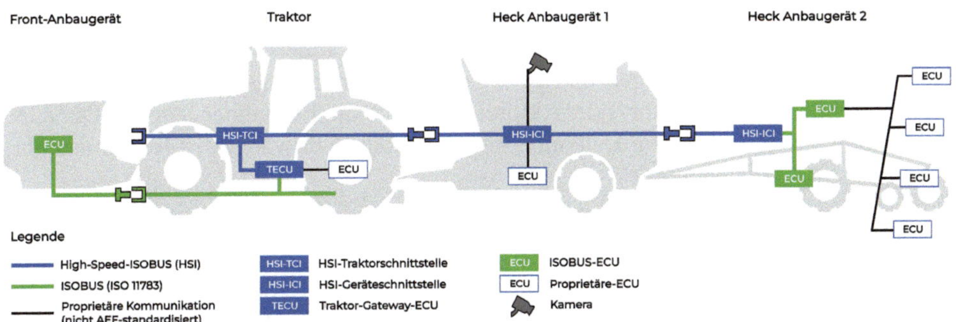

Abb. 3.67: Beispielarchitektur für den High Speed ISOBUS (eigene Darstellung, verändert nach AEF (AEF 2022))

Dies garantiert eine hohe Qualität der Datenübertragung bei großen Datenmengen – es werden 100 MB/s und 1 GB/s Übertragungsraten verwendet – und ermöglicht gleichzeitig eine Full-Duplex-Kommunikation, d. h., alle Teilnehmer können gleichzeitig senden und empfangen. Andererseits erfordert diese Technologie ein komplexes Kommunikationsprotokoll und verursacht vergleichsweise hohe Kosten für die Hardware-Infrastruktur.

Bei den in Abbildung 3.67 mit ‚HSI' gekennzeichneten Komponenten handelt es sich um die benötigten Ethernet-Switches. Die benötigten neuen und erweiterten Steckverbindungen für den High Speed ISOBUS sind bereits weitgehend definiert und als Übertragungsmedium ist ebenfalls ein Twisted-Pair-Kabel geplant. Als Grundlage dient die BroadR-Reach Physical-Layer-Definition aus dem Automotive-Bereich (Wikipedia 2023b). Festlegungen in Bezug auf die Datentransportschicht (z. B. TCP/IP, OPC UA, EherNet/IP) und eine Definition anwendungsbezogener Inhalte stehen zurzeit noch aus. Es wird sich zeigen, ob die Landtechnikbranche den weiteren Weg dazu allein gehen oder sich mit verwandten Industrien im Bereich der mobilen Arbeitsmaschinen und des Fahrzeugbaus zusammenschließen wird, um einerseits den aufwendigen Standardisierungsprozess auf mehrere Schultern zu verteilen und andererseits Skalierungseffekte bei den später benötigten Stückzahlen von Steckern, Hardwareswitches, etc. nutzen zu können.

Ältere, teilweise noch gebräuchliche Technologien

Häufig genutzt wird heute noch die serielle Datenübertragung nach RS-232, einem Standard aus dem 1960er-Jahren des US-amerikanischen Standardisierungsgremium Electronic Industries Association (EIA) (Wikipedia 2023g). Vor der Verbreitung der USB-Schnittstelle, hat RS-232 eine große Rolle als Schnittstelle zu PCs gespielt. In der Landtechnik wird diese Schnittstelle heute – meistens unter Verwendung einer 9-poligen D-Sub-Steckerverbindung – als Punkt-zu-Punkt-Verbindung zur Übertragung von Positionsdaten im NMEA-0183-Format aus einem GNSS-Receiver zum Terminal im Traktor verwendet (Wikipedia 2023e). Genutzt werden dabei häufig nur zwei Adern, eine als Sende-(TX-) und eine als Empfangs-(RX-)Leitung, wobei TX (Ausgang) des einen am RX (Eingang) des zweiten Teilnehmers angeschlossen werden muss und umgekehrt.

Übertragen wird eine serielle Folge von Bits durch Anpassung der Spannungspegel. Ausgewertet werden die ansteigenden bzw. abfallenden Flanken.

Selten wird der LIN-Bus (Local Area Network) (Wikipedia 2023d) verwendet, wenn von einem ‚Master' abgehend ein oder mehrere ‚Slaves' angebunden werden sollen und dabei nur kurze Leitungslängen und geringe Datenübertragungsraten nötig sind, z. B. bei der Anbindung von Sensor- oder Aktoreinheiten an die ECU einer Säreihe. Der LIN-Bus benötigt nur eine Ader zur Datenübertragung und ist hardwareseitig verhältnismäßig kostengünstig zu realisieren.

Drahtlose Datenübertragung in der Landtechnik

Die drahtlose Datenübertragung gewinnt kontinuierlich an Bedeutung in der Landwirtschaft. Für den Einsatz innerhalb eines Maschinensystems (z. B. Traktor-Gerätekombination) werden meist WLAN nach der Standard-Familie IEEE 802.11 (auch mit dem Markennamen Wi-Fi bezeichnet) oder Bluetooth Low Energy (BLE) verwendet. Eingehende technische Beschreibung dieser Standard-Technologien finden sich beispielsweise in Wikipedia (2023j – Wireless Local Area Network) und in Wikipedia (2023a – Bluetooth Low Energy). Beide Technologien sind kompatibel mit den meisten Tablets und Smartphones.

Es gibt heute bereits einige Praxis-Beispiele für Tablet- oder Smartphone-Anwendungen zur Steuerung von Teilfunktionen von Landmaschinen oder des gesamten Arbeitsgeräts. Dazu ist in diesen Maschinen ein Gateway verbaut, das die mobile Applikation entweder mit der Master-ECU des Arbeitsgeräts verbindet oder einen Zugriff auf den CAN-Bus ermöglicht, um dort mit einer oder mehreren ECUs zu kommunizieren. Eine Landtechnik-anwendungsbezogene Standardisierung, um zum Beispiel Auftragsdaten im ISOBUS-Format von Mobilgeräten auf Traktorterminals drahtlos übertragen zu können oder Ähnliches, gibt es derzeit nicht.

Drahtlose Kommunikation findet auch über etwas größere Reichweiten statt. Sollen Daten zwischen mehreren Fahrzeugen ausgetauscht werden, die sich zueinander in Reichweite befinden (in der Regel sind das einige hundert Meter), spricht man von Vehicle-to-Vehicle-(V2V-) oder, falls Fahrzeuge Daten auch mit anderen Objekten austauschen sollen, von V2X-Communication. Dafür stehen momentan zwei Technologien zur Verfügung: WLAN nach der Standarderweiterung IEEE 802.11p und die sogenannte C-V2X-Technologie, basierend auf dem Mobilfunkstandard 5G. Ob und wie zukünftig beide Technologien in Verkehrssystemen koexistieren können, ist derzeit noch nicht vollständig geklärt. Einen interessanten Überblick über technische Themen zur Verkehrsvernetzung gibt der Wikipedia-Beitrag über Verkehrsvernetzung (Wikipedia 2023i).

Die Mobilfunktechnologien 3G und vor allem 4G (LTE) werden heute bereits häufig eingesetzt, um Landmaschinen mit Cloud-Anwendungen entweder über mobile Endgeräte oder direkt über ein in die Maschine integriertes Gateway zu verbinden.

Maschine-zu-Maschine-Kommunikation

Für die Maschine-zu-Maschine-Kommunikation gibt es in der Landtechnik seit einigen Jahren Anwendungen, hauptsächlich für das automatische Überladen vom Feldhäcksler, wobei dieser die Lenkung und Geschwindigkeitssteuerung des nebenherfahrenden Transportgespanns übernimmt, allerdings nicht mit einer standardisierten Kommunikation, sondern als herstellerproprietäre Systeme. Seit Kurzem gibt es nun auch Standardisierungsbestrebungen in der AEF unter dem Projektnamen Wireless In-Field Communication (WIC). Vorläufig hat man sich dort auf die Verwendung des erweiterten WLAN-Standards IEEE 802.11p verständigt und entwickelt auf dieser Basis prototypische Anwendungen, um Erfahrung für die weitere Definition der anwendungsbezogenen Inhalte des Kommunikationsprotokolls zu sammeln. Die behandelten Anwendungsfälle sind dabei:

a) *Process Data Exchange*. Durch die Synchronisierung der im Arbeitsprozess gerade entstehenden Daten zwischen mehreren Traktor-Arbeitsgeräte-Gespannen, die zeitgleich auf der gleichen Fläche arbeiten, können dies gemeinsam die Funktionen ISOBUS Funktionalitäten TC-SC (Section Control) und TC-GEO (Variable Rate Control) realisieren. Mit dieser Anwendung wurden bereits Feldtests durchgeführt.
b) *Cooperative Machines Platooning*. Eine Maschine (Master) steuert Geschwindigkeit, Lenkung und Arbeitsfunktionen einer oder mehrerer anderer Maschinen (Slaves). Dies ermöglicht z. B. die Automatisierung von Überladevorgängen oder die Kombination von bemannten und unbemannten Maschinen im gleichen oder in aufeinanderfolgenden Arbeitsprozessen.
c) *Camera and Remote Terminal*. Kamerabilder aus einer nebenher oder vor- oder nachfahrenden Maschine können zur Visualisierung oder Bildverarbeitung übertragen werden. Eine Maschine kann Konfigurationen oder Einstellungen zur Optimierung während des Arbeitsprozesses teilen.
d) *Road Safety*. Landmaschinen, die aufgrund ihrer Größe, Verschmutzung oder Langsamkeit eine Behinderung für den restlichen Verkehr darstellen, können sich nähernde Fahrzeuge warnen.

Bis zur Verfügbarkeit von Standards und zur Umsetzung marktreifer Produkte, die über Herstellergrenzen hinweg in einem gemeinsamen Arbeitsprozess kooperieren, werden voraussichtlich noch einige Jahre vergehen. Eine Realisierung von V2X-Kommunikation, um andere Verkehrsteilnehmer zu informieren, könnte auf Basis der vorhandenen Standardisierung aus der Automotivbranche (ITS-G5) rasch umgesetzt werden, sodass zumindest neuer PKW- und LKW-Generationen diese Nachrichten empfangen können.

Maschine-zu-Cloud-Kommunikation

‚Connectivity' von Landmaschinen ist ein großer Trend der letzten Jahre. Der Einsatz von Telemetrie-Gateways, die Traktoren, Anbaugeräte und selbstfahrende Arbeitsmaschinen über Mobilfunktechnologie mit Cloud-Anwendungen verbinden, wird sich in den nächsten Jahren verstärkt fortsetzen. Es gibt vier wesentliche Anwendungsbereiche:

a) Übermittlung von Auftragsdaten und Dokumentation von Arbeitsprozessen (Landwirt)
b) Planung und Management von Fahrzeugflotten (Landwirt)
c) Sammeln und Nutzen von anonymisierten Einsatzdaten für die Maschinen- und Prozessoptimierung (Hersteller)
d) Remote Service (Hersteller und Landwirt)

Die Verfügbarkeit standardisierter Schnittstellen zum Datenaustausch spielt hier eine besondere Rolle, da Prozessdaten, die in unterschiedlichen Maschinen und Cloud-Services entstehen, vom Landwirt auf seiner Wunschplattform zum Datenmanagement bzw. im Farm-Management-System seiner Wahl genutzt werden sollen und umgekehrt Daten aus den Systemen seiner Wahl wieder an unterschiedliche Cloud-Anwendungen und Arbeitsmaschinen zurückfließen müssen. Seit den 2010er-Jahren gibt es hier an unterschiedlichen Stellen Standardisierungsaktivitäten.

Die AEF hat das Extended FMIS Data Interface (EFDI) definiert und überführt dieses in eine ISO-Norm. Mithilfe dieser Definition können ISOBUS-Auftragsdaten, aber auch während der Arbeit laufend Prozessdaten, die in der ISO 11783-10/11 (Task Controller) definiert sind, zwischen Maschine und Cloud oder zwischen Cloud-Anwendungen ausgetauscht werden.

Teile der Landmaschinenbranche haben gemeinsam die Plattform agrirouter entwickelt. Über diese können Daten zwischen angeschlossenen Maschinen oder Maschinen-Clouds und angeschlossenen Farm-Management-Systemen gemäß der EFDI-Definition ausgetauscht werden. Dabei bestimmt ausschließlich der Landwirt oder Lohnunternehmer, der sowohl seine Maschinen als auch seine Management-Software mit dem agrirouter verbunden hat, welche Daten zwischen welchen Systemen ausgetauscht werden dürfen.

Daneben gibt es weitere Initiativen von Landmaschinenherstellern zur Vernetzung der Maschinendaten, wie z. B. Data Connect, und natürlich eine Reihe von geschlossenen Datenplattformen der großen Hersteller. Die Notwendigkeit, zwischen all diesen Plattformen Daten austauschen zu können, wurde inzwischen erkannt und ein neues AEF-Projekt Agricultural Interoperability Network (AgIn) ins Leben gerufen, dessen erste Arbeitsergebnisse in den kommenden Jahren erwartet werden.

3.6.3.4 Bluetooth

Neben der drahtgebundenen Datenübertragung spielt die drahtlose Datenübertragung eine immer wichtigere Rolle in der Landwirtschaft. Die kabelgebundene Übertragung ist meist zuverlässiger, allerdings sind hochwertige Kabel und Steckverbinder teuer und deren Verlegung meist aufwendig. Überall dort, wo verschiedene Komponenten auf einem Fahrzeug mit geringem Aufwand und flexibel vernetzt werden sollen, ist eine drahtlose Verbindung zu bevorzugen.

Um kurze Distanzen zu überbrücken wird teilweise die Bluetooth-Technologie für die Übertragung von Daten eingesetzt. Die Reichweite beträgt bei maximaler Leistung etwa 100 Meter, meist jedoch nur wenige Meter. Die maximale Übertragungsrate liegt je nach

Geräteklasse zwischen 700 kBit/s und 2,1 MBit/s. Mittels Bluetooth können sowohl Daten als auch Sprache (Freisprechanlagen) übertragen werden.

Bluetooth nutzt das gleiche Frequenzband wie WLAN (2,4 GHz). Die Nutzung ist lizenz- und genehmigungsfrei weltweit möglich, kann jedoch durch andere Nutzer in diesem Frequenzbereich gestört werden. Die Übertragung mit Bluetooth gilt dank der Verschlüsselung als relativ sicher vor Fremdzugriff.

In der Landwirtschaft wird Bluetooth vereinzelt für die Übertragung von Sensordaten auf Maschinen eingesetzt. Die Firma Fritzmeier nutzt die Technologie bei ihrem ISARIA-Düngesystem, um die Daten von Stickstoffsensoren, die in der Fronthydraulik angebracht sind, zum Terminal in der Kabine zu übertragen. Die drahtlose Übertragung erspart in diesem Falle das Verlegen von Kabeln und vereinfacht so den Einsatz des Systems auf unterschiedlichen Maschinen erheblich.

Der Hersteller Fendt nutzt Bluetooth, um während der Bearbeitung auf dem Vario Terminal im Dokumentationssystem VarioDoc aufgezeichnete Daten (TC-BAS, TC-GEO) im ISOXML-Format in eine Ackerschlagkartei zu übertragen. Die Übertragung der Daten mittels USB-Stick entfällt in diesem Fall.

Im Bereich der tierischen Erzeugung wird Bluetooth für die drahtlose Übertragung von pH-Messungen aus dem Pansen der Kuh genutzt. Ein im Pansen befindliches Messgerät, ein sogenannter Bolus, ermittelt fortlaufend den pH-Wert und überträgt diesen mit Bluetooth auf einen Laptop oder PC.

Auch einige GNSS-Empfänger nutzen Bluetooth für die Übertragung der Positionsdaten, sodass die drahtgebundene Übertragung über eine serielle Schnittstelle entfällt. Einzelne Hersteller haben Adapter entwickelt, mit denen die Kommunikation auf dem ISO-Bus mittels Bluetooth auf ein Terminal übertragen werden kann. Die Technologie wird in Logistikketten auch für die Identifikation von Fahrzeugen eingesetzt.

3.6.3.5 WLAN

WLAN-Netzwerke spielen sowohl im privaten als auch im industriellen Bereich eine tragende Rolle. Sie nutzen zwei Frequenzbänder im Bereich 2, 4 GHz und 5 GHz. Im Gegensatz zu Bluetooth können mit WLAN wesentlich höhere Reichweiten (bis mehrere Kilometer) und Übertragungsraten im Bereich von mehreren GBit/s erzielt werden.

WLAN-Netzwerke werden in der Innenwirtschaft vor allem für die Vernetzung von Sensoren im Stall eingesetzt. Auf Landmaschinen kommen sie vornehmlich für die drahtlose Verbindung zwischen Laptops oder Tablets und dem CAN-Bus zum Einsatz. Sie ermöglichen es dann, Geräte ohne CAN-Bus-Schnittstelle drahtlos mit einem Endgerät für die Bedienung und Datenaufzeichnung zu verwenden. Teilweise wird WLAN auch für die Bereitstellung eines Hotspots für die Datenübertragung mittels Mobilfunk eingesetzt. Die Terminals verfügen in diesem Fall nicht über ein eigenes Mobilfunkmodem, sondern nutzen die Datenverbindung eines Mobiltelefons mit Internetzugang.

Die Anwendung von WLAN-Netzen im Außenbereich ist nicht uneingeschränkt zulässig. Teilweise bestehen hier auch regionale Unterschiede hinsichtlich der rechtlichen

Grundlagen. Aus diesem Grund wird es selten für die Übertragung von Daten zwischen Fahrzeugen eingesetzt, die auf einem Feld arbeiten.

Neben WLAN und Bluetooth gibt es weitere Übertragungstechnologien, die dem WLAN angelehnt sind. Mit ZigBee lassen sich bei Reichweiten von bis zu 75 m lediglich sehr wenige Daten (weniger als 1 Mbit/s) übertragen. Der Vorteil von ZigBee liegt darin, dass die Datenübertragung als sicher gilt und die Geräte vergleichsweise wenig Strom verbrauchen. Sie sind somit für die Übertragung von wenigen Daten in einem Umfeld mit schlechter Energie-Infrastruktur geeignet.

WiMAX ist ein an WLAN angelehnter Industriestandard, der die Übertragung von Daten mit einer hohen Datenrate (bis 1 GBit/s) bei geringer Latenz (Verzögerung) und Reichweiten von mehreren Kilometern regelt. Das System wird vor allem in Ländern mit schlechter Mobilfunkversorgung und Telekommunikationsinfrastruktur für die Bereitstellung von Internetanschlüssen in dünn besiedelten Gebieten eingesetzt. Die Verbreitung in der Landwirtschaft ist begrenzt. Die Verbreitung von WiMAX ist vor dem Hintergrund des fortschreitenden Ausbaus der Mobilfunknetze zuletzt rückläufig.

3.6.3.6 Mobilfunk

Die bei Weitem wichtigste Form der drahtlosen Datenübertragung in der Landwirtschaft stellt der Mobilfunk dar. Mit ihm können Daten nach einem weltweit gültigen Standard über große Entfernungen übertragen werden. Voraussetzung ist dabei immer, dass das Mobilfunknetz in der Einsatzregion eine ausreichende Abdeckung hat.

Die Übertragung von Daten mittels Mobilfunk ist seit den 1990er-Jahren verbreitet. Seit der Einführung des sogenannten 2G-Standards erfolgte die Übertragung von Sprache und Daten digital. Mit dem 2G-Standard wurde das Versenden von Kurztextnachrichten (SMS) und Bildnachrichten (MMS) möglich. Die Übertragungsraten waren nach heutigen Maßstäben jedoch noch sehr gering. Bei Nutzung des GPRS-Standards konnten 50 kBit/s, mit dem EDGE-Standard 500 kBit/s übertragen werden.

Um das Jahr 2000 wurde die 3. Generation von Mobilfunknetzen (3G) eingeführt. Mit dem UMTS-Standard waren Datenübertragungsraten von 384 Kbit/s möglich. Mit den Zusatzdiensten HSPA und HSPA+ können ca. 20 bzw. 40 Mbit/s zum Gerät übertragen werden. Die Übertragungsrate vom Gerät in das Netzwerk liegt deutlich darunter (ca. 20 Mbit/s).

Die 4. Generation (4G) von Mobilfunknetzen wird auch als LTE oder LTE-Advanced bezeichnet. Die Datenübertragung zu mobilen Geräten beträgt hier 100 MBit/s bei mobilen Anwendungen und bis zu 1 GBit/s bei stationären Geräten. Die Übertragungsrate vom Gerät (Uplink) wird mit 50 MBit/s angegeben.

Seit 2019 gewinnt die 5. Generation des Mobilfunks (5G) an Verbreitung. Dies geschah vor allem vor dem Hintergrund, dass immer mehr Geräte des alltäglichen Gebrauchs und in der industriellen Fertigung mit Mobilfunk ausgestattet werden (IoT – *Internet of Things*). Der 5G-Standard unterstützt die Vernetzung von bis zu 100 Milliarden Endgeräten.

Die Datenrate steigt mit 5G auf 20 GBit/s an. Zudem wird der Energieverbrauch deutlich reduziert. Gleichzeitig wird die Latenz bei der Übertragung auf 1 ms verringert, sodass eine weltweite Übertragung von Daten nahezu in Echtzeit möglich ist. Diese als URLLC (*Ultra-Reliable Low Latency Communication*) bezeichnete Technologie verbessert die Verlässlichkeit der Übertragung von Korrekturdaten deutlich und stellt gleichzeitig die Grundlage für die Entwicklung von vernetzten autonomen Systemen im Straßenverkehr, in der Industrie und in der Landwirtschaft dar.

Ein weiteres Element von 5G ermöglicht die Vernetzung über weite Entfernungen bei niedrigen Datenraten. Hinter dem Begriff NB-IoT (*NarrowBand-IoT*) versteckt sich eine 5G-Technologie, mit der Wetterstationen und andere dezentrale Sensorsysteme oder Steuerungssysteme über große Entfernungen (20 bis 40 km) an das Internet angebunden werden.

Wenn keine vom Betreiber installierte Infrastruktur vorhanden ist, wird mit 5G auch die direkte Kommunikation von Geräten ermöglicht (*Device-to-Device*-Technologie). Dies vereinfacht den Datenaustausch zwischen verschiedenen Fahrzeugen in einem Feld erheblich (Franchi 2018).

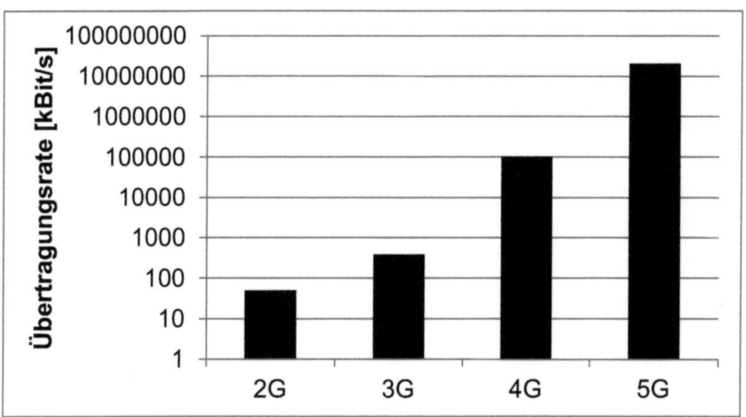

Abb. 3.68: Übertragungsraten mit verschiedenen Mobilfunkstandards (Quelle: eigene Darstellung)

Die Übertragungsraten der Mobilfunknetze haben in den letzten Jahren dramatisch zugenommen und sind für die üblichen landwirtschaftlichen Anwendungen inzwischen mehr als ausreichend (Abb. 3.68).

Entscheidend bleibt vielmehr die Netzabdeckung im ländlichen Raum. Bisher sind bei Weitem nicht alle landwirtschaftlich genutzten Flächen in Deutschland mit dem Mobilfunknetz abgedeckt. Das schränkt die Nutzung von Mobilfunk bei zeitkritischen Anwendungen deutlich ein.

Mobilfunk wird in der Landwirtschaft unter anderem für die Übertragung von Korrekturdaten genutzt. Dabei werden die Korrekturdaten einer Referenzstation direkt auf das Fahrzeug übertragen. In VRS-Netzwerken nutzt ein im Fahrzeug eingebautes Mobilfunkmodem das Netzwerk, um seine eigene Position an einen Server zu senden. Dieser berechnet Korrekturdaten für die Position des Fahrzeugs und sendet sie an das Modem zurück.

Die Übertragung der Position von Fahrzeugen mit Mobilfunk ist auch die Grundlage für das Flottenmanagement und die Überwachung von Fahrzeugen (Diebstahlschutz). Die regelmäßig von einem Mobilfunkmodem übertragenen Positionen eines GNSS-Empfängers werden zentral auf einem Server gesammelt und für die Darstellung aufbereitet.

Aber auch Ertragsdaten, Prozessdaten (Maßnahmendokumentation) und Applikationskarten können über Mobilfunk übertragen werden. Der Datenaustausch muss in diesem Fall nicht über einen USB-Stick oder eine Bluetooth-Verbindung erfolgen. Der große Vorteil liegt darin, dass Informationen kurzfristig für die Entscheidungsfindung genutzt werden können und die Gefahr des Datenverlusts minimiert wird. Gleichzeitig können auf dem Fahrzeug kurzfristig Daten wie Sollwertkarten bereitgestellt werden, deren Erstellung aufgrund von kurzfristigen Einflussfaktoren wie der Witterung oder der Verfügbarkeit von Betriebsmitteln nicht langfristig möglich ist.

Nicht zuletzt ist mithilfe von Mobilfunk auch der Fernzugriff auf Maschinen möglich. So können Anwender beim Auftreten von Problemen oder der Optimierung von Einstellungen besser unterstützt und Fehler auf der Maschine schneller und effizienter diagnostiziert werden.

Die Analyse und Behebung von Fehlern spielt gerade in der Landwirtschaft eine große Rolle, da die Durchführung von Maßnahmen in der Regel kurzfristig erfolgen muss und eine hohe Schlagkraft erfordert. Die von den Maschinen übertragenen Daten können von Herstellern auch genutzt werden, um die Einsatzbedingungen ihrer Maschinen zu analysieren und bei zukünftigen Entwicklungen entsprechende Verbesserungen und Anpassungen vorzunehmen.

4 Anwendung

Die in den vorhergehenden Kapiteln beschriebenen Werkzeuge können auf sehr unterschiedliche Art und Weise in der Pflanzenproduktion und in der tierischen Erzeugung eingesetzt werden.

4.1 Digitalisierung in der pflanzlichen Erzeugung

4.1.1 Parallelführungs- und Lenksysteme

Parallelführungen und automatische Lenksysteme haben sich seit ihrer Einführung vor 15 Jahren weltweit durchgesetzt. Das liegt vor allem daran, dass sie weitgehend unabhängig von Arbeitsbreite, Schlagform und Schlaggröße einen unmittelbaren Nutzen erzeugen.

Dieser ist vor allem in der Vermeidung von Überlappungen und Fehlstellen bei der Bodenbearbeitung, der Aussaat, der Düngung und dem Pflanzenschutz zu sehen. Sie bieten zusätzlich den Vorteil, dass Felder beetweise bearbeitet werden können, also das Auslassen von Fahrspuren möglich ist. Dies erspart vor allem bei langen Gespannen aufwendige Wendevorgänge.

Ein weiterer Vorteil ist, dass die Systeme auch bei schlechten Sichtbedingungen, also nachts, bei Nebel und starker Staubentwicklung, uneingeschränkt funktionsfähig sind. Sie entlasten dabei den Fahrer, der sich anderen Tätigkeiten oder der Überwachung von Anbaugeräten widmen kann. Hieraus ergibt sich, dass Schäden oder Fehlfunktionen am Gerät vermieden oder frühzeitig erkannt werden und die Arbeitsqualität fortlaufend überwacht und optimiert werden kann.

Parallelführungs- und Lenksysteme nutzen überwiegend GNSS-Sensoren für die Bestimmung der Abweichung von der Sollfahrspur. Die Genauigkeit ist dann vom eingesetzten Empfänger und den Korrekturdaten abhängig (Tabelle 4.1). Für spezielle Anwendungen werden jedoch auch Lasersensoren, Ultraschallsensoren, Reihentaster oder Kameras für die Ermittlung des Spurfehlers und die Regelung der Lenkung verwendet.

Tabelle 4.1: Systematik Parallelführung und Korrekturdatensysteme

Korrektur-system	Relative Genauigkeit	Parallelfahr-system	Lenkassistenz-system	Automatisches Lenksystem
DGPS	30 cm	✓	✓	✓
PPP	10 cm	Ø	✓	✓
RTK	2,5 cm	Ø	(Ø)	✓

Die Systeme werden primär auf Traktoren und selbstfahrendenden Arbeitsmaschinen wie Mähdreschern, Feldhäckslern und Vollerntern eingesetzt. Vereinzelt werden jedoch auch die Anbaugeräte über Lenkachsen, Knickdeichseln oder die Unterlenker des Zugfahrzeugs gelenkt.

Alle Parallelführungs- und Lenksysteme beruhen auf demselben Prinzip. Durch Setzen von zwei Referenzpunkten (Punkt A und B) wird im Feld eine Gerade oder eine Kurve aufgezeichnet (Abb. 4.1). Teilweise ist es auch möglich, die Fahrspur im Vorfeld am PC zu planen und als Esri Shape-Datei oder ISOXML-Datei auf das Terminal des Lenksystems zu übertragen. Nach der Eingabe der Arbeitsbreite oder der Auswahl des Geräts beginnt das System, nach der Aktivierung durch Knopfdruck automatisch der angelegten oder einer parallel verlaufenden Fahrspur zu folgen.

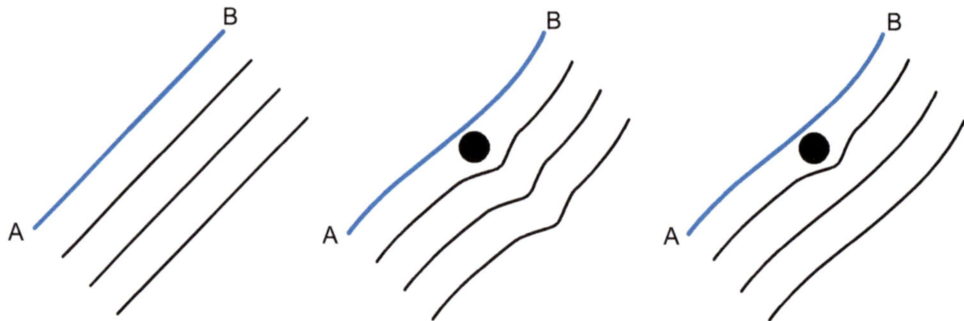

Abb. 4.1: Spurmuster für Parallelführungs- und Lenksysteme (Quelle: eigene Darstellung)

Erweiterte Funktionen sind das Abfahren von Vorgewenden oder Kreisregnerspuren. Einige Systeme können auch am Vorgewende automatisch wenden.

Der Aufbau und die Funktionsweise von Parallelführungs-, Lenkassistenzsystemen und automatischen Lenksystemen ist grundsätzlich gleich (Abb. 4.2). Aus den Differenzen von Soll-Richtung und Ist-Richtung sowie der Differenz von Soll- und Ist-Position wird ein Sollradius berechnet, der über den Radstand in einen Sollwinkel überführt wird. Dieser Sollwinkel wird dargestellt (Lichtbalken) oder mithilfe von Elektromotoren oder Ventilen angesteuert.

4.1.1.1 Parallelführungssysteme

Die ersten Parallelführungssysteme wurden Ende der 1990er-Jahre vorgestellt. Sie hatten keinen Bildschirm, sondern verfügten über eine LED-Leiste, die die Abweichung von der Fahrspur anzeigt. Der Eingriff in die Lenkung musste damals nach wie vor durch den Fahrer erfolgen. Das Einsatzgebiet war somit auf Maßnahmen mit großen Arbeitsbreiten in Abwesenheit von Fahrspuren beschränkt (z. B. Pflanzenschutz im Vorauflauf).

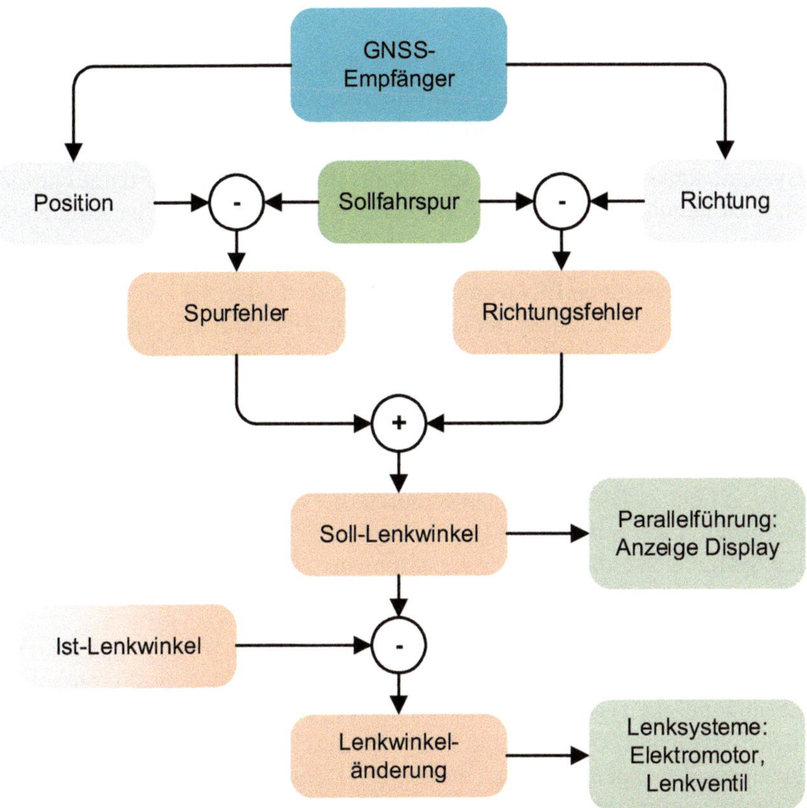

Abb. 4.2: Sollwertberechnung bei der Parallelführung und Lenksystemen (Quelle: eigene Darstellung)

Später wurden die Systeme um LCD-Bildschirme ergänzt, auf denen das Fahrzeug und die Referenzspur grafisch dargestellt werden können. In der Regel wurde bei diesen Systemen auch die bereits bearbeitete Fläche in Kartenform dargestellt. Weitere Verbesserungen lagen in der Möglichkeit, Daten wie Referenzlinien oder Karten mit der bearbeiteten Fläche abzuspeichern und auf einen PC zu übertragen (Dokumentation).

Heute verfügen viele Parallelführungssysteme über die Option Teilbreiten automatisch zu schalten und den Bildschirm als ISOBUS-Terminal zu benutzen. Teilweise können dabei auch Daten vom ISOBUS für die Dokumentation aufgezeichnet oder Sollwertkarten (Applikationskarten) abgearbeitet werden. Somit verschwimmt die Trennung zwischen Parallelführung, Teilbreitenschaltung und ISOBUS-Terminal immer mehr.

Parallelführungssysteme nutzen meist weniger genaue GNSS-Sensoren und haben in der Regel keinen Neigungsausgleich für die Antenne. Aus diesem Grund ist die Spur-zu-Spur-Genauigkeit auf 30 cm begrenzt und das Einsatzgebiet nach wie vor stark eingeschränkt. Die Verbreitung nimmt deshalb langsamer zu als die von Lenkassistenzsystemen und automatischen Lenksystemen. Aufgrund des niedrigen Preises und der flexiblen Einsatzmöglichkeit auf unterschiedlichen Maschinen und Fahrzeugen haben die Systeme jedoch vor allem in kleinstrukturierten Gebieten nach wie vor eine Berechtigung.

4.1.1.2 Lenkassistenzsysteme

Zeitlich gesehen wurden Lenkassistenzsysteme nach den automatischen Lenksystemen entwickelt. Bezüglich Genauigkeit und Komfort nehmen sie jedoch eine Mittelstellung zwischen den Parallelführungssystemen und den automatischen Lenksystemen ein.

Lenkassistenzsysteme lenken das Fahrzeug selbsttätig, sind jedoch primär darauf ausgelegt, die Fahrspur zu halten, nachdem der Fahrer den Wendevorgang vollständig abgeschlossen hat.

Sie greifen in der Regel über einen Elektromotor am Lenkrad oder auf dem Lenkgestänge in das Fahrzeug ein. Die meisten Systeme verzichten außerdem auf einen Lenkwinkelsensor. Sowohl der Eingriff über das Lenkrad als auch der Verzicht auf den Lenkwinkelsensor haben das Ziel, den Aufwand für die Installation und das Umsetzen von einem Fahrzeug auf ein anderes möglichst einfach zu gestalten. Die Systeme sind deshalb kostengünstiger und wesentlich flexibler einzusetzen.

Die Genauigkeit von Lenkassistenzsystemen ist durch den Verzicht auf den Lenkwinkelsensor und das Auftreten von Schlupf am Lenkrad auf ca. 5 cm begrenzt. Hinzu kommt, dass die meisten Systeme erst ab Geschwindigkeiten von größer als 3 km/h angemessen die Fahrtrichtung bestimmen können.

Lenkassistenzsysteme sind vor allem für Betriebe geeignet, die aus Kostengründen ein Lenksystem auf mehreren Fahrzeugen einsetzen wollen, keine Sonderkulturen anbauen (niedrige Geschwindigkeit) oder relativ alte Fahrzeuge mit einem flexiblen System aufwerten wollen (Tabelle 4.2). Sobald neue Traktoren beschafft werden oder Schlüsselmaschinen ganzjährig in nennenswertem Umfang (500 Betriebsstunden) mit Lenksystem eingesetzt werden sollen, ist die Beschaffung eines teureren und weniger flexiblen Lenksystems aufgrund der höheren Genauigkeit und des höheren Komforts sinnvoll.

4.1.1.3 Automatische Lenksysteme

Automatische Lenksysteme greifen direkt oder mittelbar über CAN-Bus-Befehle in die hydraulische Lenkung eines Fahrzeugs ein. Sie verfügen immer über einen Lenkwinkelsensor, sodass sie den gewünschten Lenkwinkel exakt und ohne zeitliche Verzögerung einstellen können. Alle automatischen Lenksysteme sind zudem mit einem Neigungsausgleich ausgestattet. Sie können so Fahrzeuge auch vor, am und nach dem Vorgewende und bei niedrigen Geschwindigkeiten exakt lenken.

Automatische Lenksysteme können auf älteren oder kleineren Fahrzeugen nachgerüstet werden. In diesem Fall sind der Einbau eines elektro-hydraulischen Lenkventils und die Nachrüstung eines Lenkwinkelsensors am oder in den Achsschenkel erforderlich. Die Installationsarbeiten sind aufwendig und mit entsprechenden Kosten verbunden. Ein Rück- oder Umbau ist ebenso mit einem erheblichen Aufwand verbunden und nicht immer ohne Einschränkungen möglich.

In der Regel können neue Traktoren der höheren Leistungsklassen viele neue Selbstfahrer jedoch mit einer Vorrüstung für Lenksysteme bestellt werden. Dann sind Lenkventile und die benötigten Sensoren bzw. eine entsprechende Verkabelung und Verschlauchung bereits ab Werk im Fahrzeug verbaut. Die Kosten für den Einbau und die Beschaffung des Lenksystems sinken dadurch meist erheblich. Die Nachrüstung von Lenksystemen auf Neufahrzeugen ist aus diesem Grund in den meisten Fällen nicht wirtschaftlich.

Die Genauigkeit von Lenksystemen hängt einerseits vom verbauten GNSS-Sensor und den verwendeten Korrektursignalen ab. Mit RTK-GNSS-Empfängern und bei Nutzung von RTK-Korrekturdaten kann theoretisch eine Positionsgenauigkeit von 2,5 cm erzielt werden. Mit DGNSS-Sensoren (Codemessung, EGNOS-Korrekturen) werden absolute Genauigkeiten von etwa 1 m und beim Anschlussfahren Spur-zu-Spur-Genauigkeiten von 15 cm bis 30 cm erzielt.

Voraussetzung dafür ist, dass alle Sensoren korrekt kalibriert sind. Die Lage des Beschleunigungssensors muss mit der vom Hersteller vorgegebenen Lage oder den Einstellungen übereinstimmen, weil sonst die Fahrtrichtung nicht korrekt ermittelt wird. Da die Beschleunigungssensoren auch für die Korrektur der Seitenneigung herangezogen werden, können sich die Lage und die Einstellungen auch hier auf die Genauigkeit auswirken. Ebenso sollten Lenkwinkelsensoren nach dem Umbau von Reifen oder Reparaturarbeiten im Bereich der Vorderachse justiert werden. Die Spur kann nur dann genau und ohne Schlingern des Fahrzeugs ermittelt werden, wenn das Lenksystem die Mittelstellung der Räder (Geradeausfahrt) sowie den Winkel bei Endanschlag kennt.

Gelenkt wird dann immer noch das Fahrzeug. Wenn die Spuren bei der Bearbeitung nicht parallel oder mit dem falschen Abstand verlaufen, ist dies möglicherweise auf das Anbaugerät zurückzuführen. Gezogene Geräte neigen am Hang oder bei ungleichmäßigen Böden dazu, dem Zugfahrzeug seitlich versetzt zu folgen, oder sind asymmetrisch aufgebaut oder angehängt. Wenn das Bearbeitungsmuster unbefriedigend ist, muss das nicht am GNSS-Sensor oder den Korrekturdaten liegen. Auch falsche Einstellungen oder Kalibrierwerte sowie Eigenheiten des Anbaugeräts können die Ursache sein.

Tabelle 4.2: Vergleich Lenkassistenzsystem – Lenksystem

Merkmal	Lenkassistenzsystem	Lenksystem
Maximale Genauigkeit (RTK)	5 cm	2,5 cm
Minimalgeschwindigkeit	1,6 km/h	150 m/h
Maximalgeschwindigkeit	50 km/h	25 km/h
Rückwärts Lenken	nein	ja
Maximaler Einlenkwinkel	45 Grad	90 Grad
Kosten	6.300 – 15.000 EUR	9.300 – 25.000 EUR
Umbaudauer	15 Minuten	3 Stunden
Kosten Vorrüstung	150 bis 750 EUR	ca. 6000 EUR
Anbaugerätelenkung	nein	ja
Getreide und Ölfrüchte	ja	ja
Mais	ja	ja
Zuckerrüben	ja	ja

Merkmal	Lenkassistenzsystem	Lenksystem
Kartoffeln	nein	ja
Gemüse	nein	ja
Spargel, Erdbeeren	nein	ja
Versuchswesen	nein	ja

4.1.1.4 Anbaugerätelenkung

Bei einigen landwirtschaftlichen Maßnahmen ist höchste Genauigkeit entscheidend. In solchen Fällen reicht es nicht aus, das Fahrzeug zu lenken, auch das Anbaugerät muss automatisch in der Spur gehalten werden.

Die technisch einfachste Form ist die sogenannte passive Anbaugerätelenkung. Dabei wird eine zweite GNSS-Antenne auf dem Anbaugerät installiert. Die Position dieser Antenne wird dann als Referenz für das Lenksystem auf dem Fahrzeug herangezogen. Das Zugfahrzeug fährt im Falle eines Versatzes soweit aus der geplanten Spur, dass das Anbaugerät der Spur folgt. Dieses Verfahren kommt vor allem bei langen Gespannen und großen Güllefässern zum Einsatz.

Nicht bei allen Anbauverfahren ist es sinnvoll, dass Zugfahrzeug und Anbaugerät versetzt fahren. In diesem Fall müssen sowohl die Zugmaschine als auch das Anbaugerät aktiv gelenkt werden. Dazu wird auf dem Anbaugerät ein separates Lenksystem mit GNSS-Empfänger, Neigungs- und Lenkwinkelsensor installiert.

Die Anbaugeräte werden dann über eine Lenkachse (Achsschenkellenkung), eine Knickdeichsel oder die Unterlenker des Zugfahrzeugs so gesteuert, dass sowohl Traktor als auch Anbaugeräte der festgelegten Fahrspur folgen. Die Anbaugerätelenkung ist mit erheblichen Mehrkosten verbunden und findet vor allem in Reihenkulturen (z. B. Kartoffeln) und Sonderkulturen Anwendung.

Eine spezielle Form der Anbaugerätelenkung stellt ein hydraulischer Verschieberahmen dar. Diese Systeme sind ebenfalls mit einem GNSS-Empfänger ausgestattet, werden im Weinbau und in Sonderkulturen teilweise auch mit Lasersteuerung eingesetzt. Die Besonderheit ist, dass die Verschieberahmen beidseitig über eine Dreipunktaufnahme verfügen. Somit kann der Rahmen flexibel und mit geringem Aufwand an verschiedenen Schleppern und mit verschiedenen Anbaugeräten eingesetzt werden. Gelenkt wird der Verschieberahmen und damit das Anbaugerät. Das Zugfahrzeug kann in diesem Fall mit einem Lenksystem ausgestattet werden, es kann aber auch von Hand gelenkt werden.

4.1.1.5 Fahrspurplanung

Das Anlegen von Referenzspuren für Lenksysteme erfolgt überwiegend im Feld durch das Setzen von zwei Referenzpunkten.

Einzelne Anwender sind jedoch dazu übergegangen, die Fahrspuren mit Programmen zu planen. Eine der ersten Anwendungen war das Anlegen von Parzellenversuchen.

Mithilfe von GIS-Programmen ist es hier mittlerweile üblich die Fahrspuren für die Aussaat und die Spuren für die Querwege zu planen (Abb. 4.3). Das aufwendige Markieren der Versuchs- und Parzellengrenzen entfällt damit komplett und es ist sichergestellt, dass alle Parzellen dieselbe Größe haben (Demmel et al. 2006).

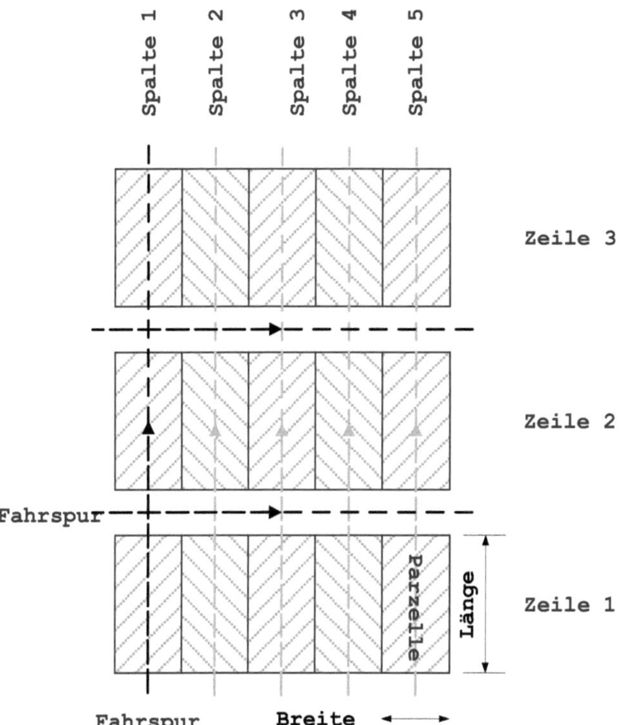

Abb. 4.3: Geplante Fahrspuren in einem Parzellenversuch (Quelle: eigene Darstellung)

Auch im Gemüse- oder Weinbau oder beim Anlegen von Hopfengärten wird beim Einsatz von Lenksystemen teilweise auf vorgeplante Fahrspuren zurückgegriffen. Im Ackerbau können die digital vorliegende Katastergrenzen oder die Koordinaten von Grenzsteinen für die Planung von Fahrspuren genutzt werden. So wird sichergestellt, dass bei der Bodenbearbeitung oder Bestellung die Felder vollständig ausgenutzt werden, ohne benachbarte Flächen zu bearbeiten.

Die Planung von Fahrspuren kann auch für das Anlegen von Maislabyrinthen, das großflächige Zeichnen von Bildern oder Schreiben von Text durch Aussaat oder die Ausbringung von Pflanzenschutzmitteln genutzt werden. Diese Möglichkeit wurde bei einzelnen Kunstprojekten oder Marketingkampagnen bereits genutzt.

4.1.2 Teilbreitenschaltung

Teilbreitenschaltungssysteme zeichnen fortlaufend die von Teilbreiten oder einzelnen Aggregaten (Düsen, Säschare) bei der Überfahrt bearbeitete oder behandelte Fläche auf

Basis von mit GNSS-Sensoren ermittelten Positionen auf und speichern diese fortlaufend in Kartenform. Gleichzeitig wird die GNSS-Position der Teilbreiten überwacht: Befindet sich ein Aggregat oder eine Teilbreite in einem Bereich, der bereits bearbeitet oder behandelt wurde, wird diese abgeschaltet (Abb. 4.4). So werden wie beim automatischen Lenken Überlappungen und Fehlstellen reduziert.

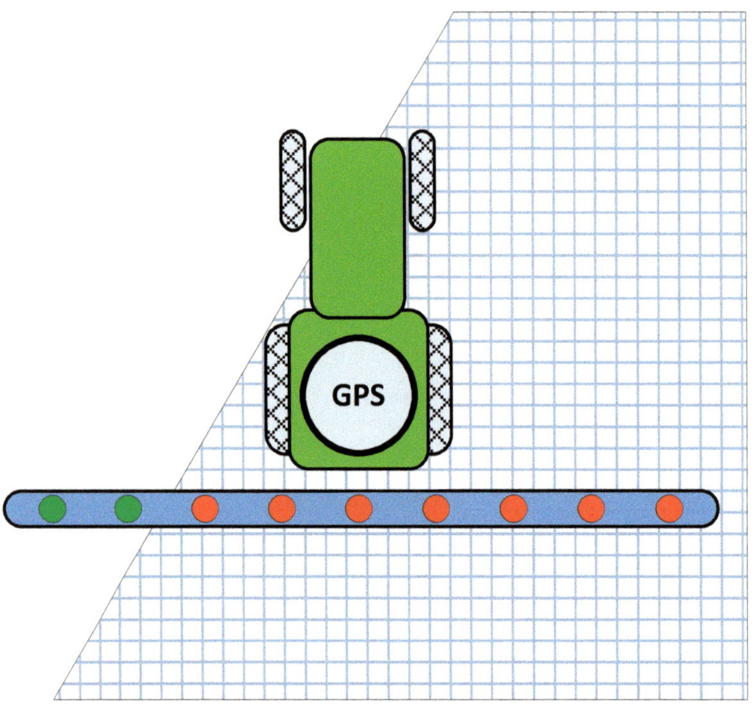

Abb. 4.4: Funktionsweise einer Teilbreitenschaltung (Quelle: eigene Darstellung)

Eine besondere Bedeutung kommt den Systemen auch beim Ein- und Ausschalten der Teilbreiten zu, wenn sich das Arbeitsgerät in das Vorgewende hinein oder aus dem Vorgewende hinaus bewegt. Es schaltet die Teilbreiten nicht nur unter Berücksichtigung der Position, sondern auch auf Basis der systembedingten Latenzen aus oder ein. Latenzen sind Verzögerungen beim Ein- und Ausschalten von Aggregaten (Druckabfall, -abbau; Nach- oder Vorlauf).

Die meisten Systeme nutzen den ISOBUS und die in der ISO 11873 definierten Nachrichten, um Befehle für das Ein- und Ausschalten an das Steuergerät des Anbaugeräts zu senden. Gleichzeitig stellt das Anbaugerät über den CAN-Bus wichtige, für die exakte Steuerung und Regelung erforderliche Parameter bereit (Arbeitsbreite, Position der Teilbreiten, Latenzen), sodass diese nicht vom Benutzer eingeben werden müssen.

Es gibt jedoch auch Systeme, die Ventile oder Elektromotoren physikalisch durch das Anlegen von Spannung aktivieren und das Trennen von der Stromversorgung deaktivieren. Diese lassen sich oft mit geringem Aufwand auf älteren Geräten installieren, die nicht über eine ISOBUS-Schnittstelle verfügen (z. B. Zuckerrübensämaschine mit elektrischen Antrieben). Angaben zur Anzahl der Teilbreiten, deren Lage, Ein- und Ausschaltverzögerungen müssen in diesem Fall manuell ermittelt und eingegeben werden.

Teilbreitenschaltungssysteme haben sich aus verschiedenen Gründen sehr schnell in der Praxis durchgesetzt. In vielen Fällen sind bereits GNSS-Empfänger für das Lenken oder die Parallelführung vorhanden, sodass die Kosten für die Beschaffung des zentralen Sensorsystems entfallen. Weiterhin können die Systeme bei verschiedenen Anwendungen (Aussaat, Düngung, Pflanzenschutz) eingesetzt werden und erfüllen ihre Funktion dabei unabhängig von Feldfrucht, Nährstoffversorgung und Bodenart. Sie stellen ebenso wie Lenksysteme einen unmittelbaren Nutzen dar, sorgen für den effizienten Einsatz von Betriebsmitteln und verhindern die Schädigung des Pflanzenbestands durch Überdosierung von Pflanzenschutzmitteln.

Die Funktion von Teilbreitenschaltungssystemen ist nur dann gewährleistet, wenn ein GNSS-Sensor mit ausreichender Genauigkeit zum Einsatz kommt. Für die Aussaat werden RTK-GNSS-Sensoren empfohlen. Gleichzeitig muss sichergestellt sein, dass alle Einstellungen (Abstand der Aggregate von der GNSS-Antenne, Position der Teilbreiten, Verzögerungswerte) vor dem ersten Einsatz geprüft und angepasst wurden (Abb. 4.5).

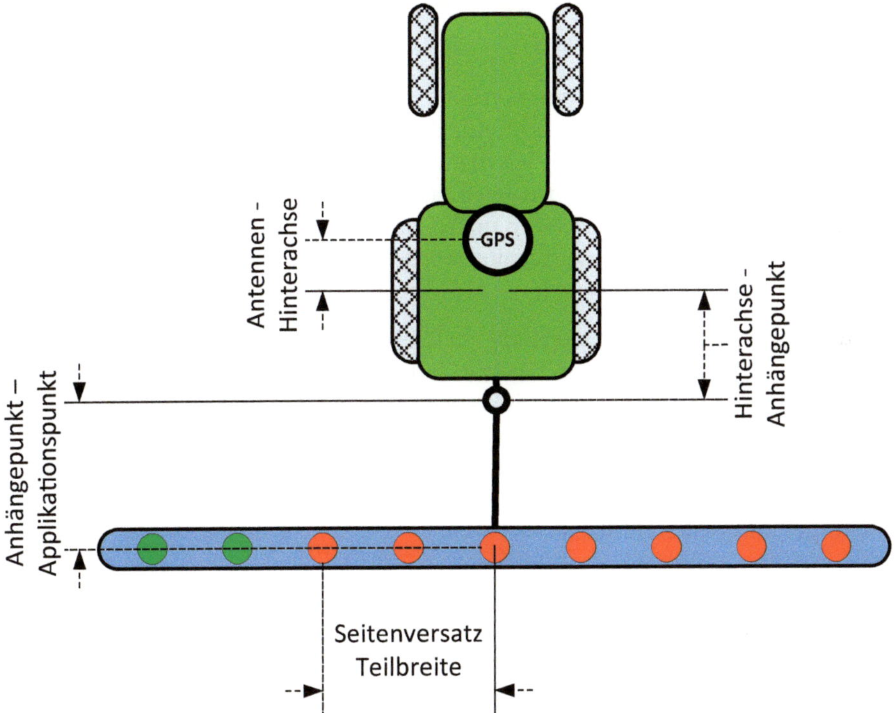

Abb. 4.5: Geometrieeinstellungen eines Teilbreitenschaltungssystems (Quelle: eigene Darstellung)

Dabei sind auch Einstellungen hinsichtlich der gewünschten Überlappung von Bedeutung. Wenn Fehlstellen auf jeden Fall vermieden werden sollen, muss eine Überlappung von 100 % eingestellt werden (Abb. 4.6).

Umgekehrt ist die Überlappung auf 0 % zu setzen, wenn Überlappungen bei der Behandlung (z. B. beim Pflanzenschutz) unerwünscht sind. Für die Aussaat sollte der Überlappungswert 50 % betragen, da sich die Säschar in der Mitte der Teilbreite befindet.

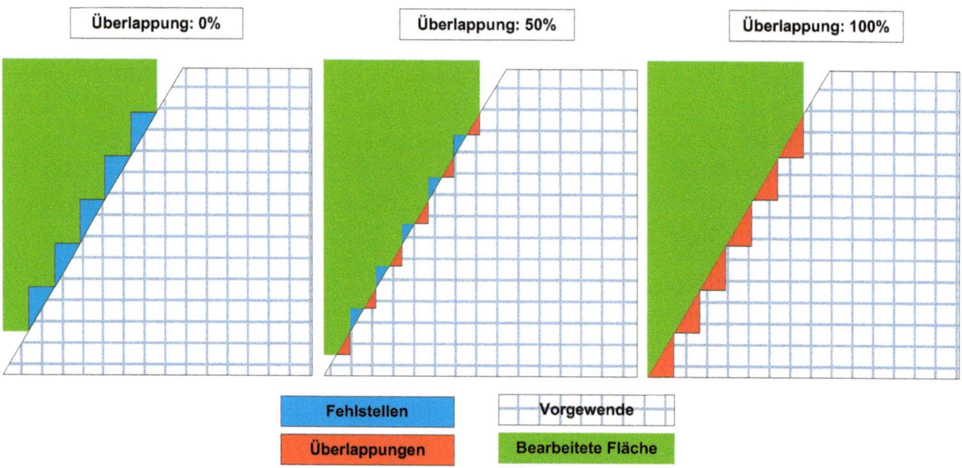

Abb. 4.6: Überlappungsgrade einer Teilbreitenschaltung (Quelle: eigene Darstellung)

Teilweise werden Teilbreitenschaltungssysteme auch für die automatische Einhaltung des Abstands von sogenannten Nicht-Zielflächen wie Gewässern, Waldrändern oder Feldgehölzen genutzt. In diesem Fall werden die entsprechenden Flächen mithilfe von GIS-Programmen mit einem Puffer versehen und der Puffer als bereits behandelte Fläche markiert. Die so erzeugte Karte wird im Teilbreitenschaltungssystem hinterlegt, sodass die Aggregate auch dann ausgeschaltet werden, wenn sie sich in einer Pufferzone befinden.

Eine weitere fortgeschrittene Anwendung besteht darin, dass das Vorgewende bei der ersten Bearbeitung als bereits behandelt markiert wird. Bei der Aussaat von Zuckerrüben oder Kartoffeln schaltet die Teilbreitenschaltung die Sä- oder Legemaschinen beim Einfahren ins Vorgewende aus. Nachdem die Saat oder das Pflanzen im inneren Teil des Felds abgeschlossen ist, wird das durch das häufige Überfahren verdichtete Vorgewende bearbeitet und aufgelockert. Erst danach wird die Maßnahme durch das Pflanzen/Säen auf dem Vorgewende abgeschlossen.

4.1.3 Ertragskartierung

Die Ertragskartierung stand bei der Entwicklung von Precision Farming – in den frühen 1990er-Jahren – am Anfang der Entwicklung. Seitdem hat sich aus technischer Sicht wenig verändert.

Grundlage für die Ertragskartierung ist die Ertragserfassung. Diese erfolgt in der Regel am Elevator. Gemessen wird der Durchsatz, als Volumen- oder Massenstrom. Der Volumenstrom kann über Zellräder oder Lichtschranken gemessen werden. Um den Massenstrom aus dem Volumenstrom zu berechnen, muss zusätzlich das Hektolitergewicht (die Schüttdichte) des Ernteguts bekannt sein. Dieser Wert wird vom Fahrer auf einem Bedienterminal eingegeben.

Andere Sensoren messen den Massenstrom direkt, indem sie die Kraft bzw. den Impuls messen, den das Erntegut am Elevatorkopf beim Auftreffen auf eine schräg gestellte oder gekrümmte Platte ausübt.

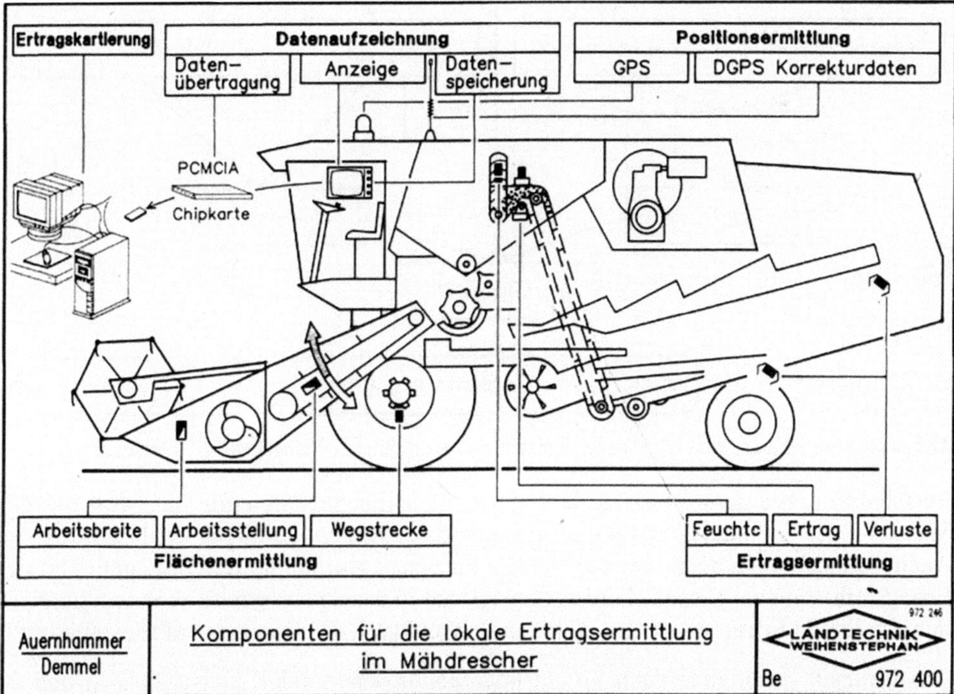

Abb. 4.7: Komponenten für die lokale Ertragsermittlung im Mähdrescher Quelle: Auernhammer, H.; Demmel, M. (1997): Komponenten für die lokale Ertragsermittlung im Mähdrescher. AgTecCollection: Institut für Landtechnik TUM / Zeichenbüro, TU München 2004, http://mediatum.ub.tum.de/?id=14694)

Für die Ertragserfassung muss zusätzlich die Geschwindigkeit und die Schneidwerksbreite bekannt sein bzw. gemessen werden. Die Schneidwerksbreite ist als Konstante vorgegeben, die Geschwindigkeit wird von einem GNSS- oder Radsensor bestimmt (Abb. 4.7).

Aus Geschwindigkeit und Schneidwerksbreite wird die im Messintervall beerntete Fläche berechnet, aus dem Massenstrom die im Messintervall geerntete Menge bestimmt. Aus Menge und Fläche kann dann der lokale Ertrag berechnet werden. Dieser Wert wird bei der Ertragskartierung mit der aktuellen Position des Mähdreschers abgespeichert (Abb. 4.8). Aus den Punktdaten kann später in einem GIS mittels räumlicher Interpolation eine flächendeckende Ertragskarte erstellt und für die teilflächenspezifische Bewirtschaftung verwendet werden.

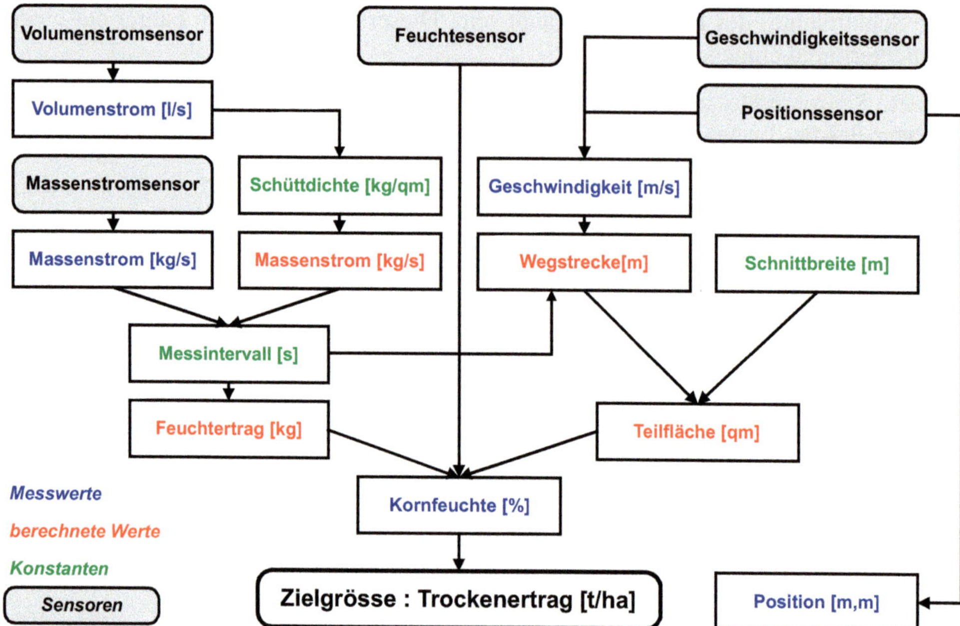

Abb. 4.8: Komponenten und Messgrößen bei der Ertragskartierung (Quelle: eigene Darstellung)

Entscheidend bei der Ertragskartierung ist, dass die Sensoren für die Messung des Massen- oder Volumenstroms vor und während der Ernte regelmäßig kalibriert werden. Auch Grundeinstellungen wie der Versatz zwischen Aufnahme des Ernteguts und der Ertragserfassung am Elevatorkopf sollten einmal in der Saison geprüft werden: Schließlich erfolgt die Ertragserfassung nicht am Schneidwerk, sondern erst am Elevatorkopf.

Das Erntegut benötigt je nach Frucht und Mähdreschermodell zwischen acht und 20 Sekunden, um diese Strecke zurückzulegen, sodass der gemessene Volumenstrom nicht der aktuellen Position zuzuordnen ist. Die zeitliche Verschiebung kann bei korrekter Eingabe von Verzögerungszeiten jedoch berücksichtigt werden.

Ein weiterer Fehler, der dadurch entsteht, dass durch ungenaues Fahren oder das Beernten von Restbeeten nicht die gesamte Arbeitsbreite ausgenutzt wird, kann mithilfe von Lasersensoren, die die tatsächliche Arbeitsbreite erfassen, oder RTK-GNSS-Sensoren reduziert oder korrigiert werden. Die Fehler, die durch fehlende oder mangelnde Kalibrierung entstehen, werden bei einigen Mähdreschermodellen neuerdings durch Wiegezellen im Korntank kompensiert.

Auch Feldhäcksler können den Ertrag und teilweise die Trockenmasse des Ernteguts bestimmen. Als Maß für die Erntemenge wird dabei der Anpressdruck oder die Auslenkung der Einzugswalzen verwendet. Sie stehen bei gleichbleibender Kanalbreite in direktem Zusammenhang zur Schichtdicke und damit dem Volumenstrom, der der Häckseltrommel zugeführt wird. Die Bestimmung der Trockenmasse erfolgt durch einen im Auswurfkrümmer angebrachten NIR-Sensor. Dieser bestimmt aus der Reflektion von nahem und nahinfrarotem Licht und Kalibrierkurven den Feuchtegehalt des Ernteguts (siehe Abschn. 3.1.7 Multi- und Hyperspektralsensoren).

4.1.4 Gestängeführung

Gestängeführungssysteme werden an angebauten, gezogenen, vor allem aber an selbstfahrenden Pflanzenschutzspritzen für die Regelung der Höhe des Gestänges über dem Pflanzenbestand oder dem Boden eingesetzt. Der Abstand wird dabei an drei oder mehr Stellen mithilfe von Ultraschallsensoren gemessen. Teilweise kommen zusätzlich Beschleunigungssensoren zum Einsatz, die dazu dienen unerwünschte Drehbewegungen oder Drehbeschleunigungen frühzeitig zu erkennen und ihnen entgegenzuwirken.

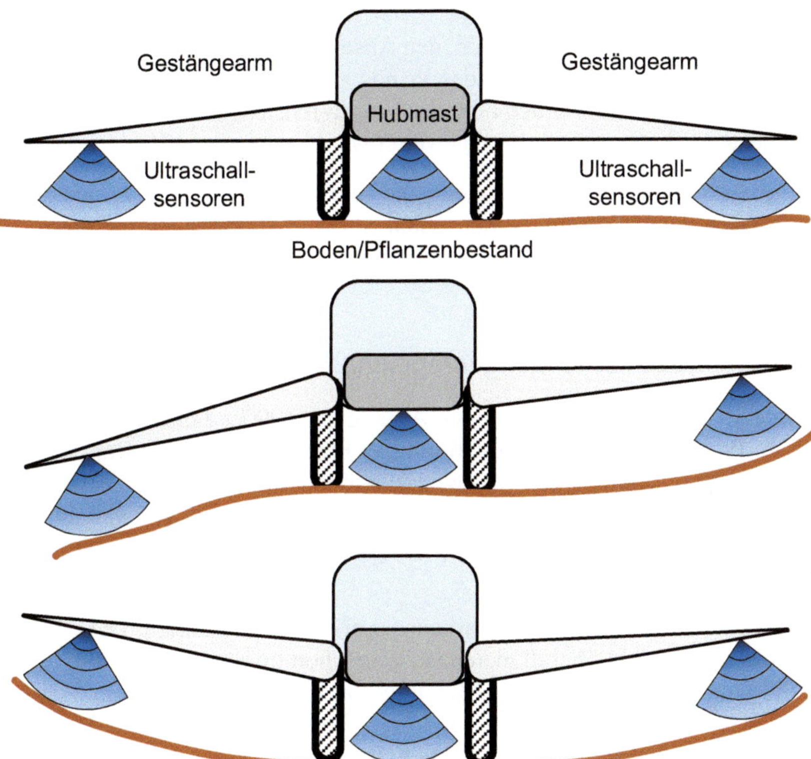

Abb. 4.9: Aufbau und Funktion eines Gestänge-Höhenführungssystems (Quelle: eigene Darstellung)

Die Systeme regeln die Höhe des Gestänges je nach Einstellung in Abhängigkeit des Abstands von Pflanzenbestand oder vom Boden. Zu Anpassung an das Gelände kann auch die Neigung und teilweise die Winkelstellung einzelner Gestängesegmente verstellt werden (Abb. 4.9). Die Verstellung erfolgt in der Regel über Hydraulikzylinder.

Hintergrund für diese Entwicklung sind rasant zunehmende Arbeitsbreiten von Gestängen und die damit einhergehende Gefahr, dass das Gestänge durch Eigenbewegung oder Geländeunebenheiten mit dem Boden in Berührung kommt und Schaden nimmt. Gerade bei selbstfahrenden Pflanzenschutzspritzen können Ausfallzeiten aufgrund von Materialschäden neben den Reparaturkosten zu substanziellen Folgeschäden im Bestand führen und sich so negativ auf den Ertrag auswirken.

Weiterhin ist die Geschwindigkeit bei Pflanzenschutzanwendungen vor allem bei unebenem Untergrund begrenzt, da bei zu hohen Geschwindigkeiten die Eigenbewegung ebenfalls zum Bodenkontakt führen kann. Mit Gestängeführungssystemen können die Eigenbewegungen frühzeitig erkannt und aktiv eingedämmt werden.

Nicht zuletzt gibt es jedoch auch pflanzenbauliche Gründe dafür, Gestängeführungssysteme einzusetzen. Einerseits wird durch die Einhaltung eines gleichbleibenden und optimierten Abstands zu den Pflanzen sichergestellt, dass Pflanzenschutzmittel gleichmäßig und in der richtigen Dosierung auf der Blattoberfläche verteilt werden.

Andererseits ist es mit den Systemen möglich, den Abstand zwischen Pflanze und Düsen zu verringern. Dadurch kann der Einfluss des Winds auf die Verteilung von Pflanzenschutzmitteln erheblich reduziert werden oder das Einsatzfenster für die Pflanzenschutzspritze bei gleicher Applikationsqualität ausgeweitet werden.

Gestängeführungssysteme werden für gezogene und selbstfahrende Pflanzenschutzspritzen teilweise ab Werk angeboten. Es ist bei vielen Spritzen jedoch auch möglich, Gestängeführungssysteme nachzurüsten. Die Regelung der Gestängehöhe ist bisher leider nicht über den ISOBUS möglich.

4.1.5 Teilflächenspezifische Mengenregelung

Die teilflächenspezifische Bewirtschaftung war Anfang der 1990er-Jahre eine der ersten Anwendungen im Precision Farming. Die Grundidee: Flächen in einzelne Zonen unterteilen, die mit einer unterschiedlichen Strategie bewirtschaftet werden. Dabei können alle Maßnahmen von der Bodenbearbeitung, über die Aussaat bis hin zu Düngung und Pflanzenschutz auf Basis von verschiedenen Eingangsdaten teilflächenspezifisch variiert werden (Ab. 4.10).

Ein wesentlicher Auslöser war die Verfügbarkeit der ersten Ertragskarten. Dass der Ertrag innerhalb eines Felds nicht überall gleich ist, war schon immer bekannt oder erahnt worden. Jedoch konnte man erst nach der Messung von Durchsätzen auf dem Mähdrescher und der gleichzeitigen Bestimmung mit GNSS-Sensoren Daten sammeln und zu Karten verarbeiten. Aus diesen wurde ersichtlich, dass die Erträge auf einem Schlag erheblich schwanken und kleinräumig weit vom mittleren Ertrag abweichen können.

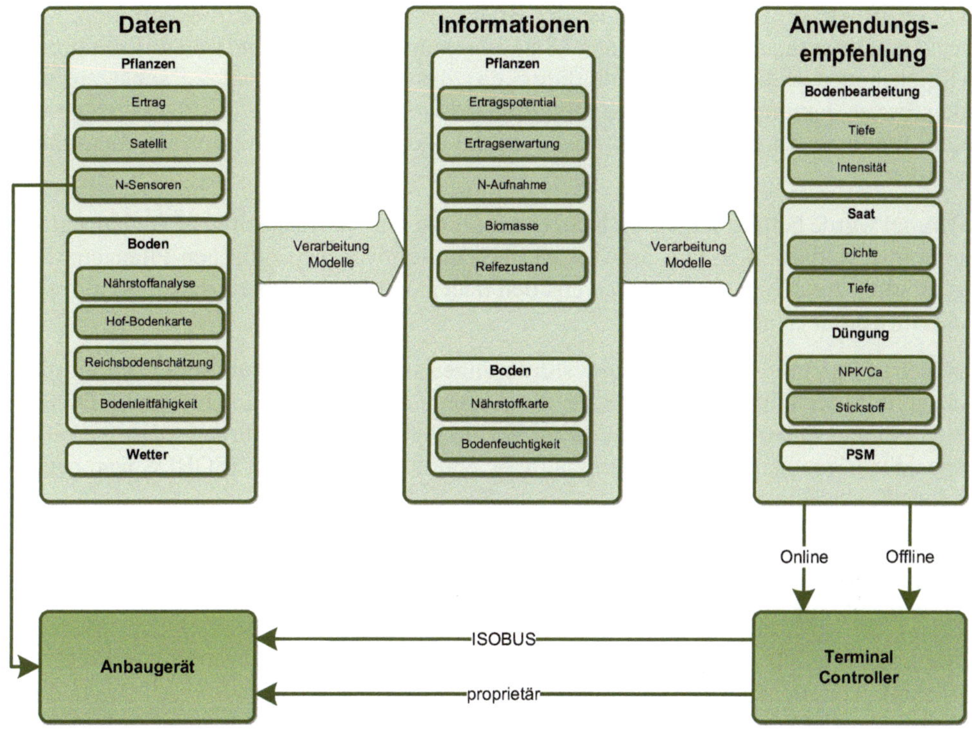

Abb. 4.10: Teilflächenspezifische Bearbeitung (VRA, VRT) (Quelle: eigene Darstellung)

Mit dem Ziel, das Ergebnis auf einem solchen Schlag betriebswirtschaftlich und ökologisch zu optimieren, wurden Konzepte für die an den Ertrag angepasste Bewirtschaftung entwickelt.

So sollte an den Stellen, an denen der Ertrag niedrig ist, weniger Grunddünger ausgebracht werden, da die Pflanzen an diesen Stellen weniger Nährstoffe entzogen haben. Da hierbei jedoch auch der lokale Gehalt im Boden berücksichtigt werden muss, wurden Böden beprobt und die Position der Entnahmestelle mit GNSS erfasst.

Im Nachgang konnten aus den Laborergebnissen und den Positionen der Probenahme in GIS-Programmen Nährstoffkarten berechnet werden, die wie Ertragskarten die Verteilung von Nährstoffen darstellen. Danach war es bei der Grunddüngung (P, K, Ca) möglich, sowohl das Ertragsniveau als auch den Entzug zu berücksichtigen.

Hinsichtlich der Stickstoffdüngung entwickelten sich unterschiedliche Ansätze. Die einen verfolgten das Ziel, an den Stellen, an denen der Ertrag niedrig war, mehr Stickstoff auszubringen und so den Ertrag zu steigern. Die anderen wollten an diesen Stellen die Düngung reduzieren, da der Bedarf bei niedrigem Ertragsniveau geringer ist. In den folgenden Jahren stellte sich zudem beim Vergleich von Ertragskarten mehrerer Jahre heraus, dass der Ertrag an einigen Stellen in manchen Jahren höher und in manchen Jahren niedriger ist als der durchschnittliche Ertrag.

Diese Effekte sind auf den Einfluss des Bodens und des Wetters zurückzuführen. Heute versucht man, aus Ertragsdaten, Satellitenaufnahmen und anderen Informationen (Reichsbodenschätzung, Bodenleitfähigkeit) das Ertragspotenzial zu schätzen, also den Ertrag, der unter optimalen Bedingungen erzielt wird. Der tatsächliche Ertrag in einem Jahr kann dann aus dem Ertragspotenzial und dem Witterungsverlauf abgeschätzt werden.

Parallel wurde bereits damals an Konzepten für die teilflächenspezifische Bodenbearbeitung, die teilflächenspezifische Aussaat und den teilflächenspezifischen Pflanzenschutz gearbeitet. Auch hier ergaben sich aus den neuen Möglichkeiten zunächst mehr Fragen als Antworten.

Neben den pflanzenbaulichen Herausforderungen standen damals nur sehr eingeschränkt ausgereifte technische Konzepte für die Ansteuerung von Anbaugeräten wie Düngerstreuern und Pflanzenschutzspritzen zur Verfügung. Die Geräte wurden meist mit einem speziellen Terminal bedient und einheitliche Schnittstellen wie der ISOBUS waren weitgehend unbekannt.

Für die Erstellung von Sollwertkarten waren spezielle, meist herstellerspezifische Programme erforderlich und jedes Terminal stellte unterschiedliche Anforderungen an das Dateiformat für Applikationskarten.

Auch waren die Investitionskosten für den Einstieg in Precision Farming sehr hoch: Die Technik, vor allem der GNSS-Empfänger, war wegen der geringen Stückzahlen und der hohen Entwicklungskosten deutlich teurer als heute. Es konnte damals nicht wie heute auf ohnehin vorhandene Komponenten (Traktorterminal, GNSS-Empfänger Lenksystem) zurückgegriffen werden.

Die teilflächenspezifische Bewirtschaftung stellte so eine pflanzenbauliche, technische und finanzielle Herausforderung dar, der sich lediglich eine sehr kleine Anzahl von Betrieben gestellt hat. Wesentlich attraktiver waren die ab Anfang der 2000er-Jahre verfügbaren Parallelfahr- und Lenksysteme. Ihr Nutzen war nicht an pflanzenbauliche Rahmenbedingungen gebunden.

Parallel wurde seit Mitte der 1990er-Jahre intensiv an einer standardisierten und herstellerunabhängigen Kommunikation zwischen Traktor und Anbaugerät gearbeitet. Das Ergebnis ist heute als ISO-Standard 11783 weitgehend umgesetzt und funktionsfähig.

Mittlerweile hat sich die Situation erheblich zum Positiven entwickelt: Precision Farming wurde zunächst in Smart Farming und dann in Digital Farming bzw. Farming 4.0 umbenannt. Wichtiger ist, dass viele Traktoren und Anbaugeräte die Vorrausetzungen für den teilflächenspezifischen Pflanzenbau mitbringen.

Somit ist einerseits eine solide technische Grundlage gelegt und andererseits sind die Kosten für den Einstieg wegen der vorhandenen Komponenten erheblich niedriger. Auch die Datengrundlage und die pflanzenbaulichen Modelle haben große Fortschritte gemacht. Dies ist vor allem dem Fortschritt beim Ausbau von satellitengestützten Erdbeobachtungssystemen wie der Sentinel-Mission, der verbesserten Verarbeitung von Satellitenbildern und den neuen Möglichkeiten bei der Verschneidung von Daten aus unterschiedlichen Quellen (Ertragsdaten, Bodenkarten, Wetterdaten) geschuldet.

4.1.5.1 Bodenbearbeitung

Die teilflächenspezifische Bodenbearbeitung ist bereits Ende der 1990er-Jahre erprobt worden. Man hat damals versucht, auf Basis sogenannter Hof-Boden-Karten die Bearbeitungstiefe bei der nicht wendenden Bodenbearbeitung teilflächenspezifisch zu variieren.

Das Ziel ist dabei, den Eingriff in den Boden auf das Mindestmaß zu reduzieren, so die Bodegare zu fördern und den Kraftstoffverbrauch für die Bodenbearbeitung zu senken.

Der Hof-Boden-Karte liegt eine intensive Bodenbeprobung der Flächen eines Betriebs zugrunde. Die Proben werden – nach Tiefe geschichtet – auf die Textur untersucht und so der Ton-, Schluff- und Sandanteil bestimmt. Die Bestimmung von Bodenarten nach bodenkundlicher Kartieranleitung („Fingerprobe") ist mit geringerem Aufwand verbunden, jedoch meist hinsichtlich der Bestimmung der Textur weniger genau.

Die Probennahme erfolgt als Rammkernsondierung oder mit einem Pürckhauer-Bohrstock. Bei der Probenahme wird mit einem GNSS-Sensor die Position der Probenahmestelle erfasst. Alternativ können auch die Karten der Reichsbodenschätzung als Grundlage für die teilflächenspezifische Bodenbearbeitung verwendet werden. Diese weisen jedoch meist eine geringe räumliche Auflösung und eine regional stark schwankende Aussagekraft aus.

Die Texturen oder aus den Bodenarten abgeleiteten Texturen können anschließend als Attribute mit den Positionen verknüpft werden, sodass im GIS Schätzwerte für die Flächen zwischen den Probenahmepunkten errechnet werden können. Dieses Verfahren nennt sich räumliche Interpolation und dient dazu, aus punktförmig erhobenen Daten flächendeckende Karten zu berechnen (siehe Abschn. 3.5.3.5 Interpolation).

Im nächsten Schritt wird die für die jeweilige Bodenart oder Textur optimale Bodenbearbeitungstiefe festgelegt. Dieser Schritt kann ebenfalls mit geringem Aufwand in einem GIS durchgeführt werden. Aus der vorhandenen Spalte werden über Formeln oder das Setzen von Bedingungen der Werte eine neue Spalte mit der Sollbearbeitungstiefe berechnet oder gesetzt.

Abschließend wird die Sollwertkarte aus dem GIS als Esri Shape-Flächendatei oder als ISOXML-Datei exportiert und auf das Bedienterminal des Bodenbearbeitungsgeräts übertragen. Das Terminal gleicht bei der Feldarbeit fortlaufend die GNSS-Position mit der Karte ab, ermittelt so den Sollwert der aktuellen Position und sendet diesen über den CAN-Bus oder andere Kommunikationspfade an die Steuereinheit des Bodenbearbeitungsgeräts.

Die Steuereinheit misst die aktuelle Bearbeitungstiefe (beispielweise über Tast- oder Stützräder) und regelt über Hydraulikzylinder die Stellung des Geräts so, dass die Solltiefe erreicht wird.

In einem relativ neuen Ansatz wird die Textur des Bodens während der Bearbeitung durch ein berührungsloses Messverfahren ermittelt (scheinbare elektrische Leifähigkeit, siehe Abschn. 3.1.8 Geoelektrische und elektromagnetische Sensoren). Ein in der Front der Zugmaschine angebauter Sensor erzeugt über Spulen magnetische Felder, die in den

Boden eindringen. Ebenso über Spulen wird erfasst, wie der Boden das Feld verändert bzw. beeinflusst. Daraus können Rückschlüsse über die Feuchte des Bodens, Verdichtungen und die Zusammensetzung des Bodens (Bodenart, Textur) geschlossen werden.

Die durch den Sensor ermittelte Bodenart wird genutzt, um wie beim oben beschriebenen Verfahren die Bearbeitungstiefe eines Anbaugeräts zu steuern. Es ist hierbei allerdings nicht nötig, den Boden zu beproben – die Steuerung erfolgt in Echtzeit auf Basis der Sensormesswerte. Das Verfahren sieht eine flache Bodenbearbeitung aus tonigen Böden und eine tiefe Bodenbearbeitung auf sandigen Böden vor, wobei die vom Sensor ermittelten Stellgrößen vom Benutzer übersteuert werden können.

Als Argumente für den Einsatz der Systeme werden eine geringere Belastung und der Verschleiß von Anbaugerät und Zugmaschine, eine Verringerung des Kraftstoffbedarfs um 10 % bis 45 % und eine höhere Flächenleistung (bis zu 25 %) angeführt. Die Kraftstoffeinsparung liegt laut Untersuchungen bei ca. 0,7 l pro Zentimeter Bearbeitungstiefe und Hektar.

4.1.5.2 Aussaat

Der maximale Ertrag von Getreide, Ölfrüchten und Mais ist einerseits von äußeren, nicht beeinflussbaren Rahmenbedingen wie dem Boden und dem Klima abhängig (Niederschlag, Temperatur). Pflanzenbaulich kann man darauf mit angepassten Bewirtschaftungsmaßnahmen reagieren. Dazu zählen die Bodenbearbeitung und Saatbettbereitung, die Düngung und der Pflanzenschutz.

Ein wichtiger Stellmotor ist dabei die Sicherstellung einer ausreichenden Wasser- und Nährstoffversorgung. Die Versorgung mit Nährstoffen, aber vor allem die Fähigkeit, Wasser aus Niederschlägen zu halten und den Wurzeln der Pflanzen nachfolgend zu Verfügung stellen, ist von der Bodenart und der Bodentextur abhängig.

Damit es nicht zur Konkurrenz zwischen benachbarten Pflanzen kommt, die die Höhe des Ertrags oder die Qualität des Ernteguts negativ beeinflussen, kann die Verteilung des Standraums durch Variation der Saatdichte angepasst werden. Dies gilt vor allem für den Maisanbau, da hier die Ausbildung der Kolben durch die Verfügbarkeit von Wasser beeinflusst wird, jedoch auch für Körnerfrüchte wie Getreide und Ölsaaten.

Unterschiede in der Wasserhaltefähigkeit können aus verschiedenen Datenquellen ableitet werden. In stark kupierten Gelände ist die Wasserversorgung auf Kuppen oft eingeschränkt, da das Wasser von dort in die Tallagen abfließt. Zudem weisen Kuppen erosionsbedingt meist einen höheren Sandanteil auf, sodass der Boden dort das verbleibende Wasser schlechter speichern kann.

Unter diesen Bedingungen können Digitale Geländemodelle bzw. Höhenmodelle als Grundlage für eine Sollwertkarte zur teilflächenspezifischen Aussaat herangezogen werden. In Deutschland werden die Geländemodelle in ausreichend hoher Auflösung (1 m) von den Landesvermessungsämtern – meist gegen eine Gebühr – zur Verfügung gestellt.

Wenn Ertragskartierungssysteme auf selbstfahrenden Erntemaschinen oder Lenksysteme auf Traktoren eingesetzt werden, können die digitalen Geländemodelle jedoch durch den Betrieb selbst erstellt werden. Dazu werden die vom GNSS-Empfänger während der Überfahrt ausgegebenen Daten aufgezeichnet und die Höhenwerte im GIS interpoliert.

Neben den absoluten Höhen können aus den digitalen Geländemodellen auch weitere Werte abgleitet werden, die für eine teilflächenspezifische Aussaat oder andere Teilschlagmaßnahmen von Nutzen sind: die Hangneigung, die Exposition (Himmelsrichtung der Neigung) und sogenannte *Wetness-Indizes*, die Aufschluss über die Verteilung der Bodenfeuchte erlauben.

Alternativ oder zusätzlich eignen sich die Karten der Reichsbodenschätzung für die Planung von variablen Aussaatkarten. Die in diesen enthaltenen Bodenzahlen dienen dabei als Richtwert für die Festlegung der Aussaatdichte. Teilweise werden auch Satellitenaufnahmen mehrerer Jahre zu Ertragspotenzialkarten verschnitten und als Grundlage für Erstellung von Applikationskarten verwendet.

In jedem Fall wird auch hier – wie bei der Erstellung von Sollwertkarten für die teilflächenspezifische Bodenbearbeitung – Gruppen von Eigenschaftswerten (Höhe, Bodenwert, Ertragspotenzial) Aussaatdichten zugewiesen und so im GIS eine neue Karte erstellt. Die Karte wird anschließend auf ein Terminal übertragen, welches schließlich die Ausbringmengen der Sämaschine in Abhängigkeit der Position steuert.

Die Ableitung von Aussaatdichten aus Höhe, Bodenzahl oder Ertragspotenzial erfolgt in der Regel in Absprache mit dem Betriebsleiter oder einem Pflanzenbauberater. Eine Automatisierung ist hier nicht möglich bzw. sinnvoll.

Untersuchungen haben ergeben, dass durch variable Aussaatdichten (7,8 bis 9,5 Körner/qm) bei Mais der Trockenmasseertrag um 17 %, der Stärkeertrag um 11 % und der Energieertrag um 18 % gesteigert werden können. Die Ergebnisse gelten für ein Jahr und eine Region. Sie können von Jahr zu Jahr und von Region zu Region stark variieren.

4.1.5.3 Düngung

Bei der teilflächenspezifischen Düngung ist eine Trennung zwischen den Verfahren Stickstoffdüngung und Grunddüngung mit Phosphor, Kalium und Kalk aufgrund der unterschiedlichen Mobilität dieser Nährstoffe und der großen Unterschiede bei den Verfahren zur Bestimmung der optimalen Nährstoffmenge sinnvoll.

Der Gehalt des Bodens an Grundnährstoffen weist im Gegensatz zu Stickstoff geringe jahreszeitliche Schwankungen auf und nimmt auch über Jahre hinweg nur langsam ab. Die Nährstoffe sind wenig mobil, werden also durch das Bodenwasser kaum verlagert. Im Gegensatz dazu weist der Gehalt an Stickstoff durch die Mineralisierung eine hohe jahreszeitliche Variabilität auf und kann mit Wasser sehr schnell in größere Tiefen verlagert werden, wo er nicht mehr pflanzenverfügbar ist und mittelfristig in das Grundwasser eintritt.

Die teilflächenspezifische Grunddüngung basiert auf Nährstoffkarten, die die Verteilung von Nährstoffen innerhalb des Felds darstellen. Sie entspringt der Entnahme und Analyse von Bodenproben, die gesetzlich vorgeschrieben in regelmäßigen Abständen gezogen werden müssen.

Ausgehend von den Nährstoffgehalten, die in Klassen von A bis E eingeteilt werden, erfolgt eine Düngungsempfehlung. Ziel ist dabei, einen mittleren Nährstoffgehalt der Klasse anzustreben (Klasse C). Flächen mit Gehalten der Klasse A und B gelten als unterversorgt und Flächen mit Gehalten der Klasse D und E weisen eine Überversorgung auf.

In der Regel erfolgt die Probenahme als Mischbeprobung: Es werden pro Beprobungspunkt oder -strecke mehrere Proben gezogen und vermengt. Dieses Verfahren wird angewendet, weil die Verteilung im Boden kleinräumig stark variieren kann und einzelne Proben ein möglicherweise nicht repräsentatives Ergebnis liefern.

Wenn die Position der Probenahmestellen oder -strecken mit einem GNSS-Empfänger aufgezeichnet werden, kann im Anschluss an die Beprobung und die Analyse im GIS durch räumliche Interpolation eine oder mehrere Nährstoffkarten erzeugt werden.

Die Anzahl der Karte ist dabei von der Anzahl der untersuchten Nährstoffe (Phosphat, Kalium, Calcium (pH), Magnesium, Schwefel, Natrium, Selen ...) abhängig. Anschließend kann aus der Karte mit den Nährstoffgehalten und den von der Nährstoffklasse abhängigen Düngeempfehlungen direkt eine Düngekarte abgeleitet werden.

Nachdem vor allem auf größeren Schlägen meist deutlich mehr als eine Mischprobe gezogen wird, hat die Verteilung bzw. die Position, an der die Proben gezogen werden, einen entscheidenden Einfluss auf die resultierende Nährstoff- und Düngekarte. Es ist deshalb zu empfehlen, die Beprobungsstellen im Vorfeld so zu planen, dass die Probenahmestellen repräsentativ für eine Teilfläche sind.

Es wird deshalb empfohlen, im Vorfeld eine Zonierung des Schlags vorzunehmen (Abb. 4.11). Hierfür eignen sich sogenannte geoelektrische Messverfahren zur Bestimmung der scheinbaren elektrischen Leitfähigkeit oder des Widerstands (siehe Abschn. 3.1.8 Geoelektrische und elektromagnetische Sensoren). Diese Methode liegt auch dem Online-Verfahren bei der teilflächenspezifischen Bodenbearbeitung zugrunde.

Geoelektrische Sensoren messen die elektrische Leitfähigkeit des Bodens entweder indirekt über die Veränderung elektromagnetischer Felder oder direkt, indem sie über Scheibenschare Strom in den Boden einleiten und an anderer Stelle über Scheibenschare den durch den Strom geleiteten Boden messen.

In Abhängigkeit der Anzahl der aufnehmenden Schare ist die Messung der Leitfähigkeit in unterschiedlichen Tiefen möglich. Die elektrische Leitfähigkeit steht in engem Zusammenhang zum Wasser- und Luftgehalt im Boden. Diese Größen stehen wiederum in engem Zusammenhang mit der Bodenart und der Verdichtung des Bodens.

Die aus geoelektrischen Messungen resultierenden Karten stellen die relative Leitfähigkeit innerhalb eines Schlags dar. Ohne Referenzproben kann damit nicht auf den absoluten Wassergehalt oder die Bodenart geschlossen werden. Die Karten sind jedoch auch ohne absoluten Bezug gut dazu geeignet, um den Schlag in homogene Zonen für die anschließende Bodenbeprobung zu unterteilen.

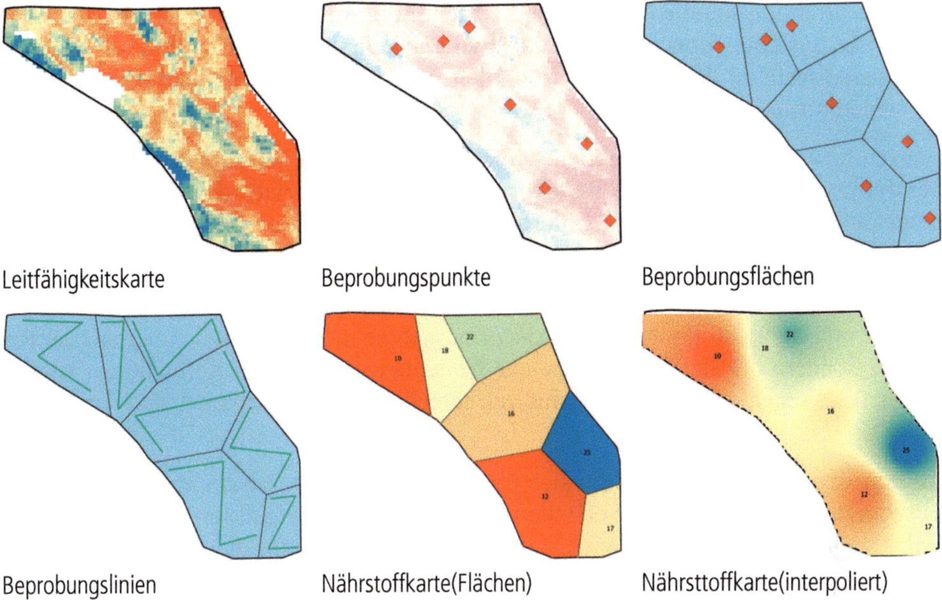

Abb. 4.11: Prozess der teilflächenspezifischen Bodenbeprobung (Quelle: eigene Darstellung)

Grundsätzlich können auch andere Datenquellen wie Ertragskarten, Ertragspotenzialkarten, Satellitenaufnahmen, Luftbilder oder die Karten der Reichsbodenschätzung für die Zonierung des Schlags verwendet werden.

In jedem Fall kann mit der teilflächenspezifischen Grunddüngung das Nährstoffniveau kleinräumig an den Bedarf der Pflanzen angepasst werden, sodass auch Teilschläge mit Unterversorgung auf die gewünschte Gehaltsklasse angehoben und Erträge gesteigert werden.

Auf Teilflächen mit Überversorgung sind Kosteneinsparungen durch die Reduzierung der Düngemenge möglich. Das Einsparpotenzial ist stark von den vorherrschenden Bodenarten sowie der Bewirtschaftungsgeschichte der Schläge abhängig und kann nur betriebsindividuell ermittelt werden.

Die teilflächenspezifische Stickstoffdüngung fußt im Gegensatz zur Grunddüngung auf Daten, die zeitnah erhoben werden müssen. Dabei stehen die Pflanzen im Mittelpunkt und nicht der Boden.

Alle Verfahren für die variable Stickstoffdüngung messen die Reflektion von rotem und nahinfrarotem Licht in unterschiedlichen Wellenlängenbereichen. Die Verfahren unterscheiden sich hinsichtlich der Position des Sensors, den betrachteten Wellenlängen und der spektralen Auflösung. Spektrale Auflösung bezeichnet die Breite des Wellenlängenbereichs, der gemessen wird (siehe Abschn. 3.1.7 Multi- und Hyperspektralsensoren).

Je geringer die Breite des Spektralbands, desto höher ist die Auflösung und somit die Trennschärfe der Messwerte. Die Systeme unterscheiden sich hinsichtlich der Strahlungsquelle. Passive Systeme messen die Reflektion des Sonnenlichts, aktive senden über eine Strahlungsquelle („Birne“) aktiv Licht in bestimmten Wellenlängenbereichen aus. Aktive Systeme können deshalb auch bei Dunkelheit eingesetzt werden und gelten als genauer, weil sie das Verhältnis zwischen Einstrahlung und Reflektion exakter bestimmen können.

Pflanzen bzw. ihre Blätter reflektieren rotes Licht schwach, jenseits des Rots hin zum nahinfraroten Licht nimmt die Reflektion stark zu. Der Verlauf des Anstiegs steht in einem Zusammenhang mit dem Chlorophyllgehalt der Blätter, der wiederum in enger Beziehung zur Stickstoffaufnahme steht. Der Verlauf ist sortenabhängig und kann auch von anderen Faktoren wie Pflanzenerkrankungen beeinflusst werden.

Verfahren für die Bestimmung der Stickstoffaufnahme messen nicht den Verlauf der Reflektion, sondern die Reflektion einzelner Wellenlängen. Aus den Reflektionen werden anschließend sogenannte Vegetationsindizes berechnet. Weiter verbreitet sind der NDVI-, der REIP- und der IRMI-Index.

Aus den Vegetationsindizes lassen sich über Kalibrierkurven Zusammenhänge zum Ernährungszustand von Pflanzen herstellen. Die Kalibrierungen sind sortenabhängig. Nach der Umrechnung kann aus den Messwerten eines Sensorsystems die Stickstoffaufnahme von Pflanzen abgeleitet werden.

Aus der Ertragserwartung auf einem Schlag lässt sich ableiten, wieviel Stickstoff die Pflanzen insgesamt aufnehmen muss, um den erwarteten Ertrag zu bilden. Aus der Gesamtmenge (Ertragserwartung) und der bereits aufgenommenen Menge (Sensormessung) lässt sich die noch benötigte Restmenge berechnen und eine lokal an den Bedarf der Pflanzen angepasste Düngermenge ableiten.

Es ist teilweise auch möglich, die Sensoren im Feld zu kalibrieren. Dann wird an ausgewählten Stellen der Bestand mit dem Sensor erfasst und eine aus pflanzenbaulicher Erfahrung abgeleitete Düngermenge als Referenz eingegeben. So wird im Feld eine Beziehung zwischen Erfahrung und Sensormesswerten hergestellt. In diesem Fall entfällt die Berücksichtigung von Sorten und des eventuellen Befalls mit Krankheiten.

Die Spektralsensoren können an Satelliten, Fluggeräten oder Fahrzeugen angebracht werden. Für Versuche und die Erstellung von Kalibrierungen sind auch handgetragene Systeme verfügbar. Satellitengetragene Sensoren erstellen aus mehreren hundert Kilometern Entfernung von der Erde sehr große Bildaufnahmen (meist mehrere hundert Quadratkilometer).

Dafür ist die räumliche Auflösung meist sehr eingeschränkt (5 m bis 70 m Pixelgröße). Welche Kanäle dabei erfasst werden, hängt vom eingesetzten Sensor ab, die meisten Systeme erfassen jedoch in jedem Fall die Reflektion des roten und des nahinfraroten Lichts von der Erdoberfläche.

Der Vorteil satellitengetrager Sensorsysteme liegt darin, dass sie große Gebiete mit einer Aufnahme abdecken. Die Daten sind allerdings bei Bewölkung nicht nutzbar und werden nur in einem Abstand von mehreren Tagen erstellt. Auch ist die räumliche Auflösung einiger Sensoren so gering, dass die Daten für den landwirtschaftlichen Bereich – vor allem in kleinstrukturierten Gebieten – nicht geeignet sind.

Aus den Bilddaten von Satellitenaufnahmen können nach dem oben beschriebenen Verfahren Vegetationsindizes bzw. Düngeempfehlungen abgeleitet werden. Die Auflösung ist dabei auf die Pixelgröße des Bilds begrenzt und die Aktualität der Sensormesswerte vom Wetter und dem Zeitpunkt der Aufnahme abhängig. Die Erstellung von Düngekarten aus Satellitendaten erfolgt in der Regel durch Dienstleister.

Um die Abhängigkeit von der Bewölkung zu reduzieren, wurden in der Vergangenheit Kleinflugzeuge mit Spektralkameras ausgestattet. Beim Überflug werden dann fortlaufend Bilder aufgenommen und im Nachgang zur Befliegung zusammengesetzt. Die Auflösung der Bilder liegt im Bereich von 10 cm bis 50 cm, an einem Tag können mehrere hundert oder sogar tausend Hektar überflogen werden. Voraussetzung ist, dass an pflanzenbaulich relevanten Terminen Maschinen zur Verfügung stehen und geeignete Flugbedingungen herrschen.

Unbemannte Flugobjekte (*Unmanned Aerial Systems* – UAS, „Drohnen“) sind meist kurzfristig verfügbar. Bei einer Sensorbefliegung mit UAS können Bilder mit sehr hoher Auflösung erstellt werden (< 1 cm). Die Flächenleistung ist bei Drehflüglern (Koptern) auf 50 ha und bei Starrflüglern auf wenige hundert Hektar pro Tag begrenzt.

Die Verarbeitung der Spektralaufnahmen von Kleinflugzeugen und UAS erfolgt nach dem Zusammensetzen der Einzelbilder zu einem Gesamtbild wie bei Satellitenaufnahmen: In einem GIS werden Vegetationsindizes berechnet und daraus Düngeempfehlungen abgeleitet. Die bisher beschriebenen Methoden werden als Offline-Verfahren bezeichnet, da im Nachgang zur Messung ein Verarbeitungsschritt auf einem Rechner erfolgt, eine Sollwertekarte (Applikationskarte) für die Düngung erstellt und auf ein Terminal übertragen werden muss.

Fahrzeuggetragene Sensoren werden oft auch als Stickstoffsensoren bezeichnet. Sie bestimmen die Stickstoffaufnahme während der Überfahrt und steuern den Düngerstreuer unmittelbar an – ohne dass eine Düngekarte erstellt werden muss. Deshalb wird dieses Verfahren als Online-Verfahren bezeichnet.

Die Sensoren sind auf dem Dach des Schleppers montiert oder in der Fronthydraulik befestigt und verfügen im Gegensatz zu den fluggerätgetragenen Sensoren meist über aktive Lichtquellen, sodass sie auch in der Dämmerung und der Dunkelheit eingesetzt werden können. Zudem sind in den Bedienterminals oder Steuergeräten meist bereits kulturart- oder sogar sortenabhängige Kalibrierkurven hinterlegt.

Als Königsweg ist die Online-Düngung mit Map-Overlay anzusehen. Bei diesem Verfahren wird eine Karte mit dem Ertragspotenzial des Schlags hinterlegt. Die Düngung erfolgt dann nicht ausschließlich auf Basis der Sensormesswerte, sondern kann durch das lokale Ertragspotenzial übersteuert werden.

So kann die Überdüngung an Stellen vermieden werden, an denen die Pflanzen zwar einen hohen Stickstoffbedarf anzeigen, der jedoch später aufgrund anderer Einschränkungen wie Wassermangel nicht umgesetzt werden kann.

Die teilflächenspezifische bzw. bestandsgesteuerte Stickstoffdüngung dient der am lokalen Bedarf orientierten Düngung. Das Ziel ist dabei meist, das Ertragspotenzial auf

Hochertragsstandorten durch höhere Düngergaben auszunutzen und auf Flächen mit geringem Ertragspotenzial die Düngergabe zu reduzieren.

Hierdurch wird der Ertrag gesteigert, Kosten eingespart und der Stickstoffaustrag in das Grundwasser reduziert. Oft bleibt die insgesamt ausgebrachte Düngermenge gleich, lediglich die Verteilung innerhalb der Fläche verändert sich.

Nicht zuletzt können Stickstoffsensoren auch für die Homogenisierung von Beständen eingesetzt werden. Bei dieser Düngestrategie werden stark entwickelte Bestände zurückhaltender gedüngt und schwach entwickelte Bestände mit höheren Düngergaben aufgebaut. Das Ziel ist dann sicherzustellen, dass Bestände sich gleichmäßig entwickeln, nicht ins Lager gehen und deshalb leichter und vor allem zügiger zu beernten sind.

Die Einsparung entsteht dann nicht nur unmittelbar durch die Anpassung der Düngung an den Bedarf, sondern auch mittelbar bei der Senkung der Erntekosten.

4.1.5.4 Pflanzenschutz

Im Pflanzenschutz können digitale Systeme im Bereich der Unkrautbekämpfung, der Ausbringung von Fungiziden sowie bei der Anwendung von Halmverkürzern eingesetzt werden.

Bei der Bekämpfung von Unkräutern sind zunächst Lenksysteme für Traktoren und Anbaugeräte zu nennen. Sie unterstützen den Fahrer bei der mechanischen Unkrautbekämpfung mit Hacken beim Führen des Werkzeugs so, dass Unkräuter in der Reihe schneller und genauer bekämpft werden können. Die Lenkung des Fahrzeugs oder der Geräte kann über GNSS-Sensoren erfolgen, wenn auch das Pflanzen oder die Saat mit GNSS-Lenksystemen durchgeführt wurde.

Bei beiden Arbeitsgängen muss dann die höchste Genauigkeitsstufe (RTK-GNSS) zum Einsatz kommen. Das Hacken ist jedoch auch mit Systemen möglich, die die Reihen mit Kameras oder Ultraschallsensoren erkennen.

Kameras sind teilweise auch in der Lage, zwischen Unkräutern und Nutzpflanzen zu unterscheiden. Sie dienen dann als Grundlage für das Führen von Hackwerkzeugen in der Reihe oder die Steuerung von Pflanzenschutzspritzen: Herbizide werden dann nur auf den Teilflächen ausgebracht, auf denen Unkräuter eine kritische Bestandsdichte („Schadschwelle") überschreiten.

Die Aufwandmengen bei der Ausbringung von Fungiziden und Halmverkürzern ist an die Bestandsentwicklung bzw. die Biomasse der Nutzpflanzen anzupassen. Nur so kann die optimale Konzentration des Wirkstoffs auf dem Blatt oder in der Pflanze eingestellt werden. Für die Ermittlung der Biomasse können vor dem Zugfahrzeug angebrachte Pendel eingesetzt werden. Die Auslenkung des Pendels ist dann ein Maß für die Dichte des Pflanzenbestands und kann direkt für die Regelung der Ausbringmenge genutzt werden.

Weiter verbreitet ist der Einsatz von Satellitenaufnahmen und Stickstoffsensoren. Die aus Satellitenbildern abgeleiteten Vegetationsindizes oder von den Online-Sensoren gemessenen Werte werden in diesem Fall für die Regelung der Ausbringmenge von Fungiziden und Halmverkürzern und nicht für die Steuerung der Düngermenge genutzt. Ebenso wie bei der Düngung erfolgt die Ableitung von Applikationskarten aus Satellitendaten offline, also abgesetzt, und die Steuerung der Pflanzenschutzspritze mit den am Fahrzeug angebrachten Sensoren online.

4.1.6 Neue Anbau-, Assistenz- und Bewirtschaftungssysteme

Neben der Unterstützung von Anwendern bei konventionellen Anbauverfahren werden neue Anbauverfahren mithilfe von Steuerungs- und Regelungssystemen, die Prozesse oder Teilaufgaben automatisieren, erst möglich.

Hierzu gehören das *Controlled Traffic Farming* (Regelfahrspurverfahren), bei dem Fahrgassen einmal angelegt über mehrere Jahre von allen Fahrzeugen genutzt werden.

Beim *Strip Till* (Streifenbearbeitung) wird nicht das ganze Feld bearbeitet, sondern nur der Teil, in dem die Pflanzen wachsen: ein Streifen um die Pflanzenreihen. Der Rest des Felds, also der Bereich zwischen den Reihen, wird dabei nicht oder nur minimal gedüngt, behandelt oder bearbeitet.

Beim *Contour Farming* werden die Fahrspuren im Sinne des Erosionsschutzes so angelegt, dass sie immer parallel zur Hanglinie verlaufen. Das Anlegen von *Kreuz- oder Dreiecksverbänden* zielt darauf ab, durch genaue Saatgutablage den Standraum für Pflanzen optimal zu verteilen und die Möglichkeiten der mechanischen Unkrautbekämpfung auszuweiten.

4.1.6.1 Controlled Traffic Farming

Beim Regelfahrspurverfahren werden Fahrspuren einmal im Feld angelegt oder mit einem Programm geplant und bei allen nachfolgenden Arbeiten über Jahre hinweg genutzt. Die Voraussetzung dafür ist, dass alle Fahrzeuge GNSS-Lenksysteme nutzen, da das Wiederfinden der Fahrspuren über mehrere Jahre nur so möglich ist.

Zudem müssen die Arbeitsbreiten der eingesetzten Anbaugeräte aufeinander abgestimmt werden. Gegebenenfalls sind auch Anpassungen an den Maschinen erforderlich (z. B. Verlängerung Überladerohr Mähdrescher). Gleiches gilt für die Spurbreiten von Traktoren, selbstfahrenden Erntemaschinen und Anhängern.

Im Ausland werden die Fahrzeuge teilweise auf eine Spur von drei Metern vergrößert, um auch zwischen den Reifen einen ausreichend breiten Streifen unbelasteten Bodens zu schaffen. Die angelegten Fahrspuren müssen sich von einem Lenksystem auf andere Lenksysteme übertragen und sichern lassen. Sie stellen beim *Controlled Traffic Farming* das wichtigste Kapital dar.

Das Ziel von *Controlled Traffic Farming* ist einerseits, Bodenverdichtungen zwischen den Fahrspuren zu vermeiden. So sollen bessere Bedingungen für das Wurzelwachstum von Pflanzen hergestellt, die Wasserhaltefähigkeit des Bodens und seine Durchlüftung verbessert und das Bodenleben geschont werden.

Durch die Vermeidung von Schadverdichtungen können im Zusammenspiel mit den richtigen Rahmenbedingungen Erträge gesteigert und die Verfügbarkeit von Nährstoffen verbessert werden. Ein weiterer Vorteil ist, dass der Zugkraftbedarf und damit der Dieselverbrauch bei der Bodenbearbeitung durch *Controlled Traffic Farming* erheblich reduziert werden können.

Andererseits werden die Fahrspuren durch die fortlaufende Überfahrung so nachhaltig verdichtet, dass die Befahrung auch bei feuchten oder nassen Bodenbedingungen möglich ist. Dieser Aspekt ist vor allem in niederschlagsreichen Regionen relevant, da dort Pflanzenschutz- oder Düngemaßnahmen aufgrund der eingeschränkten Befahrbarkeit zeitweilig nicht zum optimalen Zeitpunkt durchgeführt werden können. Das *Controlled Traffic Farming*-Verfahren ist in Deutschland bisher wenig, sondern vor allem in England und Australien verbreitet.

4.1.6.2 Strip Till

Beim *Strip Till* wird lediglich ein schmaler Streifen um die Reihen bearbeitet. So bleiben etwa 75 % des Felds unbearbeitet (Abb. 4.12). Die Kosten für die Bodenbearbeitung werden gesenkt, die Bodegare und das Wasserhaltevermögen zwischen den Reihen verbessert. Gefahren liegen darin, dass sich im Zwischenreihenbereich vermehrt Schnecken und Mäuse ausbreiten.

Strip Till wird oft mit einer abgesetzten Unterfußdüngung kombiniert. Auch die Ausbringung von Gülle in den vorbearbeiteten Streifen ist verbreitet. Voraussetzung für die Durchführung von *Strip Till* ist, dass die Anbaugeräte bei der Unterfußdüngung, der Aussaat und der Ausbringung von Gülle exakt in den Reihen laufen. Deshalb ist die Umsetzung von *Strip Till* oft mit dem Einsatz von Lenksystemen für Schlepper bzw. Anbaugeräte verbunden. So werden bei der Ausbringung von Gülle unter anderem passive Anbaugerätelenkungssysteme eingesetzt.

Abb. 4.12: Strip-Till-Gerät im Einsatz ((Quelle: Kverneland Group Deutschland GmbH; https://www.kverneland.de/Bodenbearbeitung/Strip-Till/Kverneland-Kultistrip))

Im Gegensatz zu *Controlled Traffic Farming* können die Streifen im folgenden Jahr neu angelegt werden und müssen nicht an derselben Stelle liegen. Theoretisch können beide Verfahren jedoch auch kombiniert umgesetzt werden.

4.1.6.3 Kreuz- und Dreiecksverband

Elektrisch angetriebene Einzelkornsämaschinen können die Saatgutablage sehr genau steuern. So wird sichergestellt, dass der Abstand von Pflanzen in der Reihe gleichbleibend ist und jeder Pflanze derselbe Standraum zur Verfügung steht.

In einem weiteren Schritt können die Motoren der einzelnen Säaggregate so koordiniert werden, dass bei der Aussaat innerhalb der Fahrspur ein Rechteck- oder Dreiecksverband etabliert wird (Abb. 4.13).

Um dieses Muster auch über mehrere Fahrspuren hinweg fortzusetzen, kann die Sämaschine mit einem RTK-GNSS-Sensor und einem Beschleunigungssensor ausgestattet werden. Mithilfe dieser Sensoren wird sichergestellt, dass die Saatgutablage auch quer zur Fahrtrichtung in einer Reihe erfolgt.

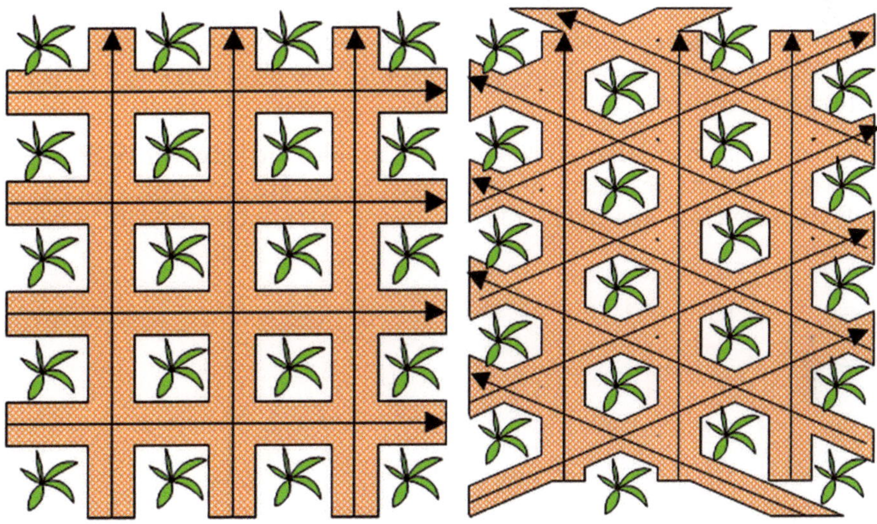

Abb. 4.13: Hacken im Kreuz- und Dreiecksverband (Quelle: eigene Darstellung)

Das resultierende Muster hat den Vorteil, dass der Standraum der Pflanzen über das gesamte Feld optimiert wird und die mechanische Unkrautbekämpfung mit Hackgeräten nicht nur in Fahrtrichtung der Sämaschine, sondern auch quer dazu erfolgen kann.

So wird nicht nur in, sondern auch zwischen den Reihen der Boden von Unkräutern befreit. Aus diesem Grund ist die Anlage von Kreuz- oder Dreiecksverbänden besonders für den ökologischen Landbau geeignet. Bei der Bestandspflege kann die Arbeitszeit für das Hacken mit der Hand erheblich verringert oder vollständig ersetzt werden.

4.1.6.4 Contour Farming

Beim *Contour Farming* werden Fahrspuren am PC so geplant, dass sie jederzeit senkrecht zur Falllinie verlaufen. Die Planung der Fahrspuren erfolgt auf Basis von digitalen Geländemodellen (Höhenkarten). Diese werden in Deutschland und anderen Ländern von den Vermessungsämtern bereitgestellt. Alternativ ist die Erstellung aus Überfahrten mit einem GNSS-Empfänger bei der Ernte oder anderen Feldarbeiten möglich.

Aus den Höhenkarten können mit einem GIS die Konturlinien, also die Pfade gleicher Höhe, berechnet werden. Die Konturlinien dienen dann als Grundlage für die Planung von Fahrspuren, die auf das Terminal eines Lenksystems übertragen werden.

Contour Farming ist dann sinnvoll, wenn Schläge eine starke Hangneigung aufweisen, die Böden aufgrund ihres Gefüges zu Erosion neigen oder vornehmlich Reihenfrüchte wie Mais, Kartoffeln oder Zuckerrüben angebaut werden. Durch die hangparallele Bewirtschaftung wird nach Niederschlagsereignissen die Fließgeschwindigkeit des Wassers durch die Pflanzenreihen deutlich reduziert und die Infiltration des Wassers gefördert.

4.1.6.5 Tractor Implement Management

TIM oder *Tractor Implement Management* bezeichnet eine Technologie, bei der Funktionen des Traktors durch das Anbaugerät (Abb. 4.15) und nicht durch den Bediener (Abb. 4.14) gesteuert werden.

Für die Kommunikation zwischen Traktor und Anbaugerät wird dabei der ISOBUS genutzt. Es werden hierbei besondere Anforderungen an das Traktorsteuergerät (T-ECU Class 3, Einführung CAN-Bus und ISO 11783) gestellt, die nicht jeder ISOBUS-fähige Traktor erfüllt.

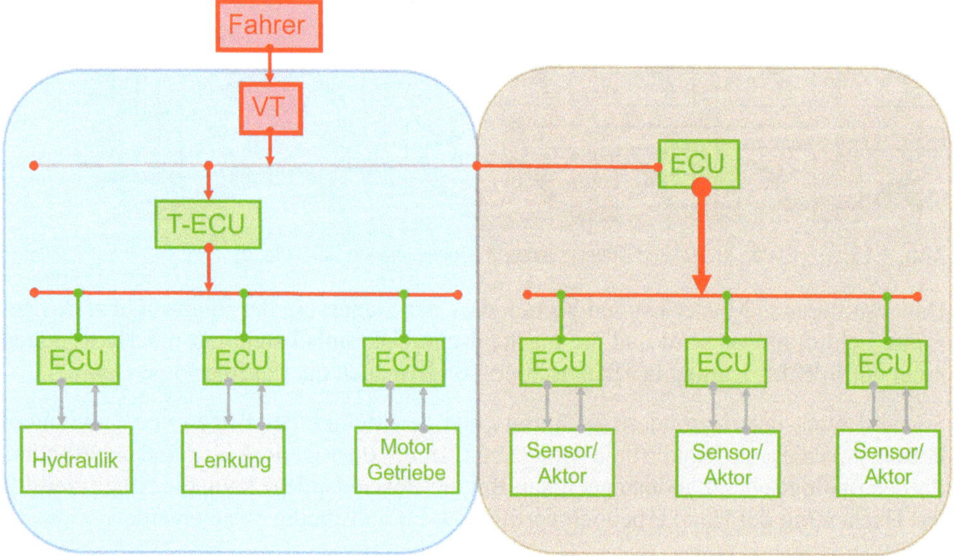

Abb. 4.14: Klassisches Bedienkonzept (Quelle: eigene Darstellung)

TIM ermöglicht es dem Anbaugerät, Befehle für die Steuerung der Front- und Heckhydraulik, die Betätigung von Steuerventilen und die Steuerung der Geschwindigkeit zu senden. Es gibt verschiedene Beispiele für die Umsetzung des Konzepts, die Marktverfügbarkeit ist jedoch wegen offener Haftungsfragen noch sehr eingeschränkt.

Ein gutes Beispiel für TIM ist die Steuerung der Geschwindigkeit eines Traktors bei der Einzelkornaussaat. Die Sämaschine überwacht dabei fortlaufend die Belegung der Säscheibe. Wird ein Grenzwert für Doppelbelegungen (mit zwei Körnern) oder Fehlbelegungen (kein Korn) überschritten, fordert die Sämaschine über den CAN-Bus eine Verringerung der Geschwindigkeit des Traktors an bzw. setzt einen neuen, niedrigeren Sollwert für die Geschwindigkeit. Solange der Grenzwert unterschritten wird, kann die Geschwindigkeit des Traktors gesteigert werden.

So wird sichergestellt, dass bei gleichbleibender Qualität der Saatgutablage immer die maximale Flächenleistung bei der Aussaat erzielt werden kann. Auf ähnliche Art und Weise steuern Ladewagen und gezogene Kartoffelvollernter die Geschwindigkeit auf Basis von Prozessparametern (Drehmoment Laderotor, Volumenstrom Förderband).

Ein weiteres Beispiel für TIM ist die Regelung der Vorfahrtsgeschwindigkeit der Gras- und Heubergung mit einem Ladewagen. Dabei wird das Volumen des Schwades mit einem Ultraschallsensor und das Drehmoment am Rotor des Ladewagens gemessen, über den CAN-Bus übertragen und von einem Steuergerät für die Berechnung der optimalen Vorfahrtsgeschwindigkeit genutzt.

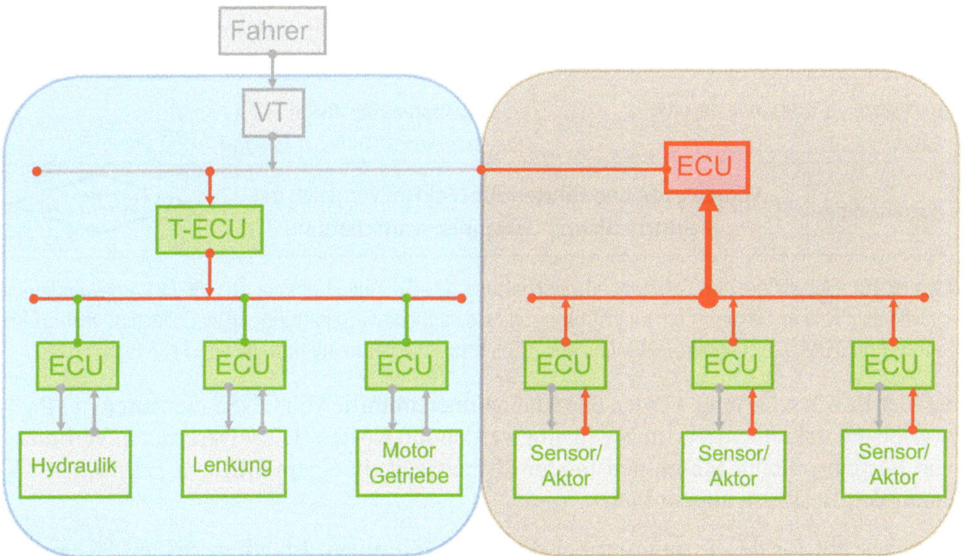

Abb. 4.15: Tractor Implement Management (TIM) (Quelle: eigene Darstellung)

TIM wird, wenn die Haftungsfragen geklärt sind und ein Sicherheitskonzept für kritische Situationen ausgearbeitet wurde, erheblich zur Effizienzsteigerung im Pflanzenbau beitragen können, da der Fahrer von der fortlaufenden Optimierung von Einstellungen entlastet wird.

4.1.6.6 Gewannebewirtschaftung

Die Gewannebewirtschaftung hat ihren Ursprung in kleinräumig strukturierten Gebieten mit sehr kleinen Flurstücken. Bei der Gewannebewirtschaftung werden benachbarte Felder zu einem oder mehreren großen Schlägen zusammengefasst, die danach effizienter (geringerer Vorgewendeanteil) und mit größeren Maschinen bewirtschaftet werden können. Sie wird auch als virtuelle Flurbereinigung bezeichnet. Im Gegensatz zur eigentlichen Flurbereinigung ändert sich jedoch nichts an den Besitzstrukturen (Abb. 4.16).

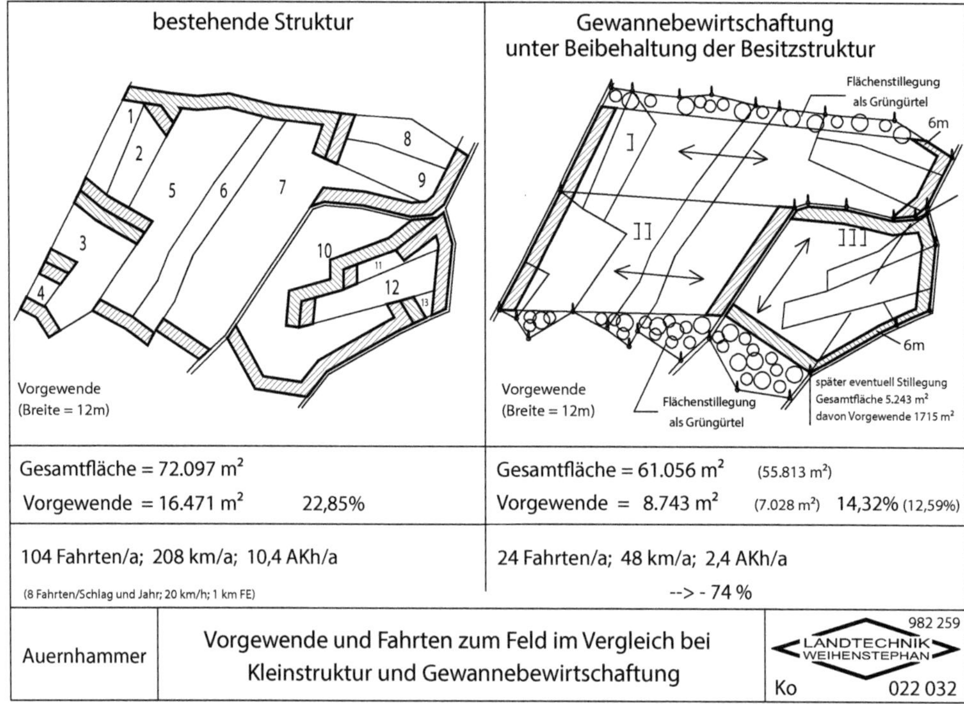

Abb. 4.16: Einzelfelder und Gewannebewirtschaftung (Quelle: Auernhammer, H. (2002): Vorgewende und Fahrten zum Feld im Vergleich bei Kleinstruktur und Gewannebewirtschaftung. AgTecCollection: Institut für Landtechnik TUM / Zeichenbüro, TU München 2009, http://mediatum.ub.tum.de/?id=733611)

Bei der Bewirtschaftung werden alle Maßnahmen mithilfe von GNSS-Sensoren mit Positionsbezug dokumentiert. Im Nachgang werden die Kosten (Dieselverbrauch, Verbrauch von Betriebsmitteln, Maschinenstunden, Arbeitszeit) in einem GIS den Teilflächen und damit den Besitzern zugeordnet.

Gleiches gilt für den Ertrag, der bei der Ernte mit einem Mähdrescher teilflächenspezifisch erfasst werden kann. Im Nachgang zur Ernte und der Vermarktung können die Kosten und der Ertrag flurstücksbezogen abgerechnet und den Besitzern zugewiesen werden. So kann die Bewirtschaftung von kleinen Flurstücken ohne aufwendige Neuordnung effizienter gestaltet werden und durch den Einsatz moderner Maschinen gegebenenfalls teilflächenspezifisch erfolgen.

Das Verfahren führt einerseits dazu, dass die Deckungsbeiträge und damit der Gewinn der Betriebe erheblich zunehmen können (Abb. 4.17). Gleichzeitig besteht durch die Neuordnung der Flur die Möglichkeit, auch ökologische Belange bei der Planung zu berücksichtigen (siehe Flächenstilllegung, Grüngürtel in Abb. 4.16).

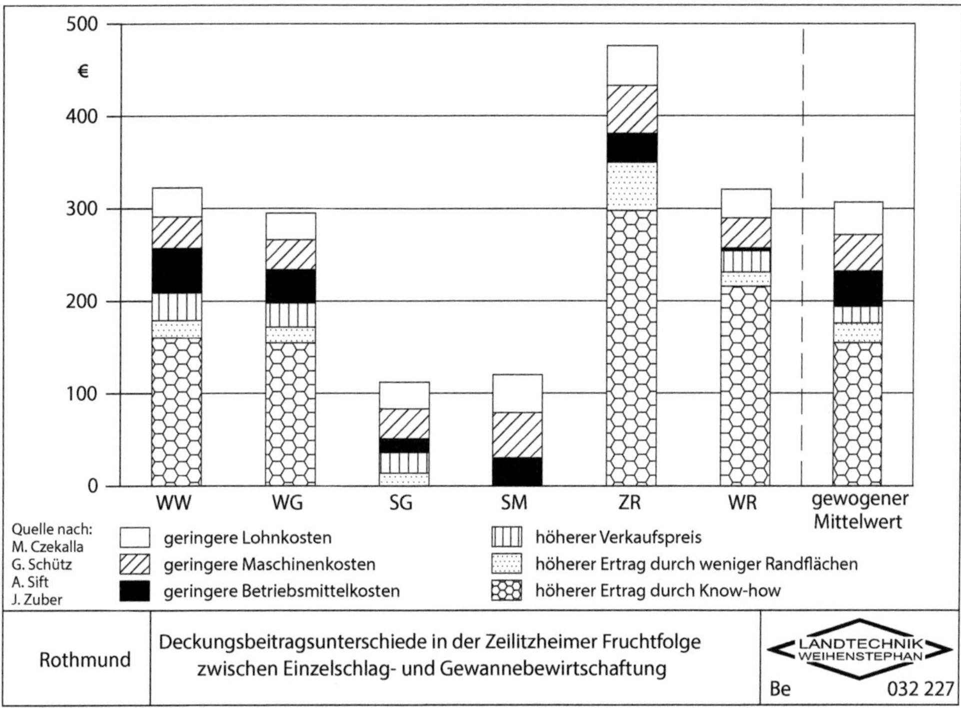

Abb. 4.17: Gewannebewirtschaftung und Effizienz (Quelle: Rothmund, M. (2003): Deckungsbeitragsunterschiede in der Zeilitzheimer Fruchtfolge zwischen Einzelschlag und Gewannebewirtschaftung. AgTecCollection: Lehrstuhl für Agrarsystemtechnik TUM / Zeichenbüro, TU München 2009, http://mediatum.ub.tum.de/?id=734108)

Dabei können bei der Gestaltung von neuen Strukturen gleichzeitig unförmige Flächenteile für die Ausweisung von Ausgleichsflächen (z. B. Greening) genutzt werden, sodass nach der Gestaltung Feldgrenzen und Vorgewende eine weitgehend gerade Form aufweisen.

4.1.7 Telemetrie

Die drahtlose Fernübertragung von Daten, die Telemetrie, spielt in der Landwirtschaft eine immer wichtigere Rolle. Einige sehen hierin das Neuartige im Digital Farming im Vergleich zum Precision Farming.

Sie erfolgt heute vorwiegend über Mobilfunk. Diese Technologie ist im Gegensatz zu anderen Formen der drahtlosen Datenübertragung weltweit verfügbar und vereinheitlicht.

Zudem sind die Kosten für die Datenübertragung mittels Mobilfunk in den vergangenen Jahren aufgrund des aufstrebenden Mobilfunkmarkts dramatisch gesunken.

Probleme bereitet der Mobilfunk hauptsächlich hinsichtlich der Abdeckung im ländlichen Raum. Die Datenübertragungsraten sind mittlerweile so hoch, dass die Menge der übertragenen Daten für landwirtschaftliche Anwendungen in den meisten Fällen nicht begrenzend sind. Es ist zu erwarten, dass das Mobilfunknetz in den kommenden Jahren weiter ausgebaut und modernisiert wird (5G-Standard).

Mittels Mobilfunk können Daten von einem mobilen Gerät auf ein anderes übertragen werden. In den meisten Fällen werden die Daten bei landwirtschaftlichen Anwendungen jedoch entweder von einem Server, also einem Rechner, der mit dem Internet verbunden ist, empfangen oder dorthin gesendet.

4.1.7.1 Übertragung von Korrekturdaten

Die bisher hinsichtlich der Telemetrie am weitesten verbreitete Anwendung ist die Übertragung von Korrekturdaten von Basisstationen oder aus einem Referenzstationsnetzwerk auf Traktoren. Sie werden dort von GNSS-Sensoren für die Korrektur von Positionsmessungen verwendet und stellen die Grundlage für die hochgenaue Positionsbestimmung im Bereich von 2,5 cm dar.

Die meisten Referenzstationen geben Korrekturdaten über eine Schnittstelle aus. Wenn die Daten über Mobilfunk übertragen werden sollen, ist ein sogenannter *Ntrip-Caster* erforderlich. Dabei handelt es sich um einen Rechner bzw. ein Programm, das die Daten umwandelt, über eine Netzwerkschnittstelle ausgibt und Anfragen bearbeiten kann. Einzelne Modelle verfügen bereits über einen eingebauten *Ntrip-Caster* und eine Netzwerkschnittstelle. Die Netzwerkschnittstelle des Caster wird in der Regel über einen handelsüblichen Router mit dem Internet verbunden und kann sich diese Verbindung mit anderen Geräten wie PCs oder SmartTVs teilen.

Die Übertragung von Korrekturdaten wird durch ein Mobilfunkmodem (ein Smartphone ohne Display) von einem Ntrip-Client gestartet. Er sendet über Mobilfunk eine Anfrage an den Caster und meldet sich dort mit einem Passwort und einem Login an. Ist dieser Prozess erfolgreich, werden die Korrekturdaten von der Referenzstation über den Ntrip-Caster und den Ntrip-Client zum GNSS-Empfänger auf der Maschine übertragen und von diesem für die Verbesserung der Positionsgenauigkeit genutzt (Abb. 4.18).

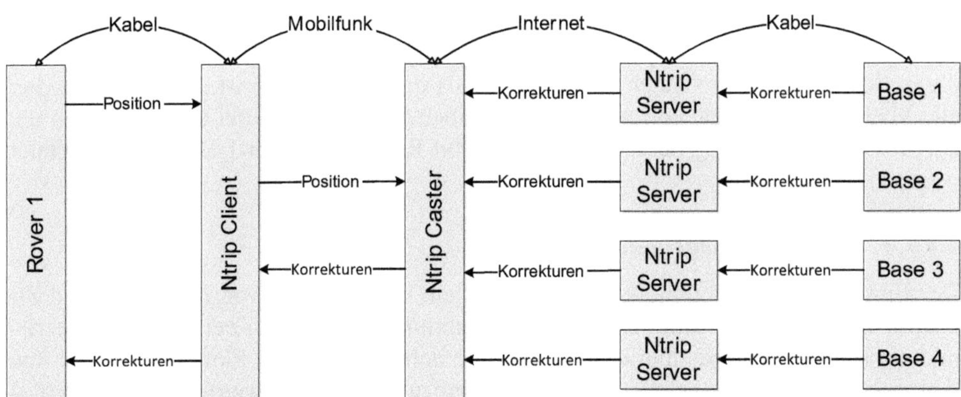

Abb. 4.18: RTK-Netzwerk mit Übertragung von Korrekturdaten über Mobilfunk (Quelle: eigene Darstellung)

Bei der Verbindung mit einem RTK-Netzwerkserver verläuft der Prozess ähnlich. Hier ist es allerdings zwingend erforderlich, dass die Position des GNSS-Empfängers über den Ntrip-Client zum Ntrip-Server übertragen wird. Ohne die Position kann der Server nicht die dem Fahrzeug nächstgelegenen Stationen bestimmen und aus diesen Korrekturen für den GNSS-Empfänger auf dem Fahrzeug berechnen.

4.1.7.2 Übertragung von Sollwertkarten

Die Übertragung von Sollwert- oder Applikationskarten für die teilflächenspezifische Bewirtschaftung mit mobilen Datenträgern wie USB-Sticks von einem PC auf ein Traktorterminal ist aufwendig, zeitraubend und fehlerträchtig.

Beim Kopieren der Aufträge müssen hinsichtlich des Dateinamens und der Verzeichnisstruktur bestimmte Rahmenbedingungen eingehalten werden. Zudem befinden sich die Fahrzeuge während der Aussaat, Dünge- oder Pflanzenschutzkampagnen nicht unbedingt regelmäßig in der Nähe der Hofstelle, sodass die Übertragung das Aufsuchen des Fahrzeugs erforderlich macht.

Vor diesem Hintergrund gewinnt die Übertragung von Sollwertkarten über Mobilfunk zunehmend an Bedeutung, denn nur so ist sichergestellt, dass die Sollwertkarten auch kurzfristig an die aktuellen Bedingungen wie das Wetter oder die Verfügbarkeit bestimmter Düngermischungen angepasst werden kann und mit geringem Aufwand, zeitnah und fehlerfrei auf ein Bedienterminal übertragen werden können.

4.1.7.3 Dokumentation

Für die Übertragung von im Feld erfassten Daten, die der Dokumentation in Form einer Ackerschlagkartei zugeführt werden sollen, und im Feld auf Mähdreschern oder Feldhäckslern erhobene Messungen zur Höhe des Ertrags und wertbestimmenden Qualitätsparametern gilt das Gleiche wie für Sollwertkarten: Die Übertragung mit USB-Sticks ist mühsam, zeitaufwendig und fehlerträchtig.

Aus diesem Grund wird sich die bei auf Smartphones installierten Apps bereits etablierte Übertragung von im Feld erhobenen Daten auf einen Server in Zukunft wohl auch für die in Schleppern eingebauten Bedienterminals durchsetzen. So ist sichergestellt, dass alle Maßnahmen zeitnah und vollständig in einer Ackerschlagkartei erfasst werden und dort für die Auswertung oder das Erstellen von Rechnungen für Lohnarbeiten genutzt werden können.

4.1.7.4 Flottenmanagement

Der Einsatz von Fahrzeugflotten spielt vor allem bei der Ernte von Kartoffeln und Zuckerrüben eine große Rolle. Die Bedeutung nimmt jedoch auch bei der Getreideernte und der Maisernte zu, da hier durch Lohnunternehmer vermehrt Flotten aus Ernte- und Abfuhrfahrzeugen für den effizienten Abfuhrprozess eingesetzt werden.

Zentraler Bestandteil des Flottenmanagements ist, dass alle Fahrzeuge die Position der anderen zu einer Flotte gehörenden Fahrzeuge kennen und die reibungslose Navigation zu den Schlägen bzw. den Schlüsselfahrzeugen wie Lademaus, Feldhäcksler und Mähdrescher jederzeit gewährleistet ist. Diese Anforderung kann durch Telemetriesysteme erfüllt werden: Sie übertragen die mit GNSS-Sensoren ermittelte Position aller Flottenteilnehmer regelmäßig mittels Mobilfunk auf einen Server.

Sie können von dort durch einen Disponenten oder andere Teilnehmer abgerufen und in einem GIS vor dem Hintergrund von Straßenkarten oder Luftbildern dargestellt werden. Zusätzlich können die Systeme auch für den Austausch von Nachrichten zwischen Fahrern sowie den Fahrern und dem Disponenten genutzt werden.

Das Einsparpotenzial, das durch die effiziente Abstimmung von Ernte- und Abfuhrprozessen aufgrund der Bereitstellung aktueller Positionen und Informationen entsteht, ist wegen der hohen Gesamtkosten einer Flotte aus Ernte-, Ladefahrzeug und mehreren Zugmaschinen mit Anhängern erheblich. Dies gilt vor allem deshalb, weil eine verspätete Ernte oder Abfuhr von Erntegut zu erheblichen Qualitätseinbußen und einem damit einhergehenden Rückgang des Marktpreises führen kann.

4.1.7.5 Ferndiagnose und Support

Traktoren und Selbstfahrer werden immer größer und haben außerdem einen stark zunehmenden Umfang von Einstellmöglichkeiten. Gleichzeitig sinkt die Verfügbarkeit von erfahrenen und gut geschulten Fahrern.

Dies führt vermehrt dazu, dass große Maschinen aufgrund der mit den hohen Investitionskosten verbundenen laufenden Kosten durch Bedienfehler oder leicht zu behebende Schäden nicht eingesetzt werden können und damit steigende Kosten bei landwirtschaftlichen Betrieben oder Lohnunternehmen verursachen.

Mithilfe von Mobilfunk kann eine Verbindung zwischen einem Rechner beim Hersteller oder Händler und dem Terminal oder Steuergeräten auf der Maschine hergestellt werden. Diese Verbindung ermöglicht Spezialisten, Anwender bei Bedienungsproblemen zu unterstützen oder die Einstellungen einer Maschine zu optimieren (z. B. Drusch- und Reinigungseinstellungen Mähdrescher).

Weiterhin ist es teilweise möglich, Fehlerursachen oder Defekte auf Maschinen aus der Ferne festzustellen. So können Reparaturen vor Ort schneller durchgeführt oder die Lieferung von Ersatzteilen beschleunigt werden. Die Ferndiagnose ist bei großen, mobilen Arbeitsmaschinen im Baumaschinenbereich bereits weitverbreitet.

Die Kosten für den Ausfall einer Maschine sind hier besonders hoch. Durch den zunehmenden Einsatz weniger großer Maschinen und die Verkettung von mehreren Geräten zu Flotten, nehmen die Kosten beim Ausfall einer Maschine auch in der Landwirtschaft ständig zu.

4.1.8 Ökonomische Bewertung digitaler Technologien auf Ebene des landwirtschaftlichen (Ackerbau-)Betriebs

Prof. Dr. Simon Walther, Prof. Dr. Peter Breunig,
Hochschule Weihenstephan-Triesdorf

4.1.8.1 Einleitung

Für Entscheidungsträger landwirtschaftlicher Betriebe, aber auch für Anbieter digitaler Lösungen ist es wichtig, deren ökonomische Auswirkungen auf Ebene des landwirtschaftlichen Betriebs zu verstehen. Landwirtschaftliche Entscheidungsträger benötigen dieses Verständnis, um möglichst objektiv die richtigen (Investitions-)Entscheidungen für ihren Betrieb tätigen zu können. Technologieanbieter wiederum müssen die ökonomischen Auswirkungen ihrer Angebote am landwirtschaftlichen Betrieb verstehen, um den Nutzen ihres Produkts bei der Markteinführung an die Kunden auch kommunizieren zu können und eine diesem Mehrwert angemessene Preissetzung vorzunehmen (wertbasierte Preisgestaltung). Auch schon vorher, in einem frühen Stadium der Produktentwicklung, wenn Entwicklungs- und Herstellungskosten des Endprodukts noch gar nicht vollständig absehbar sind, kann die Quantifizierung des ökonomischen Nutzens potenzieller Lösungen einem Hersteller dabei helfen, Entwicklungsprojekte zu priorisieren.

Die ökonomische Bewertung digitaler Lösungen auf Ebene des landwirtschaftlichen Betriebs erfolgt durch einen Vergleich der Situation mit und ohne den Einsatz der entsprechenden Lösung. Gegenüber der Referenzsituation generiert der Einsatz der digitalen Lösung (hoffentlich) einen Nutzen für den landwirtschaftlichen Betrieb. Dieser kann aus ökonomischer Sicht darin bestehen, dass (z. B. durch Ertragssteigerungen) Erlöse erhöht und/oder (z. B. durch effizienteren Betriebsmitteleinsatz) Kosten gesenkt werden. Demgegenüber stehen neue durch den Einsatz der Lösung hervorgerufene Kosten (z. B. Lizenzgebühren). Der Fokus dieses Kapitels liegt ausschließlich auf digitalen Lösungen im Ackerbau. Die zugrunde liegende Logik kann aber auch auf andere Betriebstypen übertragen werden.

Im Folgenden wird zunächst in Abschn. 4.1.8.2 aufgezeigt, welche Arten von Nutzen digitale Lösungen für landwirtschaftliche Betriebe generieren können. Anschließend wird in Abschn. 4.1.8.3 dargelegt, wie sich dieser Nutzen in Form von Erlössteigerungen und Kostensenkungen ökonomisch auswirkt, und in Abschn. 4.1.8.4 dargelegt, wie die Kosten ermittelt werden, die durch den Einsatz der digitalen Lösungen am landwirtschaftlichen Betrieb entstehen, um damit zu einer ökonomischen Gesamtbewertung zu kommen. In Abschn. 4.1.8.5 werden Einschränkungen der ökonomischen Bewertung digitaler Lösungen aufgezeigt und schließlich in Abschn. 4.1.8.6 die vorher dargestellten Ansätze an Beispielen verdeutlicht.

4.1.8.2 Verschiedene Arten durch digitale Tools generierten Nutzens

Hier wird zunächst dargelegt, welche grundlegenden Arten von Nutzen durch digitale Lösungen auf einem landwirtschaftlichen Betrieb generiert werden (können).

1) Verbesserungen im Bereich der Arbeitserledigung

Digitale Lösungen können dazu beitragen, die Ausführung von Arbeiten wie Aussaat, Pflanzenschutzapplikationen oder Düngerapplikationen zu verbessern. Diese Verbesserungen finden in zwei Dimensionen statt: höhere Präzision und höhere Produktivität.

1a) Höhere Präzision

Höhere Präzision bei der Arbeitserledigung kann sich auf die folgenden drei Arten ausdrücken:

1. *Verringerte Variabilität bei definierten Parametern der Arbeitsqualität:* Technologien wie beispielsweise moderne digitale Überwachungseinrichtungen an Einzelkornsägeräten ermöglichen es, die Fahrgeschwindigkeit des Traktors so anzupassen, dass eine definierte Vereinzelungs- und Ablagegenauigkeit eingehalten wird. NIRS-Sensoren ermöglichen bei der Gülleausbringung eine präzisere Regelung der Ausbringmenge nach Nährstoffgehalten. Beim Mähdrusch ermöglichen es sensorbasierte automatisierte Systeme, auch unter wechselnden Bedingungen die Einstellungen stets so anzupassen, dass die Druschqualität konstant bleibt.
2. *Verringerte Überlappungen durch Technologien wie automatische Lenksysteme und Teilbreitenschaltungen:* GNSS-basierte automatische Lenksysteme, insbesondere in Verbindung mit hochpräzisen Korrektursignalen wie RTK, verringern Überlappungen zwischen den Bearbeitungsstreifen von Maschinen auf dem Feld. Die GNSS-basierte automatisierte Schaltung von Teilbreiten, Einzeldüsen oder Säeinheiten (Section Control) verringert Überlappungen insbesondere an Vorgewenden und in unregelmäßig geformten Schlägen.
3. *Anpassung der Applikation von Betriebsmitteln und Maschineneinstellungen an Variabilität unterhalb der Schlagebene:* Technologien wie z. B. die teilflächenspezifische Ausbringung von Betriebsmitteln (Variable Rate Application – VRA) oder die bilderkennungsbasierte Applikation von Pflanzenschutzmitteln nur auf Zielpflanzen (Spot Spraying) ermöglichen es, die Applikation von Produktionsmitteln zonenspezifisch oder sogar bis auf Ebene der Einzelpflanze zu variieren. Das ermöglicht eine bessere Anpassung an variierende Bodeneigenschaften, Hangneigung, Unkrautverteilung und andere Faktoren, die einen Einfluss auf das Pflanzenwachstum haben. Die Bodenbearbeitung mit variabler Arbeitstiefe oder die Aussaat mit variabler Saattiefe ermöglichen eine Anpassung von Maschineneinstellungen an Variabilität unterhalb der Schlagebene.

1b) Produktivitätssteigerungen

Digitale Lösungen können Verbesserungen bei der Ausführung von Arbeiten durch die Erhöhung der Produktivität pro eingesetzter Arbeitskraftstunde und/oder pro eingesetzter Maschinenstunde bewirken.

1. *Verringerte Überlappungen* zwischen Bearbeitungsstreifen im Feld durch automatische Lenksysteme erhöhen die Produktivität pro eingesetzter Arbeitskraft- und Maschinenstunde. Dies spielt insbesondere bei großen Arbeitsbreiten eine Rolle, da dort exaktes händisches Anschlussfahren schwieriger als bei geringeren Arbeitsbreiten und auf Dauer sehr anstrengend ist.
2. *Höhere Arbeitsgeschwindigkeit*: Digitale Lösungen, die die Maschinenleistung analysieren und entweder den Fahrer dabei unterstützen, die Maschineneinstellungen konstant zu optimieren oder diese Anpassungen automatisieren, ermöglichen es, Maschinen stets mit optimaler Leistung zu betreiben. Mit optimaler Leistung ist dabei die maximal mögliche Leistung (i. d. R. Fahrgeschwindigkeit) gemeint, bei der die geforderten Arbeitsqualitätsparameter (z. B. Druschverluste, Ablagegenauigkeit ...) noch eingehalten werden. Beispiele für solche Systeme sind Monitoringsysteme an Einzelkornsägeräten (ggf. mit automatischer Fahrgeschwindigkeitsregelung über Tractor-Implement-Management – TIM) oder Systeme zur automatisierten Anpassung von Mähdreschereinstellungen. Solche Systeme sind insbesondere dann oft besser darin, die optimale Arbeitsgeschwindigkeit einzuhalten, wenn an langen Arbeitstagen die Aufmerksamkeit auch eines geübten Fahrers nachlässt.
3. *Hochautomatisierte und autonome Systeme*. Die Produktivität pro eingesetzter Arbeitsstunde kann erheblich reduziert werden, wenn Maschinen autonom arbeiten (z. B. Feldroboter). Dies führt dazu, dass der Maschinenbediener entweder mehrere Maschinen parallel managen kann oder alternativ Arbeitskapazität für andere Tätigkeiten frei wird.
4. *Verringerung von Ausfallzeiten*. Digitale Technologien ermöglichen die Ferndiagnose von Maschinen, Anwenderunterstützung aus der Ferne, vorausschauende Wartung durch die Vorhersage von Ausfällen (*Predictive Maintenance*) und andere Lösungen, die Maschinenausfälle verringern und die Produktivität erhöhen.

2) Verbesserung von Managementprozessen

Digitale Lösungen können dabei helfen, Managementprozesse zu beschleunigen und Fehler zu verringern.

2a) Vereinfachung von Aufgabenplanung, Dokumentation und Controlling

Digitale Farm-Management-Informationssysteme (FMIS) verringern Zeitaufwand und Fehleranfälligkeit in der Aufgabenplanung und -ausführung. In Kombination mit Telemetriesystemen können geplante Aufgaben über Mobilfunk auf Maschinen gesendet werden und die Ausführung kann vom Büro aus überwacht werden. Auch die Dokumentation kann vereinfacht und teilweise auch automatisiert werden.

2b) Verbesserung von Ein- und Verkauf

Digitale Handelsplattformen können den Bezug von Produktionsmitteln und den Verkauf erzeugter Produkte einschließlich der erforderlichen Logistik vereinfachen. Sie ermöglichen im Vergleich zur bisherigen Praxis den Zugang zu einer größeren Anzahl an Verkäufern und Käufern und ermöglichen ein schnelleres Einholen von Angeboten. Zusätzlich können über Disintermediation (die Eliminierung von Handelsstufen, z. B. Landhändler aus der Wertschöpfungskette) sowie Nachfrage- und Angebotsaggregation (mehrere Landwirte bündeln ihre Nachfrage bzw. ihr Angebot) bessere Handelskonditionen erzielt werden.

3) Verbesserte Entscheidungsfindung

Neben der verbesserten Ausführung von Aufgaben und Prozessen („doing things right") können digitale Lösungen auch Mehrwert generieren, indem sie bessere Entscheidungen ermöglichen („doing the right things").

3a) Agronomische Entscheidungen

Im Ackerbau ist eine Vielzahl agronomischer Entscheidungen zu treffen. Beispielsweise ist festzulegen, welche Betriebsmittel (Dünger, Pflanzenschutzmittel ...) in welcher Aufwandmenge wie und zu welchem Zeitpunkt appliziert werden sollten. Wenn Betriebsmittel teilflächenspezifisch oder sogar einzelpflanzenspezifisch ausgebracht werden sollen, nimmt die Anzahl zu treffender Entscheidungen erheblich zu. Digitale Systeme, die auf Pflanzen- bzw. Krankheitsmodellen, Expertensystemen oder maschinellem Lernen basieren, können bessere oder schnellere Entscheidungen ermöglichen (die z. B. zu höheren Erträgen oder geringeren Aufwandmengen führen). Zunehmend werden am Markt auch Lösungen angeboten, die nicht mehr nur Entscheidungen unterstützen, sondern im Rahmen des sog. „Prescription Farming" Entscheidungsprozesse weitgehend automatisieren. Ein solches System könnte beispielsweise während einer ganzen Saison vorgeben, welche Pflanzenschutzmittel zu welchen Zeitpunkten und in welchen Aufwandmengen in einem bestimmten Bestand einzusetzen sind.

3b) Entscheidungen mit Maschinenbezug

Landwirtschaftliche Betriebe müssen verschiedene maschinenbezogene Entscheidungen treffen: Fragen hinsichtlich der Logistik des Maschineneinsatzes (z. B. welche Maschinen sollen wann und wo welche Aufgaben übernehmen?), Maschineneinstellungen sowie Entscheidungen hinsichtlich Wartung und Reparaturen (z. B. wann sind welche Teile zu tauschen?). Telemetriesysteme, die Sensoren an den Maschinen in Kombination mit Auswertungsalgorithmen nutzen, erlauben es Landwirten, ihre Entscheidungsfindungsprozesse zu verbessern, und ermöglichen effizientere Logistik, verbesserte Maschineneinstellungen und eine optimierte Reparaturplanung (*Predictive Maintenance*).

3c) Geschäftliche Entscheidungen

Landwirtschaftliche Entscheidungsträger müssen im Jahresverlauf diverse geschäftliche Entscheidungen, wie zum Beispiel Ein- und Verkaufsentscheidungen, treffen. Auf einem längeren zeitlichen Betrachtungshorizont müssen Entscheidungen über Landpacht- bzw. -kauf und die Art der Flächennutzung getroffen werden. Digitale Plattformen können die regelmäßig auftretenden geschäftlichen Entscheidungen durch Zurverfügungstellen von

Marktinformationen unterstützen. Auch strategische Entscheidungen im Zusammenhang mit der Flächennutzung und dem Flächenwachstum können von Instrumenten wie teilflächenspezifischen Deckungsbeitragskarten oder digitalen Plattformen, die Informationen zu Landpreisen und -bonitäten liefern, profitieren.

4 Ermöglichen neuer Produktionssysteme

Neben Verbesserungen bei der Ausführung einzelner Arbeiten können digitale Technologien auch neue Anbausysteme ermöglichen. Controlled Traffic Farming beispielsweise ist ein Anbausystem, in dem sich Maschinen nur auf dauerhaft festgelegten Fahrspuren bewegen, wodurch auf dem Rest der Fläche deutlich weniger Bodenverdichtung entsteht. Strip Tillage ist ein Anbausystem, in dem sich die Bodenbearbeitung auf schmale Streifen beschränkt, in die dann zentimetergenau die Kultur gesät wird. Beide Systeme werden durch automatische Lenksysteme mit RTK-Korrektursignal ermöglicht. In der Zukunft könnten kleine autonome Maschinen neue Anbausysteme mit mehr kleinräumiger Diversität in der Fläche (Kulturarten, Landschaftselemente ...) sowie geringerer Bodenverdichtung als mit den gängigen Großmaschinen ermöglichen.

5 Zurverfügungstellung von Daten für Partner entlang der Wertschöpfungskette

Digitale Betriebsdaten können Mehrwert für vor- und nachgelagerte Partner entlang der Wertschöpfungskette liefern. Im vorgelagerten Bereich können beispielsweise Maschinendaten oder agronomische Daten den Herstellern von Landmaschinen bzw. Betriebsmitteln dabei helfen, deren Angebot zu optimieren. Wenngleich es bisher nur sehr wenige Fälle gibt, in denen landwirtschaftliche Betriebe direkt für deren Daten bezahlt werden, wäre dies grundsätzlich möglich und könnte zusätzliche Wertschöpfung für landwirtschaftliche Betriebe ermöglichen.

Daten landwirtschaftlicher Betriebe können auch Mehrwert für nachgelagerte Partner in der Wertschöpfungskette liefern. In diesem Fall kann die Rückverfolgbarkeit bestimmter Produktionsmethoden oder Umweltvorteile mittels digitaler Daten sichergestellt werden. Dadurch entstehen Möglichkeiten für landwirtschaftliche Betriebe, ihre produzierten Güter am Markt zu differenzieren und unmittelbar auf Kundenwünsche einzugehen. Wenngleich diese Systeme noch in Entwicklung sind, scheint erhebliches Potenzial für landwirtschaftliche Betriebe zu bestehen, über solche Systeme höhere Preise und zusätzliche Erlöse (z. B. für die Sequestrierung von Kohlenstoff im Boden) zu erzielen.

4.1.8.3 Ermittlung des ökonomischen Nutzens digitaler Lösungen

Für die ökonomische Bewertung digitaler Lösungen auf Ebene des landwirtschaftlichen Betriebs macht es Sinn, zunächst den generierten *Nutzen* herauszuarbeiten und zu quantifizieren sowie anschließend in einem nächsten Schritt das Gleiche für die *Kosten* zu tun.

Bei der Ermittlung von Nutzen und Kosten wird jeweils die betriebliche Situation mit und ohne Einsatz der digitalen Lösung miteinander verglichen. Zu betrachten sind dabei – wie bei der ökonomischen Bewertung anderer betrieblicher Veränderungen auch – nur die Positionen, die sich zwischen diesen beiden Szenarien unterscheiden, die also vom Einsatz der digitalen Lösung beeinflusst werden. Soll beispielsweise ein Feldroboter ökonomisch bewertet werden, der ausschließlich in Zuckerrüben zum Einsatz kommt, während alles andere gleich bleibt, dann hat er dort (hoffentlich) eine kostensenkende oder erlössteigernde Wirkung, nicht aber in anderen Kulturen. Es sei denn, der Einsatz in der Zuckerrübe hätte einen fruchtfolgeübergreifenden Effekt (z. B. eine geringere Bodenverdichtung, die auch in anderen Kulturen noch positive Ertragseffekte hat). In dem Fall müsste auch die positive Auswirkung auf Kosten und Erlöse in den betroffenen anderen Kulturen dem Feldroboter zugute gerechnet werden.

Um den durch den Einsatz digitaler Lösungen am landwirtschaftlichen Betrieb generierten *Nutzen* ökonomisch zu quantifizieren, ist es erforderlich, die über die in Abschn. 4.1.8.2 dargestellten Mechanismen ausgelösten Kostensenkungen und/oder Erlössteigerungen zu ermitteln.

In der Regel drückt sich der Nutzen digitaler Lösungen in einer Steigerung der *Erlöse*, einer Senkung der *Direkt-* und/oder einer Senkung der *Arbeitserledigungskosten* eines oder mehrerer Produktionsverfahren (im Beispiel oben: dem Zuckerrübenanbau) aus.[1] Die Gesamtheit dieser positiven Effekte ergibt den ökonomischen Nutzen der digitalen Lösung auf Betriebsebene. Somit macht es in der Regel Sinn, die Nutzenbetrachtung zunächst auf Ebene der relevanten Produktionsverfahren durchzuführen und die Effekte dann für den Gesamtbetrieb aufzuaddieren.

Die *Erlöse* eines Produktionsverfahrens ergeben sich aus dem Produkt Ertrag mal Preis für die Haupt- und Nebenprodukte. Digitale Lösungen können hier Mehrwert schaffen, indem sie höhere Erträge und/oder Preise ermöglichen. Bei manchen digitalen Lösungen können potenziell auch zusätzliche Erlösquellen erschlossen werden, beispielsweise, wenn betriebliche Daten Dritten gegen Entgelt zur Verfügung gestellt werden.

Die relevanten *Kosten*gruppen, die durch den Einsatz digitaler Lösungen gesenkt werden können, sind in erster Linie die *Direkt-* und *Arbeitserledigungskosten* der jeweiligen Produktionsverfahren.

Bei den *Direktkosten* handelt es sich um diejenigen Kosten, die aus dem Einsatz von Betriebsmitteln (z. B. Saatgut, Pflanzenschutzmittel, Dünger ...) entstehen. Sie setzen sich zusammen aus Menge mal Preis der jeweiligen Betriebsmittel.[2]

Arbeitserledigungskosten sind die Kosten, die durch die Durchführung eines Arbeitsverfahrens (z. B. einer Überfahrt mit einem Traktor und einem Arbeitsgerät) entstehen. Sie setzen sich zusammen aus variablen und fixen Arbeitserledigungskosten. Die *variablen Arbeitserledigungskosten* beinhalten Personalkosten[3] sowie die variablen Kosten der Ar-

[1] Kosten- und Erlöspositionen nach der Systematik der DLG-Betriebszweigabrechnung (vgl. Schroers & Krön 2019).

[2] Umlaufkapital (Kapital, das beispielsweise in Form von Betriebsmitteln im Ackerbau weniger als ein Jahr gebunden ist) wäre grundsätzlich auch zu verzinsen. Bei der Größenordnung der durch digitale Technologien bewirkten Veränderungen sind die Auswirkungen auf die Zinskosten für Umlaufkapital aber sehr klein. Daher wird im Weiteren auf eine Betrachtung der Zinskosten von Umlaufkapital der Einfachheit halber verzichtet.

[3] Im Folgenden wird nicht zwischen variablen Personalkosten (z. B. Lohn von Aushilfskräften) und fixen Personalkosten (z. B. Gehalt festangestellter Mitarbeiter) unterschieden. Arbeitszeiteinsparung ist oft ein wesentlicher Beweggrund für den Einsatz digitaler Technologien. Um diesbezügliche Veränderungen zu bewerten, werden alle Arbeitseinsparungen (oder Mehrarbeit) mit einem Preis (Lohnkosten oder Opportunitätskosten) versehen.

beitsmittel (z. B. Kraftstoff für Maschinen). Die *fixen Arbeitserledigungskosten* beinhalten die fixen Kosten der Arbeitsmittel (z. B. Abschreibung und Zinsen von Maschinen). Weitere Kostenpositionen (Gebäude-, Flächen-, Rechte- und Gemeinkosten) werden durch digitale Lösungen in der Regel nicht gesenkt.

Der ökonomische Nutzen, der über eine digitale Lösung erzeugt wird, ergibt sich demnach aus der Summe der Änderungen von Erlösen, Direkt- und Arbeitserledigungskosten der von der Lösung beeinflussten Produktionsverfahren. Tabelle 4.3 stellt nun die Verbindung zwischen den in Abschn. 4.1.8.2 ausgeführten Nutzenarten digitaler Lösungen und deren ökonomischen Auswirkungen her, indem sie darstellt, welche Arten generierten Nutzens welche Erlös- und Kostenpositionen beeinflussen können.

Tabelle 4.3: Mögliche Beziehungen zwischen dem durch digitale Lösungen generierten Nutzen und Erlös- und Kostenpositionen auf Ebene des landwirtschaftlichen Betriebs

Arten von digitalen Technologien generierten Nutzens	**Beeinflusste Erlös-/Kostenpositionen**				
	Ertragssteigerung	Preissteigerung	Zusätzliche Erlösströme	Senkung Direktkosten	Senkung Arbeitserledigungskosten
1 Verbesserungen im Bereich der Arbeitserledigung					
a) Höhere Präzision					
• Geringere Variabilität bei definierten Parametern der Arbeitsqualität (z. B. Mähdrescher-Automatisierung, Saatgutablageüberwachung, Gülleapplikation mit NIR-Sensor)	x	x		x	
• Verringerte Überlappungen (z. B. automatische Lenksysteme, automatische Teilbreitenschaltungen)	x			x	
• Anpassung an kleinräumige Variabilität (z. B. teilflächenspezifische Düngung, Spot Spraying)	x	x		x	
b) Produktivitätssteigerungen					
• Verringerte Überlappungen (z. B. Automatische Lenksysteme)					x
• Höhere Arbeitsgeschwindigkeit (z. B. Mähdrescher-Automatisierung, Saatgutablageüberwachung)					x
• Hochautomatisierte/Autonome Systeme (autonome Feldroboter)					x
• Verringerung Ausfallzeiten (z. B. Ferndiagnose, Fernunterstützung)	x	x		x	x
2 Verbesserung von Managementprozessen (z. B. Farm Management-Informationssysteme, digitale Handelsplattformen)		x		x	x
3 Verbesserte Entscheidungsfindung					
a) agronomische Entscheidungen (z. B. krankheitsmodellbasierte Pflanzenschutzempfehlungen)	x	x		x	x
b) Entscheidungen mit Maschinenbezug (z. B. Predictive Maintenance)	x	x		x	x
c) Geschäftliche Entscheidungen (z. B. Teilflächenspezifische Deckungsbeitragskarten)	x	x		x	x
4 Ermöglichen neuer Produktionssysteme (z. B. Controlled Traffic Farming, Strip Tillage)	x			x	x
5 Zurverfügungstellung von Daten für Partner entlang der Wertschöpfungskette (z. B. Dokumentations- und Zertifizierungssysteme)		x	x		

Die Tabelle stellt mögliche Zusammenhänge zwischen den verschiedenen Arten durch digitale Technologien generierten Nutzens und den davon beeinflussten Erlös- und Kostenpositionen am landwirtschaftlichen Betrieb dar. Beispiel: Höhere Präzision in Form geringerer Überlappungen kann zu Ertragssteigerungen und Senkung von Direktkosten z. B. durch geringeren Düngerverbrauch führen. Die dargestellten Zusammenhänge stellen jeweils Möglichkeiten dar und müssen nicht immer so auftreten. Z. B. kann eine Verringerung von Ausfallzeiten zu höheren Erträgen führen, wenn ansonsten ausfallbedingt Feldarbeitstermine verpasst würden. Das ist aber nicht immer so.

4.1.8.4 Ermittlung der Kosten digitaler Lösungen

Dem ökonomischen Nutzen, den digitale Lösungen generieren, stehen die Kosten gegenüber, die durch die Anwendung dieser Technologien entstehen. Diese teilen sich auf in *fixe* (nicht nutzungsabhängige) und *variable* (nutzungsabhängige) *Kosten.*

Die *Fixkosten* digitaler Lösungen setzen sich aus einmalig auftretenden (und damit abzuschreibenden und zu verzinsenden) sowie wiederkehrenden Fixkosten zusammen.

Die einmalig auftretenden Fixkosten bestehen aus den folgenden Positionen:

- Bei den *Anschaffungskosten* kann es sich um den Kaufpreis von Hardware (z. B. einen GNSS-Receiver) handeln, aber auch einmalig zu bezahlende Lizenzgebühren (z. B. Freischaltung einer Funktion auf einem Maschinenterminal) sind wie Anschaffungskosten zu werten.
- Bei den *Kosten der Ersteinrichtung* handelt sich es um die Kosten, die durch die Installation und Inbetriebnahme entstehen (z. B. Installation eines NIR-Sensors auf einem Feldhäcksler oder Installation einer Software). Diese können Personal-, Material- und Dienstleistungskosten beinhalten.
- Einmalig auftretende *Lern- und Schulungskosten* bestehen aus den Personalkosten der betrieblichen Mitarbeiter (aufzuwendende Zeit) sowie den Kosten für Kurse, Anwendungsberater und dgl., die einmalig (normalerweise bei Einführung der digitalen Lösung) auftreten.

Wiederkehrende Fixkosten setzen sich zusammen aus den folgenden Positionen:

- *Lizenz- und Datenübertragungskosten* können nutzungsunabhängig wiederkehrend auftreten; Beispiele wären in Form eines Jahresabonnements auftretende Lizenzgebühren einer Software oder Datenübertragungskosten für ein RTK-Korrektursignal in Form einer Datenflatrate.
- Neben einmaligen *Lern- und Schulungskosten* können solche Kosten auch wiederkehrend auftreten, z. B. in Form regelmäßiger Weiterbildungen.
- *Wartungskosten* fallen teilweise unabhängig von der Nutzung an, z. B. in Form jährlicher Wartungsintervalle bei einem Feldroboter.
- *Kosten für Steuern, Versicherung und technische Überwachung* fallen nur bei einzelnen digitalen Lösungen an, beispielsweise in Form einer Haftpflichtversicherung für Feldroboter.

Die variablen Kosten digitaler Lösungen setzen sich zusammen aus den folgenden Positionen:

- *Variable Personalkosten*[4]
  Wenn beispielsweise Applikationskarten auf einem landwirtschaftlichen Betrieb erstellt werden, ist dafür ein gewisse Arbeitszeit erforderlich. Diese hängt von der Anzahl der Felder ab, für die diese Applikationskarten erzeugt werden.

[4] Mit variablen Personalkosten sind in diesem Kontext die Kosten von Arbeitszeit gemeint, die mit dem Einsatzumfang der digitalen Technologie variieren (in Form pagatorischer Kosten oder Opportunitätskosten).

- *Variable Lizenz- und Datenübertragungskosten*
Die Kosten für Lizenzen, Softwareabonnements und Datenübertragung sind manchmal nutzungsabhängig und damit variabel.
- *Variable Reparatur- und Wartungskosten*
Die Hardwarekomponenten digitaler Lösungen können nutzungsabhängige Reparaturen oder Wartungsarbeiten erfordern. Ein Beispiel wäre das Schutzglas von NIRS-Sensoren, wie sie auf Feldhäckslern zum Einsatz kommen können. Dieses muss in Abhängigkeit von Einsatzumfang regelmäßig wegen Verschleiß gewechselt werden.
- *Leistungsabhängige Abschreibungs- und Zinskosten* treten auf, wenn Technik über der Abschreibungsschwelle ausgelastet wird, sodass nicht mehr Überalterung die Nutzungsdauer begrenzt, sondern der Verschleiß durch die Nutzung. Dies ist bei digitalen Technologien nur in Ausnahmenfällen relevant (beispielsweise wenn ein Feldroboter mit sehr hoher Auslastung betrieben wird).

Neben den genannten von der digitalen Lösung unmittelbar verursachten fixen und variablen Kosten kommt es darüber hinaus manchmal vor, dass eine digitale Lösung auf Ebene der Produktionsverfahren zwar positive Auswirkungen auf einzelne Kosten- und Erlöspositionen hat (siehe Abschn. 4.1.8.3), gleichzeitig aber andere dieser Positionen negativ beeinflusst werden. Spot Spraying[5] beispielsweise verringert die Kosten blattaktiver Herbizide (Direktkosten), kann aber eventuell die Arbeitserledigungskosten aufgrund geringerer möglicher Fahrgeschwindigkeiten erhöhen. Diese von der digitalen Lösung hervorgerufenen Kosten müssen auch berücksichtigt werden.

4.1.8.5 Einschränkungen der ökonomischen Bewertung digitaler Lösungen

Bei der ökonomischen Bewertung digitaler Lösungen sind auch einige Einschränkungen zu beachten. Einerseits gibt es entscheidungsrelevante Aspekte, die ökonomisch nur schwer quantifizierbar sind. Andererseits ist bei manchen Technologien der Nutzen sehr jahres- und standortabhängig und/oder dieser nur aufwendig nachweisbar und dadurch die Sichtbarkeit des generierten Nutzens gering.

1. Mehrere Aspekte, die für die Bewertung digitaler Lösungen ausschlaggebend sind, lassen sich in ökonomischer Hinsicht nur schwer quantifizieren. Einige Beispiele sind: Arbeitsentlastung und erhöhter Komfort des Bedieners durch Automatisierungsfunktionen (z. B. automatisches Lenksystem), Sorgenfreiheit durch Sensor- und Überwachungssysteme (z. B. Saatgutablagemonitoring an einer Einzelkornsämaschine), steigendes soziales Ansehen durch ein Image der Technologieführerschaft, das durch digitale Lösungen unterstützt wird. Dies kann auch dazu beitragen, den landwirtschaftlichen Betrieb als Arbeitgeber attraktiver zu machen; Komplexitätskosten, die entstehen, wenn digitale Lösungen die Abläufe in den Betrieben komplizierter machen.
2. Insbesondere im Ackerbau kann der ökonomische Nutzen einer Technologie von Jahr zu Jahr und von Betrieb zu Betrieb erheblich variieren. So kann eine bestimmte

[5] Teilflächenspezifische Applikation von Pflanzenschutzmitteln, bei der Spritzdüsen nur dort geöffnet werden, wo Zielpflanzen mittels Bilderkennung identifiziert wurden.

Lösung (wie z. B. teilflächenspezifische Stickstoffdüngung) bei bestimmten Wetterbedingungen einen hohen Nutzen generieren, bei anderen Bedingungen aber einen geringeren, keinen oder gar einen negativen Nutzen. Darüber hinaus hängt der Nutzen mancher digitalen Lösungen stark von den Standortgegebenheiten ab. Teilflächenspezifische Bewirtschaftung beispielsweise hat tendenziell einen umso höheren Nutzen, je heterogener die Flächen sind. Darüber hinaus hängt der generierte Nutzen von den Marktbedingungen des jeweiligen Jahres ab (beim Beispiel der variablen Stickstoffdüngung insbesondere vom Stickstoffdüngerpreis).

3. Einige Aspekte des ökonomischen Nutzens sind für die meisten Betriebe nicht vollständig sichtbar bzw. nur aufwendig nachweisbar. Insbesondere wenn es um die Auswirkungen digitaler Lösungen auf die Erträge geht, sind die meisten Betriebe nicht in der Lage oder aufgrund des Aufwands bereit, genaue Versuche durchzuführen, um diese Auswirkungen zu messen. Obwohl es also einen ökonomischen Nutzen gäbe, der quantifiziert werden könnte, ist er für den Landwirt nicht sichtbar.

Um ein Beispiel für diese Einschränkungen zu geben, betrachten wir einen Betrieb, der sich zwischen zwei digitalen Lösungen entscheiden muss, die in diesem Fall den gleichen ökonomischen Nettonutzen (Nutzen minus Kosten) für den Betrieb bieten: die automatische Teilbreitenschaltung (Section Control) und die teilflächenspezifische (VRA) Stickstoffdüngung. Wahrscheinlich wird sich der Betrieb für eine Investition in Section Control entscheiden. Warum? Section Control bietet im Vergleich zur teilflächenspezifischen Düngung einen von Erträgen und Erntepreisen unabhängigen Nutzen, sie entlastet den Fahrer und erhöht die Komplexität kaum. Demgegenüber ist der wirtschaftliche Wert der variablen Stickstoffdüngung nicht direkt sichtbar, kann zwischen verschiedenen Jahren relativ stark variieren und nur durch Ertragsversuche im Betrieb quantifiziert werden.

4.1.8.6 Beispiele

4.1.8.6.1 Automatisches Lenksystem

Szenario

Die Entscheidungsträger eines großen Ackerbaubetriebs planen die Anschaffung eines neuen Traktors und möchten bewerten, ob dieser mit einem automatischen Lenksystem ausgestattet werden soll. Es geht um einen Großtraktor mit 370 PS, der hauptsächlich zur Bodenbearbeitung und Aussaat eingesetzt werden soll: jährlich 1.800 ha flache Bodenbearbeitung (9 m Kurzscheibenegge, variable Arbeitserledigungskosten Reparaturen, Diesel, Fahrer: 19 €/ha, Überlappung ohne Lenksystem: 7 % der Arbeitsbreite), 1.200 ha tiefe Bodenbearbeitung (6 m Schwergrubber, variable Arbeitserledigungskosten: 42 €/ha, Überlappung ohne Lenksystem: 5 % der Arbeitsbreite), 800 ha Aussaat (8 m Mulchsaat-Drillmaschine, kaum Überlappung durch Spuranreißer).

Nutzen

Keine **Erlössteigerungen**, da das Lenksystem weder Erträge noch Preise beeinflusst. Keine **Senkung von Direktkosten**, da diese nur bei der Saat auftreten (Saatgut), bei der dank Spuranreißer aber auch ohne Lenksystem kaum Überlappung und damit Mehrverbrauch auftritt.

Senkung von Arbeitserledigungskosten

Die fixen Arbeitserledigungskosten werden durch das Lenksystem nicht verringert, wohl aber die *variablen Arbeitserledigungskosten*:

- Jährlicher Einsatz der Kurzscheibenegge: 1.800 ha. Ohne Lenksystem kommt eine Überlappung von 7 % der Arbeitsbreite hinzu, es muss also effektiv 7 % mehr Fläche bearbeitet werden (1.800 ha/a × 7 % = 126 ha/a). Mehrkosten: 126 ha/a × 19 €/ha = 2.394 €/a.
- Jährlicher Einsatz des Schwergrubbers: 1.200 ha. Ohne Lenksystem 5 % Überlappung (1.200 ha/a × 5 % = 60 ha/a). Mehrkosten: 60 ha/a × 42 €/ha = 2.520 €/a.

Kosten

Einmalig auftretende Fixkosten (abzuschreiben und zu verzinsen)

Annahmen: Anschaffungskosten Lenksystem inkl. Installation: 15.000 €; Nutzungsdauer: 6 Jahre; Restwert: 6.000 €; Lern- und Schulungskosten: Arbeitszeit 3 Mitarbeiter je 5 h zu 25 €/h = 375 €, Schulungsgebühr 525 €, kalkulatorischer Zinssatz: 3 %.

- Abschreibung Lenksystem:

$$\frac{\text{Anschaffungskosten} - \text{Restwert}}{\text{Nutzungsdauer}} = \frac{15.000\,€ - 6.000\,€}{6\,\text{a}} = 1.500\,€/\text{a} \quad ,$$

- Zinskosten Lenksystem:

$$\frac{\text{Anschaffungskosten} + \text{Restwert}}{2} \times \text{Zinssatz} = \frac{15\,000\,€ + 6\,000\,€}{2} \times 3\frac{\%}{\text{a}} = 315\,€/\text{a}$$

- Abschreibung Lern- und Schulungskosten: $\frac{900\,€ - 0\,€}{6\,\text{a}} = 150\,€/\text{a}$
- Zinskosten Lern- und Schulungskosten:

$$\frac{900\,€ + 0\,€}{2} \times 3\frac{\%}{\text{a}} = 13{,}50\,€/\text{a}$$

Wiederkehrende Fixkosten

Gebühr für (RTK-)Korrektursignal: 500 €/a, monatliche Gebühr für Daten-SIM-Karte zur Übertragung des Korrektursignals: 10 € → 120 €/a.

Variable Kosten

Reparaturen/Fehlerbehebungen des Lenksystems: Annahme 0,10 €/ha → 380 €/a.

Gesamtbetrachtung

- Jährlicher Nutzen: 4.914 €
- Jährliche Kosten: 2.978,50 €
- Jährlicher ökonomischer Nettonutzen: 1.935,50 €

Einschränkungen der ökonomischen Bewertung

Der berechnete Nettonutzen berücksichtigt nicht die folgenden Aspekte:

- Das Lenksystem erleichtert die Arbeit der Fahrer bzw. steigert den Fahrkomfort.
- Das Lenksystem ist Voraussetzung für andere Precision-Farming-Technologien.
- Emotionaler/sozialer Nutzen (z. B. Imagewirkung, gerade Fahrspuren…).

4.1.8.6.2 System zur variablen Stickstoffdüngung mittels N-Sensor

Szenario

Die Entscheidungsträger eines Ackerbaubetriebs mit 200 ha Fläche erwägen es, ein System zur variablen Stickstoffdüngung mittels N-Sensor anzuschaffen. Der Einsatz des anzuschaffenden N-Sensors ist nur im Winterweizen (100 ha) geplant. Aktuelle Stickstoffdüngung im Weizen: 180 kg N/ha, Ertrag: 8 t/ha. Annahme: N-Sensordüngung führt zu 5 % Einsparung bei N-Dünger und 1% Mehrertrag bei gleichbleibender Qualität.

Ermittlung des Nutzens

Bei einer angenommenen Ertragssteigerung von 1 % und einem Preis von 220 €/t ergibt sich eine **Erlössteigerung** von 1.760 €/a (8 t/ha × 1% × 100 ha × 220 €/t). Mit einer angenommenen Einsparung von 5 % der Stickstoffdüngung und einem Preis von 2 €/kg N ergeben sich darüber hinaus **Direktkosteneinsparungen** in Höhe von 1.800 €/ha (180 kg/ha × 5 % × 100 ha × 2 €/kg). Die **Arbeitserledigungskosten** werden durch den Einsatz des N-Sensors nicht gesenkt.

Ermittlung der Kosten

Einmalig auftretende Fixkosten (abzuschreiben und zu verzinsen)

Annahmen: Anschaffungspreis inkl. Installation: 30.000 €; Nutzungsdauer: 10 Jahre; Restwert: 6.000 €; Lern- und Schulungskosten: Arbeitszeit Betriebsleiter und 1 Mitarbeiter je 5 h zu 25 €/h = 250 €, Schulungsgebühr 500 €, kalkulatorischer Zinssatz: 3 %.

- Abschreibung N-Sensor:

$$\frac{\text{Anschaffungskosten} - \text{Restwert}}{\text{Nutzungsdauer}} = \frac{30.000\,€ - 6.000\,€}{10\,a} = 2.400\,€/a$$

- Zinskosten N-Sensor:

$$\frac{\text{Anschaffungskosten} + \text{Restwert}}{2} \times \text{Zinssatz} = \frac{30.000\,€ + 6.000\,€}{2} \times 3\frac{\%}{a} = 540\,€/a$$

- Abschreibung Lern- und Schulungskosten: $\frac{750€ - 0€}{10\,a} = 75\,€/a$

- Zinskosten Lern- und Schulungskosten: $\frac{750€ + 0€}{2} \times 3\frac{\%}{a} = 11,25\,€/a$

Wiederkehrende Fixkosten

Servicevertrag mit dem Hersteller für Updates und technische Unterstützung: 250 €/a.

Variable Kosten

Reparaturen/Fehlerbehebungen: Annahme 0,20 €/ha → 20 €/a.

Gesamtbetrachtung

Jährlicher Nutzen: 3.560 €

Jährliche Kosten: 3.296,25 €

Jährlicher ökonomischer Nettonutzen: 263,75 €

Einschränkungen der ökonomischen Bewertung

Der berechnete Nettonutzen berücksichtigt nicht die folgenden Aspekte:

- Die Mehrerträge und Düngereinsparungen sind stark jahres- und standortabhängig. Insbesondere die Ertragssteigerungen sind schwer nachweisbar.
- Umweltvorteile durch bessere N-Ausnutzung.
- Das System macht die Bedienung der Düngetechnik eher komplexer.

4.2 Digitalisierung in der tierischen Erzeugung

4.2.1 Digitalisierung in der Rinderhaltung

4.2.1.1 Einfluss der Digitalisierung auf die Stalltechnik

Dr. Jernej Poteko, Bayerische Landesanstalt für Landwirtschaft (LfL)

Die Stalltechnik, die den Arbeitsalltag in der Haltung aller Nutztierarten prägt, ist weitgehend technisiert und automatisiert. Außerdem ist die Stalltechnik in den meisten Bereichen direkt an digitale Technologien gekoppelt. Besonders wenn es sich um Themen wie Steigerung der Arbeitseffizienz der Geräte und nachhaltigen Umgang mit Ressourcen in der Tierhaltung handelt, ist eine digitale (Weiter-)Entwicklung der Stalltechnik nicht wegzudenken (Bayern Innovativ 2022). Welchen Einfluss hat die Digitalisierung auf die Stalltechnik? Können neue digitale Technologien dabei einen Mehrwert für die Landwirte, Tiere und Umwelt bringen?

Die tägliche Arbeitsroutine im Stall setzt sich auf rindviehhaltenden Betrieben aus Fütterung, Entmistung, Einstreuen, Tierkontrolle, Lüften und je nach Nutzungsrichtung Melken zusammen. Aufgrund der zunehmenden Tierzahl pro Einzelbetrieb und der abnehmenden Arbeitskräfteverfügbarkeit in der Landwirtschaft soll die Technik in diesen Arbeitsbereichen den Landwirt unterstützen, die erforderlichen Tätigkeiten effektiver ausführen zu können. Hierbei wurden in den letzten Jahren unabhängig von der Tierart deutliche Fortschritte gemacht. Vor allem die zeitintensiven und routinemäßig durchzuführenden Arbeitsprozesse wurden durch die Automatisierung und Digitalisierung der Stalltechnik beeinflusst und geben den Betrieben Chancen zur Verbesserung der Arbeitseffizienz.

Die Digitalisierung beeinflusst Geräte in unterschiedlichen Arbeitsbereichen nicht immer gleich stark. Wenn einzelne digitale Technologien den Landwirten einen tieferen Einblick in ihre Betriebsprozesse ermöglichen (z. B. Herdenmanagementprogramme) oder zum Teil zu verstärkter (Voll-)Automatisierung bzw. zur Autonomie der Geräte beitragen (z. B. automatisches Fütterungssystem), sind zahlreiche Geräte dennoch stark auf manuelle Eingaben in den Voreinstellungen und das physische Eingreifen durch eine Bedienperson angewiesen. Der Trend zeigt aber, dass vor allem die monotonen und (schweren) körperlich anstrengenden Aufgaben des Landwirts zunehmend von der automatisierten und digitalisierten Stalltechnik übernommen werden.

Dies stellt zwar eine Arbeitserleichterung für den Landwirt dar, die Technik ändert aber die Art der Arbeit. Die einerseits entfallene physische Arbeit wird auf der anderen Seite durch kognitive, psychisch stärker belastende Tätigkeiten ersetzt. In der Folge müssen die Landwirte jetzt immer häufiger mit Computern arbeiten. Darüber hinaus produzieren die digitalisierten Geräte bei ihrer Arbeit eine Vielzahl von Daten zu deren Überwachung und Steuerung. Diese zusätzlichen Daten, die die digitalen Geräte durch eingebaute Sensoren erfassen, beinhalten detaillierte Informationen über die Tiere und die Geräte. Eine hohe Datenverfügbarkeit bildet die Informationsgrundlage, um die richtigen Entscheidungen zum richtigen Zeitpunkt zu treffen (Schick 2017).

Viele Entscheidungen könnten auf den logischen Verknüpfungen von Informationen verschiedener Systeme beruhen. Der Landwirt kann jedoch aufgrund der fehlenden Vernetzung unter den Geräten die Entscheidung, basierend auf dem Status verschiedener Geräte, und ihre Umsetzung nicht an das betroffene System übergeben (Tomic et al. 2014). Dadurch entfällt oftmals die Möglichkeit, die Stalltechnik zeitnah und ohne direktes Handeln des Landwirts an die aktuellen Stallbedingungen anzupassen und damit stärker auf die Bedürfnisse von Tier, Umwelt und Mensch zu reagieren (Poteko et al. 2021).

Eine wachsende Zahl von Aufgaben im Stall wird routinemäßig von automatisierten Geräten verschiedener Hersteller durchgeführt. Die Einstellungen werden vom Landwirt vorgenommen. Er entscheidet, was die Geräte wo und wann tun müssen. Kaum planbar sind aber die Reaktionen auf die aktuellen bzw. sich ändernden Bedingungen im Stall. Als Beispiel kann das Zusammenspiel eines Entmistungsroboters und eines automatischen Fütterungssystems die Bedeutung der Vernetzung unter den beiden Geräten demonstrieren. Der vom Landwirt eingestellte Entmistungsroboter reinigt routinemäßig wie geplant den Fressgang. Auf dem Futtertisch erkennt das automatische bzw. autonome Fütterungssystem selbst den unzureichenden Futtervorrat und führt die Fütterung früher als gewohnt durch. Der Entmistungsroboter (möglicherweise eines anderen Herstellers) hat allerdings nicht bemerkt, dass die Fütterungszeit vom Fütterungssystem abweicht, und kann nicht vorhersehen, dass sich während seiner im Voraus geplanten Entmistung Tiere am Fressgitter aufhalten, die er beim Fressen stören könnte.

Die fehlende Vernetzung der Geräte stellt aktuell nicht nur zwischen verschiedenen Herstellern untereinander ein Hindernis dar, sondern auch zwischen den Geräten aus dem Portfolio der gleichen Marke. Auch Full-Liner können nicht immer die Spezialgeräte für alle Arbeitsbereiche im Stall selbst herstellen und müssen sie zum Teil zukaufen. Die weiterentwickelte Stalltechnik tendiert dazu, ihre eigenen Arbeitsabläufe durch eingebaute Sensoren autonom, basierend auf eigenen Messdaten, den aktuellen Bedingungen im Stall und Bedürfnissen der Tiere anzupassen. In der Zukunft können diese autonomen Geräte ihr Potenzial an Fähigkeiten der autonomen Arbeit nur in Abstimmung ihrer Arbeitsabläufe mit anderen Geräten im Stall realisieren. Um die Kollision zwischen den Geräten zu verhindern, ist eine Kommunikation zwischen den Geräten unmittelbar notwendig.

4.2.1.1.1 Milchvieh

Dieser Abschnitt ist in einzelne Arbeitsbereiche der Milchviehhaltung unterteilt und gibt einen Überblick über die Bedeutung der digitalisierten Stalltechnik in Milchviehställen.

Melken

Auf einem Milchviehbetrieb ist das Melken die arbeitsintensivste Tätigkeit, die je nach Betriebsgröße bis zu 40 % der gesamten Arbeitszeit ausmachen kann (Schick 2017). Dies verursacht einen größeren Bedarf an Automatisierung beim Melken und priorisiert ihre Entwicklung berechtigterweise. Das vollautomatische Melken hat sich auf allen Betriebstypen und -größen durchgesetzt und wird beim Stallbau immer häufiger eingesetzt (Bernhardt 2020).

Das automatische Melksystem (AMS) unterscheidet sich von herkömmlichen mechanisierten (halbautomatisierten) Melkanlagen sowohl für den Landwirt als auch für die Tiere. Die Arbeit des Landwirts wird durch Übernahme des Melkens von der Technik verändert. Obwohl der Wegfall von festen, zweimaltäglichen Melkzeiten ein Ersparnis der Arbeitszeit bedeutet und mehr Flexibilität bei der Arbeitsorganisation ermöglicht, müssen zusätzliche Arbeiten berücksichtigt werden. Der Gesundheitsstatus und die Leistung der Tiere können über die tierindividuellen Informationen im Herdenmanagementssystem kontrolliert werden (DLG 2021a). Auf den ersten Blick ändert sich für die Kühe nur wenig; sie wählen selbst, wann sie einzeln im AMS gemolken werden (KTBL 2013). Die bisherigen menschlichen Arbeitseingriffe, wie das Reinigen des Euters und das Ansetzen des Melkzeugs, werden automatisch vom AMS durchgeführt. Weitere Änderungen basieren auf der Sensorik im AMS. Der Einsatz des AMS erzeugt eine Vielzahl von Daten. Im Herdenmanagementsystem werden diese Daten für den Landwirt sichtbar. Wenn der Landwirt während des Melkens weniger Zeit mit den Tieren verbringt, kann er dank der Sensortechnik dennoch viele Informationen von einzelnen Tieren erhalten. Diese Daten können auch für die Einstellungen und Aufgaben anderer digitaler Geräte im Stall wertvoll sein. Momentan sind die Informationsweitergabe und die Anpassung der Arbeitsabläufe im Stall noch häufig vom Landwirt abhängig. Dank der Digitalisierung könnten in Zukunft vernetzte Geräte im Stall den Landwirt von diesen Aufgaben weitgehend entlasten.

Fütterung

Ziel der Fütterungstechnik ist es, alle Kühe in der Herde mit einer vollwertigen, leistungsgerechten Futterration zu versorgen. Wenn die Automatisierung die menschliche Arbeitsbelastung, auf die Bedürfnisse der einzelnen Tiere einzugehen, bereits stark in Grenzen hält, so entwickelt sich der Einfluss der Digitalisierung zunehmend.

Auf der Grundlage der Futteranalysen definiert eine Futterrationsberechnung genau die Futterkomponenten, die für die Zubereitung einer bestimmten Futterration erforderlich sind. Ein vollautomatisches Futtersystem umfasst und automatisiert alle Schritte: Entnahme und Transports aus dem Lager, Befüllung von Mischern, Mischen, Futterverteilung und Nachschieben von Futter (DLG 2014). Diese Automatisierung ermöglicht die tägliche Zubereitung unterschiedlicher Futterrationen für mehrere einzelne Tiergruppen (z. B. laktierende Kühe, trockene Kühe, Jungrinder, trächtige Färsen), was in der Praxis mit einem Futtermischwagen aus Zeitgründen nicht möglich wäre. Die Sensorsysteme erlauben eine genaue Dosierung oder Wiegung der Futterkomponenten nach den Eingaben des Landwirts. Die Ration wird dann auf bestimmte Gruppen zu einer bestimmten Uhrzeit mit einem Fütterungsroboter verteilt. Die eingebauten Abstandssensoren dienen dazu, die Sicherheit am Futtertisch zu gewährleisten und mögliche Kollisionen mit den Tieren während der Fütterung zu verhindern. Die Verteilung des Futters kann bereits von Fütterungsrobotern autonom durchgeführt werden, d. h., der Roboter erkennt anhand der Futtermenge auf dem Futtertisch selbst, wann die nächste Fütterung stattfinden sollte. Auf dem Futtertisch ist das Futternachschieben eine typische Routineaufgabe. Ein Futterschieberoboter erspart diese Arbeit, die mehrmals täglich anfällt, und lockt die Tiere regelmäßig zum Fressen.

Das Fressen findet nicht immer im Stall statt. Während der Weidesaison sind die Tiere für einen bestimmten Zeitraum auf der Weide. Die Kombination der Stall- und Weidehaltung kann technisch unterstützt werden. Die Weide- bzw. Selektionstore können nach bestimmten eingestellten Kriterien (z. B. Zwischenmelkzeit) die Tiere auf die Weide lassen. In einigen Ländern wird die Höhe des Grasaufwuchses auf der Weide mit einem Platten-Herbometer geschätzt. Die eingebaute Sensortechnik misst die Bestandshöhe von Grünlandflächen an einem bestimmten Punkt. Zusammen mit einem GNSS-Empfänger kann das Wachstum auf der Karte der Weidefläche dargestellt werden (Hart & Paulenz 2021).

Der Einstieg der Digitalisierung in die Fütterungstechnik unterstützt den Landwirt noch intensiver bei seinen bisher manuellen Aufgaben. Ein Vorteil bei der Zusammenstellung der Futterkomponenten kann eine Vernetzung von internetbasierten Futteranalyseplattformen (z. B. webFuLab) mit Futterrationsberechnungsprogrammen und der Fütterungstechnik im Stall sein. Darüber hinaus können die verfütterten Futtermengen dokumentiert werden (Lorenzini et al. 2021).

Entmistung und Einstreuen

Entmistung

In den Milchviehställen sorgt die Entmistungstechnik für eine saubere Bodenoberfläche der Laufflächen. Ein kontinuierliches Entfernen von Kot und Harn von den Laufflächen wirkt sich positiv auf die Klauengesundheit aus und trägt zur Reduzierung von Ammoniak-Emissionen aus dem Stall bei (Braam et al. 1997). Diese seit Mitte des 20. Jahrhunderts mechanisierten Arbeitsprozesse werden immer öfters voll automatisiert durchgeführt. Die stationären Entmistungsanlagen (wie Klapp-, Falt, oder Kombischieber) verdrängten die mechanisierten mobilen Entmistungsverfahren (z. B. Hoftrack oder Traktor mit einem Schiebeschild) aufgrund der deutlichen Arbeitszeitersparnisse (Schick

& Moriz 2004). Darüber hinaus sind bei den stationären Anlagen mit einer automatisierten Steuerung mehrere Entmistungsintervalle täglich erreicht worden (z. B. stündliche Entmistung statt zwei Entmistungsvorgänge pro Tag mit einem mobilen Gerät).

Die Weiterentwicklung der Entmistungstechnik im letzten Jahrzehnt verbindet die Vorteile von stationären und mobilen Verfahren. Zu unterscheiden sind sog. „Spaltenroboter", die Spaltenbodenlaufflächen abschieben, und Saugroboter, die auch für planbefestigte Laufflächen geeignet sind, da sie das Kot-Harn-Gemisch von der Lauffläche aufnehmen können. Autonom fahrende Entmistungsroboter (Entmistungs- bzw. Saugroboter) ermöglichen eine höhere Flexibilität bzgl. der Arbeitsbelastung und Entmistungsumgebung. Die flexibel vordefinierten Entmistungsrouten erlauben eine Entmistung beliebiger Laufflächen (auch Quergänge, Laufhof) bzw. Grundrisse (z. B. Zubauten) mit einem Gerät entgegen geradlinigen Mistachsen bei einer stationären Entmistungsanlage. Somit entfällt zusätzliche händische Entmistung der bisher unzugänglichen Laufflächen.

Die Entmistungsroboter fahren die vom Landwirt vordefinierten Routen um bestimmte Uhrzeiten ab. Die Routenplanung ermöglicht eine Bedienung auf dem Roboter, in der App auf dem Smartphone oder im Programm auf dem Computer. Die Roboter sind herstellerspezifisch mit unterschiedlichen Sensoren ausgerüstet, die die Orientierung des Roboters im Raum ermöglichen. Mithilfe von Sensoren werden im Stall besondere Merkmale der ausgewählten Entmistungsroute erkannt. Einige Roboter halten die geraden Fahrtrichtungen mithilfe eines Gyroskops fest oder erkennen die Abstände zu Liegeboxen oder der Wand mit eingebauten Ultraschallsensoren oder Laserscannern. Eine weitere Möglichkeit der Orientierung stellen im Boden eingebaute Transponder dar, die als Ausrichtungspunkte des Roboters dienen. Auch ein Kontakt von sogenannten Stoßpunkten, z. B. Berührung des taktilen Schiebeschilds an einer Wand, kann eine ortsspezifische Information darstellen, die dem Roboter bei der Orientierung hilft. Diese Erkennung von Gegenständen durch Berührung des Winkelsensors auf dem Schiebeschild ist auch im Sinne der Sicherheit, falls vor dem Roboter ein Tier oder Mensch erscheint (Albrecht et al. 2016).

Die oben beschriebenen Bedürfnisse bei der Entmistung in Milchviehställen werden zukünftig noch stärker die Effizienz und Präzision in den Vordergrund stellen. Ein Beispiel dafür kann die Entwicklung einer Kuh-Toilette darstellen. Ein freiwilliges Uriniersystem nutzt den natürlichen Nervenreflex und sammelt automatisch den Urin von einzelnen Kühen im Reservoir separat vom Kot, was die Bildung von Ammoniak-Emissionen im Stall mindert. Weitere Aufmerksamkeit wird sowohl auf die Priorisierung der Entmistungsintensivität von Laufflächen in Relation zum Verschmutzungsgrad gelegt als auch auf die Anpassung an den Aufenthaltsort der Kühe in bestimmten Funktionsbereichen des Stalls. Um das zu ermöglichen, sollen die Entmistungsgeräte Informationen aus anderen Stallgeräten empfangen können, sodass sie die Entmistungsroute dem aktuellen Bedarf anpassen können. Somit wird die Entmistungstechnik mithilfe der Digitalisierung einen großen Schritt in die Autonomie machen.

Einstreuen

Das Einstreuen dient der Sauberkeit und Trockenheit der Liegeflächen. Saubere Liegeflächen werden nicht nur von den Kühen bevorzugt, sondern sind eine Voraussetzung für eine geringere Schmutzbelastung der Tiere im Euterbereich und damit für ein geringeres Risiko für die Entstehung einer Mastitis.

Das Einstreuen der Liegeboxen wird oft händisch ausgeführt. Die bisherigen technisierten Möglichkeiten der Verteilung von Einstreumaterialien in die Liegeboxen stellen zwar eine Arbeitserleichterung dar, bleiben aber durchaus eine zeitintensive Aufgabe. Zudem verstärkt eine mechanische Verteilung von Einstreu die Staubbildung, deren Einatmung ein Gesundheitsrisiko bedeutet. Außerdem kann auf die regelmäßige manuelle Boxenpflege nicht verzichtet werden.

Automatisierte Einstreusysteme in den Laufställen kommen immer öfters in Betracht. Die (voll-)automatisierten Einstreugeräte sind in der Lage, die Einstreu selbstständig aus dem Vorlager in den Tierbereich zu transportieren und zu verteilen. Die Automatisierung flexibilisiert nicht nur die Arbeitszeiten, sondern ermöglicht Einstellungen z. B. von gewünschten Einstreuzeiten, der Auswahl des Stallbereichs und Bestimmung der Einstreumenge. Dies spart nicht nur Arbeitszeit, sondern kommt auch dem Einstreuverbrauch zugute. Ein regelmäßiges (tägliches) manuelles Nachstreuen ist aus arbeitstechnischen Gründen oft nicht zu realisieren (Bauer, T. 2018).

Das automatisierte Verfahren wird durch erste digitale Komponenten gesteuert. Die marktverfügbaren Systeme funktionieren als geschlossenen Kreise. Die Interaktionen zu anderen Geräten sind noch nicht möglich.

Stallklima

Verschiedene technische Lösungen passen das Stallklima in den Milchviehställen an die Bedürfnisse des Milchviehs an. Die Ruminalverdauung bei Wiederkäuern führt zu einer kontinuierlichen und hohen Wärmeproduktion. Zudem kann in den wärmeren Monaten der Wärmeeintrag von außen dazu führen, dass die physiologisch optimale Umgebungstemperatur über einen längeren Zeitraum überschritten wird. Zusätzlich beeinflusst die relative Luftfeuchtigkeit die Wärmeabgabe der Tiere. Der optimale Temperaturbereich in der Umgebung von laktierenden Milchkühen mit einer Leistung von etwa 25 kg Milch pro Tag liegt zwischen 4 °C und 16 °C. Die Wärmebelastung eines Rinds kann berechnet aus Temperatur und Luftfeuchte als THI (Temperature-Humidity Index) in verschiedenen Stufen bestimmt werden. Überschreitet der berechnete THI den grünen Bereich, sind Folgen z. B. einer Verringerung der Futteraufnahme und der Tierleistung zu beachten (DLG 2021b).

Die mechanisierten technischen Lösungen Fassaden- und Dachfirstöffnungen, Curtains, Ventilatoren sind in den meisten Laufställen zu finden. Sie ermöglichen den Luftwechsel in bzw. aus dem Stall oder erzeugen eine gerichtete Luftströmung in den Tierbereich. Die Anlagen werden oft manuell vom Landwirt nach seiner Wahrnehmung des Stallklimas gesteuert. Eine automatische temperatur- oder THI-gesteuerte Steuerung ist von Vorteil, da der aktuelle Bedarf der Tiere im Stall objektiver berücksichtigt werden kann (DLG 2021b). Die Digitalisierung in Kombination mit unterschiedlichen Sensoren bietet zahlreiche Möglichkeiten, die Stallklimatechnik zu steuern. Der Markt bietet die Messtechnik, die nicht nur die Daten zur Lufttemperatur und -feuchtigkeit erfasst, sondern auch die Konzentrationen von bestimmten Gasen (wie Ammoniak, Kohlendioxid, Methan) und die Windrichtung bzw. Windstärke messen kann. Zudem können die Wetterdaten von betriebseigenen Wetterstationen oder die Wetter- und Wettervorhersagedaten von einer nahegelegenen Wetterstation des Wetterdiensts online über eine API-Schnittstelle abgerufen werden. Auch wenn die automatisierte Steuerungstechnik heute meistens anhand der Lufttemperatur und -feuchtigkeit (oder THI) die Einstellungen vornimmt, stellen die weiteren Parameter eine wichtige Voraussetzung zur zukünftigen Optimierung des Stallklimas dar. Eine Nachjustierung der Geräte mittels weiterer verfügbarer Daten könnte die stallklimatischen Bedürfnisse prognostizieren (z. B. frühzeitiges Schließen von Fassadenöffnungen mit Curtains vor Gewitter).

Die Stallklimaparameter werden zukünftig nicht nur für die eigene Stallklimatechnik relevant. Die Informationen sind bei den Einstellungen anderer Stalltechnik von Bedeutung, besonders wenn ein Austausch dieser Daten beispielsweise durch eine Cloud-Plattform möglich wäre. Einige Einstellungen, die momentan vom Landwirt vorgenommen werden, sind auf sein Wissen über die Wetterlage und die Wettervorhersage angewiesen. Beispielsweise soll ein Entmistungsroboter die Entmistungsrouten abfahren, bevor Kot und Harn auf den Laufflächen durch hohe Lufttemperaturen abtrocknen, oder nicht in den mit Schnee bedeckten Laufhof abfahren, da er im Schnee steckenbleiben kann (Poteko et al. 2021). Wenn ein solcher Roboter sich mit den in der Stallklimasteuerung verfügbaren Daten vernetzen würde, wäre eine selbstständige Umsteuerung an die aktuellen (veränderten) Bedingungen im Sinne der Arbeitserleichterung möglich.

Energiemanagement

Die derzeit verfügbaren automatisierten und digitalisierten Stallgeräte und Roboter sind auf elektrische Energie angewiesen. Seitdem die Einspeisevergütung für Solarstrom niedriger ist als der Einkaufspreis für Strom, bieten die Photovoltaikanlagen eine mögliche Einsparung durch Eigenverbrauch (Neiber et al. 2016).

Die Reihenfolge der Stromverbraucher im Stall haben unterschiedliche wirtschaftliche und produktionstechnische Prioritäten. Ein Energiemanagementsystem steuert den Stromverbrauch so, dass möglichst wenig Strom aus dem Netz bezogen werden muss. D. h., energieverbrauchsintensive Prozesse sollen durchgeführt werden, wenn genug Eigenstrom im Stall verfügbar ist. Typische Praxisbeispiele kommen aus dem Melkbereich, konkret die Bildung eines Eisspeichers für die Milchkühlung oder die Bereitstellung von Warmwasser für die Reinigung der Melkanlagen in Zeiten von Energieüberschüssen bei der Solarstromproduktion (Neiber et al. 2016). Eine besondere Rolle bei der Optimierung des Eigenverbrauchs von Solarstrom spielen batteriebetriebene Geräte (Entmistungs-, Fütterungs- oder Nachschieberoboter, E-Traktoren). Wenn deren Ladezeiten während der Energieüberschusszeiten den Eigenstrom des Betriebs nutzen, spielt die Batterieladekapazität die Rolle eines zusätzlichen Energiespeichers.

Ein zentrales Energiemanagement wird in Zukunft verstärkt die Möglichkeiten der Digitalisierung und die damit verbundene Datenverfügbarkeit nutzen. Zusammen mit einer Prognose der Energieproduktion, dem Energieverbrauch verschiedener Geräte und einem produktionsbezogenen Prioritätensystem sollen die Arbeitsabläufe autonom geplant werden, um die Energieeffizienz des Betriebs zu steigern (Stumpenhausen et al. 2020).

Fazit der Digitalisierung im Milchviehbereich

Die Digitalisierung wird die Entwicklung der Stalltechnik auch in Zukunft stark prägen. Insbesondere die Rolle der Vernetzung der Geräte ist nicht mehr wegzudenken. Die bestehenden technischen Möglichkeiten können schon heute bei Routineaufgaben den Landwirt unterstützen. Derzeit arbeiten jedoch alle Geräte für sich selbst. In Zukunft sind Vorteile der Digitalisierung in den Synergien der Vernetzung der Geräte aus allen Bereichen zu erwarten. Die Geräte könnten so zeitnah auf die veränderten Bedingungen im Stall reagieren und sich an die Bedürfnisse der Tiere anpassen. Durch die direkte Abstimmung zwischen den Geräten können bestimmte Arbeitsabläufe durchgeführt werden, ohne dass der Landwirt eingreifen muss, und zunehmend autonome und intelligent Geräte müssen ihre eigene Arbeit nicht durch Einschränkungen anderer (lediglich) automatisierter Geräte begrenzen.

4.2.1.1.2 Kälber

Der Schwerpunkt der digitaler Technologien in der Kälberhaltung liegt im Bereich der Fütterung mit Milch und Milchersatzprodukten. Automatische Milchversorgung beginnt mit der Kolostrumgabe. Die regulierte Milchtemperatur und altersentsprechende bzw. ad libitum Milchmenge, die über den Tag verteilt wird, stellen eine Arbeitshilfe des Landwirts im Bereich der Kälberfütterung dar (Moser 2021). Mittels Dokumentation kann die Aufnahme eines einzelnen Kalbs vom Landwirt kontrolliert werden. Die Milch wird dem Kalb in einer Tränkestation zugeteilt. Die tierindividuelle Menge kann dem Kalb über Transpondererkennung individuell zugewiesen werden. Die Digitalisierung der Kälberhaltung durch tierindividuelle Tiersensorik wird in Abschnitt 4.2.1.2.2 beschrieben.

4.2.1.1.3 Mastrinder

Die Integration der Digitalisierung in die Stalltechnik der Mastrinderhaltung (Mastbullen, Mutterkühe oder Kälbermast) ist derzeit in der Praxis begrenzt.

Digitale Technik kann die Anforderungen an Arbeitswirtschaft und Masteffizienz erfüllen, solange die Geräte außerhalb des Tierbereichs eingesetzt werden, wie beispielsweise automatische Fütterungssysteme am Futtertisch oder Einstreusysteme über dem Liegebereich. Ein automatischer Fütterungsprozess ermöglicht nicht nur eine Reduzierung der Arbeitszeit und mehr Flexibilität, sondern auch eine mehrmalige tägliche Futtervorlage auf dem Futtertisch (Dorsch 2016). Die häufigere Futtervorlage und das Nachschieben sind ohne arbeitswirtschaftliche und körperliche Belastung möglich. Trotzdem, dass in der Masthaltung die verschiedenen leistungsbezogenen Futterrationen weniger im Vordergrund stehen als in der Milchviehhaltung, ist eine kontinuierliche Futteraufnahme mit geringerer Futterselektion und weniger verbleibenden Futterresten entscheidender für ruhigere Tiere in der Herde und damit verbundene geringere Tierverluste. Zudem verbessert die bedarfsgerechtere Fütterung die Futtereffizienz und steigert die Mastleistung. Nicht zuletzt können Baukosten durch schmalere Futtertische und die Möglichkeit der Nutzung bestehender Altgebäude oder Umbauten eingespart werden. Zur Arbeitserleichterung trägt auch ein automatisches Einstreusystem bei. Darüber hinaus erhöht es die

Arbeitssicherheit, da kein menschlicher Einsatz im Tierbereich erforderlich ist und auch kein Aufenthalt in einer staubigen Umgebung während des Einstreuens notwendig ist.

Im Tierbereich hingegen wird digitale Technik (z. B. ein Entmistungsroboter) in der Praxis aufgrund der Haltungssysteme und der möglichen Beschädigungen durch die Masttiere kaum eingesetzt. Die Masttiere können aufgrund der haltungsbedingten geringeren Interaktionen zwischen Tieren und Menschen (z. B. kein Melken) aggressiveres Verhalten zeigen (Brade 2007) und dieses an den Geräten ausüben.

In Ländern, wo die Mastrinderhaltung auf großen Weideflächen stattfindet, hat die Digitalisierung die Weidetechnik beeinflusst. Die sogenannte Virtual-Fence-Technologie ermöglicht die Weidehaltung ohne physische Zäune (Umstätter 2011). Die Tiere werden mittels GNSS-Sensoren an ihren Halsbändern lokalisiert und, wenn sie sich der Weidegrenze nähern, werden sie akustisch oder mit einem elektrischen Impuls darauf hingewiesen, dass sie zurückkehren müssen. Wenn ein Rind die festgelegte virtuelle Grenze überschreitet, sendet das System automatisch eine Benachrichtigung an den Landwirt. Dieser kann dann Maßnahmen ergreifen, um das Tier zurückzuführen oder zu steuern.

Sehr variable betriebliche Haltungsbedingungen sowie aggressives Verhalten der Tiere stellen die digitale Stalltechnik vor Herausforderungen. Dennoch zeigen einige Arbeitsbereiche, dass diese Technik insbesondere im Hinblick auf die betriebliche Arbeitswirtschaft und den Mangel an Arbeitskräften zukünftig infrage kommen kann.

4.2.1.2 Tierbezogene digitale Technik

Dr. Isabella Lorenzini, Bayerische Landesanstalt für Landwirtschaft (LfL)

Gesundheitsüberwachung durch tierindividuelle Sensoren und Herdenmanagementprogramme haben das Potenzial, die Tiergesundheit zu verbessern und die Rückverfolgbarkeit von tierischen Produkten transparenter zu gestalten. Gleichzeitig kann die automatische Erfassung von Tierdaten zur Erhöhung der Nachhaltigkeit und gleichzeitig der Effizienz, sowie zur Minimierung der Produktionskosten in der Tierhaltung beitragen (Büscher et al. 2021).

Durch die automatische und kontinuierliche Erfassung von Daten zu einzelnen Tieren oder Tiergruppen wird neben der Überwachung der Tiere dem Landwirt eine Managementhilfe und eine Entscheidungsunterstützung angeboten. Somit ist gezieltes und rechtzeitiges Handeln bei auftretenden Problemen möglich. Sowohl bei produktionsbezogenen Arbeitsvorgängen, wie beispielsweise bei Besamungen oder bei der Sortierung von Tieren in Gruppen, als auch bei der speziellen Gesundheitsüberwachung, beispielsweise in der ersten Laktationsphase bei Milchkühen oder nach dem Abferkeln bei Sauen, können Sensoren und die entsprechenden Softwarelösungen den Landwirt unterstützen. Herdenmanagementprogramme bieten außerdem eine Übersicht der anstehenden Aktionen und der Tiere, bei denen Handlungsbedarf besteht. Trotz der umfassenden Möglichkeiten zur Verbesserung des Managements und der Tiergesundheit durch Daten und Sensoren sind diese immer nur als Unterstützung für Landwirte anzusehen und ersetzen keinesfalls die Fachkenntnisse, die Praxiserfahrung sowie die Kenntnisse über die eigenen Tiere.

Die Erfassung von Tierdaten erfolgt anhand von sogenannten Assistenzsystemen. Assistenzsysteme sind digitale Systeme, die den Tierhalter bei der Arbeit und bei seinen Entscheidungen in Hinsicht auf das Management und die Tiergesundheit unterstützen (Büscher et al. 2021). Precision-Livestock-Farming-(PLF-)Systeme bestehen dabei aus einem oder mehreren Sensoren (Multi-Sensorverbund) zur Datenerfassung und einer Software zur Datenanalyse und -verarbeitung (Haidn 2020). Die Erfassung von spezifischen Einzeltierdaten setzt die Identifikation der einzelnen Tiere voraus. Damit ein Tier sich beispielsweise im gelenkten Kuhverkehr bewegen kann oder seine Ration an einer Futterstation bekommen kann, wird es in den meisten Fällen über Radio-Frequency-Identification-(RFID-)Sensoren identifiziert. Diese Art von Sensor ermöglicht eine passive und berührungslose Identifikation der Tiere mithilfe von Radiowellen und besteht aus einem Transponder (am Tier) und einem Lesegerät (am Gerät). RFID-Sensoren sind weitverbreitet und finden in vielen Bereichen eine Anwendung von der Implantierung zu Identifikationszwecken bei Pferden sowie Haus- und Heimtieren bis zur Reproduktionsüberwachung oder Tiererkennung beim Futterabruf an Kraftfutterstationen.

Unter Sensor versteht man im Allgemeinen ein Gerät, das eine Eingangsgröße chemischer oder physikalischer Natur wahrnimmt oder misst und in Form von brauchbaren Daten weitergibt. Optoelektrische Sensoren wie Lichtschranken können beispielsweise erkennen, wenn sich eine Person, ein Tier oder ein Objekt im Erkennungsfeld befindet und das Öffnen einer Tür veranlassen. Ähnlich funktionieren Ultraschallsensoren, die allerdings einen breiteren Erfassungskegel besitzen. Werden sie z. B. oberhalb von Liegeboxen angebracht, kann erfasst werden, ob die Box leer ist oder ob ein Tier darin liegt oder steht. Die Sensoren senden einen Schallimpuls, der beim Treffen auf einem Objekt reflektiert wird. Die Zeit, die der Schallimpuls benötigt, um bis zum Objekt und dann zum Sensor zurück zu gelangen, entspricht indirekt dem Abstand zwischen dem Sensor und dem nächsten Objekt; im Falle der Liegeboxen entweder das Tier oder eben die Liegefläche. Beschleunigungssensoren, die im PLF-Bereich oft Verwendung finden, messen dagegen Vibration bzw. Bewegung durch Erzeugung eines elektrischen Signals, das direkt proportional zur Beschleunigung des Objekts ist. Dreidimensionale Beschleunigungssensoren messen die Beschleunigung bzw. Bewegung eines Objekts auf der X-, Y- und Z-Achse und können damit beispielsweise erkennen, ob sich die Gliedmaßen oder der Kopf eines Tiers bewegen und in welche Richtung. Diese Daten werden anhand von Algorithmen verschiedenen Verhaltensweisen, wie beispielsweise Liegen, Laufen, Stehen oder Fressen, zugeordnet und für den Nutzer in einem Managementsystem als Tabelle oder Grafik zusammengefasst.

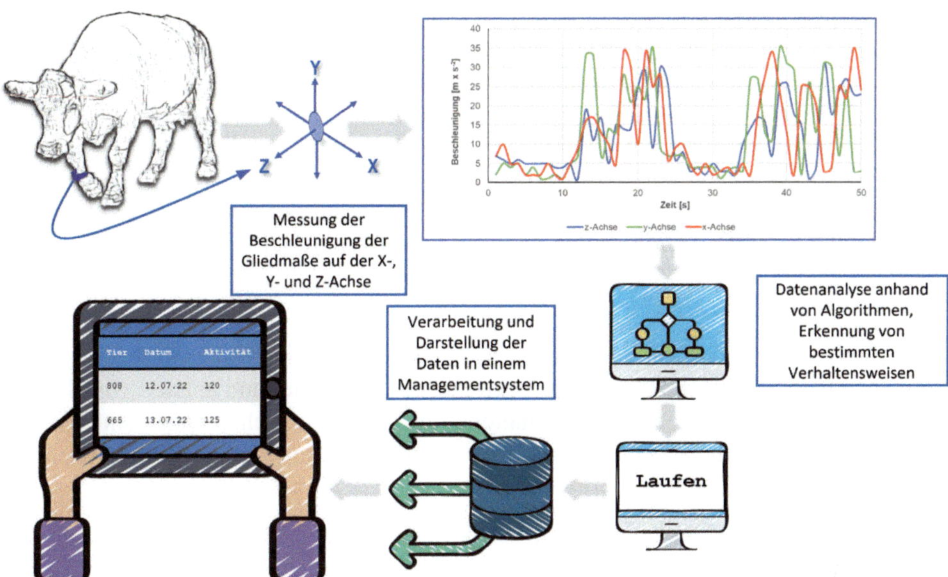

Abb. 4.19: Grafische Darstellung des Daten- bzw. Informationsflusses vom Sensor am Tier, über die Auswertung der rohen Beschleunigungsdaten anhand von Algorithmen, die Zuordnung eines bestimmten Verhaltens, die Verdichtung in Tages- oder Stundenwerte bis zu den verarbeiteten Daten im Managementprogramm (Quelle: eigene Darstellung; Icons von juicy fish auf flaticon.com)

Auf rinderhaltenden Betrieben werden Sensoren unter anderem eingesetzt, um Prozessdaten zu erfassen und um Tieraktivitäten zu dokumentieren. Bei schweine- und geflügelhaltenden Betrieben spielt dagegen die Erfassung von tierindividuellen Daten eine untergeordnete Rolle. Es gibt eine Vielzahl an Sensorsystemen für verschiedene Tierarten und Nutzungsrichtungen auf dem Markt: Eine Studie aus 2019 identifizierte 149 Unternehmen, die Sensortechnik für die Tierhaltung herstellen (Hölscher & Hessel 2019). Die Unternehmen stammten hauptsächlich aus Deutschland, aus den Niederlanden, aus Frankreich und aus Italien. In der Studie wurden 355 Sensoren von 149 Unternehmen dokumentiert. Dabei waren die meisten Sensoren in der Rinderhaltung zu finden, wo sie auch überwiegend tierbezogene Daten erfassen. Das größere Sensorangebot in der Rinderhaltung liegt vermutlich an der längeren Nutzungsdauer und dem höheren ökonomischen Wert der Einzeltiere. In der Geflügel- und Schweinehaltung haben Sensoren zur Erfassung unspezifischer Einzeltierdaten, beispielsweise über Wiegezellen oder 3D-Kameras zur Gewichtserfassung, eine größere Verbreitung als Sensoren zur Erfassung spezifischer Einzeltierdaten. Bei Geflügel werden spezifische Verhaltensdaten bei Einzeltieren ausschließlich zu Forschungszwecken erhoben.

Um das Potenzial vom digitalen Herdenmanagement voll ausschöpfen zu können, sollten zwischen einzelnen Sensorsystemen und dem zentralen Herdenmanagementsystem Vernetzungsmöglichkeiten gegeben sein. Eine Vernetzung bzw. Schnittstelle zwischen Systemen ermöglicht einen Datenaustausch und somit den Überblick über Daten verschiedener Sensoren und Hersteller. Die aktuelle Forschung im Bereich PLF zeigt, dass die Analyse von Daten verschiedener Sensoren mithilfe von klassischen statistischen sowie neueren Methoden des maschinellen Lernens im Hinblick auf eine zuverlässige Ermittlung des aktuellen Gesundheitszustands zukunftsweisend ist. Eine Kombination aus Parametern verschiedener Sensoren und Systeme ermöglicht also umfassendere und zuverlässigere Aussagen über das Verhalten, die Leistung und die Gesundheit von Nutztieren. Diese Aussagen sind in der Praxis aber auch nur dann möglich, wenn Schnittstellen zwischen Systemen bestehen, die einen Datenaustausch und eine kombinierte Datenanalyse ermöglichen. Leider sind aufgrund von Kompatibilitätsproblemen und fehlender Datenstandards solche Schnittstellen in der Innenwirtschaft nur selten zu finden.

4.2.1.2.1 Milchvieh

Im folgenden Abschnitt sollen die auf dem Markt verfügbaren Sensoren für die Erfassung von spezifischen Einzeltierdaten beim Milchvieh gelistet und anhand von Beispielen erklärt werden. Die genannten Verhaltens- und physiologischen Daten sind Firmenangaben und geben nicht wieder, dass diese Kenngrößen in jedem Fall und von jedem Hersteller zuverlässig erfasst werden können.

Gleichzeitig werden aktuelle Beispiele aus der Forschung im Bereich PLF genannt.

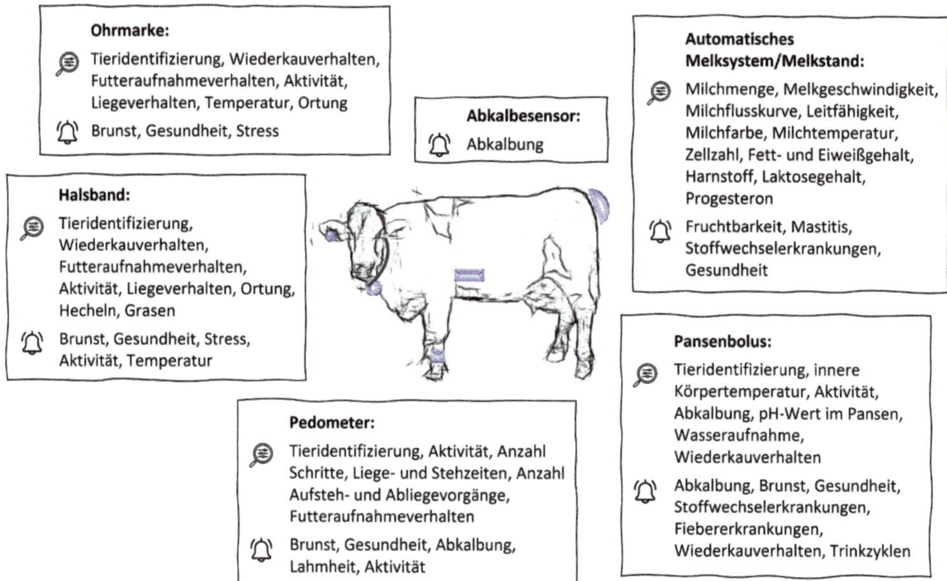

Abb. 4.20: Grafische Darstellung einer Milchkuh mit verschiedenen Sensortypen zur Erfassung von tierindividuellen Daten. In den Informationskästchen werden die jeweils erfassten Parameter sowie die ausgegebenen Meldungen bzw. Alarme genannt. (Quelle: eigene Darstellung; Icons von pixel perfect und Smashincons auf flaticom.com)

Tiererkennung

Die Tieridentifikation stellt, wie bereits erwähnt, die Grundlage für die Erfassung von tierindividuellen Daten dar. Die Viehverkehrsverordnung (ViehVerkV) regelt die Identifikation von Nutztieren in Deutschland und schreibt bei Rindern jeweils eine Ohrmarke pro Ohr vor. Diese Ohrmarken sind identisch groß und ermöglichen eine Rückverfolgbarkeit auf das Land, den Betrieb und das Einzeltier. Die „analoge" Version dieser Ohrmarken kann durch elektronische Ohrmarken (RFID-Sensoren) ergänzt werden. Somit kann ein Tier im Melkstand, im automatischen Melksystem (AMS) oder am Kraftfutterautomat automatisch erkannt werden. Solche elektronische Ohrmarken müssen ISO-11784- und 11785-Standards erfüllen und erlauben somit einen herstellerübergreifenden Einsatz der Technik (Büscher et al. 2021). Die Übertragung von Daten aus elektronischen Ohrmarken erfolgt passiv. Es ist also keine Batterie notwendig, die Reichweite ist aber begrenzt. Um Tiere für Zwecke zu identifizieren, bei denen eine Annäherung des Ohrs bzw. der Ohrmarke am Lesegerät bautechnisch und logistisch nicht möglich ist, werden passive Übertragungssysteme mit batteriebetriebenen Systemen kombiniert. Ein Beispiel hierfür wäre ein Kombinationssystem aus einem Beschleunigungssensor und einem RFID-Sensor, der Daten aktiv mit einer größeren Reichweite im LF- (30-300 kHz), HF- (3-30 MHz) oder UHF-Bereich (300 MHz – 3 GHz) sowie im Ultra-Breitband-Bereich (3,1-10,6 GHz) übertragen kann. Somit werden Daten der Sensoren, unabhängig von der Lokalisation des Tiers im Stall, kontinuierlich an eine Antenne übertragen. Solche Kombinationen aus Sensoren zur Datenerfassung und zur Identifikation sind in vielen Formen auf dem Markt erhältlich. Neben Sensoren, die am Tier befestigt werden, wie beispielsweise Halsbänder, Ohrmarken oder Pedometer, werden Pansenboli in den Netzmagen eingegeben und verbleiben für die gesamte Nutzungsdauer dort. Ein Vorteil von Sensoren, die außen am Tier befestigt werden, ist, dass diese nach dem Abgang eines Tiers bei einem weiteren Tier in der Herde verwendet werden können. Dies ist bei Pansenboli nicht möglich. Halsbänder und Pedometer können aber wiederum verloren gehen, wenn das Befestigungsband reißt oder das Tier an der Stalleinrichtung hängen bleibt. Zusätzlich muss das Wachstum des Tiers berücksichtigt und der Sitz der Sensoren regelmäßig überprüft werden, um Scheuer- und Druckstellen zu vermeiden.

Milchparameter

Im Melkstand und im AMS werden viele für die Leistung und den Gesundheitsstatus einer Milchkuh aussagekräftige Daten erhoben. Forschungsergebnisse zum Thema Früherkennung von Eutererkrankungen zeigen, dass eine Kombination verschiedener vom AMS oder im Melkstand gemessenen Milchparametern eine gute Möglichkeit darstellt, die Eutergesundheit einzelner Tiere im Rahmen der täglichen Melkungen zu kontrollieren (Khatun et al. 2018). Neben der Milchmenge, können auch Fett- und Eiweißmengen tierindividuell erfasst werden. Der Fett- und Eiweißgehalt in der Milch liefert wichtige Hinweise zum Stoffwechselstatus einer Kuh und kann auch auf Defizite in der Futterration aufmerksam machen. Ein enger Fett-Eiweiß-Quotient kann beispielsweise auf einen Strukturmangel in der Ration oder auf das Selektieren der TMR (totale Mischration) hindeuten. Ein hoher Fett-Eiweiß-Quotient am Beginn der Laktation kann hingegen auf einen Energiemangel und folglich auf eine mögliche Ketose hinweisen. Obwohl der Laktosegehalt in der Milch im Laufe der Laktation relativ konstant bleibt und wenig von der Fütterung beeinflusst werden kann, zeigen mastitiskranke Kühe einen niedrigeren Laktosegehalt in der Milch als gesunde Kühe. Generell wird die Laktosekonzentration in der Milch als wichtiger Gesundheitsindikator gesehen, der bei Infektionen, Fieber und Stress sinken kann. Ähnlich wie der Laktosegehalt der Milch kann auch dessen Leitfähigkeit gemessen werden, um eine Aussage über die Eutergesundheit treffen zu können. Entzündungsprozesse im Euter können die Permeabilität der Blut-Euter-Schranke erhöhen und somit durch eine Veränderung der Milchzusammensetzung auch zu einer höheren Leitfähigkeit der Milch führen. Eine erhöhte Leitfähigkeit der Milch kann allerdings auch durch eine Brunst, Melkfehler, subklinische Ketosen und erregerbedingte Schädigungen des Gewebes verursacht werden; somit muss dieser Parameter auch zusammen mit anderen für die Eutergesundheit spezifischen Parametern betrachtet werden.

Die Milchfarbe kann auch Hinweise auf den Status der Eutergesundheit liefern, da sich diese bei einer vorliegenden Euterentzündung verändern kann. Allerdings hat sich dieser Parameter in der Praxis als nicht zuverlässig für eine frühzeitige Erkennung einer Eutererkrankung erwiesen (Büscher et al. 2021). Der somatische Zellgehalt (SCC, auch Zellzahl genannt) in der Milch kann auch im Melkstand und im AMS gemessen werden und gehört zu den wichtigsten Indikatoren einer Eutererkrankung. Der Grenzwert für ein gesundes Tier liegt bei 100.000 Zellen/ml Milch, wobei der Zellgehalt eines euterkranken Tiers auf bis zu mehreren Millionen Zellen/ml Milch steigen kann. Die Milchtemperatur wird bei manchen AMS auch gemessen und kann auf das Auftreten einer klinischen Mastitis hinweisen, hat aber keine hohe Aussagekraft bezüglich des allgemeinen Gesundheitsstatus des Tiers, da diese nur eine mittlere Korrelation zur Körpertemperatur aufweist (Pohl et al. 2014).

Die korrekte Einordnung einer Milchkuh bezüglich ihres Reproduktionsstatus ist maßgeblich für ein erfolgreiches Fruchtbarkeitsmanagement der Herde. Die Analyse des Progesterongehalts, der Betahydroxybutyrat-(BHB-) und Laktat-Dehydrogenase-(LDH-) Konzentration sowie des Harnstoffs in der Milch wird ebenso von einem AMS-Hersteller angeboten. Der Progesterongehalt (P4) variiert in der Milch in Abhängigkeit vom Zyklusstand des Tiers und kann deshalb zur Bestimmung einer Brunst oder einer bestehenden Trächtigkeit herangezogen werden. BHB kann mittels Infrarotspektroskopie in der Milch gemessen werden und kann Hinweise auf die Stoffwechsellage eines Tiers geben. Dieser Parameter ist bei der Diagnose von klinischen Ketosen, bei denen durch den Abbau von Körperfettreserven vor allem in den frühen Laktationsstadien eine negative Energiebilanz bei der Milchkuh ausgeglichen wird, maßgeblich. Das Enzym LDH ist ebenso ein Biomarker, der als Parameter zur Früherkennung von Mastitiden herangezogen werden kann. Der Harnstoffgehalt in der Milch dient dagegen der Einschätzung der Rohproteinversorgung im Futter sowie der ruminalen Stickstoffbilanz.

Wiederkauen

Eine gesunde Milchkuh sollte normalerweise acht bis neun Stunden am Tag wiederkauen. Das Wiederkauverhalten von Milchkühen ist ein wichtiger Tiergesundheits-Indikator und ändert sich in Abhängigkeit der gefütterten Ration sowie bei Stress (beispielsweise bei Hitzebelastung und bei Gesundheitsproblemen, z. B. bei einer Pansenazidose sowie bei Ketosen). Das Wiederkauverhalten kann von einer Vielzahl an Sensoren, die am Ohr oder am Hals der Kuh befestigt werden oder sich im Netzmagen der Kuh befinden, gemessen werden. Ein Wiederkausensor, der in Form eines Halfters am Kopf des Tiers befestigt wird, wird hauptsächlich zu Forschungszwecken eingesetzt. Die am Halfter befindlichen Drucksensoren werden dabei bei den Wiederkaubewegungen der Kiefer aktiviert. Die

Wiederkauaktivität kann auch über Bewegungssensoren am Ohr oder am Hals gemessen werden. Solche Sensoren werden durch die Änderung des Muskeltonus während der Wiederkauaktivität aktiviert. Außerdem gibt es Halsbänder auf dem Markt, bei denen Mikrofone integriert sind, die die für die Wiederkauaktivität typischen Geräusche in der Nähe der Speiseröhre am Hals aufnehmen. Die Sensoren, die im Netzmagen eines Tiers das Wiederkauen erfassen, messen das Pansenkontraktionsmuster, das sich von den normalen Pansenkontraktionen unterscheidet. Die meisten Sensoren zur Erfassung der Wiederkauaktivität sind in der Literatur zum Teil mehrfach validiert worden und zeigen eine sehr gute Genauigkeit bei der Abbildung des Widerkauverhaltens von Milchkühen (Bikker et al. 2014, Schirmann et al. 2009, Scherzer & Fasching 2022, Borchers et al. 2016).

Futteraufnahme

Das Futteraufnahmeverhalten einer Milchkuh hat einen maßgeblichen Einfluss auf ihre Gesundheit und ihre Leistung. Nimmt eine Milchkuh zu wenig Energie über das Futter auf, kann sie in eine ketotische Stoffwechsellage geraten und es werden Körperfette abgebaut, um den Energiebedarf für die Milchproduktion zu decken. Werden dagegen zu viele leicht verdauliche Kohlenhydrate aus der Ration aufgenommen, kann daraus eine Pansenazidose entstehen, die wiederum die Fruchtbarkeit und Klauengesundheit des Tiers beeinflussen kann. Vor allem in der für den Stoffwechsel sehr empfindlichen Phase der Frühlaktation, kann eine Überwachung der Futteraufnahme für Landwirte sehr sinnvoll sein, um bei Problemen rechtzeitig eingreifen zu können. Es kann sowohl die Aufnahme der Grundfutterration bzw. TMR als auch die reine Kraftfutteraufnahme bei den Kraftfutterabrufstationen erfasst werden, wobei die Erfassung der tierindividuell aufgenommenen Kraftfuttermengen seit vielen Jahren deutlich verbreiteter ist. Auch die im AMS abgerufene Kraftfuttermenge kann erfasst werden. Das Futteraufnahmeverhalten kann dagegen auch über Sensoren am Hals oder am Bein des Tiers erfasst werden. Die Sensoren am Halsband sind üblicherweise Beschleunigungssensoren, die die für die Futteraufnahme typischen Bewegungsmuster erkennen. Bei den Pedometern am Bein kann das Futteraufnahmeverhalten zusätzlich auch indirekt über die Anwesenheit am Futtertisch abgeleitet werden. Hierfür wird eine Induktionsschleife entlang des Futtertischs installiert. Durch die Erzeugung eines elektromagnetischen Felds wird ein Zähler im Sensor aktiviert. Dies erfolgt, sobald die Vordergliedmaßen eines Tiers sich in unmittelbarer Nähe des Futtertischs befinden. Auch diese Sensoren wurden validiert und zeigten eine gute Genauigkeit bei der Erfassung des Futteraufnahmeverhaltens (Greil 2018, Borchers et al. 2016, Grinter et al. 2019). Bei der Erfassung des Futteraufnahmeverhaltens wird dabei zum Teil nicht nur die tägliche Fresszeit, sondern auch die Anzahl an Mahlzeiten bzw. an Futtertischbesuchen berechnet. Manche Systeme wurden erfolgreich auch im Hinblick auf die Erfassung des Futteraufnahmeverhaltens auf der Weide validiert (Werner et al. 2019).

Wasseraufnahme

Die Wasseraufnahme von Milchkühen ist besonders in Bezug auf die Erkennung von Gesundheitsproblemen oder Hitzebelastung relevant. Milchkühe können in Abhängigkeit des Laktationsstatus, der Leistung, der gefütterten Ration sowie der klimatischen Bedingungen bis über 150 Liter Wasser am Tag trinken. Eine verminderte Wasseraufnahme kann auch durch die Haltung, beispielsweise durch eine Funktionsstörung oder einen hohen Verschmutzungsgrad der Tränke, verursacht sein. Die Erfassung der Wasseraufnahme kann über Boli im Netzmagen, die das kurzzeitige Absinken der Temperatur im Netzmagen messen, erfolgen. Somit kann die Anzahl an Trinkzyklen aufgezeichnet werden. Zusätzlich können Pansenboli mit KI-Unterstützung die Wasseraufnahmemenge schätzen, wobei diese Funktion wissenschaftlich bis dato (Stand Mai 2022) noch nicht untersucht wurde.

Aktivität

Ein weiterer wichtiger Parameter für die Überwachung der Tiergesundheit ist die Aktivität einer Milchkuh. In diesem Zusammenhang wird mit dem Begriff „Aktivität" zunächst die Erfassung und Aufzeichnung von Schwingungen gemeint. Die Schwingungen werden dann einem Muster zugeordnet und als Aktivität bezeichnet. Die Aktivität kann beispielsweise bei Lahmheit, Hitzebelastung oder beim sogenannten „Festliegen" (hypokalzämische Gebärparese) sinken und somit einen Hinweis auf ein bestehendes Gesundheitsproblem geben. Auch die Brunst wird über eine Veränderung des Aktivitätsmusters eines Tiers von den Sensorsystemen erkannt (siehe Abschnitt zur Brunsterkennung). Ähnlich dem Liegeverhalten (siehe Abschnitt zum Liegeverhalten) wird auch die Aktivität anhand von Beschleunigungssensoren am Hals, am Bein oder am Ohr der Tiere erfasst. Zusätzlich können auch Boli im Netzmagen die Aktivität erfassen.

Liegeverhalten

Milchkühe sind tagaktive Tiere, die die meiste Zeit mit Liegen oder mit der Futteraufnahme verbringen. Je nach Haltungsform liegt eine Kuh ca. 12 bis 14 Stunden am Tag. Das Liegeverhalten von Milchkühen ist wichtig, da Kühe beim Liegen ruhen, schlafen und wiederkäuen. Beim Liegen wird das Euter auch vermehrt durchblutet, was die Milchbildung begünstigt und zu einer höheren Milchleistung beitragen kann. Deutlich verminderte Liegezeiten und langes Stehen (>2 h) in den Laufgängen oder in der Liegebox ohne weitere Aktivität können dagegen die Klauengesundheit negativ beeinflussen und zu einer mechanischen Überlastung der Strukturen in der Klaue führen. Die Erfassung des Liegeverhaltens ist somit wichtig, um den Kuhkomfort und die Tiergesundheit zu beurteilen und zu überwachen.

Das Liegeverhalten wird anhand von Sensoren am Bein, am Hals oder am Ohr der Tiere erfasst. Diese Sensoren sind dreidimensionale Beschleunigungssensoren, die bestimmte Bewegungsmuster und Positionen des Kopfs bzw. der Gliedmaßen als Liegeereignis erkennen. Manche Systeme ermitteln lediglich die Liegedauer, während andere auch die einzelnen Liegeepisoden erfassen. Diverse Studien zeigen, dass solche Sensoren das Liegeverhalten von Milchkühen zuverlässig erfassen (Borchers et al. 2016, Weingut 2017).

Körperkondition

Die Körperkondition von Milchkühen, auch *Body Condition Score* (BCS) genannt, ist ein wichtiger Parameter zur Einordnung von Tieren in verschiedenen Rationsgruppen. Verfettete Kühe mit einem hohen BCS haben ein erhöhtes Ketoserisiko in der Frühlaktationsphase, während Kühe mit einem zu niedrigen BCS beispielsweise häufiger Lahmheiten aufweisen. Der BCS kann entweder visuell durch fachkundige Personen oder automatisch über digitale Bildverarbeitungsverfahren erfasst werden. Manche Studien haben zwar die Erstellung von Algorithmen zur automatisierten Erfassung vom BCS anhand von Bildverarbeitungsverfahren untersucht, es ist aber noch mehr Forschung in diesem Bereich notwendig, um zuverlässige Ergebnisse zu erzielen (Spoliansky et al. 2016, Song et al. 2019). Neue Systeme erfassen den BCS über 3D-Kameras, wobei die Validierung der Systeme zeigt, dass nur Kühe im mittleren BCS-Bereich zuverlässig korrekt automatisch bonitiert werden (Mullins et al. 2019).

Ortung

Die Ortung von Kühen innerhalb des Stallgebäudes kann beispielsweise für AMS-Betriebe, bei denen Landwirte oft Tiere, die noch nicht beim Melken waren, aufsuchen müssen, sinnvoll sein. Es gibt Halsbänder und Ohrmarken auf dem Markt, die eine aktive Übertragung der Position des Tiers mit einer Genauigkeit von bis zu einem halben Meter an eine oder mehrere Antennen im Stall übertragen. Zusätzlich sind GPS-Systeme auf dem Markt erhältlich, die eine Ortung von Tieren auf der Weide ermöglichen. Je nachdem, welche Technologie bei der Datenübertragung angewendet wird, variieren die Herstellerangaben zur Batterielaufzeit zwischen einem und zehn Jahren. Zusätzlich wird die Ortung der Tiere im Stall bei manchen Assistenzsystemen in den Algorithmen zur Identifizierung von gewissen Verhaltensweisen als Parameter herangezogen.

Sensorsysteme als Managementunterstützung und zur Gesundheitsüberwachung

Die Erfassung von Daten zum Verhalten und zur Leistung von Milchkühen soll eine Aussage über deren Gesundheitsstatus ermöglichen und zusätzlich den Landwirt bei seinen Managemententscheidungen unterstützen. Einige Sensorsysteme bieten hierzu eine Auswahl an spezifischen und unspezifischen Alarmsystemen, die auf unterschiedlichen, nur den Herstellern bekannten Algorithmen basieren.

Abkalbung

Die Überwachung von Einzeltieren rund um den Geburtstermin stellt für Landwirte einen sehr zeitaufwendigen Prozess dar. Tiere, die kurz vor der Kalbung stehen, sollten von der Herde separiert und eng überwacht werden, um bei Geburtskomplikationen rechtzeitig eingreifen zu können. Da Kühe bevorzugt abkalben, wenn es im Stall ruhiger wird, kann es sein, dass Landwirte genau in der kritischen Phase nicht im Stall sind. Es gibt verschiedene Sensorsysteme, die vor Beginn der Geburt einen Alarm auslösen können. Pansenboli, die im Netzmagen der Kühe liegen, messen die Körpertemperatur und können beim Temperaturabfall, der kurz vor der Geburt stattfindet, den Nutzer über die bevorstehende Kalbung benachrichtigen. Auch intravaginale Sensoren funktionieren über Temperaturmessung und werden dann während des Geburtsvorgangs mit der Fruchtblase oder mit dem Kalb aus dem Geburtskanal ausgeschieden. Manche Bewegungssensoren zur Überwachung des geburtsnahen Zeitraums werden am Schwanzansatz der Tiere angebracht und durch die typischen Schwanzbewegungen, die vor der Geburt stattfinden, aktiviert. Diese Art von Sensor wird erst ein paar Tage vor dem Kalben angebracht und ist dafür geeignet, die Geburt kurzfristig anzukündigen. Obwohl die Zuverlässigkeit solcher Sensoren hoch ist (Pfeiffer et al. 2020), muss bei der Anbringung auf den richtigen Sitz geachtet werden, damit keine Druckstellen entstehen oder aber der Sensor nicht zu locker sitzt und abgeworfen werden kann. Praxiserfahrungen zeigen nämlich, dass diese Art von Sensor oft vom Kuhschwanz abfällt und in einer eingestreuten Abkalbebox dann schwer auffindbar ist. Außerdem verursacht das Anbringen und die Betreuung/Kontrolle einen erheblichen Arbeitszeitaufwand. Manche Sensoren am Hals oder Pedometer können eine bevorstehende Abkalbung durch die Erfassung einer veränderten Aktivität bzw. der Liege- und Aufstehvorgänge vorhersagen, wobei diese in einer Studie zur Evaluierung der Genauigkeit eine niedrige Sensitivität und Spezifität zeigten und somit zum jetzigen Zeitpunkt nur bedingt für den Einsatz in der Praxis geeignet sind (Böhm et al. 2019). Die Abkalbemeldung erfolgt je nach Sensortyp zwischen 48 Stunden und unmittelbar während des Geburtsvorgangs; somit hängt die Sensorwahl von der beabsichtigten Nutzung ab und kann entweder zur Alarmierung vor der Kalbung oder als Managementunterstützung bei der Umstallung in die Abkalbebox dienen.

Brunst

Die Implementierung der Brunsterkennung anhand von automatisch erfassten Parametern war nach der Tieridentifikation eine der ersten Aufgaben, die sich Forscher und Entwickler im Bereich PLF in den 1980er- und 1990er-Jahren gestellt haben. Sensorgestützte Brunsterkennung ist mittlerweile in der Praxis gut etabliert und bringt eine Arbeitserleichterung für Anwender mit sich. Ob solche Systeme nicht nur einen arbeitswirtschaftlichen, sondern auch einen ökonomischen Vorteil für die Nutzer mit sich bringen und in welchem Ausmaß, wurde noch nicht häufig untersucht. Allgemein wurden aufgrund der Komplexität der Ermittlung von Kosten-Nutzen-Effekten für Sensorsysteme nicht viele Studien darüber durchgeführt. Die meisten davon basieren nicht auf Praxisdaten, sondern auf simulierten Datensätzen von fiktiven Milchviehbetrieben. Pfeiffer et al. (2019) haben beispielsweise in ihren Untersuchungen den ökonomischen Vorteil beim Einsatz von Sensoren zur Brunsterkennung ausgearbeitet. Es stellte sich heraus, dass trotz der hohen Investitionskosten die Ausgangssituation des Betriebs für den Erfolg maßgeblich ist. Dabei wurden in der Studie verschiedene Szenarien berücksichtigt: ein durchschnittlich großer Betrieb mit 70 Tieren gegen einen größeren Betrieb mit 210 Tieren sowie verschiedene Durchschnittsleistungen der Herden. In der Studie konnte gezeigt werden, dass, obwohl sich ein Brunsterkennungssystem generell aufgrund der Degressionseffekte für größere Betriebe rentiert, der Nettogewinn pro Kuh und Jahr zusätzlich von der Herdenmilchleistung abhängt. Der geschätzte durchschnittliche Nettogewinn pro Kuh und Jahr lag bei +7 € bis +40 € für Fleckvieh-Herden und zwischen +19 € und +46 € für die Holstein-Friesian-Herden. Die Wahrscheinlichkeit eines positiven Nettogewinns lag dabei zwischen 74 % und 98 % für die Fleckvieh-Herden und zwischen 85 % und 99 % für die Holstein-Friesian-Herden. Die Ausstattung vom Jungvieh mit Sensoren zeigte sich bei allen Ausgangslagen als positiver Effekt, da somit das Erstkalbealter gesenkt werden konnte.

Lahmheit

Mit einer weltweit hohen Prävalenz auf Milchviehbetrieben, hat Lahmheit eine hohe wirtschaftliche und tierschutzrechtliche Relevanz. Lahmheit ist ein Anzeichen für Schmerzen, die in den meisten Fällen von Klauenkrankheiten verursacht werden. Klauenkrankheiten bei Milchkühen können direkte und indirekte Kosten für Landwirte als Folge haben, verursacht beispielweise durch eine geringere Milchleistung und hohe Behandlungskosten. Klauenkrankheiten und Lahmheiten beeinträchtigen natürlich gleichzeitig das Tierwohl. Lahmheit ist aber nicht immer leicht zu erkennen und Studien zeigen, dass „Betriebsblindheit“ eine große Rolle spielt und Landwirte die Lahmheitsprävalenz auf ihren eigenen Betrieben oft unterschätzen. Automatische Lahmheitserkennung, beispielsweise in Form eines Lahmheitsalarms, könnte Landwirte bei der Lahmheitsdetektion unterstützen und damit eine rechtzeitige Behandlung ermöglichen. In Studien wurden verschiedene Möglichkeiten der automatischen Lahmheitserkennung untersucht. Bei der direkten automatischen Lahmheitserkennung, beispielsweise anhand von Drucksensormatten, werden die Belastung, Symmetrie, Geschwindigkeit und Schrittlänge von Tieren in der Bewegung gemessen (Maertens et al. 2011, van de Gucht et al. 2017). In anderen Studien wurde die Temperatur der Klauen gemessen oder sogar die Akustik des Abfußens der Tiere analysiert, um mögliche Abweichungen infolge von Klauenkrankheiten zu finden (Volkmann et al. 2019). Auch visuelle Methoden, beispielweise durch Messung der Krümmung der Rückenlinie und der Laufgeschwindigkeit über Videoaufnahmen von Kühen, wurden untersucht (Viazzi et al. 2013). Die indirekte automatische Lahmheitserkennung beruht dagegen auf der Detektion von Verhaltens- oder Leistungsveränderungen bei Tieren mit Klauenkrankheiten, idealerweise schon bevor diese Abweichungen im Gangbild aufweisen. Hierbei wird vor allem auf die Kombination verschiedener Daten aus verschiedenen Sensorsystemen gesetzt, um die Genauigkeit von Vorhersagemodellen zu erhöhen (Grimm et al. 2019, Borghart et al. 2021). Trotz der zahlreichen Studien zur direkten und indirekten automatischen Lahmheitserkennung, gibt es nur wenige Systeme auf dem Markt, die einen zuverlässigen Lahmheitsalarm generieren. Internetrecherchen ergaben, dass bisher (Stand Mai 2022) keine Validierung oder wissenschaftliche Untersuchung dieser Systeme unternommen wurde. Bei den Systemen handelt es sich um Pedometer, die die Bewegung und das Liegeverhalten der Tiere erfassen, sowie um ein System, das dreidimensionale Aufnahmen von Kühen von oben, beispielsweise im AMS, analysiert.

Stoffwechselstörungen

Zusätzlich zu Störungen des Bewegungsapparats generieren manche Systeme Gesundheitsalarme für Stoffwechselerkrankungen, wie Pansenazidosen und Ketosen. Hinweise auf eine Ketose können in Milchparametern, beispielsweise im Fett-Eiweiß-Quotient oder in der BHB-Konzentration in der Milch, gefunden werden (siehe Abschnitt Milchparameter). Das Wiederkauen und das Futteraufnahmeverhalten von Kühen können auch wichtige Informationen über den Stoffwechselstatus eines Tiers liefern (siehe Abschnitte Futteraufnahme und Wiederkauen), sind aber unspezifische Parameter, die durch andere externe Faktoren beeinflusst werden können. Die subklinische Pansenazidose ist eine weitverbreitete Stoffwechselerkrankung bei Milchkühen, die allerdings aufgrund der unspezifischen Symptomatik oft undiagnostiziert bleibt. Pansenazidosen verursachen Leistungseinbußen und Folgekrankheiten, beispielsweise die Klauenrehe. Die Erkennung einer Pansenazidose kann durch Messung des pH-Werts im Netzmagen erfolgen. Diese Messung ist allerdings in der Praxis aufwendig und selten praktiziert. Hierzu gibt es verschiedene Sensorsysteme auf dem Markt, die allerdings eine kurze Nutzungsdauer aufweisen. Diese Systeme basieren alle auf Boli, die im Netzmagen liegen und laut

Herstellerangaben eine Nutzungsdauer von zwischen 80 Tagen und maximal drei Jahren aufweisen. Manche Systeme zur pH-Messung wurden validiert und zeigten, dass die pH-Messung eine hohe Genauigkeit für den Pansensaft, aber nicht für die Schwimmschicht aufweist und, dass aufgrund der fehlenden Kalibrierung die Messwerte der Boli nach einer gewissen Zeit von den manuell erfassten Referenzwerten abweichen (Klevenhusen et al. 2014, Phillips et al. 2010). Somit ist die Praxisrelevanz der automatischen pH-Messung im Pansen noch limitiert. Manche Studien zeigen, dass es ausreichend ist, eine kleinere Anzahl an Tieren innerhalb einer Herde mit Boli auszustatten, um fütterungsbedingte Abweichungen des Pansen-pH-Werts zu detektieren (Dijkstra et al. 2020). Dieser Ansatz hätte aber in Hinblick auf die frühzeitige Erkennung von klinischen und subklinischen Pansenazidosen bei einzelnen Tieren weniger Bedeutung.

Körpertemperatur

Ein weiterer wichtiger Indikator des Gesundheitsstatus einer Milchkuh ist ihre Körpertemperatur. Diese kann beispielsweise zur Erkennung von Eutererkrankungen oder Lungenentzündungen herangezogen werden. Die Körpertemperatur kann von Boli im Netzmagen sowie auch über Sensoren am Ohr oder am Hals der Tiere kontinuierlich gemessen werden. Da die Körpertemperatur in der Praxis oft bei der Geburtsüberwachung eingesetzt wird, gibt es auch Sensoren auf dem Markt, die die vaginale Temperatur um den Geburtstermin messen (siehe Abschnitt Abkalbung). Die Körpertemperatur wird bei manchen Systemen in Kombination mit gemessenen Klimaparametern im Stall (Temperatur und Luftfeuchtigkeit) kombiniert, um auf einer bestehenden Hitzebelastung in der Herde aufmerksam zu machen. Ein Ohrsensor auf dem Markt erfasst laut Herstellerangaben die Kühe beim Hecheln und kann in Kombination mit Daten zum Stallklima die Hitzebelastung der Herde erfassen. Ein Alarm für Hitzebelastung auf Einzeltierniveau ist bisher nicht bekannt (Stand Mai 2022).

Ausblick – neue Entwicklungen

Der Bereich des PLF in der Milchviehhaltung entwickelt sich weiter und neue Produkte finden ständig ihren Weg auf den Markt. Hinter der Produktentwicklung steckt eine rasch fortschreitende Forschung, die stets auf der Suche nach neuen Lösungen ist, um die Tiergesundheit zu verbessern und Landwirte bei ihrer täglichen Arbeit zu unterstützen. Die Anzahl an Studien, die sich beispielsweise mit Deep-Learning-Anwendungen für die Milchviehhaltung beschäftigen, hat in den letzten Jahren außerordentlich zugenommen. Deep Learning ist ein Teilbereich des maschinellen Lernens, womit große Datenmengen anhand von neuronalen Netzwerken, inspiriert von den Verbindungen im menschlichen Gehirn, analysiert werden können. Anhand von Deep-Learning-Methoden lassen sich beispielweise Convolutional Neural Networks (CNN) anwenden, um Bewegungsmuster von Milchkühen auf Videos zu analysieren und lahme Tiere automatisch zu erkennen. CNNs wurden in Studien auch eingesetzt, um einzelne Tiere anhand ihrer Kopfform zu erkennen und ihr Futteraufnahmeverhalten bzw. Trinkverhalten zu erfassen. Studien konnten also anhand vom maschinellen Lernen und Videoanalyse einzelne Kühe erkennen, die Futteraufnahme von einzelnen Tieren ableiten und ihren BCS schätzen (Bezen et al. 2020, Huang et al. 2019, Zhao & He 2015). Würden sich solche Methoden der Datenanalyse in der Zukunft mehr verbreiten und auf dem Markt etablieren, könnten

Landwirte eine relativ kostengünstige Möglichkeit für die Erfassung von Daten, die sich von Videoaufnahmen ableiten lassen, in ihrem Stall einsetzen.

4.2.1.2.2 Kälber

Die Anwendung von digitalen Technologien in der Kälberhaltung soll zum einen die Arbeit und das Management erleichtern und zum anderen die Tiergesundheit verbessern. Die Systeme können grob in Fütterungssysteme, Assistenzsysteme und Managementanwendungen aufgeteilt werden (nach „Digitalisierung in der Kälberhaltung – Grundlagen, Anforderungen, Entwicklungen" von Stefanie Kewitz).

Futteraufnahme

Im Bereich der Fütterung sind in der Praxis schon seit einigen Jahrzehnten Tränkeautomaten bei Kälbern im Einsatz. Tränkeautomaten sind Stationen, die mit einem Pumpsystem verbunden sind und die eine tierindividuelle Fütterung durch Erkennung des Kalbs mittels RFID-Sensoren ermöglichen. Milchaustauscher oder Vollmilch können der Tränkekurve entsprechend individuell angemischt werden und somit kann jedes Tier altersgerecht getränkt werden. Tränkeautomaten können zusätzlich mit einer Waage ausgestattet werden, anhand dessen bei jeder Tränke das Einzelgewicht der Kälber dokumentiert werden kann. Außerdem kann bei manchen Modellen auch das Euterstoßverhalten der Tiere am Tränkeautomat als Gesundheitsindikator erfasst werden. Smarte Wasser- und Kraftfutterstationen sammeln auch wichtige Informationen über das Futter- und Wasseraufnahmeverhalten von Kälbern und lassen somit Rückschlüsse auf ihre Gesundheit und Vormagenentwicklung schließen.

Neben Tränkeautomaten für Kälber sind bereits voll- und teilautomatisierte Einzelplatz-Tränkesysteme auf dem Markt erhältlich. Diese Systeme ermöglichen ein häufiges Tränken von Kälbern in Einzelhaltung anhand eines Schienensystems mit Roboterarm. Somit wird bei der manuellen Kälbertränke Zeit eingespart. Auch hier bekommen die Kälber individuelle Milchaustauscher-Rationen frisch angemischt. Bei halbautomatisierten Systemen wird durch Registrierung eines RFID-Transponders die individuell vorgegebene Milchaustauscher- oder Vollmilchmenge des Kalbs erkannt und kann vom Landwirt direkt aus dem fahrbaren Behälter ausgegeben werden. Die Daten aus diesen Systemen, beispielsweise die Tränkekurven, können oft auch in ein Kälbermanagementprogramm integriert werden.

Assistenzsysteme und Managementanwendungen

Für die Gesundheitsüberwachung beim Kalb sind verschiedene Systeme, die oft mit Managementsystemen gekoppelt sind, auf dem Markt erhältlich. Ein Sensor, der am Halsband angebracht wird, misst ähnlich wie bei Milchkühen die Aktivität der einzelnen Kälber und kann einzelne Kälber über LED-Lichter am Halsband bei Verhaltensabweichungen oder bei anstehenden Managementmaßnahmen (z. B. Impfungen) erkennbar machen. Die Erfassung der Rektaltemperatur bei Kälbern stellt eine wichtige Maßnahme für die Gesundheitsüberwachung dar. Smarte Thermometer können die Daten zur Körpertemperatur von Einzeltieren in eine Managementapplikation übertragen und diese in Kombination mit weiteren Daten zum Kalb über verschiedene Endgeräte abrufbar machen. Bei einem weiteren System werden optische Sensoren an den einzelnen Kälberboxen befestigt und somit das Bewegungsverhalten der Kälber aufgezeichnet. Bei Abweichungen des Bewegungsmusters wird der Landwirt benachrichtigt und kann somit rechtzeitig handeln. Bis dato liegen weder praktische noch wissenschaftliche Erkenntnisse zur Zuverlässigkeit dieser Systeme vor.

4.2.1.2.3 Mastrinder

In der Haltung von Mastrindern werden tierindividuelle Sensorsysteme nicht so häufig eingesetzt wie in der Milchviehhaltung. Dies liegt vermutlich neben der kürzeren Nutzungsdauer und dem niedrigeren ökonomischen Wert der Einzeltiere auch an Aspekten der Arbeitssicherheit bei der Anbringung von Sensoren am Tier. Außerdem spielt das schnelle Wachstum von Mastrindern eine Rolle bei der Auswahl des anzubringenden Sensorsystems. Vor allem bei Mastbullen müssen Pedometer und Halsbänder regelmäßig kontrolliert werden, um sicherzustellen, dass diese nicht zu eng sitzen.

Mehrere Hersteller von Ohrmarkensystemen vermarkten ihre Produkte auch für die Mastrinderhaltung. Ein System mit einem in einer Ohrmarke integrierten Beschleunigungssensor misst die Aktivität, die Futteraufnahme und das Wiederkauen von Masttieren anhand der Kopfbewegungen. Zusätzlich wird die Körpertemperatur erfasst. Dieses System wurde in einer Studie auch bei Mastrindern validiert und zeigte vor allem beim Wiederkauen eine gute Genauigkeit im Vergleich zum Referenzwert (Naaktgeboren 2017).

Ein anderes Ohrmarkensystem funktioniert auf der Basis von UHF-RFID. Es kann das Futteraufnahmeverhalten der Tiere anhand ihrer Lokalisation in der Bucht erkennen und bietet zusätzlich eine Ortungsfunktion an. Dieses System wurde bereits in einer Studie validiert und zeigte bei der Erfassung der Aufenthaltsdauer der einzelnen Tiere am Futtertisch eine sehr gute Genauigkeit (Adrion et al. 2020).

Herdenmanagementsysteme bieten auch spezielle Module für die Mastrinderhaltung an. Tierhalter haben hiermit einen Überblick über alle Tiere im Stall von der Anmeldung über die HIT-Datenbank bis hin zum Abruf von Gewicht und Schlachtergebnissen.

Im Forschungsbereich kann das individuelle Futteraufnahmeverhalten der Tiere anhand von automatischen Wiegetrögen erfasst werden. Die automatischen Wiegetröge erfassen sowohl die genauen individuellen Fresszeiten als auch die Futteraufnahmemengen der Masttiere über eingebaute Waagen. Die Tiere werden anhand von RFID-Lesegeräten an den Wiegetrögen über die Ohrmarken erkannt. Ähnliche Wiegetröge wurden zur Untersuchung der individuellen Variation bei der Kraft- und Mineralfutteraufnahme bei Jungbullen eingesetzt (Reuter et al. 2017).

Ein weiterer relevanter Forschungsbereich ist die Einzeltiererkennung anhand von Videomaterial. Dabei wird künstliche Intelligenz in Form von neuronalen Netzen eingesetzt, um einzelne Bilder zu analysieren und die Tiere darin zu identifizieren. Solche Forschungsmethoden finden auch im Bereich der Mastrinderhaltung ihre Anwendung (Qiao et al. 2020).

4.2.2 Digitalisierung in der Schweinehaltung

Dr. Christa Hoffmann, oeconos GmbH

Die Nutztierhaltung in Deutschland steht aktuell vor dem größten Wandel seit Jahrzehnten. Viele Jahrzehnte lang war die primäre Maßgabe, in vielen Betrieben die Systeme ökonomisch optimal zu gestalten, um im zunehmend internationalen Preiskampf Schritt halten zu können. Automatisierung und Digitalisierung hat diesen Prozess an vielen Stellen unterstützt, da u. a. Arbeitskräfte substituiert werden konnten (wie z. B. bei der automatisierten Fütterung). Auch die zunehmend größer werdenden Schweinebestände pro Betrieb, die nach der Wende auch noch durch die traditionell größeren Produktionseinheiten in Ostdeutschland ergänzt wurden, konnten durch die Unterstützung digitaler Anwendungen wie Sauen- und Mastplaner optimiert geführt werden.

Wachsende Ansprüche aus Politik, Handel und Verbraucherschaft setzten aber auch schweinehaltende Betriebe in den vergangenen zehn Jahren zunehmend unter Druck. Das vom BMEL eingesetzte Kompetenznetzwerk Nutztierhaltung (Borchert Kommission) hebt mit seinen im Februar 2020 veröffentlichten Handlungsempfehlungen vor allem drei große Herausforderungen der aktuellen Nutztierhaltung in Deutschland hervor, die auch die Schweinehaltung direkt adressieren (Die Borchert Kommission 2020):

1. Teilweise starke regionale Verdichtungen und damit verbunden Nährstoffausträge in die Umwelt.
2. Umweltpolitisch, wissenschaftlich und zivilgesellschaftlich zu hoher Ressourcenanspruch der tierischen Produktion.
3. Intensive Nutztierhaltung werden in Bezug auf die Haltungsverfahren wie auch die Züchtung aus Tierschutzgründen zunehmend massiv kritisiert.

Die Kommission prangert damit nicht nur eine zu intensive Schweinehaltung u. a. im „Schweinegürtel" rund um Cloppenburg und Vechta an, sondern fordert auch grundsätzlich ein Umdenken und einen grundlegenden Umbau der Tierhaltung. Damit setzt sich ein Paradigmenwechsel fort, auch in der Schweinehaltung, bei der längst nicht mehr nur die Ökonomie im Fokus steht, sondern zunehmend die Themen Tierwohl, Tiergesundheit und Nachhaltigkeit. Dies ist auch an der Entwicklung von digitalen Technologien abzulesen, die zunehmend Tierwohlaspekte ins Visier nehmen. Diese aktuell unsichere Marktsituation führt auch dazu, dass im Folgenden differenziert wird zwischen weitestgehend etablierten digitalen Systemen (wie z. B. Sauenplaner) und Potenzialbereichen, zu denen vor allem Farm-Management-Systeme und KI/Data Analytics gehören.

4.2.2.1 Herdenmanagementsoftware

Wachsende Bestandsgrößen sowie die Spezialisierung von schweinehaltenden Betrieben auf unterschiedliche Produktionssysteme, wie die Ferkelproduktion (Sauenhaltung) oder die Aufzucht und/oder Mast, erforderten frühzeitig die Entwicklung spezialisierter Herdenmanagementprogramme für die unterschiedlichen Bedürfnisse der Landwirte. Während in den Anfangsjahren der Herdenmanagementsoftwareprodukte eine Vielzahl an Produkten den Markt regelrecht überschwemmte, hat sich der Markt in den vergangenen Jahren weitestgehend konsolidiert und nur noch wenige Produkte konnten sich nachhaltig durchsetzen.

Sauenplaner

Ziel der verfügbaren Sauenplaner ist es, den Produktionszyklus der Sauen(herde) bestmöglich abzubilden. Dafür stehen neben Desktopanwendungen auch mobile Anwendungen für Tablets, Smartphones oder andere Endgeräte (wie Handheld) zur Verfügung. Dadurch ist eine direkte Eingabe zum Zeitpunkt der Ereignisse im Stall (z. B. Besamung, Geburt, Behandlung) möglich. Ergänzt werden die manuellen Eingaben am Endgerät zunehmend mit Scanfunktionen für Barcodes oder RFID-Lesegeräten bzw. RFID-Lesetechnologie, wie sie in einigen Mobiltelefonen bereits verfügbar sind.

In der Sauenhaltung ist jede Sau mit einem individuellen Transponder ausgestattet, was die Einzeltieridentifikation und -dokumentation in allen Bereichen erleichtert. Über RFID-Lesegeräte oder entsprechende RFID-Technologie im Mobiltelefon können die Sauen auch per Transpondernummer aufgerufen werden und Dokumentationen direkt digital vorgenommen werden.

Im Deckstall betrifft die Dokumentation im Wesentlichen die Besamung und die entsprechende Zuordnung von Spermatuben zu den Sauen. Das Sperma kann häufig bereits über Barcodes mithilfe einer entsprechenden Barcodelese-App mit dem Mobiltelefon ins System eingescannt werden und den Sauen zugeordnet werden. Im Wartebereich sind es vor allem individuelle Aktivitäten (wie der Futterabruf), die digital und ad hoc erfasst werden. Für den Abferkelbereich bieten Sauenplaner die Möglichkeit der digitalen Erfassung der Würfe sowie der wichtigsten Kenngrößen (u. a. Verluste, Behandlungen, abgesetzte Ferkel).

Vorteile der Sauenplaner ist die Aggregation der Daten zu Produktionsberichten, die einen Gesamtüberblick über die Gruppen bzw. die gesamte Sauenherde ermöglichen. Wichtige aggregierte Kennzahlen dieser Berichte sind u. a. Umrauscher, Trächtigkeitsrate, Abferkelrate, Würfe/Sau/Jahr, gesamt geborene Ferkel/Sau.

Mastplaner

Ähnlich wie bei Sauenplanern entwickelten sich in der Vergangenheit die Anzahl von auf dem Markt angebotenen Mastplanern stark zurück. Auch Mastplaner sind für mobile Endgeräte verfügbar, sodass auch hier die Dokumentation digital vor Ort im Stall vorgenommen werden kann.

Mastplaner folgen der Logik der Aufzucht und Mast und basieren demzufolge weitestgehend auf einer gruppenbezogenen Dokumentation. Im Wesentlichen geht es um die digitale Unterstützung bei der Ein-, Um- oder Ausstallung von Gruppen bzw. beim Einkauf- und Verkauf der Partien. Neben ökonomischen Auswertungen (u. a. über den Futtereinsatz) können auch biologische Leistungen wie Tageszunahmen, Verluste und Mastdauer erfasst werden. Einige Mastplaner bieten darüber hinaus eine Verknüpfung an die HIT- und TAM-Datenbank (Details dazu siehe Abschn. 4.2.2.5 Digitale Assistenzsysteme zur Dokumentation der Produktqualität) und/oder haben eine Verknüpfung zur

Schlachtdatenbank. Mastplaner, u. a. von Bündlerorganisationen, ermöglichen vereinzelt sogar anonymisierte, überbetriebliche Kennzahlvergleiche (Benchmarks).

Tiere verwalten
Sonstige Erlöse
Stall verwalten
Auswertungen
Verlustmeldung
Bestandserfassung
Lieferanten/Abnehmer
Futterkosten
Kostenerfassung
Einstellungen
Medikamenten-Aufzeichnung
Laborergebnisse
Services/Links
Fernwartung
Abmelden

Einkaufspartie verwalten
Einkaufspartie von 17.01.2017
bis 17.01.2018
Mastrgruppe

Belegnr	Datum	Gruppe	Stück
5	05.12.2017	219(209 Stk)	209/0
4	20.10.2017	1(333 Stk)	232/0
3	12.09.2017	1(217 Stk)	175/0
2	22.08.2017	218(525 Stk)	173/2
1	01.08.2017	218(352 Stk)	352/0
7	30.05.2017	1(293 Stk)	203/0
6	09.05.2017	1(99 Stk)	216/0
5	02.03.2017	217(511 Stk)	298/298
4	10.02.2017	217(217 Stk)	217/217

Verkaufspartie verwalten
Verkaufspartie von 17.01.2017
bis 17.01.2018
Mastrgruppe

Belegnr	Datum	Gruppe	Stück
18	20.12.2017	218(16 Stk)	74/0
17	07.12.2017	218(90 Stk)	54/0
16	29.11.2017	218(144 Stk)	44/0
15	23.11.2017	218(188 Stk)	69/0
14	17.11.2017	218(257 Stk)	66/0
13	14.11.2017	218(323 Stk)	2/0
12	09.11.2017	218(325 Stk)	63/0
11	03.11.2017	218(388 Stk)	117/0
10	13.10.2017	218(505 Stk)	16/0
21	22.09.2017	1(101 Stk)	33/0
*9	20.09.2017	218(521 Stk)	[illegible]
20	14.09.2017	1(134 Stk)	83/0
19	08.09.2017	1(42 Stk)	57/0
8	01.09.2017	1(99 Stk)	75/0
7	24.08.2017	1(167 Stk)	30/0
6	17.08.2017	1(197 Stk)	40/0
5	11.08.2017	1(237 Stk)	32/0
2	26.07.2017	1(269 Stk)	16/0
3	26.07.2017	217(0 Stk)	44/44

Abb. 4.21: Beispiel Dashboard Mastplaner (Quelle: LKV Baden-Württemberg 2022)

Anders als in der Sauenhaltung hat sich in der Aufzucht und Mast die Einzeltieridentifikation der Tiere noch nicht flächendeckend durchgesetzt. Gründe hierfür sind aktuell vor allem noch zu hohe Kosten für die Markierung der Einzeltiere mit Transpondern, aber auch die Herausforderung, dass die Tiere diesen über den gesamten Wachstumsprozess hinweg tragen sollten. Dabei spielen das Gewicht und die Größe vor allem beim Einziehen der Transponder eine Rolle, aber auch die Langlebigkeit im Kontext der sehr aktiven Tiere.

4.2.2.2 Fütterungsmanagement

Eines der ersten Systeme, die in der Schweineproduktion automatisiert und frühzeitig digitalisiert wurden, war das Fütterungsmanagement. Egal welches Fütterungsregime in der Ferkelproduktion, Aufzucht oder Mast betrachtet wird, so legen die Anforderungen an die Fütterungsanlagen zeitnah eine Digitalisierung und Steuerung über Controller oder anderweitige Computer nahe. „Flüssigfütterungsanlagen für Mastschweine waren demzufolge die ersten vollautomatischen Anlagen im Bereich der Tierhaltung. Mit diesem (relativ) überschaubaren Prozess wurden erste Schritte zur vollständigen Prozesssteuerung über die Prozesskontrolle bis hin zu einem Baustein des Precision Livestock Farming getan“ (Jungbluth et al. 2005). Dabei werden die im Computer auf die Gruppen und ihre Phase voreingestellten Rationen automatisiert aus den flüssigen und festen Komponenten gemischt, ausgewogen und über die Leitung in die entsprechenden Gruppen verteilt.

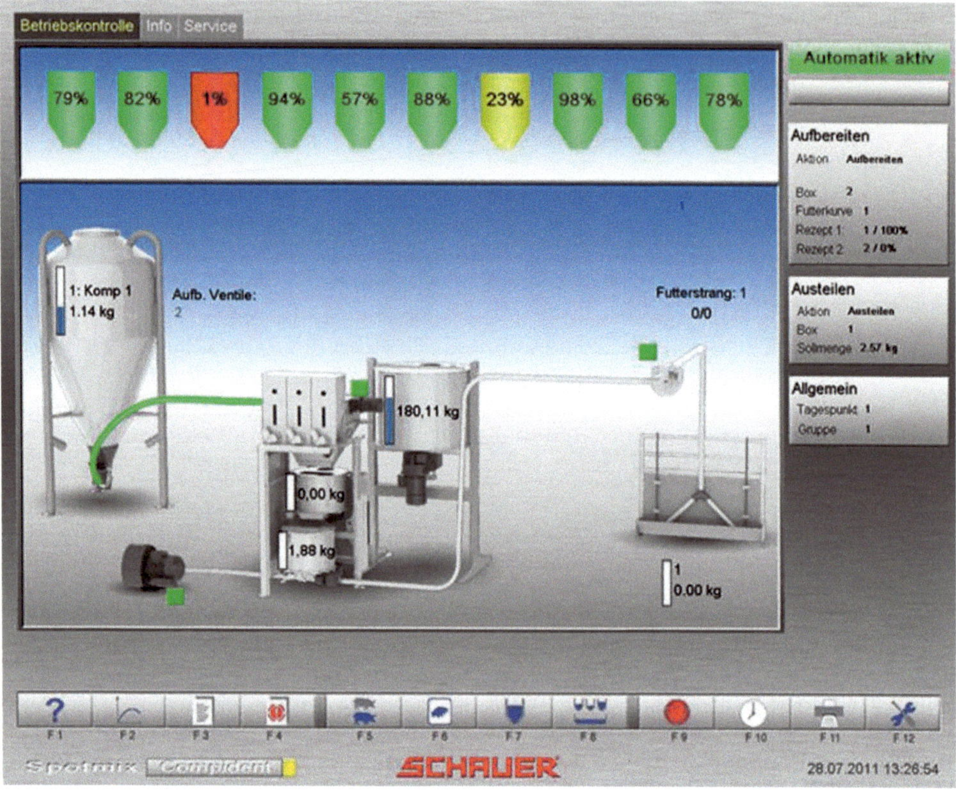

Abb. 4.22: Beispiel einer Fütterungssteuerung (Quelle: eigene Darstellung)

Auch die Füllstandüberwachung von Silos ist mittlerweile digital abbildbar.

In der Ferkelproduktion ergibt sich durch die Einzeltieridentifikation der Sauen eine weitere Besonderheit im Bereich der Digitalisierung. Im Wartebereich der Ferkelproduktion befinden sich für gewöhnlich Sauen in unterschiedlichen Tragestadien. Über einen RFID-Transponder im Ohr werden die Sauen im Wartebereich individuell am Eingang der Futter-Abrufstationen erkannt. Eine Futterzuteilung erfolgt tierindividuell, je nach Bedarf und nur, wenn die Tagesration noch nicht vollständig abgerufen worden ist.

4.2.2.3 Klimasteuerung

Neben dem Fütterungsmanagement hat auch die Lüftungssteuerung, besonders in den weitverbreiteten konventionellen, vollklimatisierten Stallungen, eine große Relevanz und wurde daher frühzeitig automatisiert und es gibt seit Längerem computergestützte Steuerungssysteme auf Abteil- oder Buchtenbasis. Die entsprechenden Buchten oder Abteile sind dazu mit Sensoren ausgestattet, die vor allem Lufttemperatur und -feuchtigkeit messen und nach vordefinierten Lüftungskurven die Lüftungsleistung, Heizleistung und Lüftungsklappen regeln. Über einen Controller im Stallgebäude oder einen Computer im Büro können tagesaktuell die Daten eingesehen und für das Management genutzt werden.

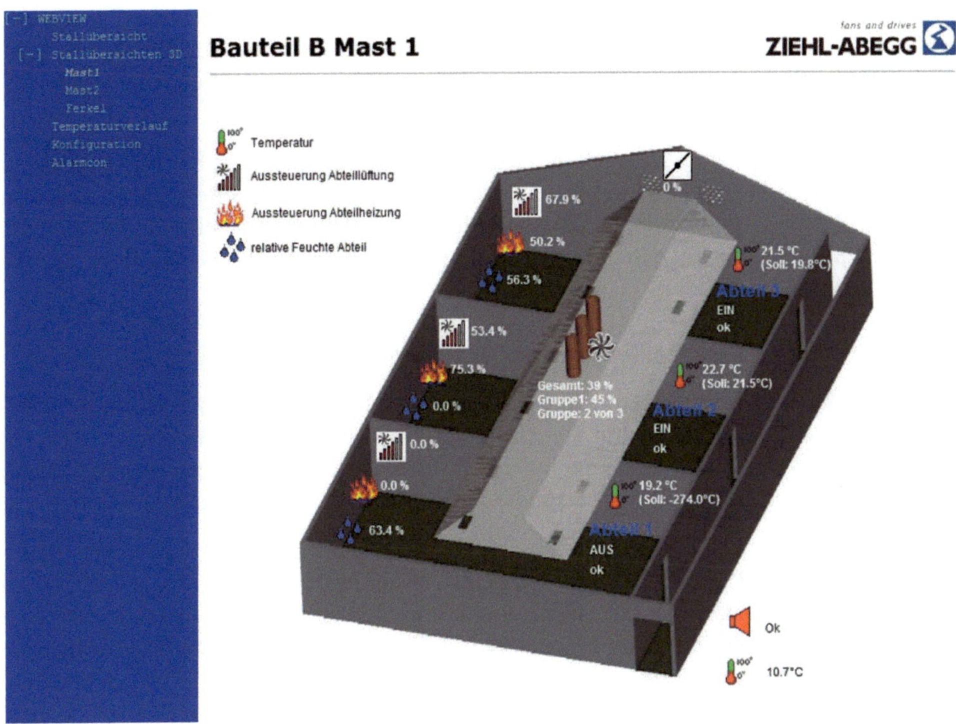

Abb. 4.23: Webview in eine aktive Stall-Klimasteuerung (Quelle: eigene Darstellung)

Zur Verbesserung des Tierwohls einerseits und zur Verminderung von klima- und umweltrelevanten Emissionen andererseits bekommt das Thema Stallklimaregulierung in den vergangenen Jahren eine neue Dynamik. Zum einen gibt es in unterschiedlichen Studien Hinweise darauf, dass die Ammoniakgehalte in Stallungen zeitweise Grenzwerte für Tier und Mensch überschritten haben. Zum anderen wird auch die Schweinehaltung für einen großen Teil an umwelt- und klimarelevanten Emissionen verantwortlich gemacht und der Druck auf die landwirtschaftlichen Betriebe wächst, diese zu erfassen und zu reduzieren. Neuere Sensoren erfassen daher zusätzlich klima- und umweltrelevante Gase, wie z. B. Ammoniak in den Stallungen, und lassen diese Daten in die Lüftungssteuerung einfließen.

4.2.2.4 Weitere digitale Assistenzsysteme in der Schweinemast

Digitale Assistenzsysteme haben sich in den vergangenen Jahren auch in weiteren Bereichen der Schweinehaltung durchgesetzt und unterstützen die Betriebsleitung in ihrem täglichen Management. In der Praxis etablierte Systeme sind u. a. Sortierschleusen für die Mastschweinehaltung. Die computergesteuerten Systeme bieten neben der Möglichkeit, die Tiere über ihr Gewicht zu selektieren, heutzutage oft zusätzlich die Option, die Tiere über ergänzende Kamerasysteme während ihres Aufenthalts in den Sortierschleusen zu vermessen (u. a. Messung des Muskelfleischanteils (FOM-Vermarktung) oder auch Ermittlung der Teilstückgewichte (AutoFOM)). Im Anschluss an die Wiegung und/

oder Vermessung erfolgt dann die Zuordnung der Tiere in die Vermarktungsbucht oder Futteraufnahmebucht. Entsprechende kameraassistierte Systeme zur Gewichtbestimmung gibt es auch als tragbare Systeme mit Tablet-Verbindung zur Echtzeitvermessung der Schweine an jedem beliebigen Ort im Stall.

Wenn es nicht bereits in Mastplanern integriert ist, unterstützen darüber hinaus computergestützte Systeme die anschließende Vermarktung von schlachtreifen Schweinen. Von aktuellen Schweinepreisen über die Anmeldung von Schweinen beim Bündler bieten unterschiedliche Anbieter mittlerweile auch Applikationen für das Smartphone an, die diese Funktionen abbilden.

4.2.2.5 Digitale Assistenzsysteme zur Dokumentation der Produktqualität

Neben der digitalen Überwachung und Steuerung des Produktionsprozesses mittels Herdenmanagementprogrammen und Steuerung der Fütterung und Klimatisierung rückt die Qualität des Produkts und damit auch die Tiergesundheit und das Tierwohl zunehmend in den Vordergrund. Auch dabei bietet die Digitalisierung viele Möglichkeiten der Unterstützung.

Aktuell kommt ca. 95 % des frischen Schweinefleischs aus Betrieben, die im QS-System zertifiziert sind. Die QS-Qualität und Sicherheit GmbH ist seit über 20 Jahren auf dem Markt und im Wesentlichem dafür zuständig, basierend auf den gesetzlichen Mindeststandards über ein Qualitätssicherungssystem die Produktqualität u. a. von Schweinen zu dokumentieren und zu kontrollieren. Mit nahezu 100 % Marktpräsens lässt sich auf eine starke Marktdurchdringung schließen. Das trifft damit auch auf die im Rahmen der Systemteilnahme erforderliche Nutzung der IT-Infrastruktur zu.

QS hat dabei frühzeitig auf digitale Hilfsmittel für die Landwirte gesetzt und die größtenteils verpflichtende Dokumentation mit eigenen Softwareprodukten abgebildet oder sie kooperieren direkt mit den entsprechenden öffentlichen Datenbanken. Dadurch ergab sich nicht nur eine Erleichterung von Prozessen, sondern auch eine quasi standardisierte Nutzung von digitalen Werkzeugen.

Das QS-System wird bei seiner Dokumentation und Kontrolle im Wesentlichen von vier digitalen Werkzeugen unterstützt.

Tabelle 4.4: Digitale Werkzeuge und Nutzung im Rahmen der Produktqualitätsüberwachung (QS-System)

Werkzeug	Nutzung	Link
HI-Tier	Bestandsbewegungen	https://www.hi-tier.de/
VetProof mit Anbindung an TAM-Datenbank	Antibiotikamonitoring	https://db.vetproof.de/vp/vetproof
Qualiproof	Schlachtdatenbefunde	https://pig.qualiproof.de
Qualiproof/Barcodesystem	Salmonellenmonitoring	https://pig.qualiproof.de

In der webbasierten Datenbank Herkunftssicherungs- und Informationssystem für Tiere (HIT) müssen alle Schweinehalter regelmäßig ihre Bestandsbewegungen melden. Die HIT-Datenbank ist die zentrale Informationsplattform für die Veterinär- und Agrarverwaltung in Deutschland. Das Werkzeug dient damit als digitale Landkarte und Übersicht über die aktuellen Bestände und Bewegungen, was vor allem auch in Seuchenfällen von Relevanz ist. Eine grundsätzliche Meldung ist nach der Viehverkehrsverordnung (VVVO) verpflichtend, die Art der Meldung (manuell oder digital) grundsätzlich freigestellt.

Die Tierarzneimittel-(TAM-)Datenbank ist die zentrale amtliche Antibiotikadatenbank. Sie wurde im Zuge der 16. Arzneimittelgesetz-Novelle als Erweiterung der HIT-Datenbank angefügt. Die regelmäßige Dokumentation soll einen Beitrag leisten, um den Einsatz von Antibiotika in der Tierproduktion grundsätzlich zu reduzieren. Ziel ist es, einen sorgfältigeren und verantwortungsvolleren Umgang mit Antibiotika in der Landwirtschaft zu fördern und die Ausbreitung von Antibiotikaresistenzen zu begrenzen (HIT und TAM DB 2022).

Das QS-System nutzt für die Durchführung des Antibiotikamonitorings seine webbasierte Datenbank VetProof, welche aber über eine Schnittstelle zur staatlichen TAM-Datenbank verfügt und bei Freischaltung die Daten übermittelt. Über Rollen- und Rechteverteilung können auch weitere Akteure wie Tierärzte in dieser Datenbank arbeiten.

Das dritte digitale Werkzeug im Einsatz bei QS ist das ebenfalls webbasierte System Qualiproof, über das sowohl Schlachtbefunddaten verwaltet werden als auch das Salmonellenmonitoring. Ebenfalls über Rechte und Rollenkonzepte haben hier unterschiedliche Akteure der Wertschöpfungskette Zugriff auf die Datenbank und können bearbeiten oder ausschließlich lesen. Vergleichbar mit den Spermatuben in der Sauenhaltung sind auch die Salmonellenproben mit einem Barcodesystem versehen, welche leicht abgescannt und digital zugeordnet werden können.

Während die HIT-Datenbank und die TAM-Datenbank die Prozesse auf den einzelnen Betrieben dokumentieren und fokussieren, ist der Ansatz von Qualiproof die Absicherung der Produktqualität durch den überbetrieblichen Datenaustausch, vor allem zwischen landwirtschaftlichem Betrieb und Schlachthof.

Auch andere onlinebasierte Anbieter wie Qualifood haben sich auf den überbetrieblichen Datenaustausch mit Schwerpunkt auf das Abbilden von Schlachtdaten, Antibiotika- und Salmonellenmonitoring fokussiert. Zwischen den Systemen sind weitestgehend Schnittstellen eingerichtet worden, um die Dateneingabe für Landwirte zu erleichtern (Qualifood 2023).

Auch bei anderen Qualitätsprogrammen, wie z. B. der Initiative Tierwohl, kommen digitale Systeme zur Verwaltung der Daten zwischen den überbetrieblichen Akteuren zum Einsatz. In diesem Fall ist es das BFS Online-Portal (webbasiert). Es dient im Wesentlichen zur Verwaltung der teilnehmenden Betriebe in Bezug auf die Auditergebnisse sowie der Mengen- und Budgetverwaltung (Initiative Tierwohl 2022).

4.2.2.6 Apps zur Dokumentation und Interpretation des Tierwohls und der Tiergesundheit

Die Interpretation von Tiergesundheit und Tierwohl ist komplex und die Interpretation in seiner Fülle eine große Herausforderung. Digitale Assistenzsysteme können Landwirte bei der Dokumentation und Interpretation von Tiersignalen unterstützen. An drei teilweise aus öffentlichen Geldern mitfinanzierten (App-)Entwicklungen in diesem Bereich sollen Einsatzmöglichkeiten und Umsetzung beispielhaft aufgezeigt werden.

PIG-Check

Der beschlossene schrittweise Einstieg in den Kupierverzicht erfordert von den teilnehmenden, schweinehaltenden Betrieben, vor allem in der Aufzucht und Mast, eine erhöhte Aufmerksamkeit für die Tiere sowie zusätzlichen Aufwand für die Dokumentation. Vor allem die durchzuführende Risikoanalyse ist zeitintensiv und war lange Zeit nur auf Papier durchführbar. Im Rahmen des Nationalen Wissennetzwerks Kupierverzicht wurde, vom BMEL gefördert, die App PIG-Check entwickelt, die eine digitale Erfassung der Risikoanalyse ermöglicht. Analog zu den 10-seitigen Formularen führt die Applikation schrittweise durch die einzelnen Bereiche. So kann die Bewertung problemlos auf einem Mobilgerät während der Stallroutine vorgenommen werden.

FitForPigs

Tierwohl und Tiergesundheit finden nicht nur auf Kontrollgängen und über Checklisten statt, sondern erfordern das Verständnis für die Komplexität von Verhaltensstörungen und äußerliche Veränderungen bei seinen Schweinen. Um sich diesem Thema anzunähern, wurde im Rahmen einer Europäischen Innovationspartnerschaft die App FitForPigs entwickelt.

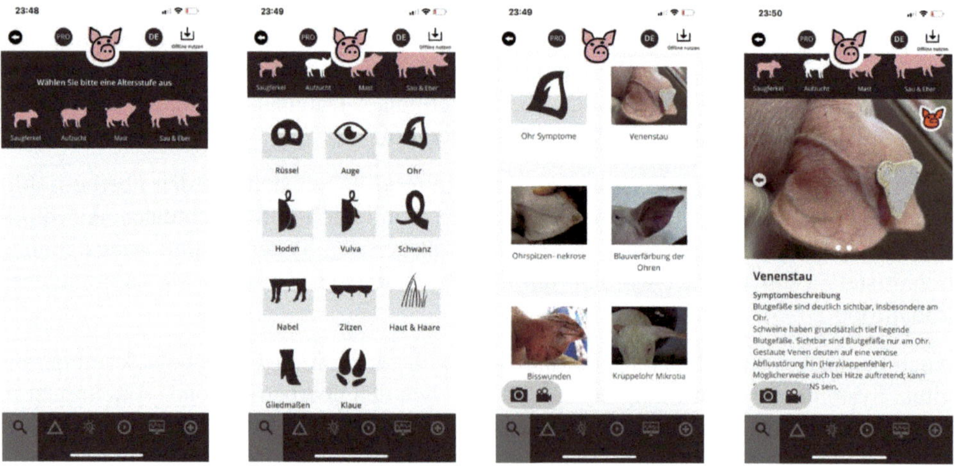

Abb. 4.24: Menüführung am Beispiel Aufzucht – Ohr – Venenstau (Quelle: FitForPigs 2022)

Mittels anschaulicher Vergleichsbilder wird der Nutzer geschult, abnormales Aussehen oder Verhalten bei seinen Tieren aufmerksamer zu beobachten, schneller zu erkennen und zu interpretieren, um dann frühestmöglich Gegenmaßnahmen einzuleiten.

Tierbonitur

Nach § 11, Abs. 8 des Tierschutzgesetzes ist die Erhebung von geeigneten Tierschutzindikatoren im Rahmen der betrieblichen Eigenkontrolle notwendig. Basierend auf dem vom KTBL erarbeiteten Leitfaden wurde ein auf dem Programm Microsoft Excel basierender digitaler Erfassungsbogen für Landwirte entwickelt. Individuelle Weiterentwicklungen und eine bedienerfreundlichere Benutzung über eine Applikation finden sich u. a. in der Anwendung der Landesanstalt für Schweinezucht in Boxberg.

4.2.2.7 Weitere Sensorsysteme zur Dokumentation und Interpretation des Tierwohls und der Tiergesundheit

Ob ein Tier sich wohl fühlt, gesund oder krank ist, hängt von vielen Faktoren (z. B. Liegeverhalten, Aktivität, Temperatur, Futteraufnahme) ab. Aus diesem Grund wurden in den vergangenen Jahren auch ergänzend zu den beschriebenen, teils weitverbreiteten Systemen vielfältige ergänzende Systeme wissenschaftlich getestet und sind teilweise auch vereinzelt im Praxiseinsatz.

Folgende Systeme bieten die Möglichkeit, weitere Faktoren, die Hinweise auf eine gestörte Tiergesundheit oder ein gestörtes Tierwohl geben, zu erfassen und in die Bewertung des Tierwohls einfließen zu lassen.

Tabelle 4.5: Beispiele für Sensorsysteme mit Überwachungsfokus und Anwendungsmöglichkeiten

System	Zur Überwachung (Faktor)	Anwendungsmöglichkeiten
Videokamera	des Verhaltens (allgemein, oder an Hotspots)	Identifikation von Tätertieren im Kontext Schwanzbeißen (retrospektiv)
Wasserdurchflussmesser	des Wasserdurchflusses (indirekt auch das Trinkverhalten)	Co-Faktor zur Identifikation von Stress durch Hitze- oder Wassermangel
Schwingungssensor	der Tieraktivität an Hotspots	Überwachung der Nutzungshäufigkeit von Beschäftigungsmaterialien (z. B. Heukörbe)
Wärmebildkamera	der Körpertemperatur	Validierung von Hitze-/Kältestress (Einzeltier-/Gruppenbezogen)

Kamerasysteme

Videokamerasysteme kommen gehäuft in Verhaltensversuchen zum Einsatz. Man findet sie aber auch im Praxiseinsatz. Im Einsatz sind dabei handelsübliche Videokamerasysteme, die meist ausschließlich über eine erhöhte Wasserschutzklasse verfügen, damit sie nicht beim Waschen abgehängt werden müssen. Die gängigen Kamerasysteme eignen sich u. a. zur Tierüberwachung. Einsatzort ist u. a. in Langschwanzgruppen, in denen es tendenziell auch zu Problemen mit Schwanzbeißen kommen kann. Videosysteme können in diesem Kontext vor allem nach Feststellung erster Bissverletzungen in den Gruppen durch Sichtung der Videos, bei der Identifikation von sog. Tätertieren helfen.

Weiterentwickelte Systeme, die mit der Unterstützung von künstlicher Intelligenz arbeiten, können mittlerweile auch automatisiert Tiere erkennen und ihr Verhalten differenzieren (siehe Abschn. 4.2.2.9).

Wasserdurchflusssensor

Wasserdurchflusssensoren sind ein einfach zu montierender Gegenstand, um indirekt Hinweise auf möglichen Hitzestress (sehr viel Durchfluss) oder Wassermangel (kein Durchfluss) in den Buchten zu erhalten. Angebunden an eine Steuerung können die Wassermengen individuell pro Nippel digital erfasst und ausgewertet werden. Vor allem an sehr heißen Tagen kann dies von entscheidender Bedeutung sein. Verlässliche, direkte Rückschlüsse auf die Trinkmengen sind damit allerdings nicht möglich, da Schweine dazu neigen, an den Nippel nicht nur zu trinken, sondern damit auch zu spielen, was die Aussage verfälschen würde.

Abb. 4.25: Wasserdurchflusssensor (Quelle: eigene Darstellung)

Wärmebildkamera

Oft gibt uns das Verhalten der Schweine bereits Indizien im Hinblick auf Stress durch Hitze oder Kälte. Vor allem aus dem Liegeverhalten kann viel über die Temperatur auf das aktuelle Tierwohl abgeleitet werden. Zur Validierung der Tierkörpertemperatur eignen sich handelsübliche Wärmebildkamerasysteme. Wärmebildkameras können ortsunabhängig sowohl bei Einzeltieren als auch bei Tiergruppen (z. B. Saugferkel) angewendet werden. Zu warme Liegeflächen, wie in Abbildung 4.26 dargestellt, führen bei den Tieren zu Unwohlsein und sie nutzen die kühleren Randgebiete des Ferkelnests zum Ruhen.

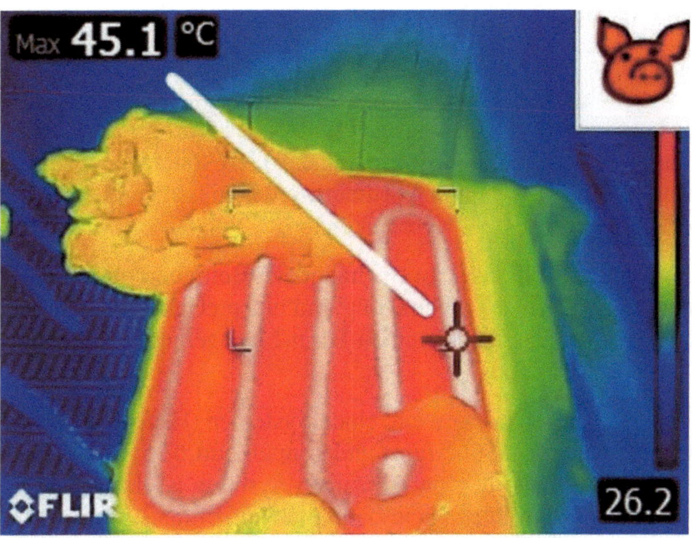

Abb. 4.26: Aufnahme eines Ferkelnests mit der Wärmebildkamera (Quelle: FitForPig 2022)

Gyrosensor

Schwingungs-, Beschleunigungs- oder Bewegungssensoren sind dafür geeignet, an beweglichen Gegenständen im Stall (z. B. Heukörbe an Ketten) montiert zu werden. Die Sensoren sind dafür ausgelegt, die Aktivität an den jeweiligen Gegenständen zu erfassen. Dies kann z. B. zur Bewertung von Maßnahmen im Kontext von Schwanzbeißaktivitäten, wie z. B. die Gabe eines Heukorbs, genutzt werden.

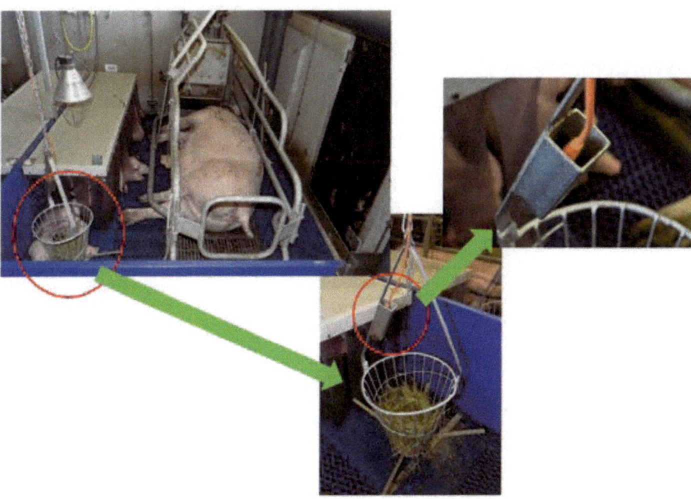

Abb. 4.27: Schwingungssensor mit Heukorb in der Abferkelbucht (Quelle: eigene Darstellung)

4.2.2.8 Farm-Management-Systeme

Die steigende Anzahl an digitalen Assistenzsystemen, die oftmals von unterschiedlichen Herstellern auf landwirtschaftlichen/schweinehaltenden Betrieben im Einsatz sind, hat auf den Betrieben zu sehr heterogenen IT-Strukturen geführt. Dies wird oft auch als Insellösungen bezeichnet, da die einzelnen Datenbanksysteme isoliert voneinander sind, in separaten Steuerungen oder Softwareprogrammen bedient werden müssen und die Daten nur erschwert im Kontext zueinander genutzt werden können.

Aus diesem Grund geht der Trend auch auf schweinehaltenden Betrieben bzw. bei Anbietern von Haltungssystemen für die Schweinehaltung und entsprechenden IT-Dienstleistern in den letzten Jahren dahin, dass sogenannten Farm-Management-Systeme angeboten werden.

Aus technischer Sicht werden die Daten aus den einzelnen Systemen (Fütterung, Klimasteuerung etc.) in eine zentrale Datenbank überführt und können dort über ein zentrales Programm gesteuert werden. Eine Steuerung der einzelnen Systeme ist dadurch meist von unterschiedlichen Endgeräten (PC, Tablet, Handy) möglich und oftmals, wenn cloudbasiert, nicht mehr ortsgebunden. Über Rechte- und Rollenverteilungen können auch hier unterschiedliche Nutzer gleichzeitig mit dem System arbeiten. Wichtige Vorteile beim Einsatz von Farm-Management-Systemen sind die Ersparnis von Zeit, die Fehlerreduzierung und eine umfangreiche, datengestützte Entscheidungsgrundlage für das Management.

Während Software und Hardware zur Steuerung von Prozessen im Stall (Managementsoftware oder Controller, Wasserdurchflussmesser) weitestgehend kommerziell verfügbar sind, sind entsprechende Daten-Analytik-Lösungen (wie Business Intelligence) zur Interpretation der Datensammlung (Big Data) noch vielfach im Entwicklungsstadium und werden ständig verbessert.

In der Perspektive zeigen Konzeptstudien, wie die an der Landesanstalt für Schweinezucht des Landes Baden-Württemberg in Boxberg im Rahmen des Projekts Infosystem 2.0 entwickelte Data-Warehouse-Architektur, die Möglichkeiten und Potenziale der Integration von einer Vielzahl von weiteren digitalen Assistenzsystemen (u. a. Video, Mikrofone, Wasserverbrauch).

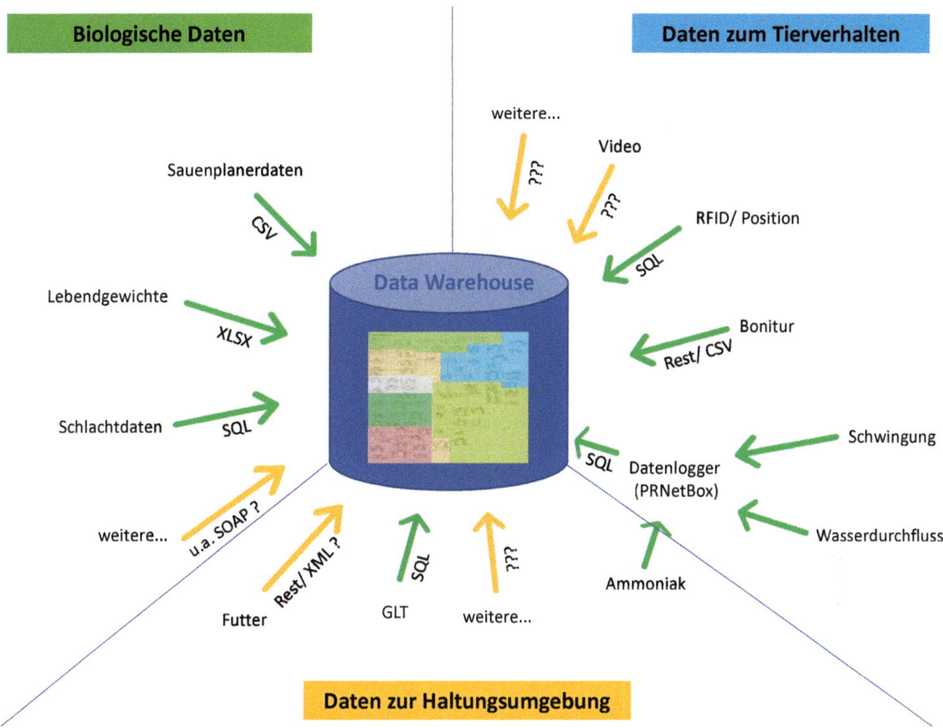

Abb. 4.28: Konzept einer Data-Warehouse-Infrastruktur auf einem schweinehaltenden Betrieb (Quelle: eigene Darstellung)

Vor allem im Kontext von multifaktoriell hervorgerufenen Verhaltensstörungen, beispielsweise dem Schwanzbeißen, bieten derartige Data-Warehouse-Architekturen eine wertvolle Unterstützung. Kombiniert mit Methoden der künstlichen Intelligenz unterstützen sie Managemententscheidungen und können auch als Frühwarnsystem agieren.

Einen ähnlichen Ansatz verfolgt auch die Konzeptstudie im Projekt DigiSchwein, wo ebenfalls eine zentrale Farm-Management-Software entwickelt wird mit dem Ziel, zum einen das Halten von unkupierten Schweinen besser zu managen und zum anderen, Geburtsprozesse von Sauen besser zu überwachen – beides im Hinblick auf eine zunehmende Optimierung von Tiergesundheit und Tierwohl (DigiSchwein 2023).

4.2.2.9 Einsatzmöglichkeiten von Data Analytics und künstlicher Intelligenz in der Schweineproduktion

Viele kommerziell verfügbaren digitalen Assistenzsysteme (z. B. Videokameras, Wasserdurchflusszähler, Mikrofone) sind primär darauf ausgerichtet, Daten zu erfassen. Erst verknüpft mit entsprechender Datenanalytik bzw. Methoden der künstlichen Intelligenz können die Daten auch gezielt interpretiert und für die Entscheidungsunterstützung genutzt werden.

In diesem Kontext haben sich in den vergangenen Jahren unterschiedliche Einsatzmöglichkeiten für Methoden der künstlichen Intelligenz in der Schweinehaltung herauskristallisiert.

Akustik zur Überwachung von Atemwegserkrankungen

Die Erfassung von Geräuschen mittels Mikrofonen im Stall hat sich als nützliches Hilfsmittel zur Früherkennung von gesundheitlichen Veränderungen im Bestand erwiesen. Unter anderem erweist es sich als nützlich bei der Identifikation von Atemwegserkrankungen auf Gruppenebene (Bucht/Abteil). Dafür werden Mikrofone im Umfeld der Tiergruppen (z. B. über der Bucht) platziert. Zur Identifikation von Husten werden die kontinuierlichen Lautdateien mit einem auf Atemwegserkrankungen trainiertem System verglichen. Verglichen werden historische Datensätze mit den aktuellen. Über einen programmierten Algorithmus findet es ähnliche akustische Laute, die bei Atemwegserkrankungen aufgetreten sind, und kann so als Frühwarnsystem mögliche Atemwegserkrankungen detektieren.

Akustik zur Identifizierung von (un)glücklichen Schweinen

Neben frühen Hinweisen auf Atemwegserkrankungen und damit konkret auf die Tiergesundheit, bietet der Einsatz von Mikrofonen im Stall auch die Möglichkeit, Rückschlüsse auf das Tierwohl zu ziehen. Anhand der mit Mikrofonen im Stall aufgezeichneten Grunzlaute können ebenfalls Rückschlüsse darauf gezogen werden, ob ein Schwein „glücklich oder unglücklich“ ist. In positiven Situationen sind demnach die Grunzlaute viel kürzer und weisen geringere Schwankungen in Lautstärke, Intensität und Tonlage auf. Eine Forschergruppe aus Kopenhagen hat dafür über 7.000 Geräuschaufnahmen analysiert und daraus einen Algorithmus für den Praxiseinsatz entwickelt, der feststellt, ob die Gefühle eines einzelnen Schweins positiv sind wie „glücklich“ und „begeistert“ oder negativ wie „verängstigt“ und „gestresst“ oder ob die Gefühle sich irgendwo dazwischen bewegen (University of Copenhagen 2022).

Tonaufnahmen mit einem Mikrofon haben grundsätzlich einige Vorteile. Zum einen erlauben sie die Beobachtung von ganzen Tiergruppen, zum anderen sind sie kontaktlos. Zudem sind sie unabhängig von Lichtverhältnissen (das ist u. a. für Videokamerasysteme häufig eine Herausforderung).

Überwachung des Tierverhaltens mit Kamerasystemen

Kamerasysteme bieten sich grundsätzlich für die Überwachung der Tieraktivität in Gruppen an und können u. a. zur Identifikation von Tätertieren im Kontext von Schwanzbeißen genutzt werden (siehe Abschn. 4.2.2.7 Weitere Sensorsysteme zur Dokumentation und Interpretation des Tierwohls und der Tiergesundheit). Kombiniert mit Verfahren der künstlichen Intelligenz (z. B. Deep Learning) wird es darüber hinaus vermehrt für die Analyse von konkretem Tierverhalten eingesetzt.

Bis Systeme einzelne Körperteile lokalisieren können und z. B. zwischen unterschiedlichen Aktivitäten (z. B. Stehen oder Liegen) differenzieren können, müssen hunderte bis tausende Bilder annotiert werden.

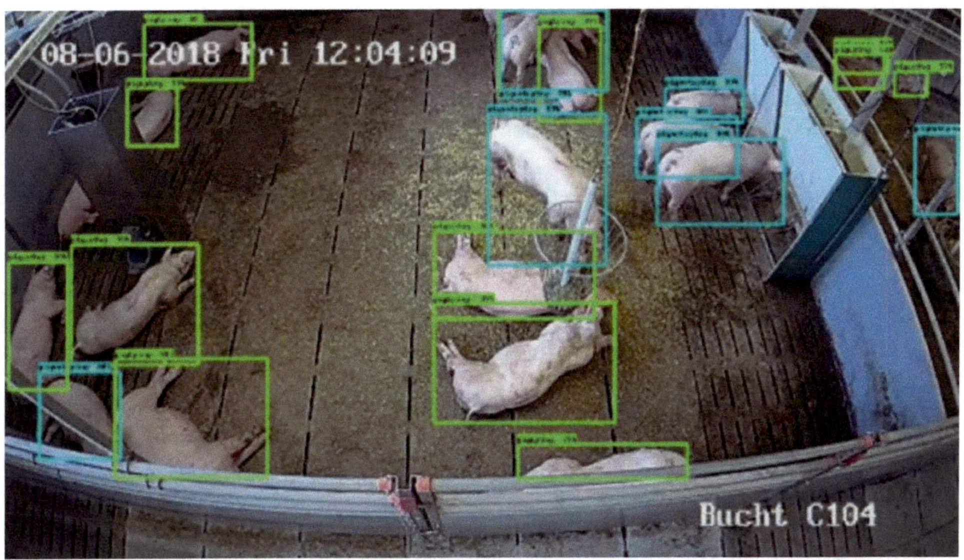

Abb. 4.29: Bilderkennung mit Unterstützung von Deep-Learning-Verfahren (Quelle: Riekert et al. 2020)

Bei diesem Vorgang wird das System trainiert. Perspektivisch ist Realtime-Erfassung von Schwanzbeißaktivitäten ein Ziel, was mit dieser Methodik detektiert werden könnte. Intelligente Systeme haben zudem die Möglichkeit, kontinuierlich mit aktuellen Datensätzen weiter zu trainieren, was die Genauigkeit zunehmend verbessert.

Vielversprechend ist in diesem Kontext auch der Einsatz von auf Ohrmarken gedruckten Data Matrix Codes in Verbindung mit Computer Vision. Die von einem Computerprogramm über die Videoaufzeichnungen autonom erkannten Codes ermöglichen eine robuste Identifikation und Nachverfolgung einzelner Schweine, womit diese Methodik perspektivisch auch eine Alternative zur herkömmlichen Einzeltieridentifikation via Transponder im Ohr sein könnte (Fruhner et al. 2022).

Gesichtserkennung von Schweinen mit 3D-Aufnahmen

Schweine haben, für uns Menschen schwer erkennbar, unterschiedliche Gesichtsausdrücke, je nachdem wie der aktuell Gefühlzustand ist. Aus diesem Grund liegt es nahe, mittels spezieller Verfahren der künstlichen Intelligenz, dem „Maschinellen Sehen“, sich dem Thema Tierwohl zu nähern. Mithilfe von 2D- und 3D-Fotos der Schweine kann bei dieser Methode mit relativ hoher Sicherheit (97 % Genauigkeit) der Gefühlszustand der Schweine erkannt werden. Ähnlich wie bei akustischen Lauten erhofft man sich mit dieser Methode zu erkennen, ob ein Schwein glücklich ist oder ob es gerade traurig ist. Die Methodik sticht dadurch hervor, dass sie als kostengünstige, praktische und non-invasive Art und Weise bezeichnet wird (McKenna 2020).

Methoden der künstlichen Intelligenz im Einsatz bei multifaktoriellen Geschehen

Auf das Tierwohl und die Tiergesundheit haben viele Faktoren einen Einfluss. Auch Verhaltensstörungen, wie z. B. das Schwanzbeißen, sind multifaktoriell bedingt. Aus diesem Grund ist das Zusammenspiel der in den einzelnen digitalen Assistenzsystemen und Datenbanken erfassten Daten genau für diesen Kontext prädestiniert für Anwendungen aus dem Bereich der künstlichen Intelligenz. Künstliche Intelligenz bietet nicht nur die Möglichkeit, auf Basis einzelner Sensordaten Frühwarnsysteme zu implementieren (Beispiel Atemwegserkrankung), zudem bietet künstliche Intelligenz die Möglichkeit, im Rahmen von Data-Warehouse-/Data-Lake-Architekturen über einzelnen Datenbanken hinweg, Zusammenhänge zu identifizieren, die bisher aufgrund der Fülle der Daten nicht erfasst werden konnten (siehe Abschn. 4.2.2.8 Farm-Management-Systeme).

4.2.2.10 Einzeltieridentifikation

Verbesserungen im individuellen Tierwohl und in der Tiergesundheit sowie eine lückenlose Rückverfolgung erfordern einzeltierbezogene Daten. Bis dato ist flächendeckend jedoch noch keine Einzeltieridentifikation in der Schweinehaltung vollzogen worden. Vor allem Kosten-Nutzen-Abwägungen verhinderten dies bisher. Dies führt nach wie vor zu großen Herausforderungen in der Produktion. So ist es, außer in der Sauenhaltung, wo die Einzeltieridentifikation weitestgehend praktiziert wird, beispielweise nicht möglich, tierindividuelle Behandlungen oder Aktivitäten zu dokumentieren. Zudem sollen die digitalen Chipsysteme möglichst nur einmalig kurz nach der Geburt den Tieren „verpasst" werden und dann bis zur Schlachtung ihre Funktion erfüllen.

Vielversprechende Ansätze im Praxisbetrieb zeigen ultrahochfrequente (UHF-)Transponder in den Ohren der Schweine in Kombination mit einem ultrahochfrequenten Radiofrequenzidentifizierungssystem (UHF-RFID-System) an z. B. einem Beschäftigungsturm. Bei einem derartigen Hotspot-Monitoring können Auffälligkeiten im Verhalten der Tiere frühzeitig erkannt werden.

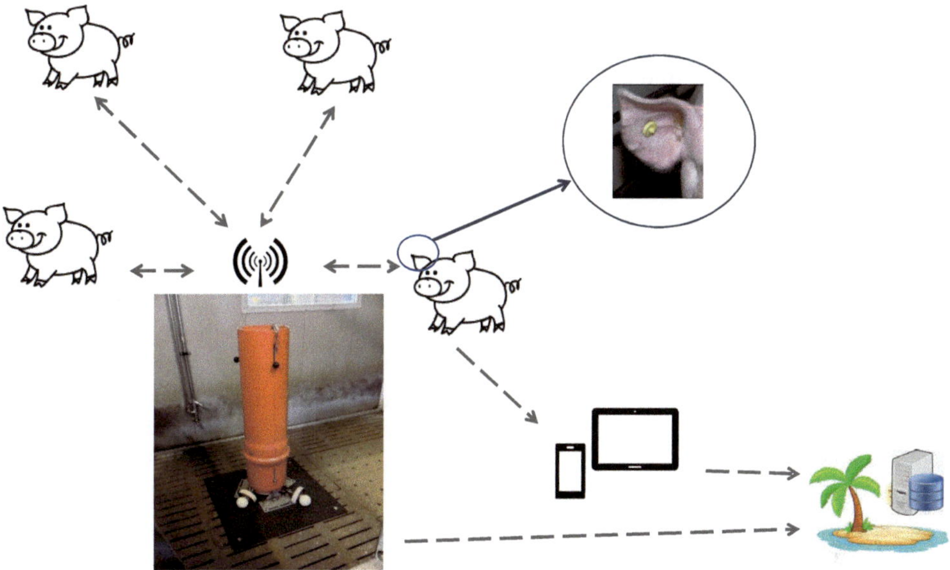

Abb. 4.30: Beispiel für ein Hotspot-Monitoring an einem Beschäftigungsturm (Quelle: eigene Darstellung)

4.2.3 Digitalisierung in weiteren Bereichen der tierischen Erzeugung

Dr. Jernej Poteko, Dr. Isabella Lorenzini, Bayerische Landesanstalt für Landwirtschaft (LfL)

4.2.3.1 Geflügel

Die Entwicklung von digitalen Lösungen, die die Tiergesundheit, das Tierwohl und die Wirtschaftlichkeit in Geflügelhaltungen verbessern könnten, ist im Vergleich zu anderen Bereichen in der Tierhaltung noch nicht weit fortgeschritten. Der Fokus der Forschungs- und Entwicklungsarbeit liegt momentan bei der Haltung von Masthühnern, gefolgt von der Legehennenhaltung. Dabei werden Sensoren, Kameras und Mikrofone eingesetzt. Eine Veröffentlichung zur Überprüfung von aktuellen Arbeiten im Bereich PLF in der Geflügelhaltung fand heraus, dass beim Großteil der Publikationen die Verbesserung des Tierwohls und der Tiergesundheit und nicht die Erhöhung der Wirtschaftlichkeit oder die Optimierung der Arbeitsprozesse im Mittelpunkt standen (Rowe et al. 2019). Ähnlich wie bei Schweinen, Schafen und Ziegen sind Masthühner, Legehennen und andere Arten von Geflügel den Umgang mit Menschen weniger gewohnt als Milchkühe. Milchkühe sind von der Geburt an den täglichen Kontakt mit Menschen gewohnt, somit bedeuten die vielen Handlungen und Beobachtungen, die mit der Erfassung von Parametern zur Tiergesundheit und zum Tierwohl verbunden sind, weniger Stress für die Tiere. Digitale Technik ermöglicht die Erfassung von Daten zur Tiergesundheit meist ohne Menschenkontakt und ist somit weniger belastend für die Tiere. Andererseits sind die Gewinnmargen pro Tier in der Geflügelhaltung niedriger als bei anderen Tierarten und das Interesse daran, das Tierwohl für die Einzeltiere zu verbessern, möglicherweise niedrig. Die meisten Veröffentlichungen zum Thema PLF in der Geflügelhaltung handeln von Systemprototypen und nicht von digitalen Lösungen, die bereits auf dem Markt sind, was wiederum zeigt, wie viel Potenzial in diesem Bereich noch vorhanden ist (Rowe et al. 2019).

Futter- und Wasseraufnahme

Die Erfassung der Futter- und Wasseraufnahmemengen von Legehennen und Masthühnern erfolgt nur gruppenweise über die Messung der konsumierten Futter- und Wassermengen. Die Daten können dann in einer entsprechenden Software visualisiert werden.

Gruppenverhalten, Aktivitäts- und Gewichtserfassung

Ein wichtiger Parameter für die Entwicklung von Masthühnern ist die Gewichtskurve. Manche Systeme auf dem Markt messen durch in der Stalleinrichtung integrierten Waagen das Gewicht von unspezifischen Einzeltieren in der Mast- und Legehennenhaltung und können indirekt auch die Aktivität erfassen, da sie die Häufigkeit der Messungen speichern. Eine Abnahme der Aktivität kann auf ein Problem in der Haltung deuten. Die Systeme speichern dabei die Daten und können mit der dazugehörigen Software visualisiert und mit einer Sollkurve verglichen werden. Auch ein Kamerasystem, das Bildaufnahmen vom Geflügel verarbeitet und analysiert, um die Aktivität und das Gruppenverhalten von Masthühnern und Legehennen zu erfassen, ist auf dem Markt verfügbar. Aktivität und Gruppenverhalten stellen wichtige Parameter zur Beurteilung des Tierwohls und der Tiergesundheit dar (De Montis et al. 2013).

Stalltechnik

Die Stalltechnik in der Geflügelhaltung weist einen hohen Automatisierungsgrad auf. Die Anlagen in den Bereichen Fütterung, Stallklima, Beleuchtung und Tierbeobachtung können über digitale Lösungen lokal oder aus der Ferne in einem zentralen System gesteuert werden (Schaumann Stiftung 2018). Dabei geht es sowohl um die anlageneigenen Daten und Einstellungen (z. B. Stallklima) als auch um die Produktionsparameter der Tiere. Beide sollten aufgezeichnet werden, um die Effizienz der Haltung zu untersuchen und um ein Betriebstagebuch anzulegen. Das Problem der Vernetzung der Systeme untereinander kommt in diesem Bereich weniger zum Ausdruck, da die Technik in der Regel von einem einzigen Anbieter stammt und im Stall installiert wird.

4.2.3.2 Schafe und Ziegen

Die Produktion von Schaf- und Ziegenmilch hat sich in den letzten 50 Jahren mehr als verdoppelt und wird laut Vorhersagen weiter steigen (Pulina et al. 2018). In Europa werden ca. 16 % der Ziegenmilch und 29 % der Schafsmilch weltweit produziert, hauptsächlich in den mediterranen Länder wie Frankreich, Italien, Spanien und Griechenland (Pulina et al. 2018). Der Einsatz von PLF-Technologien in der Schaf- und Ziegenhaltung ist aufgrund der meist extensiven Haltung bei Weitem nicht so verbreitet wie in der Milchviehhaltung, da die extensiven Haltungsbedingungen den möglichen Einsatz von Sensoren zur Erfassung von spezifischen Einzeltierdaten und zur Steuerung der Haltungsumgebung begrenzen. Diese Produktionssysteme spielen eine wichtige Rolle bei der Erhaltung von sozioökonomischen Konstrukten in ruraler Umgebung, leiden aber oft unter dem spezialisierten Arbeitskräftemangel und sind wirtschaftlich wenig rentabel. Wie in anderen Bereichen der Tierhaltung wird auch in der Schaf- und Ziegenhaltung zunehmend Wert auf das Tierwohl gelegt und digitale Technologien bieten hierfür attraktive Möglichkeiten. Mit der Verordnung (EG) Nr. 21/2004 zur Einführung eines Systems zur Kennzeichnung und Registrierung von Schafen und Ziegen wurde dabei ein erster wichtiger Schritt für die Verbreitung von digitalen Technologien in der Schaf- und Ziegenhaltung getätigt. Die Kennzeichnung von Schafen und Ziegen kann über eine elektronische Ohrmarke oder über Pansenboli erfolgen.

Futter- und Wasseraufnahme

Die Erfassung von Daten zum Futteraufnahmeverhalten von Schafen und Ziegen kann, über die elektronische Identifizierung der Tiere mittels RFID an einem Futterstand erfolgen, wobei die Erfassung der individuellen Futteraufnahmemengen hauptsächlich im Forschungsbereich erfolgt (Fröhlich et al. 2005). Auch spezielle Ohrmarken, die einen Beschleunigungssensor enthalten, können das Futteraufnahmeverhalten bzw. die Fressrate der Tiere über die Bewegung erfassen. Die Wasseraufnahme von Schafen und Ziegen wie auch die innere Körpertemperatur können über Pansenboli erfasst werden.

Aktivität

Die Messung der Aktivität von Schafen und Ziegen erfolgt über Sensoren im Ohr oder am Hals der Tiere. Studien zeigen, dass es auch möglich ist, das Grasen und das Ruheverhalten über Sensordaten abzubilden (Barwick et al. 2020, Ikurior et al. 2021). Gekoppelt mit der Aktivitätsmessung ist oft auch ein GPS-Gerät im Gehäuse integriert, um eine Lokalisierung der Tiere auf der Weide und im Gelände zu ermöglichen. Dies erlaubt auch das Aufstellen von digitalen Zäunen, bei denen der Tierhalter benachrichtigt wird, sobald die Tiere einen vorgegebenen Bereich verlassen. Die Überwachung der Aktivität von Schafen könnte die Arbeit in der Lämmersaison durch Geburtsvorhersagen erleichtern. Obwohl bereits mehrere Studien zu diesem Thema durchgeführt wurden (Fogarty et al. 2020, Gurule et al. 2021, Smith et al. 2020), ist noch keine digitale Lösung zur Geburtsvorhersage bei Schafen auf dem Markt. Da Lahmheit auch bei Schafen und Ziegen ein großes wirtschaftliches und tierschutzrechtliches Problem darstellt, könnte die Erfassung von kinetischen und kinematischen Daten Tierhalter auch bei der Erkennung von lahmen Tieren unterstützten. Hierzu sind aber noch keine Systeme auf dem Markt erhältlich.

Milchparameter

Die Milch von Schafen und Ziegen kann anhand von Sensoren im Melkstand analysiert werden. Die meisten Geräte erfassen die tierindividuelle Milchmenge. Eine Internet-Recherche ergab keine auf dem Markt erhältlichen Systeme für die Analyse von weiteren Milchparametern bei Schafen und Ziegen (Stand Mai 2022).

4.3 Wirtschaftlichkeit

Das primäre Ziel ist dabei immer die Wirtschaftlichkeit und Qualität von Maßnahmen zu steigern sowie Bediener und Betriebsleiter durch Automatisierung oder Entscheidungsunterstützung zu entlasten.

Den Investitionskosten für die Beschaffung, Installation und Inbetriebnahme von Geräten und Systemen muss also ein gleich großer oder größerer Nutzen gegenüberstehen. Bei der wirtschaftlichen Betrachtung fällt es schwer, die bessere Arbeitsqualität und die Entlastung des Personals als Nutzen finanziell zu bewerten.

In jedem Fall sollte auch beachtet werden, dass die Bedienung der Systeme von Mitarbeitern gewollt und gelernt werden muss. Auch die Einarbeitung in die Bedienung, das Tätigen von Einstellungen und die Eingabe von Daten ist mit Arbeit verbunden.

Nicht zuletzt ist die Wirtschaftlichkeit von einigen Anwendungen stark von äußeren Einflussfaktoren geprägt. So wirken sich Arbeitsbreiten, Schlaggröße, Schlagform, Entfernung zur Hofstelle, Bodenarten, die aktuelle Versorgung mit Grundnährstoffen, Niederschlagshöhe und -verteilung sowie der Ausbildungsgrad der Mitarbeiter entscheidend auf die Wirtschaftlichkeit von digitalen Systemen in der Landwirtschaft aus.

Wie kompliziert die Berechnung der Wirtschaftlichkeit sein kann, ist in Abbildung 4.31 ersichtlich. Hier werden die Einsparungen durch Lenksysteme bei der Produktion von Winterweizen berechnet.

Ob sich der Einsatz von Precision-Farming-Werkzeugen auf einem Betrieb lohnt, hängt auch von Faktoren ab, die sich schlecht quantifizieren lassen. So geht man bei Lenksystemen beispielsweise davon aus, dass Schäden an Geräten frühzeitiger erkannt werden: 60 % der Aufmerksamkeit des Fahrers werden ohne Lenksystem durch das Lenken beansprucht. Wird diese Aufmerksamkeit den Anbaugeräten und der Maßnahme gewidmet, werden Schäden und Fehlfunktionen früher erkannt. Zudem kann die Bearbeitungsqualität fortlaufend bzw. häufiger angepasst werden.

So kann als Beispiel bei der Bodenbearbeitung ein besseres Saatbett bereitet und das Auflaufverhalten optimiert werden. Dies hat eine bessere Pflanzentwicklung und gegebenenfalls sinkende Kosten im Pflanzenschutz und höhere Erträge zur Folge.

Auch die Terminkosten sinken durch den Einsatz automatischer Lenksysteme. Durch die erhöhte Schlagkraft können Maßnahmen bei gleicher Traktorleistung früher und zum richtigen Zeitpunkt abgeschlossen werden. Frank et al. (2008) haben nachgewiesen, dass die termingerechte Bearbeitung erhebliche Kostenvorteile mit sich bringen kann. Nicht zuletzt spielt auch der Komfort eine große Rolle. Gerade auf mittelgroßen Betrieben mit extremen Arbeitsspitzen werden die Fahrer (in der Regel der Betriebsleiter) bei der Feldarbeit stark entlastet und so die Lebens- und Arbeitsqualität verbessert.

Kalkulationsschema Lenksysteme Winterweizen

Allg. Angaben	Menge	Einheit
Systemkosten inkl. Einbau	15000	EUR
Genauigkeit	0.05	m
Feldfrucht	Winterweizen	-
Betriebsfläche	200	ha
Anzahl Schläge	20	Stück
FF-Anteil Feldfrucht	50%	%
Anbaufläche Feldfrucht	100	ha
Durchschnittliche Schlaggröße	10	ha
Anzahl Schläge Feldfrucht	10	Stück
Schlaglänge	316.227766	m
Überlappung ohne Lenksystem	7%	%

Bodenbearbeitung	Menge	Einheit
Arbeitsbreite BB	3	m
Geschwindigkeit BB	3	m/s
Wendevorgang ohne Lenksystem	20	s
Wendevorgang mit Lenksystem	12	s
Überlappung ohne Lenksystem	0.21	m
Fahspuren pro Schlag (ideal)	106	Stück
Fahrspuren pro Schlag ohne Lenksystem	114	Stück
Fahrspuren pro Schlag mit Lenksystem	108	Stück
Strecke ohne Lenksystem	36049.97	m
Strecke mit Lenksystem	34152.60	m
Dauer ohne Lenksystem	12016.66	s
Dauer mit Lenksystem	11384.20	s
Dauer Wendung ohne Lenksystem	2280.00	s
Dauer Wendung mit Lenksystem	1296.00	s
Dauer gesamt ohne Lenksystem	14296.66	s
Dauer gesamt mit Lenksystem	12680.20	s
Zeitersparnis/Schlag	1616.46	s
Zeitersparnis/Schlag	0.45	h
Zeiterspranis gesamt	4.49	h
Verfahrenskosten	80	EUR/h
Kostenerparnis	359.21	EUR/Jahr

Aussaat	Menge	Einheit
Arbeitsbreite Sämaschine	3	m
Geschwindigkeit	3	m/s
Wendevorgang ohne Lenksystem	20	s
Wendevorgang mit Lenksystem	12	s
Überlappung ohne Lenksystem	240	m
Fahspuren pro Schlag (ideal)	106	Stück
Fahrspuren pro Schlag ohne Lenksystem	114	Stück
Fahrspuren pro Schlag mit Lenksystem	108	Stück
Strecke ohne Lenksystem	36049.97	m
Strecke mit Lenksystem	34152.60	m
Dauer ohne Lenksystem	12016.66	s
Dauer mit Lenksystem	11384.20	s
Dauer Wendung ohne Lenksystem	2280	s
Dauer Wendung mit Lenksystem	1296	s
Dauer gesamt ohne Lenksystem	14296.66	s
Dauer gesamt mit Lenksystem	12680.20	s
Zeitersparnis/Schlag	1616.46	s
Zeitersparnis/Schlag	0.45	h
Zeiterspranis gesamt	4.49	h
Verfahrenskosten	200	EUR/h
Kostenerparnis Verfahren	898.03	EUR/Jahr
Kosteneinparung Düngung		
Flächeneinsparung/Schlag	0.57	ha
Flächeneinsparung gesamt	5.69	ha
Verfahrenskosten Düngung	200	EUR/ha
Verfahrenskosten PSM	200	EUR/ha
Einsparung	2276.84	EUR/Jahr

Einsparung Verfahrenskosten	2636.05	EUR/Jahr
Abschreibung	5.69	Jahre

Terminkosten	Menge	Einheit
Naturalertrag	8	t/ha
Naturalertrag	800	t/Jahr
Marktpreis	200	EUR/t
Marktwert	160000	EUR
Mindererertrag verspätete Aussaat	10%	%
Häufigkeit	5	Jahre
Flächenanteil	13%	%
Terminkosten	407.93	EUR/Jahr

Maschinenschäden	Menge	Einheit
ohne Lenksystem	1500	EUR/Jahr
mit Lenksystem	50%	%
mit Lenksystem	750	EUR/Jahr
Kosteneinsparung	750	EUR/Jahr

Einsparung + Zusatznutzen	3793.98	EUR/Jahr
Abschreibung	3.95	Jahre

Abb. 4.31: Wirtschaftlichkeitsberechnung für ein Lenksystem (Quelle: eigene Darstellung)

4.4 Cyber Security in der Landwirtschaft

Dr. Christa Hoffmann, oeconos GmbH; Prof. Dr. Roland Haas, IIIT Bangalore

Informationssysteme spielen eine entscheidende Rolle bei der Steigerung des Ertrags und der Produktqualität, der Verbesserung der Effizienz und der Verringerung von Verlusten. Vernetzte intelligente Sensoren, der verstärkte Einsatz von Geräten und Lösungen des Internets der Dinge (Internet of Things – IoT) sowie ein hoher Automatisierungsgrad der Betriebstechnik in der Außen- und Innenwirtschaft erleichtern die tägliche Arbeit und ermöglichen die Bewirtschaftung von Betrieben mit einem Minimum an menschlicher Arbeitskraft. Traktoren und Erntemaschinen ebenso wie Melksysteme haben einen hohen Grad an Autonomie erreicht. Die Feldbearbeitung mittels autonomer Robotertechnik ist auf dem Vormarsch. Viele dieser Geräte können auch über das Internet fernüberwacht und/oder gesteuert werden.

Parallel zu diesen Entwicklungen haben in den letzten Jahren die Bedrohungen durch Cyberattacken global stetig zugenommen. Im Jahr 2020 werden Cyberangriffe im Global Risk Report des Weltwirtschaftsforums zu den zehn größten Risiken in Bezug auf Wahrscheinlichkeit und Auswirkungen gezählt (WEF 2020). Der Trend zur Digitalisierung und Vernetzung von Sensoren und Systemen hat zahlreiche potenzielle neue Angriffsvektoren geschaffen – auch auf landwirtschaftliche Betriebe. Die Bedeutung von resilienten Systemen steigt zunehmend.

Analysen von globalen Angriffen auf den Agrifood-Sektor in den vergangenen Jahren zeigen, dass die Landwirtschaft bisher nicht das Hauptziel ausgeklügelter Angriffe auf die Betriebstechnologien war. Im Fokus der Cyberattacken standen in den vergangenen Jahren zunehmend multinationale Konzerne aus der Wertschöpfungskette, wie Monsanto, JBS (2021) oder AGCO (2022). Die häufigste Angriffsart war in diesen Fällen ein Ransomware-Angriff (Hoffmann et al. 2022).

Bei dieser Art von Angriffen geht ein sogenanntes Social Engineering voraus, um Zugang zu wichtigen Systemen im Betriebsablauf zu erhalten. Wird dieser Zugang erlangt, wird eine Schadsoftware eingesetzt, die alle Dateien auf dem System verschlüsselt und sie ohne das richtige Passwort unbrauchbar macht. Die Angreifer erpressen die Opfer und fordern ein Lösegeld, das oft in Bitcoins gezahlt werden muss. Veröffentlichte Angriffe dieser Art enthüllten in der Vergangenheit nicht nur massiv steigende Lösegeldforderungen bis in zweistellige Millionenhöhe (Dollars in Bitcoin), sondern führten bei den beteiligten Firmen zusätzlich zu einem hohen finanziellen Schaden durch den Produktionsausfall, abgesehen von einem schwer zu beziffernden Reputationsverlust. Abbildung 4.32 fasst die verschiedenen Schritte eines Ransomware-Angriffs zusammen.

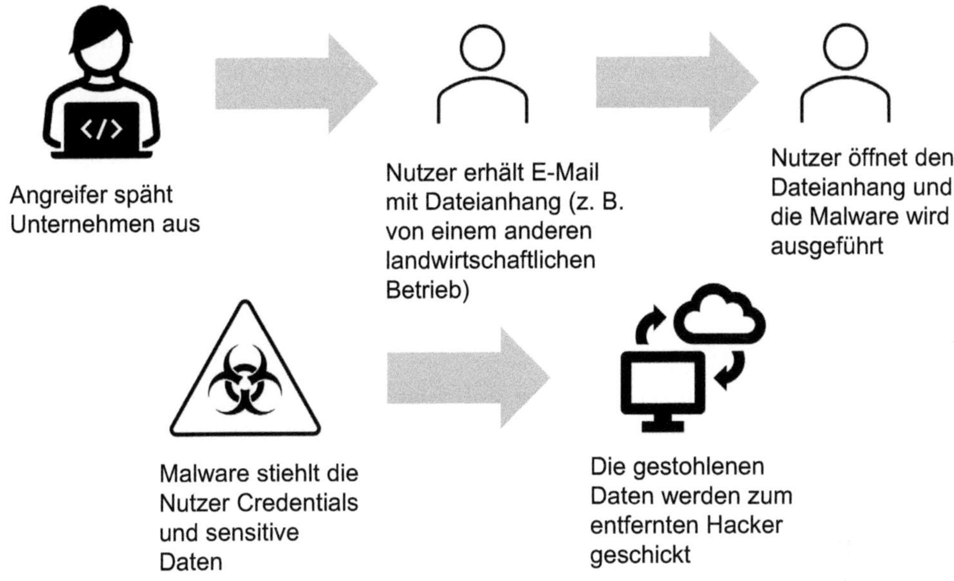

Abb. 4.32: Ablauf einer Ransomware-Attacke (Quelle: eigene Darstellung)

Eine Cyberbedrohung ist die potenzielle Ausnutzung einer Schwachstelle in IT-, Steuerungs- und Kommunikationssystemen, die eine präzise Landwirtschaft ermöglichen. Informationssysteme können bekannte Schwachstellen aufweisen, die für einen Angriff genutzt werden können. Das Risiko hängt von der Wahrscheinlichkeit eines erfolgreichen Cyberangriffs und der Kritikalität der angegriffenen Anlage ab. Das Schadensszenario kann von der lästigen Bearbeitung einer Spam-Mail bis hin zu einem katastrophalen Ausfall einer Betriebstechnologie, wie Bewässerung, Spritzen, Düngung oder automatisches Melken, reichen. Angriffe könnten auch auf einen autonomen Traktor abzielen, was lebensbedrohliche Folgen haben könnte. Jede Cybersicherheitsmaßnahme muss daher mit einem klaren Verständnis der angegriffenen kritischen Anlagen beginnen. Im Bereich Smart Farming können diese Anlagen in Kategorien eingeteilt werden (Haas & Hoffmann 2020), die in Abbildung 4.33 dargestellt werden.

Potenzielle Angriffsziele
▪ **IT-Systeme** (wie Herdenmanagementprogramme, Ackerschlagkarteien etc.)
▪ **Landwirtschaftliche Maschinen/Fahrzeuge** (Mähdrescher, Traktoren, autonome Feldroboter etc.)
▪ **Steuerungssysteme** für Bewässerung, Saatgutverteilung, Melken, Fütterung sowie für Gebäude und Heizung, Lüftung und Klimatisierung
▪ **Automatisierte Systeme** für variable Aussaat/Pflanzung, Düngung, Unkrautbekämpfung
▪ **Anlagen** (z. B. Biogasanlagen)
▪ **IoT-Geräte** (verteilte Sensornetzwerke etc.)

Abb. 4.33: Potenzielle Angriffsziele auf landwirtschaftliche Betriebe (Quelle: eigene Darstellung)

Angriffe haben sehr unterschiedliche Zielsetzungen. Sie können auf die Integrität von Daten, die Verfügbarkeit einer Ressource oder die Vertraulichkeit sensibler Informationen abzielen und versuchen, unbefugten Zugang zu Betriebstechnik zu erlangen oder ungenaue Informationen einzuspeisen. Kritische Angriffsziele auf landwirtschaftliche Betriebe, wie die in Abbildung 4.33 benannten, könnten für Angriffstypen empfänglich sein (Haas & Hoffmann 2020), die in Abbildung 4.34 gezeigt werden.

Typische Angriffstypen von Cyberattacken

- Datenexposition
- Unbefugter Zugriff (z. B. auf unbemannte Fahrzeuge, z. B. Feldroboter)
- Manipulation von intelligenten Sensoren
- Fernsteuerungsangriffe auf kritische Systeme wie Heizung, Lüftung und Klimatisierung (Heating, Ventilation and Airconditioning – HVAC) zur Änderung der Temperatur für Nutztiere oder die Anlagenumgebung
- Denial-of-Service-Angriffe (DoS) auf Kommunikationsnetzwerke, also Angriffe, die auf eine Überlastung des Zielsystems ausgerichtet sind

Abb. 4.34: Typische Angriffstypen von Cyberattacken (Quelle: eigene Darstellung)

Ein Angreifer kann eine Schwachstelle ausnutzen, um unbefugt in das System einzudringen, sensible Informationen zu manipulieren oder den Betrieb mit einem Denial-of-Service-Angriff zu stören. IoT-Sensornetzwerke, integrierte IT-Systeme sowie App- und internetfähige Systeme bilden dabei eine große Angriffsfläche.

Konkrete Angriffe auf landwirtschaftliche Betriebe sind bisher nicht in großer Anzahl publiziert. Vereinzelt wurden jedoch Ransomware-Angriffe auf landwirtschaftliche Betriebe gemeldet. Im Juli 2020 wurde z. B. das Bewässerungssystem eines israelischen Unternehmens angegriffen, wodurch landwirtschaftliche Pumpen außer Betrieb gesetzt wurden (Hoffmann et al. 2022). Von einer global hohen Dunkelziffer an getätigten und nicht publizierten Angriffen auf landwirtschaftliche Infrastruktur ist auszugehen.

4.4.1 Resiliente Agrifood-Systeme

Grundlage für die Errichtung von widerstandsfähigen Cyber-physischen Systemen ist eine Risikobewertung, bei der neben der Eintrittswahrscheinlichkeit auch ein möglicher entstehender Schaden durch einen Cyberangriff bewertet wird.

Auf der Grundlage einer derartigen Risikobewertung und der Analyse von potenziellen Angriffsvektoren können verschiedene Sicherheitsmaßnahmen ausgewählt werden, um das System robust gegen Cyberangriffe zu machen.

Diese Maßnahmen reichen von einfachen, aber oft überraschend wirksamen Aktionen, bis hin zu anspruchsvolleren Maßnahmen, die auf jedem landwirtschaftlichen Betrieb umsetzbar sind (Abb. 4.35) (Haas & Hoffmann 2022).

Einfache Maßnahmen	Anspruchsvollere Maßnahmen
▪ Angemessene Sensibilisierungsschulungen für die Mitarbeiter ▪ Passwortrichtlinien ▪ Verringerung von Angriffsflächen (z. B. Schließen von USB-Anschlüssen)	▪ Verschlüsselung von Kommunikationskanälen ▪ Trennung von Netzwerkteilnetzen ▪ Malwareschutz ▪ Firewalls und Systeme zur Erkennung von Eindringlingen

Abb. 4.35: Maßnahmen zur Absicherung von Cyber-Physischen Systemen (Quelle: eigene Darstellung)

Da der Mensch die schwächste Stelle in der Sicherheit eines Netzwerks ist, sollte an erster Stelle immer ein besonderer Schwerpunkt auf einer angemessenen Sensibilisierungsschulung für alle beteiligten Personen liegen.

Anspruchsvollere Maßnahmen erfordern häufig fortgeschrittene Kenntnisse in der IT und ggf. externen Support. Um die Gefahren, die mit zunehmendem Cloud-Computing einhergehen, zu adressieren, bietet z. B. das Konzept der digitalen HofBox einen Lösungsansatz (Teil der GeoBox-Infrastruktur). Das Konzept basiert dabei auf einer zumindest teilweisen Errichtung von eigenen, dezentralen Netzwerken (Edge-Computing). Grundidee dieses, auf einer Open-Source-Technologie basierenden Konzepts ist, dass Programme grundsätzlich auch ohne Internetanbindung nutzbar sind („Offline-First"-System) (Eberz-Eder et al. 2021).

4.4.2 Aktuelle Herausforderungen der Landtechnikindustrie in Bezug auf CSMS

4.4.2.1 Automotive Cyber Security als Vorreiter

Im Automobilbereich wird Cyber Security heute ernst genommen. Nach mehreren Vorfällen, White Hacks und Proof of Concepts (siehe Abb. 4.36) hat die Automobilindustrie das Problem erkannt und entsprechend reagiert.

Nissan Hack	FCA Jeep Hack	Tesla Hack
▪ Schwachstelle in der Nissan Connect App wurde entdeckt ▪ Klimaanlage konnte kompromittiert werden	▪ Schwachstelle in FCAs Uconnect Telematiksystem ▪ Die Schwachstelle ermöglichte die Einspeisung von gefälschten und gefährlichen CAN-Bus-Nachrichten ▪ Bremsen konnten ausgeschaltet werden; unbeabsichtigte Beschleunigung und ferngesteuerter Lenkeingriff	▪ Schwachstelle in Teslas Autopilot und Infotainsystem ▪ Manipulation von Sensoren ▪ Nichtautorisiertes Aufschließen von Fahrzeugen möglich

Abb. 4.36: Verschiedene Vorfälle haben das Thema Automotive Cyber Security in den Fokus gerückt (Quelle: eigene Darstellung)

Mittlerweile haben die OEMs eigenständige Cyberbereiche aufgebaut und die Lieferanten integrieren Cybersicherheits-Features wie Intrusion Detection (Haas et al. 2017), verschlüsselte Kommunikation und Authentifikationsmechanismen in ihre Steuergeräte. Aktuell werden zudem Security Operation Centers (SOC) aufgebaut über welche die Gesamtfahrzeugflotte beobachtet und bei Bedarf mit Security-Updates versorgt werden kann.

Für E-Mobilität, komplexe Fahrerassistenzfunktionen oder gar autonomes Fahren ist Cyber Security unentbehrlich und eine zwingende Voraussetzung für den sicheren Betrieb eines Fahrzeugs (Jehle et al. 2017, Haas et al. 2019).

Diese Erkenntnis und die Erfahrungen aus Cyberschwachstellen und Cyberangriffen flossen schließlich in eine Reihe von Standards und Normen (WP.29 R155, R156, SAE/ISO 21434), die Fahrzeughersteller heute beachten müssen und die mittlerweile auch für die Zulassung neuer Fahrzeuge erfüllt werden müssen.

4.4.2.2 Homologation von Fahrzeugen und die Norm R155

Abbildung 4.37 zeigt den Prozess der Homologation von Fahrzeugen mit der neuen Funktion Cyber Security des Gesamtsystems. Die Norm R155 der UNECE WP29, veröffentlicht 2021, verlangt ein dediziertes *Cyber Security Management System* (CSMS) für jedes neue Fahrzeugmodell (Müller & Haas 2020). Das CSMS definiert alle Prozesse für die Cybersicherheit des Produkts. Das schließt auch die Kernprozesse der Threat-Analyse und des Risikomanagements ein (TARA – *Threat Analysis and Risk Assessment*).

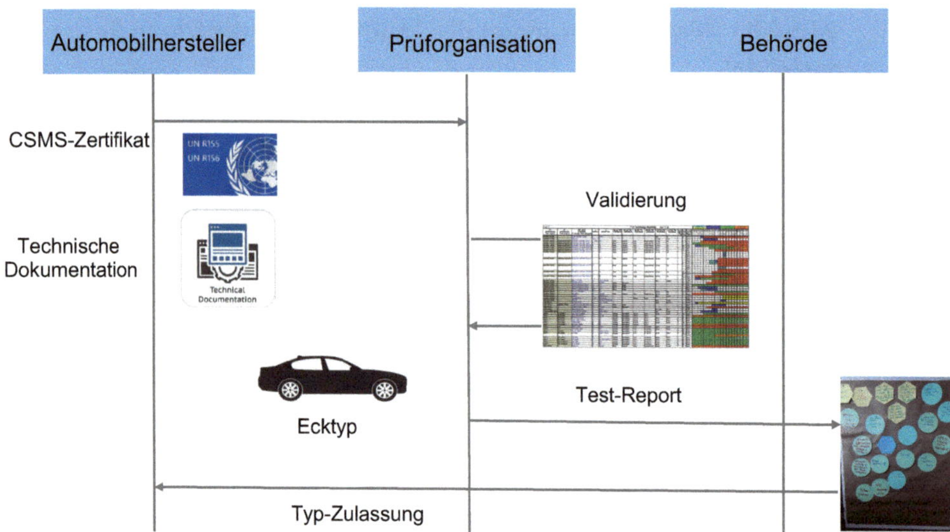

Abb. 4.37: Aufgabenverteilung zwischen Behörde, Prüfgesellschaft und Automobilfirmen bei der Umsetzung der UNECE WP.29 R155 (Quelle: eigene Darstellung)

Neben den OEMs müssen auch alle Lieferanten, die elektrische/elektronische Komponenten liefern, ein Cybersicherheitssystem einführen und zertifizieren lassen. Um neue Patches schnell einzuspielen, ist es ebenfalls erforderlich, dass ein Software-Update-

Management-System (SUMS) eingeführt wird. Damit können Sicherheitsschwachstellen im Software-Stack schnell behoben werden. Das Fehlen einer solchen Funktion hatte beim Jeep Hack von Miller und Valasek dazu geführt, dass die Schwachstelle im Telematikmodul *Uconnect* monatelang nicht behoben werden konnte (Möller & Haas 2019). Die Fahrzeuge mussten aufwendig in die Werkstatt gerufen werden. Außerdem wurden Software-Updates auf USB-Sticks verschickt, wobei Kunden das Update selbst einspielen mussten. Dies dauerte so lange, dass die Behörde eine hohe Strafe verhängte (Müller & Haas 2020). Mit einem funktionierenden SUMS mit OTA (Over the Air) Update-Fähigkeiten lässt sich die Verteilung von Software dagegen schnell und unkompliziert durchführen.

Das CSMS bezieht sich auf einen Ecktyp (eine Modellkonfiguration mit einer generischen Ausstattungsvariante) und ist für die Typzulassung eines neuen Modells seit Sommer 2022 in der Einflusszone der UNECE erforderlich. Abbildung 4.37 zeigt die Vorgehensweise.

Der Automobilhersteller führt eine Zertifizierung durch und schickt das Zertifikat zusammen mit der erforderlichen Dokumentation an eine Prüfgesellschaft (TIC – *Testing Inspection und Certification*, wie z. B. TÜV, Dekra). Das TIC-Unternehmen analysiert die Dokumente und validiert die beschriebenen Prozesse für den Ecktyp. Der resultierende Testreport wird an die Behörden geschickt (z. B. Kraftfahrt Bundesamt (KBA) in Deutschland) und dort geprüft. Wenn alles in Ordnung ist, gibt die Behörde den Ecktyp frei. Damit ist das Fahrzeugmodell zugelassen.

4.4.2.3 Bedeutung für die Landtechnik

Auch wenn die Norm R155 aktuell landwirtschaftliche Fahrzeuge nicht einschließt, sind ähnliche Prozesse auch in der Landtechnik denkbar. Allerdings gilt es zu bedenken, dass der Aufwand für die Einführung von CSM-Systemen und R155-Compliance hoch ist. Dieser Aufwand ist besonders für kleinere Zulieferer mit erheblichen Kosten verbunden und wäre bei Agritech-Lieferanten schwer umzusetzen.

Deshalb gilt es, Aufwand und Nutzen sehr genau abzuwägen und daraus einen guten Kompromiss abzuleiten.

Was spricht für die Übernahme der Norm R155 und was macht landwirtschaftliche Fahrzeuge potenziell anfällig für ähnliche Angriffe, wie sie bereits in der Automobilbranche vorgekommen sind (z. B. unbefugter Zugriff, etwa auf unbemannte Fahrzeuge oder Feldroboter)? Dass ein genereller Schutz erforderlich ist, zeigen nicht nur vergangene Hacks auf John-Deere-Traktoren, wie z. B. auch der im Rahmen der Hackerkonferenz Defcon 2022 vorgestellte (Der Standard 2022). Auch die bestehenden Gefahren bei Angriffen auf autonome Systeme sind als sehr hoch einzustufen.

Aspekte, die für eine Übernahme der R155 für landwirtschaftliche Fahrzeuge sprechen, werden in Abbildung 4.38 dargestellt.

Gründe für eine Übernahme der R155 in der Landtechnik
▪ Viele Elektronikkomponenten und Bussysteme kommen aus der Automobilindustrie, d. h., potenzielle Angriffe aus der Automobilbranche könnten mit leichten Modifikationen auch auf landwirtschaftliche Fahrzeuge übertragen werden. ▪ Landwirtschaftliche Maschinen und Fahrzeuge weisen bereits einen hohen Grad an Autonomie auf (siehe autonome Mähdrescher und Erntemaschinen). Manipulierte autonome Systeme können sehr gefährlich sein. ▪ Landwirtschaftliche Maschinen sind schwer und bieten damit ein hohes Gefährdungspotenzial, wenn sie ferngelenkt werden. ▪ Landwirtschaftliche Maschinen werden teilweise auch auf öffentliche Straßen gefahren und können damit den Straßenverkehr gefährden.

Abb. 4.38: Gründe für eine Übernahme der R155 in der Landtechnik (Quelle: eigene Darstellung)

Demgegenüber stehen aber auch einige Punkte, die das Gefährdungspotenzial im Vergleich zur Automobilbranche verringern und die gegen eine Übernahme der R155 für landwirtschaftliche Fahrzeuge sprechen (Abb. 4.39; VDMA 2021).

Gründe gegen eine Übernahme der R155 in der Landtechnik
▪ Die Stückzahlen bei landwirtschaftlichen Fahrzeugen sind niedriger. Geringe Skalierbarkeit potenzieller Angriffe. ▪ Der Einsatz erfolgt primär auf dem Feld und nicht auf befahrenen Straßen: – Assistenzsysteme sind fast ausschließlich im Feldeinsatz – abseits öffentlicher Straßen – aktiviert. – Peripheriekomponenten (Schneidwerk, Mähwerk …) sind überwiegend nicht im öffentlichen Straßenverkehr nutzbar (Transportstellung/-modus). ▪ Viele KMUs in der Landtechnik. ▪ Die Geschwindigkeit der Fortbewegung ist im Allgemeinen deutlich niedriger als bei Lkws oder Personenkraftwagen. ▪ Branchenspezifische Lieferantenstrukturen. ▪ Höhere Lebensdauer von Architekturen in landtechnischen Anwendungen: – Entwicklungsprozess belaufen sich auf 8-10 Jahre (Entwicklungs- und Einführungszeit). ▪ Hohe Diversität in der Landtechnik. ▪ Umsatz der gesamten Landtechnikindustrie vergleichbar mit dem Umsatz nur eines großen Automotive-OEMs.

Abb. 4.39: Gründe gegen eine Übernahme der R155 in der Landtechnik (Quelle: eigene Darstellung)

Aus Sicht eines Hackers ist ein Angriff dann besonders lohnend, wenn der Aufwand gering und der Nutzen – also der angerichtete Schaden oder das Erpressungspotenzial – hoch sind. Dies ist insbesondere dann der Fall, wenn sich ein Angriff gut skalieren lässt.

Die niedrigen Stückzahlen im Agrarbereich mit tendenziell hohem Aufwand für einen Angriff limitieren das Interesse von Cyberkriminellen und sind in dieser Hinsicht ein gewisser Schutz. Dennoch existiert ein nicht zu unterschätzendes Risiko, was wiederum eine entsprechende Sorgfalt der Hersteller verlangt.

Ein guter Kompromiss ist die Analyse von einigen Best Practises aus der R155 und die Einführung reduzierter, leichtgewichtiger Prozesse für den Schutz landwirtschaftlicher Maschinen. Dies könnte in einem „CSMS-light" abgebildet werden (Müller et al. 2020).

4.4.2.4 Cyber Security in der Produktentwicklung – ISO 21434

In der Automobiltechnik wurden die Best Practices der SAE und der ISO in einer Norm ISO 21434 zusammengeführt. Abbildung 4.40 zeigt die Struktur der Norm. Die ISO 21434 beschreibt, auf was die Entwickler achten müssen, um das Produkt cybersicher zu machen. Es umfasst hier sowohl frühe Phasen des Lifecycles, wie die Konzeptphase, die eigentliche Produktentwicklung wie auch spätere Phasen, wenn das Produkt verkauft, gefahren und gewartet werden muss.

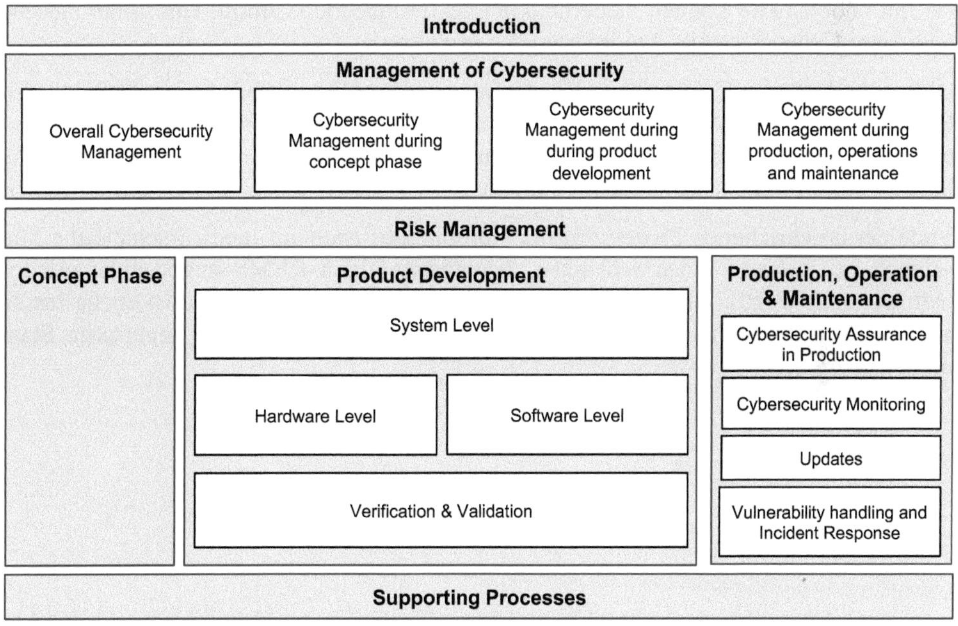

Abb. 4.40: Die ISO 21434 beschreibt die Kernprozesse für Cybersicherheit im Product Lifecycle (Quelle: eigene Darstellung)

Die Norm beschreibt die erforderlichen Kernprozesse, aber nicht, wie die Cybersicherheit umzusetzen ist. Hier ist ein erheblicher Beratungsbedarf in der Branche zu erwarten. Im Kern der Aktivtäten stehen die Analyse von Schwachstellen und Bedrohungen. Diese müssen auf Grundlage des ermittelten Risikos priorisiert werden (Abb. 4.41). Daraus werden die Schutzziele abgeleitet. Ein solches Schutzziel kann zum Beispiel die Verschlüsselung eines Kommunikationskanals oder die Authentifikation einer Systemkomponente sein.

Erste Phase

- Definiere Gültigkeitsbereich und Systemgrenzen
- Identifiziere Komponenten (Assets), die bedroht werden könnten und beschützt werden müssen
- Baue Organisation und Prozesse auf

TARA

- Systematische Analyse der Bedrohungen (Threat Analysis)
- Risiko-Einschätzung (Risk Assessment)
- Quantifiziere Schadenskosten

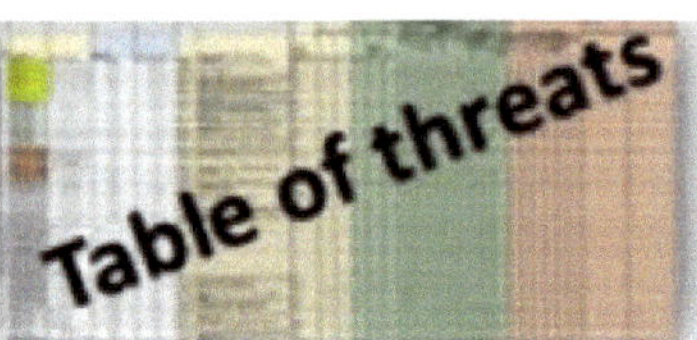

Sicherheitskonzept

- Definiere Schutzziele
- Definiere funktionale Sicherheitsanforderungen

Technische Implementierung

Einsatz von effizienten und effektiven Maßnahmen, Vorgaben und Sicherheitslösungen (zum Beispiel verschlüsselte Kommunikation), um das System zu härten

Abb. 4.41: Im Anschluss an die TARA-(Threat Analysis and Risk Assessment-)Phase werden die Schutzziele und Cyber-Security-Anforderungen definiert. Die konkrete technische Implementierung der Schutzziele hängt von den Risiken, Kosten und dem Stand der Technik ab (Quelle: eigene Darstellung).

Im Automobilsektor können moderne, komplexe Embedded Control Units über tausend dedizierte Cyber-Security-Anforderungen aufweisen.

Die technologische Umsetzung, also das verwendete Crypto-Verfahren, die Schlüssellänge, die konkrete Hard- oder Software-Implementierung sind nicht Teil dieser Anforderungen, sondern der technischen Implementierung. Die technische Implementierung hängt vom jeweiligen Stand der Technik ab.

Viele der beschriebenen Prozesse können problemlos auch auf landwirtschaftliche Maschinen im Rahmen eines schlanken, leichtgewichtigen CSMS angewendet werden (Müller et al. 2020). Aktuelle Vor-Standardisierungsaktivitäten auf ISO-Ebene lassen zeitnahe Veröffentlichungen von auf landwirtschaftliche Maschinen angepasste Standards erwarten.

5 Zusammenfassung

Precision Farming, Smart Farming, Digital Farming – diese Begriffe bedeuten alle mehr oder weniger dasselbe. Sie bezeichnen einen Werkzeugkasten aus Geräten und Methoden, mit denen die Landbewirtschaftung effizienter gestaltet und Landwirte entlastet werden können. Darüber hinaus können digitale Werkzeuge die Landwirtschaft bei der Bewältigung von Herausforderungen wie der Sicherstellung der Ernährungssicherheit, dem Klimawandel und dem Strukturwandel unterstützen.

Die größte Bedeutung hat die Nutzung von Satellitenortungssystemen wie GPS, GLONASS und Galileo. Die Möglichkeit, weltweit die Position, die Uhrzeit, die Geschwindigkeit und die Fahrtrichtung zu bestimmen, spielt in vielen Anwendungsfällen eine zentrale Rolle.

Weitgehend durchgesetzt haben sich automatische Lenksysteme und Systeme für das automatische Schalten von Teilbreiten. Aber auch die teilflächenspezifische Bewirtschaftung nimmt an Bedeutung zu. Dies liegt vor allem daran, dass die herstellerunabhängige Kommunikation zwischen Traktor und Anbaugerät im ISO-Standard 11783 mittlerweile funktionsfähig geregelt ist. Aber auch die zunehmende Verfügbarkeit von Daten wie die Aufnahmen der Sentinel-Satelliten leisten dem Teilflächenmanagement Vorschub.

Durch die weite Verbreitung, Nutzung und fortschreitende Entwicklung von Mobilfunksystemen wird die Vernetzung von PCs, Steuergeräten oder Servern („Cloud“) weiter verbessert werden, was vorhandene Methoden deutlich vereinfacht und neue ermöglichen. Gleichzeitig stehen aufgrund verschiedener Initiativen und Aktivitäten wie INSPIRE und dem Copernicus-Programm immer mehr landwirtschaftlich relevante Daten öffentlich und kostenlos zur Verfügung.

Über die Wirtschaftlichkeit von Investitionen in Precision-Farming-Technologien und deren Effizienz bei der Ressourcenschonung können keine pauschalen Aussagen getroffen werden. Die Einführung, Nutzung und Optimierung der Verfahren stehen am Anfang und werde die Landwirtschaft in den kommenden Jahren und Jahrzehnten als laufender Prozess begleiten.

Literatur

Adrion, F., Keller, M., Bozzolini, G. B. & Umstatter, C. (2020): Setup, Test and Validation of a UHF RFID System for Monitoring Feeding Behaviour of Dairy Cows. In: Sensors, 20 (24), 7035. doi:10.3390/s20247035.

AEF – Agricultural Industry Electronics Foundation (2020): AEF Released International Guideline: ISOBUS Automation Principles, non-public. AEF, Frankfurt.

AEF – Agricultural Industry Electronics Foundation (2022): AEF Draft International Guideline: High Speed Implement Bus Architecture, non-public. AEF, Frankfurt.

AEF – Agricultural Industry Electronics Foundation (2. April 2022): AEF ISOBUS Database. https://www.aef-isobus-database.org (08.12.2022).

Ahmed, S. et al. (2016): Imaging the interaction of roots and phosphate fertiliser granules using 4D X-ray tomography. In: Plant Soil, 401 (1-2), 125-134. doi:10.1007/s11104-015-2425-5.

Albertz, J. (2001): Einführung in die Fernerkundung. Wissenschaftliche Buchgesellschaft, Darmstadt.

Albrecht, F., Mačuhová, J., Simon, J., Haidn, B. & Bernhardt, H. (2016): Entwicklung von Berechnungsmodellen für die Einschätzung der Auslastung von Entmistungsrobotern. 20. Arbeitswissenschaftliches Kolloquium, 01. – 02.03.2016. VDI-MEG, 41, 129-142.

Al-Mahashneh, M. A. & Colvin, T. S. (2000): Verification of Yield Monitor Performance for On-The-Go Measurement of Yield with an In-Board Electronic Scale. In: Transactions of ASAE, 43, 801-807.

Apel, K. & Hirt, H. (2004): Reactive oxygen species: Metabolism, oxidative stress, and signal transduction. In: Annual Review of Plant Biology, 55, 373-399. doi:10.1146/annurev.arplant.55.031903.141701.

Arslan, S. & Colvin, T. S. (2002): Grain Yield Mapping: Yield Sensing, Yield Reconstruction, and Errors. In: Precision Agriculture, 3, 135-154.

Arslan, S., Inanc, F., Gray, J. N. & Colvin, T. S. (2000): Grain Flow Measurements with X-Ray Techniques. In: Computer and Electronics in Agriculture, 200, 65-80.

Artmann, D.-I. a., Schön, P. D. & Schlünsen, D. (1985): Prozesssteuerung in der Landwirtschaft. DLG e. V., Frankfurt/M.

Arulmozhi, E., Bhujel, A., Moon, B.-E. & Kim, H.-T. (2021): The Application of Cameras in Precision Pig Farming: An Overview for Swine-Keeping Professionals. In: Animals, 11 (8), 2343. doi:10.3390/ani11082343.

Asensio, P. (1999): Genauigkeit von DGPS mit verschiedenen Korrekturdatensystemen im statischen und mobilen Einsatz. Master-Thesis, Institut für Landtechnik, TU München, Freising-Weihenstephan.

Auernhammer, A. (2005): Anforderungen an standardisierte Algorithmen für die Ertragskartierung – Stand und Überlegungen für eine ISO-Norm. In: Mähdrescher, 38, 199-206.

Auernhammer, H. (1991): Elektronik in Traktoren und Maschinen. BLV, München. https://mediatum.ub.tum.de/doc/1006873.

Auernhammer, H. (2004): Vorlesungsunterlagen Allgemeine Landtechnik I, Technik im Getreidebau. Technische Universität München, Department für Biogene Rohstoffe und Technologie der Landnutzung, Fachgebiet Technik im Pflanzenbau.

Auernhammer, H. & Demmel, M. (1993): Lokale Ertragsermittlung beim Mähdrusch. In: Landtechnik, 48.

Auernhammer, H. & Demmel, M. (1994): Ertragsmessgeräte für den Mähdrescher im zweijährigen praktischen Vergleich. BML Arbeitstagung ’94, KTBL Darmstadt 1994, Arbeitspapier 202, 62-69.

Auernhammer, H. & Demmel, M. (2016): Precision Agriculture – State of the Art and Future Requirements. Precision agriculture technology for crop farming. CRC Press/ Taylor & Francis Group, Boca Raton/London/New York.

Auernhammer, H., Demmel, M. & Pirro, P. J. (1995): Yield Measurement on Self Propelled Forage Harvesters. An ASAE Meeting Presentation, Paper No. 95-1757, 1995, Chicago, IL, USA.

Auernhammer, H., Demmel, M., Muhr, K., Rottmeier, J. & Wild, K. (1993): Yield Measurements on Combine Harvesters. An ASAE Meeting Presentation, Paper No. 93-1506, 1993, Chicago, IL, USA.

Auernhammer, H., Demmel, M., Muhr, T., Rottmeier, J. & Wild, K. (1994): Site Specific Yield Measurement in Combines and Forage Harvesting Machines. Proc. of AgEng 94, Milano, Italy, Report N. 94-D-139.

Auernhammer, H., Muhr, M. D., Rottmeier, J. & Wild, K. (1993): Site Specific Yield Measurement in Combines and Forage Harvesting Machines. AgEng Report N. 94-D-139, 1994, Milano.

Auernhammer, H., Muhr, M. D., Rottmeier, J. & Wild, K. (1993): Yield Measurement on combine harvesters. An ASAE Meeting Presentation, Paper No. 93-1506, 1993, Chicago, IL, USA.

Auernhammer, H., Muhr, T. & Demmel, M. (1994): GPS and DGPS as a Challenge for Environment friendly Agriculture. In: EURNAV 94 3rd Intern. Conf. on Land Vehicle Navigation, 81-91.

Authier, A. (2006): Dynamical theory of X-ray diffraction. In: International Tables for Crystallography, International Union of Crystallography, Vol. B., Ch. 5.1, 534-551.

Bae, Y. H., Borgelt, S. C., Searcy, S. W., Schueller, J. K. & Stout, B. A. (1987): Determination of spatially variable yield maps. Written for presentation at the 1987 International Winter Meeting of the American Society of Agricultural and Biological Engineers, Paper No. 87-1533, 1987, Chicago, IL, USA.

Baerdemaker, J. D. & Vansichen, R. (1991): Continuous Wheat Yield Measurement on a Combine. In: ASAE Publication 11-91, Automated Agriculture for the 21st Century, Proceedings for 1991 Symposium, 1991, Chicago, IL, USA, 346-355.

Baerdemaker, J. D., Reyns, P., Maertens, K. & Missotten, B. (2000): On-Line Grain and Straw Yield Measurements During Harvest. In: Proceedings of 28th International Symposium on Agricultural Engineering, 1-4 February, Opatija, Croatia, 25-32.

Bakhsh, A., Jaynes, D. B., Colvin, T. S. & Kanwar, R. S. (2000): Spatio-temporal Analysis of Yield Variability for a Corn-Soybean Field in Iowa. In: Transactions of ASAE, 43, 31-38.

Bars, J. M. & Boffety, D. (1997): Location Improvement by Combining a D-GPS System with On-Field Vehicle Sensors. In: Precision Agriculture 1997, BIOS Scientfic Publishers Ltd., 585-591.

Barwick, J., Lamb, D. W., Dobos, R., Welch, M., Schneider, D. & Trotter, M. (2020): Identifying Sheep Activity from Tri-Axial Acceleration Signals Using a Moving Window Classification Model. In: Remote Sensing, 12 (4), 646. doi:10.3390/rs12040646.

Basavaraja, H., Mahajanashetti, S. B. & Udagatti, N. C. (2007): Economic Analysis of Post-harvest Losses in Food Grains in India: A Case Study of Karnataka. In: Agricultural Economics Research Review, 20 (1), 117-126. doi:10.22004/AG.ECON.47429.

Bashford, L. L., Al-Hamed, S., Schroeder, M. & Ismail, M. (1994): Mapping Corn and Soybean Yield Using A Yield Monitor and GPS. In: Robert, P. C., Rust, R. H. & Larson, W. E. (Eds.): Site-Specific Management for Agricultural Systems. Proc. 2nd Intern. Conf. of ASA, CSSA, SSSA, 1994, Minneapolis, MN, USA, 691-708.

Bauer, M. (2018): Vermessung und Ortung mit Satelliten: Globales Navigationssatellitensystem (GNSS) und andere satellitengestützte Navigationssysteme. Wichmann, Berlin/Offenbach.

Bauer, T. (2018): Automatische Einstreusysteme – ein Überblick. https://www.tlllr.de/www/daten/veranstaltungen/materialien/melksysteme/29052018_bauer1.pdf (15.10.2022).

Bayern Innovativ (2022): Whitepaper: Digitalisierung in der Landwirtschaft. https://www.bayern-innovativ.de/de/seite/whitepaper-digitalisierung-in-der-landwirtschaft (15.10.2022).

Beck, A. D., Roades, J. P. & Searcy, S. W. (1999): Post-Process Filtering Techniques to Improve Yield Map Accuracy. Proc. ASAE/CSAE-SCGR Annual Intern. Meeting, Paper No. 991048, 1999, Toronto, Ontario/Canada.

Beck, A. D., Searcy, S. W. & Roades, J. P. (2001): Yield Data Filtering Techniques for Improved Mapping Accuracy. In: Applied Engineering in Agriculture, 17, 423-431.

Beetz, T. & Jacobsen, C. (2003): Soft X-ray radiation-damage studies in PMMA using a cryo-STXM. In: Journal of Synchrotron Radiation, 10 (3), 280-283. doi:10.1107/S0909049503003261.

Bernhardt, H. (2020): Technik in der Rinderhaltung. In: Frerichs, L. (Hrsg.): Jahrbuch Agrartechnik 2020. Institut für mobile Maschinen und Nutzfahrzeuge, Braunschweig, 1-15.

Bernhardt, P. D., Demmel, D. M. et al. (2009): Dokumentation in der Pflanzenproduktion. DLG e. V., Frankfurt/M.

Bezen, R., Edan, Y. & Halachmi, I. (2020): Computer vision system for measuring individual cow feed intake using RGB-D camera and deep learning algorithms. In: Computers and Electronics in Agriculture, 172, 105345. https://www.semanticscholar.org/paper/Computer-vision-system-for-measuring-individual-cow-Bezen-Edan/fd4720e00fd1f043cfb6ec33380cecdd4d44b793.

Bikker, J. P., van Laar, H., Rump, P., Doorenbos, J., van Meurs, K., Griffioen, G. M. & Dijkstra, J. (2014): Technical note: Evaluation of an ear-attached movement sensor to record cow feeding behavior and activity. In: Journal of Dairy Science 97 (5), 2974-2979. doi:10.3168/jds.2013-7560.

Bill, R. (2023): Grundlagen der Geo-Informationssysteme. Wichmann, Berlin/Offenbach.

Birrell, S. J., Borgelt, S. C. & Sudduth, K. A. (1994): Crop Yield Mapping: Comparison of Yield Monitors and Mapping Techniques. In: Robert, P. C., Rust, R. H. & Larson, W. E. (Eds.): Site-Specific Management for Agricultural Systems. Proc. 2nd Intern. Conf. of ASA, CSSA, SSSA, 1994, Minneapolis, MN/USA, 15-31.

Blackmore, S. (2001): The interpretation of trends from multiple yield maps. In: Computers and Electronics in Agriculture, 26, 37-51.

Blackmore, S. (2003): The role of yield maps in precision farming. Ph. D. Dissertation, Silsoe College, Cranfield University, Silsoe, Bedford, England.

Blackmore, B. S. & Marshall, C. (1996): Yield Mapping; Errors and Algorithms. Intern. Conf. on Precision Agriculture, Minneapolis, MN, USA.

Blackmore, S. & Moore, M. (1999): Remedial Correction of Yield Map Data. In: Precision Agriculture – An International Journal on Advances in Precision Agriculture 1, 53-66.

Blaser, S. R. G. A., Schlüter, S. & Vetterlein, D. (2018): How much is too much? – Influence of X-ray dose on root growth of faba bean (Vicia faba) and barley (Hordeum vulgare). In: PLoS One, 13 (3). doi:10.1371/journal.pone.0193669.

Bley, T. A. et al. (2005): Computed tomography coronary angiography with 370-millisecond gantry rotation time: evaluation of the best image reconstruction interval. In: Journal of Computer Assisted Tomography, 29 (1), 1-5. doi:10.1097/01.rct.0000149234.09647.8c.

BMEL – Bundesministeriums für Ernährung und Landwirtschaft (7. Juni 2022): Digitales Experimentierfeld Digimilch. https://www.youtube.com/watch?v=Zrjy9jGGepk.

Böhm, C., Haidn, B., Grimm, K. & Heinz, B. (2019): Eignung zweier Abkalbealarmsysteme zum Schutz von Kuh und Kalb bei der Geburt. In: KTBL-Tagungsband, 14. Tagung Bau, Technik und Umwelt in der landwirtschaftlichen Nutztierhaltung, 2019, 112-117.

Böhm, E. (1997): Messen, Steuern, Regeln in der Landtechnik. Vogel, Würzburg.

Borchers, M. R., Chang, Y. M., Tsai, I. C., Wadsworth, B. A. & Bewley, J. M. (2016): A validation of technologies monitoring dairy cow feeding, ruminating, and lying behaviors. In: Journal of Dairy Science, 99 (9), 7458-7466. doi:10.3168/jds.2015-10843.

Borghart, G. M., O'Grady, L. E., Somers, J. R. (2021): Prediction of lameness using automatically recorded activity, behavior and production data in post-parturient Irish dairy cows. In: Irish Veterinary Journal, 74 (1), 1-10. doi:10.1186/s13620-021-00182-6.

Braam, C. R., Ketelaarsk, J. J. M. H. & Smits, M. C. J. (1997): Effects of floor design and floor cleaning on ammonia emission from cubicle houses for dairy cows. In: Netherlands Journal of Agricultural Science, 45, 49-64.

Brade, W. (2007): Rinderzucht und Rindfleischerzeugung. Empfehlungen für die Praxis. Bundesforschungsanstalt für Landwirtschaft (FAL). https://www.openagrar.de/servlets/MCRFileNodeServlet/timport_derivate_00005839/zi043733.pdf (08/2023).

Bresler, Y. & Skrabacz, C. J. (1989): Optimal interpolation in helical scan 3D computerized tomography. In: Proceedings IEEE International Conference on Acoustics, Speech and Signal Processing (ICASSP), 3, 1472-1475. doi:10.1109/icassp.1989.266718.

Brown, G. B. (1938): The Evolution of Physics: The Growth of Ideas from the Early Concepts to Relativity and Quanta. By Albert Einstein and Leopold Infeld. Cambridge University Press. doi:10.1017/s0031819100011670.

Bruijnis, M. R. N., Beerda, B., Hogeveen, H. & Stassen, E. N. (2012): Assessing the welfare impact of foot disorders in dairy cattle by a modeling approach. In: Animal, 6 (6), 962-970. doi:10.1017/S1751731111002606.

Bruijnis, M. R. N., Hogeveen, H. & Stassen, E. N. (2010): Assessing economic consequences of foot disorders in dairy cattle using a dynamic stochastic simulation model. In: Journal of Dairy Science, 93 (6), 2419-2432. doi:10.3168/jds.2009-2721.

Burks, T. F., Fulton, J. P., Shearer, S. A. & Sobolik, C. J. (2000): Influence of Dynamically Varying Inflow Rates on Clean Grain Elevator Yield Monitor Accuracy. An ASAE Meeting Presentation, Paper No. 01-1182, 2000, University of Kentucky, KY, USA.

Burks, T. F., Shearer, S. A., Sobolik, C. J. & Fulton, J. P. (2000): Combine Yield Monitor Test Facility Development. ASAE Paper No. 001084. Annual International Meeting, Midwest Express Center, Milwaukee, WI, July 9-12, 2000.

Büscher, W., Haidn, B., Häuser, S., Klindtworth, K., Mohr, U. & Pfeiffer, J. (2021): DLG-Merkblatt 466: Digitale Anwendungen für das Herdenmanagement in der Milchviehhaltung. Unter Mitarbeit des DLG-Ausschusses Technik in der Tierhaltung. Hrsg. DLG e. V., Fachzentrum Landwirtschaft, Frankfurt/M. https://www.dlg.org/fileadmin/downloads/landwirtschaft/themen/publikationen/merkblaetter/dlg-merkblatt_466.pdf.

Butler, D., Holloway, L. & Bear, C. (2012): The impact of technological change in dairy farming: robotic milking systems and the changing role of the stockperson. In: Journal of the Royal Agricultural Society of England, 173 (622), 1.

Cabassi, G., Cavalli, D., Fucella, R. & Gallina, P. (2015): Evaluation of four NIR spectrometers in the analysis of cattle slurry, In: Biosystems Engineering, 133, 1-13. https://doi.org/10.1016/j.biosystemseng.2015.02.0.

Carlsson, C. A. & Carlsson, G. A. (1996): Basic physics of X-ray imaging. Department of Radiation Physics Faculty of Health Sciences, Linköping University, Sweden.

Chisena, R. S., Engstrom, S. M. & Shih, A. J. (2020): Automated thresholding method for the computed tomography inspection of the internal composition of parts fabricated using additive manufacturing. In: Additive Manufacturing, 33, 101185. doi:10.1016/j.addma.2020.101185.

Chotas, H. G., Dobbins, J. T. & Ravin, C. E. (1999): Principles of digital radiography with large-area, electronically readable detectors: A review of the basics. In: Radiology, 210 (3), 595-599. doi:10.1148/radiology.210.3.r99mr15595.

Chung, S. O., Sudduth, K. A. & Drummond, S. T. (2002): Determining Yield Monitoring System Delay time with Geostatistical and Data Segmentation Approaches. In: Transactions of ASAE, 45, 915-926.

Clark, I. & Harper, W. V. (2000): Practical Geostatistics 2000. Geostokos (Ecosse) Ltd. Scotland.

Clevers, J. & Gitelson, A. (2013): Remote estimation of crop and grass chlorophyll and nitrogen content using red-edge bands on Sentinel-2 and -3. In: International Journal of Applied Earth Observation and Geoinformation, 2013, 344-351.

Clevers, J., Kooistra, L. & van der Brande, M. (2017): Using Sentinel-2 Data for Retrieving LAI and Leaf and Canopy Chlorophyll Content of a Potato Crop. In: Remote Sensing, 9 (5).

Colvin, T. S. & Arslan, S. (o. J.): Site Specific Management Guidelines: Yield Monitor Accuracy. Potash and Phosphate Institute (PPI), South Dakota State University (SDSU). www.ppi-far.org/ssmg.

Colvin, T. S., Jaynes, D. B., Kaspar, T. C., James, D. E., Meek, D. W. & Cook, J. D. (2000): Yield Certainty with Plots or Fields. In: Proceedings of the Fifth International Conference on Precision Agriculture and Other Precision Resources Management, 2000, Bloomington/Minneapolis, MN.

Colvin, T. S., Karlen, D. I. & Jaynes, D. B. (1997): Comparison of Grain Yield Monitors to Scales for Mapping. In: Precision Agriculture 1997, BIOS Scientfic Publishers Ltd., 469-475.

Culina, M., Hahne, J., Vorlop, K.-D. & Ordloff, D. (2005): Milchqualität und Eutergesundheit an der Quelle messen: Wunschtraum oder wirklich machbar? https://literatur.thuenen.de/digbib_extern/dk037395.pdf (07.07.2022).

Cutler, J. H. H., Rushen, J., Passillé, A. M. de, Gibbons, J., Orsel, K., Pajor, E. et al. (2017): Producer estimates of prevalence and perceived importance of lameness in dairy herds with tiestalls, freestalls, and automated milking systems. In: Journal of Dairy Science, 100 (12), 9871-9880. doi:10.3168/jds.2017-13008.

De Broglie, L. (1923): Waves and quanta. In: Nature, 112, 540. doi:10.1038/112540a0.

Demmel, M. (1997): Ertragsermittlung im Mähdrescher – Ertragsmessgeräte für die lokale Ertragsermittlung. DLG e. V., Frankfurt/M.

Demmel, M. (2001): Ertragsermittlung im Mähdrescher – Ertragsmessgeräte für die lokale Ertragsermittlung. DLG e. V., Frankfurt/M.

Demmel, M., Muhr, T., Rottmeier, J., Perger, P. & Auernhammer, H. (1992): Ortung und Ertragsermittlung beim Mähdrusch in den Erntejahren 1990 und 1991. In: VDI/ Landtechnik Weihenstephan/FAM München – Kolloquium Ortung und Navigation landwirtschaftlicher Fahrzeuge, 14, 107-112.

Demmel, M., Zeltner, E., Fink, K., Noack, P. O. & Muhr, T. (2006): Optimierungspotenzial im Feldversuch durch automatische Fahrzeugführung. In: Landtechnik, 4 (61), 198-199.

De Montis, A., Pinna, A., Barra, M. & Vranken, E. (2013): Analysis of poultry eating and drinking behavior by software eYeNamic. In: Journal of Agricultural Engineering, 44 (2S). doi:10.4081/jae.2013.275.

Denčić, S., Kastori, R., Kobiljski, B. & Duggan, B. (2000): Evaluation of grain yield and its components in wheat cultivars and landraces under near optimal and drought conditions. In: Euphytica, 113 (1), 43-52. doi:10.1023/A:1003997700865.

Denshi Jōhō Tsūshin Gakkai (Japan) und 電子情報通信学会 (Japan), Denshi Jōhō Tsūshin Gakkai ronbunshi. D-II, Jōhō, shisutemu II--jōhō shori = The transactions of the Institute of Electronics, Information and Communication Engineers. D-II. Denshi Jōhō Tsūshin Gakkai, 1989.

Der Standard (2022): Recht auf Reparatur: Hacker knackt John-Deere-Traktor und zeigt Computerspiel Doom. https://www.derstandard.de/story/2000138293638/recht-auf-reparatur-hacker-knackt-john-deere-traktor-und-zeigt (14.01.2023).

Die Borchert Kommission (2020): Empfehlungen des Kompetenznetzwerks Nutztierhaltung. https://www.bmel.de/SharedDocs/Downloads/DE/_Tiere/Nutztiere/200211-empfehlung-kompetenznetzwerk-nutztierhaltung.pdf?__blob=publicationFile&v=3 (14.01.2023).

DigiSchwein (2023): Projekthomepage zum Experimentierfeld DigiSchwein. https://www.lwk-niedersachsen.de/lwk/news/35309_DigiSchwein (14.01.2023).

Dijkstra, J., van Gastelen, S., Dieho, K., Nichols, K. & Bannink, A. (2020): Review: Rumen sensors: data and interpretation for key rumen metabolic processes. In: Animal, 14, s176-s186. doi:10.1017/S1751731119003112.

DLG (2003): DLG Prüfbericht 5148F: GPS-Empfänger Vergleich. DLG e. V., Frankfurt/M.

DLG (2013): Optische Sensoren im Pflanzenbau. DLG e. V., Frankfurt/M.

DLG (2014): Automatische Fütterungssysteme für Rinder Technik – Leistung – Planungshinweise. DLG-Merkblatt 398. Frankfurt/M. https://www.dlg.org/fileadmin/downloads/landwirtschaft/themen/publikationen/merkblaetter/dlg-merkblatt_398.pdf (15.10.2022).

DLG (2021a): Digitale Anwendungen für das Herdenmanagement in der Milchviehhaltung. DLG-Merkblatt 466. Frankfurt/M. https://www.dlg.org/fileadmin/downloads/landwirtschaft/themen/publikationen/merkblaetter/dlg-merkblatt_466.pdf (15.10.2022).

DLG (2021b): Vermeidung von Hitzestress bei Milchkühen. DLG-Merkblatt 450. Frankfurt/M. https://www.dlg.org/fileadmin/downloads/landwirtschaft/themen/publikationen/merkblaetter/dlg-merkblatt_450.pdf (15.10.2022).

Dobermann, A. & Ping, J. L. (2004): Geostatistical Integration of Yield Monitor Data and Remote Sensing Improves Yield Maps. In: Agronomy Journal, 96, 285-297.

Dobermann, A., Ping, J. L., Adamchuk, V. I., Simbahan, G. C. & Ferguson, R. B. (2003): Classification of Yield Crop Variability in Irrigated Production Fields. In: Agronomy Journal, 95, 1105-1120.

Dobermann, A., Ping, J. L., Simbahan, G. C. & Adamchuk, V. I. (2003): Processing of Yield Map Data for Delineating Yield Zones. In: Proceedings of the 4th European Conference on Precision Agriculture, 2003, Berlin (Eds.: Stafford, J. & Werner, A.). Wageningen Academic Publishers, 177-186.

Dobers, S. (2002): Methoden der Standorterkundung als Grundlage des DGPS gestützten Ackerbaus. Dissertation, Institut für Bodenwissenschaften, Universität Göttingen. 237 S.

Dorsch, K. (2016): Die Bullen mit dem Roboter füttern? Tierhaltung, Top agrar. https://www.topagrar.com/management-und-politik/aus-dem-heft/die-bullen-mit-dem-roboter-fuettern-9649925.html (08/2023).

Dremel, K. & Fuchs, T. (2017): Scatter simulation and correction in computed tomography: A reconstruction-integrated approach modelling the forward projection. In: NDT & E International, 86, 132-139. doi:10.1016/j.ndteint.2016.12.002.

Drücker, H. (2016): Precision Farming – Sensorgestützte Stickstoffdüngung. Kuratorium für Technik und Bauwesen in der Landwirtschaft.

Drücker, H. (o. J.): Precision Farming. Sensorgestützte Stickstoffdüngung. Kuratorium für Technik und Bauwesen in der Landwirtschaft e. V. (KTBL-Heft, 113), Darmstadt.

Douarre, C., Schielein, R., Frindel, C., Gerth, S. & Rousseau, D. (2016): Deep learning based root-soil segmentation from X-ray tomography. In: bioRxiv, 071662. doi:10.1101/071662.

Ebert, C. (1999): Ertragskartierung in Mecklenburg-Vorpommern. Stand, Probleme sowie Korrektur- und Auswertungsmöglichkeiten von Ertragskarten. Master-Thesis, Universität Rostock, Fachbereich Agrarökologie.

Eberz-Eder, D., Kuntke, F., Schneider, W. & Reuter, C. (2021): Technologische Umsetzung des Resilient Smart Farming (RSF) durch den Einsatz von Edge Computing. In: Informatik in der Land-, Forst- und Ernährungswirtschaft. Referate der 41. GIL-Jahrestagung. http://www.peasec.de/paper/2021/2021_EberzEderKuntkeSchneider-Reuter_TechnischeUmsetzungResilientSmartFarming_GIL.pdf.

EFSA – European Food Safety Authority (2009): Scientific report on the effects of farming systems on dairy cow welfare and disease. In: EFSA Journal, 7 (7), 1143r. doi:10.2903/j.efsa.2009.1143r.

Elsner, D. (2019): Landwirtschaft 4.0. Das Bildungs- und Wissenszentrum Boxberg (LSZ) und die Universität Hohenheim erschließen Datenquellen für eine zukunftsfähige Schweinehaltung. https://lsz.landwirtschaft-bw.de/pb/,Lde/Startseite/Wissen/Landwirtschaft+4_0.

Erdle, K., Mistele, B. & Schmidhalter, U. (2011): Comparison of active and passive spectral sensors in discriminating biomass parameters and nitrogen status in wheat cultivars. In: Field Crops Research, 124 (1), 74-84. https://doi.org/10.1016/j.fcr.2011.06.007.

Escalante, H. J., Rodriguez, S. V., Cordero, J., Kristensen, A. R., Cornou, C. (2013): Sow-activity classification from acceleration patterns: A machine learning approach. In: Computers and Electronics in Agriculture, 93, 17-26. doi:10.1016/j.compag.2013.01.003.

Esri (1998): Esri Shapefile Technical Description. An Esri White Paper. Redlands, CA. https://www.esri.com/library/whitepapers/pdfs/shapefile.pdf.

Ferreira, S. J., Senning, M., Sonnewald, S., Keßling, P. M., Goldstein, R. & Sonnewald, U. (2010): Comparative transcriptome analysis coupled to X-ray CT reveals sucrose supply and growth velocity as major determinants of potato tuber starch biosynthesis. In: BMC Genomics, 11 (1), 1-17. doi:10.1186/1471-2164-11-93.

Feldkamp, L. A., Davis, L. C. & Kress, J. W. (1984): Practical cone-beam algorithm. In: Journal of the Optical Society of America, 1 (6), 612-619. doi:10.1364/josaa.1.000612.

FitForPigs (2023): Informationen und Downloadbereich zur Applikation. https://www.fitforpigs.de (14.01.2023).

Flavel, R. J., Guppy, C. N., Rabbi, S. M. R. & Young, I. M. (2017): An image processing and analysis tool for identifying and analysing complex plant root systems in 3D soil using non-destructive analysis: Root1. In: PLoS One, 12 (5), e0176433. doi:10.1371/journal.pone.0176433.

Foditsch, C., Oikonomou, G., Machado, V. S., Bicalho, M. L., Ganda, E. K., Lima, S. F. et al. (2016): Lameness Prevalence and Risk Factors in Large Dairy Farms in Upstate New York. Model Development for the Prediction of Claw Horn Disruption Lesions. In: PloS One 11 (1), e0146718. doi:10.1371/journal.pone.0146718.

Fogarty, E. S., Swain, D. L., Cronin, G. M., Moraes, L. E. & Trotter, M. (2020): Can accelerometer ear tags identify behavioural changes in sheep associated with parturition? In: Animal Reproduction Science, 216, 106345. doi:10.1016/j.anireprosci.2020.106345.

Franchi, N. (2018): Booster für die Landwirtschaft 4.0. In: Technik in Bayern, 05/2018, 18-19.

Frangi, A. F., Niessen, W. J., Vincken, K. L. & Viergever, M. A. (1998): Multiscale vessel enhancement filtering. In: Lecture Notes in Computer Science, 1496, 130-137. doi:10.1007/bfb0056195.

Frank, H., Gandorfer, M. & Noack, P. O. (2008): Ökonomische Bewertung von Parallelfahrsystemen. In: Tagungsband GIL-Jahrestagung 2008, 47-50.

Fröhlich, G. (2005): Automatische Fütterungsanlagen für Versuchs- und Prüfbetriebe (unter Mitarbeit von Böck, S., Rödel, G., Wendling, F. & Wendl, G.). In: Landtechnik, 2/2005, 102-103.

Fruhner, M., Tapken, H. & Müller, H. (2022): Re-Identifikation markierter Schweine mit Computer Vision und Deep Learning. In: Künstliche Intelligenz in der Agrar- und Ernährungswirtschaft. Tagungsband der 42. GIL-Jahrestagung, 99 ff. https://dl.gi.de/bitstream/handle/20.500.12116/38378/GIL2022_Fruhner_99-104.pdf?sequence=1&isAllowed=y (14.01.2023).

Gandorfer, M., Schleicher, S. & Noack, P. O. (2017): LDBV bietet kostenloses RTK-Korrektursignal an – Preiswerter lenken lassen. In: Bayerisches Landwirtschaftliches Wochenblatt, 43, 38 ff.

Gao, W., Schlüter, S., Blaser, S. R. G. A., Shen, J. & Vetterlein, D. (2019): A shape-based method for automatic and rapid segmentation of roots in soil from X-ray computed tomography images: Rootine. In: Plant Soil, 441 (1-2), 643-655. doi:10.1007/s11104-019-04053-6.

Gerth, S. et al. (2021): Semiautomated 3D Root Segmentation and Evaluation Based on X-Ray CT Imagery. In: Plant Phenomics, 2021, 1-13. doi:10.34133/2021/8747930.

Gianoncelli, A. et al. (2015): Soft X-Ray Microscopy Radiation Damage On Fixed Cells Investigated With Synchrotron Radiation FTIR Microscopy. In: Scientific Reports, 5. doi:10.1038/srep10250.

Glatz-Hoppe, J., Losand, B., Kampf, D., Onken, F. & Spiekers, Hubert (2022): DLG-Merkblatt 451: Milchkontrolldaten zur Fütterungs- und Gesundheitskontrolle bei Milchkühen. Die neue Dummerstorfer Fütterungsbewertung. Hrsg. DLG e. V., Fachzentrum Landwirtschaft, Frankfurt/M. https://www.dlg.org/fileadmin/downloads/landwirtschaft/themen/publikationen/merkblaetter/dlg-merkblatt_451.pdf.

Glindemann, A. (2006): Beziehungen zwischen verschiedenen Parametern des Energiestoffwechsels und der Eutergesundheit beim Milchrind unter Berücksichtigung des Melksystems. Inaugural-Dissertation, Tierärztliche Fakultät Ludwig-Maximilians-Universität München.

Goldensoftware, I. (2002): SURFER 8.0, Online Hilfe. Goldensoftware, Inc. www.goldensoftware.com.

Gómez, Y., Stygar, A. H., Boumans, I. J. M. M., Bokkers, E. A. M., Pedersen, L. J., Niemi, J. K. et al. (2021): A Systematic Review on Validated Precision Livestock Farming Technologies for Pig Production and Its Potential to Assess Animal Welfare. In: Frontiers in Veterinary Science, 8. doi:10.3389/fvets.2021.660565.

Goosens, M., Mittelbach, F. & Samarin, A. (1994): The Companion. Addison-Wesley, Boston.

Gregory, P. J., Hutchison, D. J., Read, D. B., Jenneson, P. M., Gilboy, W. B. & Morton, E. J. (2003): Non-invasive imaging of roots with high resolution X-ray micro-tomography. In: Plant Soil, 255 (1), 351-359. doi:10.1023/A:1026179919689.

Greil, Q. (2018): Validierung von „track a cow“-Pedometern der Firma ENGS zur automatischen Erfassung des Futteraufnahmeverhaltens von Milchkühen. Masterarbeit, TU München.

Griepentrog, H. W. (2000): Fehlerquellen der Ertragsermittlung beim Mähdrusch. In: Landtechnik, 5, 288-289.

Grimm, K., Haidn, B., Erhard, M., Tremblay, M. & Döpfer, D. (2019): New insights into the association between lameness, behavior, and performance in Simmental cows. In: Journal of Dairy Science, 102 (3), 2453-2468. doi:10.3168/jds.2018-15035.

Grinter, L. N., Campler, M. R. & Costa, J. H. C. (2019): Technical note: Validation of a behavior-monitoring collar's precision and accuracy to measure rumination, feeding, and resting time of lactating dairy cows. In: Journal of Dairy Science, 102 (4), 3487-3494. doi:10.3168/jds.2018-15563.

Grisso, R. D., Jasa, P. J., Schroeder, M. A. & Wilcox, J. C. (1999): Yield Monitor Accuracy: Successful Farming Magazine Case Study. An ASAE Meeting Presentation, Paper No. 99-1047, 1999, Toronto, Ontario/Canada.

Gurule, S. C., Tobin, C. T., Bailey, D. W. & Hernandez Gifford, J. A. (2021): Evaluation of the tri-axial accelerometer to identify and predict parturition-related activities of Debouillet ewes in an intensive setting. In: Applied Animal Behaviour Science, 237, 105296. doi:10.1016/j.applanim.2021.105296.

Haas, R., Möller, D., Bansal, P., Ghosh, R. & Bhat, S. (2017): Intrusion Detection in Connected Cars. IIIT-EIT Conference, Lincoln, NE.

Haas, R., Bhattacharjee, S. & Möller, D. (2019): Advanced Driver Assistance Systems, in Smart Technologies – Scope and Applications. In: Akhilesh, K. B. & Möller, D. P. F. (Eds): Smart Technologies. Springer, Cham.

Haas, R. & Hoffmann, C. (2020): Cyber Threats and Cyber Risks in Smart Farming. International Conference on Agricultural Engineering, Dresden.

Haidn, B. (2020): Automatisierung und Digitalisierung für Futter und Fütterung nutzen – Ansatzpunkte für mehr Tier- und Umweltschutz. In: Tagungsband zur 58. Jahrestagung der B. A. T e. V.

Hall, T. (1966): Semiconductor detectors. In: Science, 153 (3733), 320. doi:10.1126/science.153.3733.320.

Han, S., Zhang, Q., Noh, N. & Shin, B. (2004): A Dynamic Performance Evaluation Method dor DGPS Receivers under Linear Parallel-Tracking Applications. In: Transactions of ASAE, 47, 321-329.

Hanke, R., Fuchs, T. & Uhlmann, N. (2008): X-ray based methods for non-destructive testing and material characterization. In: Nuclear Instruments and Methods in Physics Research Section A: Accelerators, Spectrometers, Detectors and Associated Equipment, 591 (1), 14-18. doi:10.1016/j.nima.2008.03.016.

Harder, H. (Red.) (2001): Precision Farming im Pflanzenschutz am Beispiel Unkrautbekampfung. Hrsg. Kuratorium fur Technik und Bauwesen in der Landwirtschaft e. V. (KTBL), Darmstadt. Landwirtschaftsverlag, Münster.

Hart, L. & Paulenz, E. (2021): Das leisten neue Technologien. In: DLG-Mitteilungen, 3/2021, 17-19. https://www.dlg-mitteilungen.de/fileadmin/img/content/cover/heft/2021/21-03/DLG0321_017-019_screen.pdf (15.10.2022).

Hayashi, H., Kimoto, N., Asahara, T., Asakawa, T., Lee, C. & Katsumata, A. (2021): Generation of X-rays. In: Photon Counting Detectors for X-ray Imaging. Springer International Publishing, Cham, 1-29.

Heinrich, A., Günther, A. & Bernhardt, G. (2005): Bestimmung der Inhaltsstoffe bei der Ernte mit dem Feldhäcksler. In: Landtechnik, 60 (1), 20-21.

Henrich, V., Krauss, G., Götze, C. & Sandow, C. (2012): IDB – www.indexdatabase.de. Entwicklung einer Datenbank für Fernerkundungsindizes. AK Fernerkundung. Bochum.

Heeraman, D. A., Hopmans, J. W. & Clausnitzer, V. (1997): Three dimensional imaging of plant roots in situ with X-ray Computed Tomography. In: Plant Soil, 189 (2), 167-179. doi:10.1023/B:PLSO.0000009694.64377.6f.

Herrmann, I., Pimstein, A., Karnieli, A., Cohen, Y., Alchanatis, V. & Bonfil, D. (2011): LAI assessment of wheat and potato crops by VENμS and Sentinel-2 bands. In: Remote Sensing of Environment, 115 (8), 2141-2151.

Hiller, J., Kasperl, S., Schön, T., Schröpfer, S. & Weiss, D. (2010): Comparison of Probing Error in Dimensional Measurement by Means of 3D Computed Tomography with Circular and Helical Sampling. In: 2nd International Symposium on NDT in Aerospace 2010, We.5, A.1.

Hinck, S., Kloepfer, K. & Schuchmann, G. (2016): Precision Farming – Bodeneigenschaften erfassen. Kuratorium für Technik und Bauwesen in der Landwirtschaft (KTBL-Publikationen, 111). Darmstadt.

HIT (2023): Herkunftssicherungs- und Informationssystem für Tiere (Onlinedatenbank). https://www.hi-tier.de (14.01.2023).

Hoffmann, C. & Riekert, M. (2018): Big Data Analytics in der Tierwohldebatte. In: Digitale Marktplätze und Plattformen. In: Tagungsband der 38. GIL-Jahrestagung, 115 ff. https://gil-net.de/Publikationen/30_115.pdf (14.01.2023).

Hoffmann, C., Müller, M. & Haas, R. (2020): Cyber Security Management Systems for Agricultural Technology. International Conference on Agricultural Engineering, Dresden.

Hoffmann, C., Haas, R., Bhimrajka, N. & Penjarla, N. S. (2022): Cyberattacks in Agribusiness. In: Informatik in der Land-, Forst- und Ernährungswirtschaft. Referate der 42. GIL-Jahrestagung. https://gil-net.de/wp-content/uploads/2022/02/GIL-Tagungsband2022.pdf (14.01.2023).

Hölscher, P. & Hessel, E. (2019): Automatisiert erfassbare Daten in der Nutztierhaltung – Ein Überblick und zukünftige Forschungsansätze. In: 14. Tagung Bau, Technik und Umwelt in der landwirtschaftlichen Nutztierhaltung, 24.-26. September 2019, Bonn, 87-93. https://www.openagrar.de/receive/openagrar_mods_00052030.

Holtmann, W. & Noack, P. O. (2003): Präzision ist eine Frage der Software. In: profi, 7, 62-65.

Hornsey, S. (1956): The effect of X-irradiation on the length of the mitotic cycle in Vicia faba roots. In: Experimental Cell Research, 11 (2), 340-345, 1956, doi:10.1016/0014-4827(56)90110-0.

Houpt, K. A. (2011): Domestic Animal Behavior for Veterinarians and Animal Scientists. 5th Ed. John Wiley & Sons, Inc., Arnes, AI.

Houston, A. N., Otten, W., Baveye, P. C. & Hapca, S. (2013): Adaptive-window indicator kriging: A thresholding method for computed tomography images of porous media. In: Computers & Geosciences, 54, 239-248. doi:10.1016/j.cageo.2012.11.016.

Howard, K. D., Pringle, J. L., Schrock, M. D., Kuhlmann, D. K. & Oard, D. (1993): An Eelevator based Grain Flow Sensor. An ASAE Meeting Presentation, Paper No. 93-1504, 1993, Chicago, IL, USA.

Huang, H., Ullah, F., Zhou, D. X., Yi, M. & Zhao, Y. (2019): Mechanisms of ROS regulation of plant development and stress responses. In: Frontiers in Plant Science, 10. doi:10.3389/fpls.2019.00800.

Huang, X., Hu, Z., Wang, X., Yang, X., Zhang, J. & Shi, D. (2019): An Improved Single Shot Multibox Detector Method Applied in Body Condition Score for Dairy Cows. In: Animals, 9 (7). doi:10.3390/ani9070470.

Hufnagel, J. (2004): Precision Farming. Analyse, Planung, Umsetzung in die Praxis. Kuratorium für Technik und Bauwesen in der Landwirtschaft (KTBL-Schrift, 419). Darmstadt.

Hüter, J., Kloepfer, F. & Klöble, U. (2005): Elektronik, Satelliten und Co. Precision Farming in der Praxis. Kuratorium fur Technik und Bauwesen in der Landwirtschaft (KTBL-Heft, 52). Landwirtschaftsverlag, Münster.

IGN – Internationale Gesellschaft für Nutztierhaltung (2021): Nutztierhaltung im Fokus: Smart Barning" – Digitalisierung in der Nutztierhaltung. München. http://www.ign-nutztierhaltung.ch/sites/default/files/PDF/IGN_FOKUS_21_Digitalisierung_Nutztierhaltung.pdf (15.10.2022).

Ikurior, S. J., Marquetoux, N., Leu, S. T., Corner-Thomas, R. A., Scott, I. & Pomroy, W. E. (2021): What Are Sheep Doing? Tri-Axial Accelerometer Sensor Data Identify the Diel Activity Pattern of Ewe Lambs on Pasture. In: Sensors 21 (20), 6816. doi:10.3390/s21206816.

Initiative Tierwohl (2022): Tierhalter Handbuch – Zugang zur Datenbank der Mengenmeldungen. https://initiative-tierwohl.de/wp-content/uploads/2022/12/20221116_Initiative-Tierwohl-Tierhalter_DE.pdf (14.01.2023).

Inohara, K. et al. (2010): Standardization of Thresholding for Binary Conversion of Vocal Tract Modeling in Computed Tomography. In: Journal of Voice, 24 (4), 503-509. doi:10.1016/j.jvoice.2008.10.013.

ISO – International Organisation for Standardization (1994): ISO/IEC 7498-1:1994, Information technology – Open Systems Interconnection – Basic Reference Model: The Basic Model. Geneva, Switzerland.

ISO – International Organisation for Standardization (2011): ISO 11783: Tractors and machinery for agriculture and forestry – Serial control and communications data network, parts 1-14. Geneva, Switzerland.

Isensee, E. & Kripahl, S. (2001): Online-Vergleich von Ertragsmesssystemen im Mähdrescher. In: Landtechnik, 56, 274-275.

Jahnke, B., Noack, P. O., Happich, G. & Fromligt, N. (2014): Environment Mapping Enabling Safety and Usability of a Semi Autonomous tractor platoon. https://www.fast.kit.edu/download/DownloadsMobima/RHEA-2014_EDAUG_-_V05.1.pdf.

Jahnke, B., Noack, P. O., Happich, G. & Geimer, M. (2012): Elektronische Deichsel für landwirtschaftliche Arbeitsmaschinen – Folgsame Traktoren. KEM – Informationsvorsprung für Konstrukteure. ISSN 0934-0270.

Jahnke, B., Noack, P. O., Happich, G. & Geimer, M. (2012): Elektronische Deichsel für landwirtschaftliche Arbeitsmaschinen mit Umfeldsensorik und zusätzlichen Geoinformationen. Innovationstage 2012. Forschungs- und Entwicklungsprojekte. Bundesanstalt für Landwirtschaft und Ernährung, 1, 161-165.

Jahnke, B., Noack, P. O., Happich, G. & Geimer, M. (2013): Verbesserung der Sicherheit von elektronischen Deichseln für Landmaschinen. In: Landtechnik, 68 (3), S 155-159.

Jasa, P. J., Grisso, R. D. & Wilcox, J. C. (2000): Yield Monitor Accuracy at Reduced Flow Rates. An ASAE Meeting Presentation, Paper No. 00-1085, 2000, Milwaukee, WI, USA.

Jensen, K. C., Oehm, A. W., Campe, A., Stock, A., Woudstra, S., Feist, M. et al. (2022): German Farmers' Awareness of Lameness in Their Dairy Herds. In: Frontiers in Veterinary Science, 9. doi:10.3389/fvets.2022.866791.

Jin, J. Y. et al. (2010): Combining scatter reduction and correction to improve image quality in cone-beam computed tomography (CBCT). In: Medical Physics, 37 (11), 5634-5644. doi:10.1118/1.3497272.

Jolly, M. et al. (2015): Review of Non-destructive Testing (NDT) Techniques and their Applicability to Thick Walled Composites. In: Procedia CIRP, 38, 129-136. doi:10.1016/j.procir.2015.07.043.

Jones, M. W. M., Hare, D. J., James, S. A., De Jonge, M. D. & McColl, G. (2017): Radiation Dose Limits for Bioanalytical X-ray Fluorescence Microscopy. In: Analytical Chemistry, 89 (22), 12168-12175. doi:10.1021/acs.analchem.7b02817.

Jones, M. W. M., Kopittke, P. M., Casey, L., Reinhardt, J., Blamey, F. P. C. & Van Der Ent, A. (2020): Assessing radiation dose limits for X-ray fluorescence microscopy analysis of plant specimens. In: Annals of Botany, 125 (4), 599-610. doi:10.1093/aob/mcz195.

Joseph, P. M. & Spital, R. D. (1982): The effects of scatter in x-ray computed tomography. In: Medical Physics, 9 (4), 464-472. doi:10.1118/1.595111.

Jungbluth, T., Büscher, W. & Krause; M. (2005): Technik Tierhaltung. Ulmer, Stuttgart. 176 S.

Jurschik, P., Giebel, A. & Wendroth, O. (1998): Beziehungen zwischen lokalen Ertragsdaten und Fernerkundungsdaten. In: Agrartechnische Forschung, 4, 84-102.

Jurschik, P., Giebel, A. & Wendroth, O. (1998): Verarbeiten von Ertragsdaten aus Mähdreschern. VDI-MEG Tagung Landtechnik, 1998, Garching, VDI-Verlag, Düsseldorf, 215-221.

Jurschik, P., Giebel, A. & Wendroth, O. (1999): Processing Point Data from Combine Harvesters for Precision Farming. Precision Agriculture '99, Sheffield Academic Press, 297-304.

Kalender, W. A. (2006): X-ray computed tomography. In: Physics in Medicine and Biology, 51 (13), R29-43. doi:10.1088/0031-9155/51/13/R03.

Kastens, D. L., Kastens, T. L. & Taylor, R. K. (2000): No Room for Error. Software aims to improve accuracy in yield mapping output. In: Resource – Engineering and Technology for a Sustainable World, 7, 11-12.

Kettle, L. Y. & Peterson, C. L. (1999): An Evaluation of Yield Monitors and GPS Systems on hillside Combines operating on Steep Slopes in the Palouse. An ASAE Meeting Presentation, Paper No. 98-1046, 1998, Orlando, FL, USA.

Khatun, M., Thomson, P. C., Kerrisk, K. L., Lyons, N. A., Clark, C. E. F., Molfino, J. & García, S. C. (2018): Development of a new clinical mastitis detection method for automatic milking systems. In: Journal of Dairy Science, 101 (10), 9385-9395. doi:10.3168/jds.2017-14310.

Klemme, K. A., Froehlich, D. P. & Schumacher, J. A. (1992): Spatially Variable Technology for Crop Yield. An ASAE Meeting Presentation, Paper No. 92-1543, 1992, Nashville, TN, USA.

Klevenhusen, F., Pourazad, P., Wetzels, S. U., Qumar, M., Khol-Parisini, A. & Zebeli, Q. (2014): Technical note: Evaluation of a real-time wireless pH measurement system relative to intraruminal differences of digesta in dairy cattle. In: Journal of Animal Science, 92 (12), 5635-5639. doi:10.2527/jas.2014-8038.

Knoll, G. F. (1989): Radiation Detection and Measurement. John Wiley, Hoboken, NJ.

Knoll, G. F. & McGregor, D. S. (1993): Fundamentals of semiconductor detectors for ionizing radiation. In: Materials Research Society Symposium Proceedings, Dec. 1993, 302 (1), 3-17. doi:10.1557/proc-302-3.

Kong, H. & Yu, H. (2015): Analytic reconstruction approach for parallel translational computed tomography. In: Journal of X-Ray Science and Technology, 23 (2), 213-228. doi:10.3233/XST-150482.

Kopka, H. (1988): LATEX – eine Einführung. Addison-Wesley, Boston.

Kormann, G. (1998): Entwicklung und Test eines Prüfstandes für Ertragsmesssysteme auf Mähdreschern. VDI-MEG Tagung Landtechnik, 1998, Garching, VDI, Düsseldorf, 275-280.

Kormann, G. (2001): Untersuchungen zur Integration kontinuierlich arbeitender Feuchtemeßsysteme in ausgewählte Futtererntemaschinen. Dissertation, Technische Universität München, Fakultät Wissenschaftszentrum Weihenstephan. https://mediatum.ub.tum.de/doc/820167/file.pdf.

Krawczel, P. (2016): The Importance of Lying Behavior in the Well-Being and Productivity of Dairy Cows. University of Tennessee. https://extension.tennessee.edu/publications/Documents/W386.pdf.

Krumpelmann, M. J. & Sudduth, K. A. (2000): Design and Analysis of a Grain Weighing System. An ASAE Meeting Presentation, Paper No. 00-1126, 2000, Milwaukee, WI, USA.

KTBL (2007): Geodateninfrastruktur und Geodienste für die Landwirtschaft. Kuratorium für Technik und Bauwesen in der Landwirtschaft, Darmstadt.

KTBL (2007): Precision Dairy Farming. Kuratorium für Technik und Bauwesen in der Landwirtschaft, Darmstadt.

KTBL (2010): Automatisierung und Roboter in der Landwirtschaft. Kuratorium für Technik und Bauwesen in der Landwirtschaft, Darmstadt.

KTBL (2013): Automatische Melksysteme. Verfahren – Kosten – Bewertung. Kuratorium für Technik und Bauwesen in der Landwirtschaft. Kuratorium für Technik und Bauwesen in der Landwirtschaft, Darmstadt (KTBL-Schrift, 497).

Kudo, H. & Saito, T. (1996): Three-dimensional helical-scan computed tomography using cone-beam projections. https://inis.iaea.org/search/search.aspx?orig_q=RN:23014546 (24.06.2021).

Kutzbach, H. D. (2001): Mähdrescher. In: Jahrbuch Agrartechnik 2001 (Hrsg. Matthies, H. J. & Meier, F.). Landwirtschaftsverlag, Münster, 125-132.

Labrecque, J. & Rivest, J. (2018): A real-time sow behavior analysis system to predict an optimal timing for insemination. In: 10th International Livestock Environment Symposium (ILES X). American Society of Agricultural and Biological Engineers, 1.

Lal, R. (2015): Soil-Specific Farming: Precision Agriculture. Apple Academic Press Inc., New Jersey, NJ.

Lark, R. M. & Stafford, J. V. (1997): Exploratory Analysis of yield Maps of Combinable Crops. In: Precision Agriculture 1997, BIOS Scientfic Publishers Ltd., 887-894.

Leick, A. (2004): GPS Satellite Surveying. 3rd Edition. John Wiley, Hoboken, NJ.

Leuteritz, J. (2015): Teilflächenspezifischer Pflanzenschutz. Sensoren im Pflanzenschutz. Hrsg. v. Agri Con GmbH Precision Farming Company. Sächsisches Staatsministerium für Umwelt und Landwirtschaft. Lehndorf. https://www.smul.sachsen.de/lfulg/download/Nachlese_teilflaechenspezifischer-Pflanzenschutz.pdf.

Lilienthal, H. (2014): Optische Sensoren in der Landwirtschaft: Grundlagen und Konzepte. In: Journal für Kulturpflanzen, 66 (2), 34-41.

Lillesand, T., Kiefer, R. & Chipman, J. (2004): Remote Sensing and Image Interpretation. John Wiley, Hoboken, NJ.

Lim, P. Y., Huxley, J. N., Willshire, J. A., Green, M. J., Othman, A. R. & Kaler, J. (2015): Unravelling the temporal association between lameness and body condition score in dairy cattle using a multistate modelling approach. In: Preventive Veterinary Medicine, 118 (4), 370-377. doi:10.1016/j.prevetmed.2014.12.015.

Lindenbeck, M. (2015): Untersuchungen zur Eignung des Laktosegehalts der Milch für das Leistungs- und Gesundheitsmonitoring bei laktierenden Milchkühen. Dissertation, Lebenswissenschaftliche Fakultät, Humboldt-Universität zu Berlin. http://edoc.hu-berlin.de/18452/18092.

Lisso, H. (2003): GPS-gestützte Teilflächenbewirtschaftung. Datenerfassung und -auswertung im landwirtschaftlichen Großbetrieb. RKL-Tagung 2003 in Neumünster. Hrsg. v. Rationalisierungs-Kuratorium für Landwirtschaft (RKL).

Liu, W., Liu, C., Jin, J., Li, D., Fu, Y. & Yuan, X. (2020): High-Throughput Phenotyping of Morphological Seed and Fruit Characteristics Using X-Ray Computed Tomography. In: Frontiers in Plant Science, 11. doi:10.3389/fpls.2020.601475.

Lo, P., Van Ginneken, B. & De Bruijne, M. (2010): Vessel tree extraction using locally optimal paths. In: Proceedings of thr 7th IEEE International Symposium on Biomedical Imaging: From Nano to Macro, 2010, 680-683. doi:10.1109/ISBI.2010.5490083.

Löffler, E., Honecker, U. & Stabel, E. (2005): Geographie und Fernerkundung. Gebr. Borntraeger, Stuttgart.

Lorenz, F. & Münchhoff, K. (2015): Teilflächen bewirtschaften. Schritt für Schritt. DLG-Verlag, Frankfurt/M.

Lorenz, F., Münchhoff, K. & DLG. (2015): Teilflächenspezifische Bodenprobenahme und Düngung. DLG e. V., Frankfurt/M.

Lorenzini, I., Boppel, M., Worek, F. et al. (2021): Experimentierfeld DigiMilch: Digitalisierung in der Prozesskette Milcherzeugung. In: Meyer-Aurich, A. et al. (Hrsg.): Informations-und Kommunikationstechnologie in kritischen Zeiten. Lecture Notes in Informatics (LNI), Gesellschaft für Informatik, Bonn, 397-402.

Ltd., S.-F. (2002): Forschungsbedarf für Precision Farming. ntL GmbH, Hannover.

Ludowicy, C., Schweiberger, R. & Leithold, P. (2002): Precision Farming: Handbuch für die Praxis. DLG-Verlag, Frankfurt/M.

MacDonald, S. (1975): The Progress of the Early Threshing Machine. In: Agricultural History Review, 23 (1), 63-77. https://www.jstor.org/stable/40273647.

Macy, T. S., Thackery, D. L. & Macy, N. C. (1994): Yield Monitoring Experiences. Proceedings of ASAE Winter Meeting, Dec. 16, 1994, Atlanta, GA, USA.

Maertens, K., Baerdemaeker, J. D. & Ramon, H. (2000): Modelbased signal processing on a combine harvester. In: Proceedings of 1st International Workshop on Sound and

Vibrations in Agricultural and Biological Engineering, 13-15 September, Leuven, Belgium, 49-54.

Maertens, K., Baerdemaker, J. D., Ramon, H. & Keyser, R. D. (2001): An Analytical Grain Flow Model for a Combine Harvester, Part I: Design of the Model. In: Journal of Agricultural Engineering Research,79, 55-63.

Maertens, K., Baerdemaker, J. D., Ramon, H. & Keyser, R. D. (2001): An Analytical Grain Flow Model for a Combine Harvester, Part II: Analysis and Application of the Model. In: Journal of Agricultural Engineering Research, 79, 187-193.

Maertens, W., Vangeyte, J., Baert, J., Jantuan, A., Mertens, K. C., Campeneere, S. de et al. (2011): Development of a real time cow gait tracking and analysing tool to assess lameness using a pressure sensitive walkway: The GAITWISE system. In: Biosystems Engineering, 110 (1), 29-39. http://www.sciencedirect.com/science/article/pii/S1537511011000961.

Mahlein, A.-K. (2016): Plant Disease Detection by Imaging Sensors – Parallels and Specific Demands for Precision Agriculture and Plant Phenotyping. In: Plant Disease, 100 (2), 241-251. https://doi.org/10.1094/PDIS-03-15-0340-FE.

Maia, G. G., Siqueira, L. G. B., Vasconcelos, C. O. de Paula, Tomich, T. R., Camargo, L. S. de Almeida, Rodrigues, J. P. P. et al. (2020): Effects of heat stress on rumination activity in Holstein-Gyr dry cows. In: Livestock Science, 239, 104092. doi: 10.1016/j.livsci.2020.104092.

Maier, S. (1994): Feuchtemessung während des Erntevorgangs. VDI-MEG Tagung Landtechnik, 1998, Garching. VDI, Düsseldorf, 49, 236-237.

Mairhofer, S. et al. (2012): RooTrak: Automated recovery of three-dimensional plant root architecture in soil from X-Ray microcomputed tomography images using visual tracking. In: Plant Physiology, 158 (2), 561-569. doi:10.1104/pp.111.186221.

Mairhofer, S., Johnson, J., Sturrock, C. J., Bennett, M. J., Mooney, S. J. & Pridmore, T. P. (2016): Visual tracking for the recovery of multiple interacting plant root systems from X-ray µ CT images. In: Machine Vision and Applications, 27 (5), 721-734. doi:10.1007/s00138-015-0733-7.

Mairhofer, S. et al. (2018): X-Ray Computed Tomography of Crop Plant Root Systems Grown in Soil. In: Currrent Protocols in Plant Biology, 2 (4), 270-286. doi:10.1002/cppb.20049.

Mawodza, T., Burca, G., Casson, S. & Menon, M. (2020): Wheat root system architecture and soil moisture distribution in an aggregated soil using neutron computed tomography. In: Geoderma, 359, 113988. doi:10.1016/j.geoderma.2019.113988.

McCauley, J. D. & Engel, B. A. (1997): Approximation of Noisy Bivariate Data for Precision Mapping. In: Transactions of ASAE, 40, 237-245.

McCormick, J. F. & Platt, R. B. (1962): Effects of ionizing radiation on a natural plant community. In: Radiation Botany, 2 (3-4), 161-186. doi:10.1016/s0033-7560(62)80100-8.

McKenna (2020): Wie guckt das Schwein? Gesichtserkennung soll als Frühwarnsystem für Schweinekrankheiten dienen. In: Bauernzeitung, 10. Juli 2020. https://www.bauernzeitung.ch/artikel/landtechnik/wie-guckt-das-schwein-gesichtserkennung-soll-als-fruehwarnsystem-fuer-schweinekrankheiten-dienen-357336 (14.01.2023).

Metz, C., Schaap, M., Van Der Giessen, A., Van Walsum, T. & Niessen, W. (2007): Semi-automatic coronary artery centerline extraction in computed tomography angiography data. In: Proceedings 4th IEEE International Symposium on Biomedical Imaging: From Nano to Macro, 2007, 856-859. doi:10.1109/ISBI.2007.356987.

Metzner, R. et al. (2015): Direct comparison of MRI and X-ray CT technologies for 3D imaging of root systems in soil: Potential and challenges for root trait quantification. In: Plant Methods, 11 (1). doi:10.1186/s13007-015-0060-z.

Missotten, B., Strubbe, G. & Baerdemaker, J. D. (1997): Straw Yield Mapping: A Tool for Interpretation of Grain Yield Differences within a Field. In: Precision Agriculture 1997, BIOS Scientfic Publishers Ltd., 735-742.

Mooney, S. J., Pridmore, T. P., Helliwell, J. & Bennett, M. J. (2012): Developing X-ray Computed Tomography to non-invasively image 3-D root systems architecture in soil. In: Plant Soil, 352 (1-2), 1-22. doi:10.1007/s11104-011-1039-9.

Möller D., Jehle I. A. & Haas, R. E. (2018): Challenges for Vehicular Cybersecurity. Proceedings of 18th IEEE-EIT Conference (EIT 2018), Rochester, MI.

Möller, D. & Haas, R. (2019): Guide to Automotive Connectivity and Cybersecurity. Springer, Cham.

Möller, D. (2020): Cybersecurity in Digital Transformation: Scope and Applications. Springer, Cham.

Moretti, R., Biffani, S., Chessa, S. & Bozzi, R. (2017): Heat stress effects on Holstein dairy cows' rumination. In: Animal: An International Journal of Animal Bioscience, 11 (12), 2320-2325. doi:10.1017/S1751731117001173.

Moser, A. (2021): Den digitalen Wandel im Stall begleiten. https://www.google.com/url?sa=t&rct=j&q=&esrc=s&source=web&cd=&ved=2ahUKEwih_pezreL6AhW7XfEDHZxEBtQQFnoECBIQAQ&url=https%3A%2F%2Fnoe.lko.at%2Fmedia.php%3Ffilename%3Ddownload%253D%252F2022.04.19%252F1650370861956471.pdf%26rn%3DDLW_Beilage_Schwerpunkt%2520November%25202021_Digitalisierung%2520nutzbar%2520machen.pdf&usg=AOvVaw2EoDM0hgAfc_SRJGj2MI-5 (15.10.2022).

Muhr, T. (1989): Vergleich von berührungslos arbeitenden Geschwindigkeitssensoren für die Landwirtschaft. Master-Thesis, Institut für Landtechnik, TU München, Freising-Weihenstephan.

Muhr, T. (1999): GPS in der Landwirtschaft. DLG e. V., Frankfurt/M.

Muhr, T. & Noack, P. O. (2006): Mobile Data Repeaters Enhancing the Availability of RTK Correction Data in the Field. In: Automation Technology for Off-Road Equipment, Proceedings of the 1-2 September 2006 International Conference, 65-69.

Mulla, D. (2013): Twenty five years of remote sensing in precision agriculture: Key advances and remaining knowledge gaps. In: Biosystems Engineering, 114 (4), 358-371.

Mullins, I. L., Truman, C. M., Campler, M. R., Bewley, J. M. & Costa, J. H. C. (2019): Validation of a Commercial Automated Body Condition Scoring System on a Commercial Dairy Farm. In: Animals, 9 (6), 287. doi:10.3390/ani9060287.

Müller, M. & Haas, R. (2020): Cyber Security of the Internet of Things (in German). SRH – The Mobile University and Spiegel Academy (eBook/Online, 2nd Edition).

Munro, P. R. T. (2010): Computed Tomography: From Photon Statistics to Modern Cone-Beam CT, by Thorsten M. Buzug. In: Contemporary Physics, 51 (6), 554-555. doi:10.1080/00107514.2010.482334.

Murphy, D. P., Schnug, E. & Haneklaus, S. (1994): Yield Mapping – A Guide to Improved Techniques and Strategies. In: Robert, P. C., Rust, R. H. & Larson, W. E. (Eds.): Site-Specific Management for Agricultural Systems. Proc. 2nd Intern. Conf. of ASA, CSSA, SSSA, 1994, Minneapolis, MN, USA, 33-47.

Naaktgeboren, K. (2017): Comparative Study on Efficacy of CowManager Technology. https://dr.lib.iastate.edu/entities/publication/2a9c17c3-d0b5-4f0e-a8d2-d75dc2e54cce (08/2023).

Navigation, T. I. (1997): ION STD 101. Recommended Test Procedures for GPS. Revision C. The Institute for Navigation, 1800 Diagonal Road, Suite 480 Alexandria, VA 22314, USA.

Neiber et al. (2016): Energieeinsparung und Eigenstromnutzung in der Milchviehhaltung. Bayerische Landesanstalt für Landwirtschaft (LfL), Freising-Weihenstephan. https://www.lfl.bayern.de/mam/cms07/publikationen/daten/informationen/energieeinsparung-eigenstromnutzung-milchviehhaltung_lfl-information.pdf (15.10.2022).

Neudecker E., Schmidhalter, U., Sperl, C. & Selige, T. (2001). Site-specific mapping by electromagnetic induction. In: 3rd European Conference Precision Agriculture, June 16-20, 2001, Montpellier, France, 271-276. https://mediatum.ub.tum.de/doc/1306339/1306339.pdf.

Nicol, J. M. & Ortiz-Monasterio, I. (2004): Effects of the root-lesion nematode, Pratylenchus thornei, on wheat yields in Mexico. In: Nematology, 6 (4), 485-493. doi:10.1163/1568541042665223.

NMEA (2012): NMEA 0183. National Marine Electronics Foundation, Severna Park.

NMEA (2015): NMEA 2000. National Marine Electronics Foundation, Severna Park.

Noack, P. O. (1999): Genauigkeit hat ihren Preis. In: dlz-agrarmagazin, Sonderheft 10, 1, 12-15.

Noack, P. O. (2002): H-Methode. In: Landtechnik, 3 (43), 123-124.

Noack, P. O. (2003): Genauer ist auch teurer. Neue Landwirtschaft, 11, 50-60.

Noack, P. O. (2004): Autopilot lenkt Erntemaschinen. In: standpunkt, Der aktuelle ascos Report, 1, 7.

Noack, P. O. (2004): GPS gestützte automatische Lenksysteme. In: Landtechnik, 5, 256-257.

Noack, P. O. (2005): 16 Parallelfahrsysteme im Überblick. In: dlz-agrarmagazin, 2, 86-89.

Noack, P. O. (2005): Genau auf Kurs. In: Kurier, 2, 4-7.

Noack, P. O. (2006): Der Geisterhand auf der Spur. In: Wochenblatt Magazin Nr. 4, Beilage der Badischen Bauernzeitung, 28, 4-7.

Noack, P. O. (2006): Entwicklung fahrspurbasierter Algorithmen zur Korrektur von Ertragsdaten im Precision Farming. Department für Biogene Rohstoffe und Technologie der Landnutzung, Fachgebiet Technik im Pflanzenbau, TU München-Weihenstephan.

Noack, P. O. (2006): Viele Anbieter und noch mehr Systeme. In: Badische Bauernzeitung, 28, 18-20.

Noack, P. O. (2007): Am Anfang stand das Mäusekino. In: Brandenburger Bauernzeitung, 47, 23-25.

Noack, P. O. (2007): Ertragskartierung im Getreidebau, KTBL-Heft 70. KTBL.

Noack, P. O. (2007): Kein Einheitsbrei beim Ertrag. In: DLZ Online, 6, 148-151.

Noack, P. O. (2007): Mehr als nur automatische Lenksysteme – GPS- und GIS-Anwendungen in der Landwirtschaft. Seminarband 12. Münchner Fortbildungsseminar Geoinformationssysteme, 14. bis 16. März 2007 an der TU München.

Noack, P. O. (2007): Standards für den Datenaustausch in der Landwirtschaft. In: Landtechnik, 1 (62), 253-255.

Noack, P. O. (2010): Automatisierte Parzellenaussaat mit GPS: Spezifische Tools für die Planung und Maschinensteuerung. In: Tagungsband DLG Technikertagung 2010, Herausgeber: Arbeitsgruppe Feldversuche des DLG-Ausschusses „Versuchswesen in der Pflanzenproduktion“, 65-69.

Noack, P. O. (2010): Elektronische Deichsel für landwirtschaftliche Arbeitsmaschinen. Bundesamt für Landwirtschaft und Ernährung, Bonn.

Noack, P. O. (2010): Location based automation and information management in agriculture – Review and outlook. Proceedings of the 21st Meeting of the Club of Bologna, 1.

Noack, P. O. (2012): GPS und GIS im Versuchswesen: Aktueller Stand der Technik, Neuerungen und Ausblick auf die sensorgestützte Bonitur und Datenerfassung. In: Tagungsband, 43. DLG Technikertagung, 1, 64-72.

Noack, P. O. (2012): Im ganzen Land zentimetergenau ackern. In: Bauernblatt Schleswig-Holstein, 12.05.2012.

Noack, P. O. (2012): RTK-Netz für Schleswig-Holstein – Im ganzen Land zentimetergenau ackern. In: Bauernblatt, 12. Mai 2012.

Noack, P. O. (2012): Warum RTK? Warum Korrektursignal? In: Lohnuntermehmen, 10/2012, 26.

Noack, P. O. (2013): Funktion und Einsatzmöglichkeiten von automatischen Lenksystemen mit Ausblick auf zukünftige Perspektiven. VDI-Wissensforum.

Noack, P. O. (2013): Neuerungen bei MiniGIS und GPS-gestützten Lenksystemen im Versuchswesen. In: Tagungsband 44. DLG-Technikertagung, 26-29.

Noack, P. O. (2013): Satellitenortungssystem (GNSS) in der Landwirtschaft. DLG-Merkblatt 388.

Noack, P. O. (2014): Drohnen und Spektralsensoren – eine andere Sichtweise. In: Gemüse, 8, 46-49.

Noack, P. O. (2014): Einsparpotenziale überzeugen die Landwirte. In: agrarzeitung, 24, 24-25.

Noack, P. O. (2014): GNSS-based Automation of a Lateral Move for Site-specific Irrigation. Proceedings of the 4th International Conference on Machine Control and Guidance (MCG).

Noack, P. O. (2014): Verfügbares Wasser ist das Zünglein an der Waage. In: agrarzeitung, 10, R9.

Noack, P. O. (2016): Estimating Triticale Dry Matter Yield in Parcel Plot Trials From Aerial and Ground Based Spectral Measurements. In: 5th IFAC Conference on Sensing, Control and Automation Technologies for Agriculture AGRICONTROL 2016 Seattle, WA, USA, 14-17 August 2016 (Vol. 49, Issue 16), 404-408.

Noack, P. O. (2017): Smart Farming – ein Überblick. In: Dienstleister intern, 6/2017, 20-23 (Hrsg. VdAW e. V., Dr. Neinhaus Verlag).

Noack, P. O. (2017): Vergleich von Multispektral- und Ertragsmessungen in Parzellenversuchen. In: Tagungsband DLG-Technikertagung, 2017, Band 1, 63-68.

Noack, P. O. (2018): Einsatz von Multi- und Hyperspektralsensoren in der Landwirtschaft. In: Publikationen der Deutschen Gesellschaft für Photogrammetrie, Fernerkundung und Geoinformation (DGPF) e. V., 27 (Hrsg. Kersten, T. P., Gulch, E., Schiewe, J., Kolbe, T. H. & Stilla, U.), 840-850.

Noack, P. O. (2018): Precision Farming – Smart Farming – Digital Farming. Grundlagen und Anwendungsfelder. Wichmann, Berlin/Offenbach.

Noack, P. O. (2018): Smartfarming: Teilflächenspezifische Grunddüngung, Bodenleitfähigkeitsmessung und Ertragskartierung. In: Dienstleister intern, 03/2018, 24-25 (Hrsg.: VdAW e. V., Dr. Neinhaus Verlag).

Noack, P. O. (2018): Stickstoffsensoren und teilflachenspezifische Stickstoffdungung. In: Dienstleister intern, 02/2018, 25-27 (Hrsg.: VdAW e. V., Dr. Neinhaus Verlag).

Noack, P. O. (2018): Von der Parallelfuhrung zum Roboter. In: Dienstleister intern, 02/2018, 25-27 (Hrsg.: VdAW e. V., Dr. Neinhaus Verlag).

Noack, P. O., Eder, D. & Bleisteiner, N. (2017): Einfluss von Stromtrassen auf GPS-Lenksysteme. In: Bayerisches Landwirtschaftliches Wochenblatt, 33, 31-32.

Noack, P. O. , Eder, D. & Bleisteiner, N. (2018): Einfluss von Starkstromleitungen auf den GNSS-Empfang von automatischen Lenksystemen. In: Landtechnik – Agricultural Engineering, 73 (3).

Noack, P. O., Geimer, M., Ehrl, M. & Grandl, L. (2010): Virtuelle Kopplung von Fahrzeugen: Elektronische Deichsel für landwirtschaftliche Arbeitsmaschinen. In: Tagungsband KTBL-Tage 2010, Automatisierung und Roboter in der Landwirtschaft, 21./22.04.2010, Erfurt, Hrsg. Kuratorium für Technik und Bauwesen in der Landwirtschaft, Darmstadt (KTBL Schrift 480, 138-145).

Noack, P. O., Kammerbauer, B. & Schönfelder, M. (2010): Path Planning Algorithms for a GPS based Electronic Tow Bar. In: Proceedings of the 2nd International Conference on Machine Control & Guidance, March 9-11 2010, Bonn (Eds.: Schulze-Lammers, P. & Kuhlmann, H., Faculty of Agriculture, University of Bonn), 1, 45-50.

Noack, P. O. & Muhr, T. (2002): Aufbereitung von Ertragsdaten. Precision Agriculture, Herausforderungen an integrative Forschung, Entwicklung und Anwendung in der Praxis, KTBL Sonderveröffentlichung 038, 1, 169-178.

Noack, P. O. & Muhr, T. (2008): Integrated Controls for Agricultural Applications – GNSS Enabling a New Level in Precision Farming. In: 1st International Conference on Machine Control & Guidance 2008, June 24-26, 2008, 8.

Noack, P. O., Muhr, T. & Demmel, M. (2001): Langzeitstudie zur Bestimmung von Fehlern während der georeferenzierten Erfassung von Ertragsdaten auf Mähdreschern. In: Agricultural Engineering, VDI-MEG Tagung, 243-246.

Noack, P. O., Muhr, T. & Demmel, M. (2006): GI and GPS Systems Enhancing Plot Parcel Creation. In: Automation Technology for Off-Road Equipment, Proceedings of the 1-2 September 2006 International Conference, 139-144.

Noack, P. O., Muhr, T., Demmel, M. & Grenier, G., Blackmore, S. (2001): Long term studies on determination and elimination of errors occurring during the process of georeferenced yield data collection on combine harvesters. In: Proceedings of the Third European Conference on Precision Agriculture, 2, 833-837.

Noack, P. O., Muhr, T., Demmel, M. & Stafford, J. (2005): Effect of interpolation methods and filtering on the quality of yieldmaps. In: Precision Agriculture, 5 (1), 701-706.

Noack, P. O., Muhr, T., Demmel, M. & Stafford, J., Werner, A. (2003): An algorithm for automatic detection and elimination of defective yield data. In: Proceedings of the 4th European Conference on Precision Agriculture, 445-450.

Noack, P. O., Muhr, T., Demmel, M. & Stafford, J., Werner, A. (2003): Relative accuracy of different yield mapping systems installed on a single combine harvester. In: Proceedings of the 4th European Conference on Precision Agriculture, 451-456.

Noack, P. O., Muhr, T., Schönfelder, M., Kutschera, J., Hancock, P. & Selige, T. (2007): Evaluation of Digital Terrain Models derived from data collected with RTK-GPS based Automatic Steering Systems using a High Precion Laser Scanner. In: Proceedings of the 7th European Conference on Precision Agriculture, 233-240.

Noack, P. O. & Niemann, H. (2007): Genau oder weit senden? Vor- und Nachteile ortsfester und mobiler RTK-Stationen für hochgenaue Lenksysteme. In: Neue Landwirtschaft, 4, 54-55.

Noack, P. O. & Stemann, G. (2007): Nutzungsmöglichkeiten und Potenziale der Versuchstechnik im Versuchswesen. Tagungsband 38. DLG-Technikertagung, 30-35.

Noack, P. O. & Stemann, G. (2007): Parallelfahrsysteme und Lenkautomation im Versuchswesen – Möglichkeiten und Grenzen. Tagungsband 38. DLG-Technikertagung, 30-35.

Nolan, S. C., Haverland, G. W., Goddard, T. W., Green, M. & Penney, D. C. (1996): Building a Yield Map from Geo-referenced Harvest Measurements. In: Robert, P. C., Rust, R. H. & Larson, W. E. (Eds.): Precision Agriculture. Proc. of the 3rd Intern. Conf. on Precision Agriculture 1996, Minneapolis, MN, USA, 885-892.

Nüssel, M. (2018): Landwirtschaft 4.0 – die Waffe gegen Hunger und Umweltzerstörung? In: Digitalisierung im Spannungsfeld von Politik, Wirtschaft, Wissenschaft und Recht. Springer, Berlin/Heidelberg. 343-363.

Oehlschläger, J., Schmidhalter, U. & Noack, P. O. (2018): UAV-Based Hyperspectral Sensing for Yield Prediction in Winter Barley. WHISPERS 2018 (9th IEEE GRSS Workshop on Hyperspectral Image and Signal Processing: Evolution in Remote Sensing), September 23-26, 2018, Amsterdam.

Oliver, M. (2014): Precision Agriculture for Sustainability and Environmental Protection. Routledge.

Oltra-Carrio, R., Baup, F., Fabre, S., Fieuzal, R. & Briottet, X. (2015): Improvement of Soil Moisture Retrieval from Hyperspectral VNIR-SWIR Data Using Clay Content Information. In: Remote Sens., 7, 3184-3205; doi:10.3390/rs70303184.

Ostermeier, R. (2013): Multisensor Data Fusion in einem mobilen landtechnischen BUS-System für die Real-time Prozessführung in sensorgestützten Düngesystemen. TU München, Freising. http://mediatum.ub.tum.de?id=1113617.

Pace, S. (1995): The Global Positioning System – Assessing National Policies. RAND Corporation.

Pan, Z. & Lu, J. (2007): A Bayes-based region-growing algorithm for medical image segmentation. In: Computing in Science & Engineering, 9 (4), 32-38. doi:10.1109/MCSE.2007.67.

Pang, S. N. & Corb, G. C. (1990): A Grain Flow Sensor for Yield Mapping. An ASAE Meeting Presentation, Paper No. 90-1633, 1990, Chicago, IL, USA.

Panneton, B., Brouillard, M. & Piekutowski, T. (2001): Integration fo Yield Data from Several Years into a Single Map. J. Steffe (Ed.): EFITA 2001. Proc. 3rd European Conference of the European Federation for Information Technology in Agriculture, Food and the Environment, 2001, Montpellier, France.

Panten, K., Haneklaus, S. & Schnug, E. (2002): Spacial Accuracy of Online Yield Mapping. Landbauforschung Vølkenrode, 52, 205-209.

Paya, A. M., Silverberg, J. L., Padgett, J. & Bauerle, T. L. (2015): X-ray computed tomography uncovers root-root interactions: Quantifizierung der räumlichen Beziehungen zwischen interagierenden Wurzelsystemen in drei Dimensionen. In: Frontiers in Plant Science, 6, 1-12. doi:10.3389/fpls.2015.00274.

Perez-Munoz, F. & Colvin, T. S. (1994): Continuous Grain Yield Monitoring. An ASAE Meeting Presentation, Paper No. 94-1552, 1993, Kansas, USA.

Pérez-Torres, E., Kirchgessner, N., Pfeifer, J. & Walter, A. (2015): Assessing potato tuber diel growth by means of X-ray computed tomography. In: Plant Cell Environment, 38 (11), 2318-2326. doi:10.1111/pce.12548.

Pfeifer, J., Kirchgessner, N., Colombi, T. & Walter, A. (2015): Rapid phenotyping of crop root systems in undisturbed field soils using X-ray computed tomography. In: Plant Methods, 11 (1). doi:10.1186/s13007-015-0084-4.

Pfeiffer, J., Gandorfer, M. & Ettema, J. F. (2019): Evaluation of activity meters for estrus detection: A stochastic bioeconomic modeling approach. In: Journal of Dairy Science, 103 (1), 492-506. doi:10.3168/jds.2019-17063.

Pfeiffer, J., Gandorfer, M. & Angermeier, T. (2020): Ein Anruf wenn das Kalb kommt. In: Bayerisches Landwirtschaftliches Wochenblatt, 21, 26-27. https://www.lfl.bayern.de/mam/cms07/ilt/dateien/ein_anruf_wenn_das_kalb_kommt_web.pdf.

Phalempin, M., Lippold, E., Vetterlein, D. & Schlüter, S. (2021): An improved method for the segmentation of roots from X-ray computed tomography 3D images: Rootine v.2. In: Plant Methods, 17 (1), 1-19. doi:10.1186/s13007-021-00735-4.

Phillips, N., Mottram, T., Poppi, D., Mayer, D. & McGowan, M. R. (2010): Continuous monitoring of ruminal pH using wireless telemetry. In: Animal Production Science, 50 (1). doi:10.1071/AN09027.

Picard, R., Martens, G., Rabe, N., Bisht, V. & Dobson, C. (2011): Using Aerial Imagery for Site Specific Fungicide Application. https://doi.org/10.13140/rg.2.2.18921.90727; https://umanitoba.ca/faculties/afs/agronomists_conf/media/Rejean_Picard_fungicide_app_poster.pdf.

PIG-CHECK (2023): Informationen und Downloadbereich zur Applikation https://www.ringelschwanz.info/weitere-infomationen/pig-check.html (14.01.2023).

Ping, J. L. & Dobermann, A. (2003): Creating Spatially Contigous Yield Classes for Site-Specific Management. In: Agronomy Journal, 95, 1121-1131.

Piotraschke, H. (2010): H-Sensor. Intelligenter optischer Sensor für den teilflächenspezifischen Herbizid-Einsatz im Online-Verfahren. Berlin (BLE-Innovationstage). http://www.hagen.piotraschke.de/hfp/pdf/2010-BLE-Innovationstage-Beitrag-Piotraschke.pdf.

Plessis, A. du, Roux, S. G. le & Guelpa, A. (2016): Comparison of medical and industrial X-ray computed tomography for non-destructive testing. In: Case Studies in Nondestructive Testing and Evaluation, 6 (A), 17-25. doi:10.1016/j.csndt.2016.07.001.

Pohl, A., Heuwieser, W. & Burfeind, O. (2014): Technical note: Assessment of milk temperature measured by automatic milking systems as an indicator of body temperature and fever in dairy cows. In: Journal of Dairy Science, 97 (7), 4333-4339. doi:10.3168/jds.2014-7997.

Pohl, J.-P., Rautmann, D., Nordmeyer, H. & Hörsten, D. (2017): Direkteinspeisung von Pflanzenschutzmitteln – eine Technologie für Precision Farming im Pflanzenbau. Hrsg. v. Gesellschaft für Informatik in der Land- Forst- und Ernährungswirtschaft e. V. Dresden (Referate der 37. GIL-Jahrestagung in Dresden 2017). http://www.gil-net.de/Publikationen/29_117.pdf.

Ponitka, J. & Pößneck, J. (2006): Untersuchungen zur Anwendung ausgewählter teilflächenspezifischer Bewirtschaftungsmethoden am Beispiel eines Auenstandortes der Elbe. Schriftenreihe der Sächsischen Landesanstalt für Landwirtschaft. Hrsg. v. Sächsischer Landesanstalt für Landwirtschaft (18/2006).

Poteko, J., Lübke, P. & Harms, J. (2021): Können auch „dumme" Geräte im Stall intelligenter werden? Use-Case Entmistungsroboter. 41. Tagung der Gesellschaft für Informatik in der Land-, Forst- und Ernährungswirtschaft e. V. https://gil-net.de/wp-content/uploads/2022/04/GIL_2022_PP_Entmistungsroboter_Poteko.pdf (15.10.2022).

Prairie Agricultural Machinery Institute (1999): A Comparison of Three Popular Yield Monitors and GPS Receivers. Humboldt, Saskatchewan, Canada. https://open.alberta.ca/dataset/97dea4a5-5dd1-485f-9ddb-2f9e6b71d4f2/resource/2eace6fc-fbaf-4eaf-8b1d-7fbd169a2469/download/745-afmrc.pdf.

Pringle, J. L., Schrock, M. D., Hinnen, R. T., Howard, K. D. & Oard, D. L. (1993): Yield Variation in Grain Crops. An ASAE Meeting Presentation, Paper No. 93-1505, 1993, Chicago, IL, USA.

Pulina, G., Milán, M. J., Lavín, M. P., Theodoridis, A., Morin, E., Capote, J. et al. (2018): Invited review: Current production trends, farm structures, and economics of the dairy sheep and goat sectors. In: Journal of Dairy Science, 101 (8), 6715-6729. doi:10.3168/jds.2017-14015.

Qualifood (2023): Informationsplattform für die Verwaltung von Daten zu Klassifizierung, Befund- und Kontrolle. https://www.qualifood.de/Default.aspx?ReturnUrl=%2FCommon%2FHome.aspx (14.01.2023).

Qiao, Y., Su, D., Kong, H., Sukkarieh, S., Lomax, S. & Clark, C. (2020): BiLSTM-based Individual Cattle Identification for Automated Precision Livestock Farming. In: 2020 IEEE 16th International Conference on Automation Science and Engineering (CASE), 967-972.

Rands, M. (1995): The Development of an Expert Filter to Improve the Quality of Yield Mapping Data (unpublished).

Reckleben, Y. (2004): Innovative Echtzeitsensorik zur Bestimmung und Regelung der Produktqualität von Getreide während des Mähdruschs. Dissertation, VDI-MEG Nr. 424. Kiel.

Reckleben, Y. (2014): Sensoren für die Stickstoffdüngung – Erfahrungen in 12 Jahren praktischem Einsatz. In: Journal für Kulturpflanzen, 66 (2), 42-47. doi:10.5073/JFK.2014.02.02.

Reckleben, Y. & Lamp, J. (2006): Einsatz von Techniken des Präzisen Landbaus für ein verbessertes Stickstoff-Management in gefährdeten Gebieten Schleswig-Holsteins. Hrsg. v. F&E&T-Verbundprojekt. MLUR Endbericht.

Reckleben, Y. & Noack, P. O. (2012): RTK-Netzwerke zu flächendeckenden hochgenauen Positionsbestimmung in der Landwirtschaft. In: Landtechnik, 3, 162-165.

Reckleben, Y., Schneider, M., Wagner, P., Schwarz, J. & Hüter, J. (2007): Teilflächen-spezifische Stickstoffdüngung. Kuratorium für Technik und Bauwesen in der Landwirtschaft (KTBL-Heft, 75). Darmstadt.

Reims, N., Schoen, T., Boehnel, M., Sukowski, F. & Firsching, M. (2014): Strategies for efficient scanning and reconstruction methods on very large objects with high-energy x-ray computed tomography: In: Developments in X-Ray Tomography IX, Sep. 2014, 9212, 11, 921209. doi:10.1117/12.2062002.

Reitz, P. (1992): Ertragskartierung. In: Landtechnik, 6, 273-276.

Reitz, P. (1997): Untersuchungen zur Ertragskartierung während der Getreideernte im Mähdrescher. Forschungsbericht Agrartechnik des Arbeitskreises Forschung und Lehre der Max-Eyth-Gesellschaft Agrartechnik im VDI (VDI-MEG). Selbstverlag, Stuttgart. 135 S.

Reitz, P. & Kutzbach, H. D. (1992): Technische Komponenten für die Erstellung von Ertragskarten während der Getreideernte mit dem Mähdrescher. In: VDI/Landtechnik Weihenstephan/FAM München, Kolloquium Ortung und Navigation landwirtschaftlicher Fahrzeuge, 14, 91-105.

Reitz, P. & Kutzbach, H. D. (1996): Investigations on a particular yield mapping system for combine harvesters. In: Computers and Electronics in Agriculture, 14, 137-150.

Reusch, S. (1997): Entwicklung eines reflexionsoptischen Sensors zur Erfassung der Stickstoffversorgung landwirtschaftlicher Kulturpflanzen. Dissertation, VDI-MEG Nr. 303, Kiel.

Reuter, R. (2015): Landmaschinentechnik: Smart Farming verändert die Agrarwirtschaft. GBI-Genios, München.

Reuter, R. R., Moffet, C. A., Horn, G. W., Zimmerman, S. & Billars, M. (2017): Technical Note: Daily variation in intake of a salt-limited supplement by grazing steers. In: The Professional Animal Scientist, 33 (3), 372-377. doi:10.15232/pas.2016-01577.

Revol-Muller, C., Peyrin, F., Carrillon, Y. & Odet, C. (2002): Automated 3D region growing algorithm based on an assessment function. In: Pattern Recognition Letters, 23 (1-3), 137-150. doi:10.1016/S0167-8655(01)00116-7.

Reyniers, M., Maertens, K., Reyns, P. & Baerdemaker, J. D. (2001): Management of combine Harvester precision farming data to make usefull maps. In: Proceedings of the 3rd European Conference on Precision Agriculture, Montpellier, 2001 (Eds.: Stafford, J. & Werner, A.). Wageningen Academic Publishers, 85-90.

Reyns, P. (2002): Continuous measurement of grain and forage quality during harvest. Diss., Katholieke Universiteit Leuven, Faculteit Landbouwkundige en Toegepaste, Biologsche Wetenschappen.

Reyns, P., Missotten, B., Ramon, H. & Baerdemaker, J. D. (2002): A Review of Combine Sensors for Precision Farming. Precision Agriculture, 3. Kluwer Acedemic Publishers, 169-182.

Riekert, M., Zimpel, T., Hoffmann, C., Wild, A., Gallmann, E. & Klein, A. (2020): Towards animal welfare monitoring in pig farming using sensors and machine learning. In: Gandorfer, M., Meyer-Aurich, A., Bernhardt, H., Maidl, F. X., Fröhlich, G. & Floto, H. (Hrsg.): 40. GIL-Jahrestagung, Digitalisierung für Mensch, Umwelt und Tier. Gesellschaft für Informatik e. V., Bonn, 271-276.

Ronneberger, O., Fischer, P. & Brox, T. (2015): U-net: Convolutional networks for biomedical image segmentation. In: Lecture Notes in Computer Science, 9351, 234-241. doi:10.1007/978-3-319-24574-4_28.

Rogers, E. D., Monaenkova, D., Mijar, M., Nori, A., Goldman, D. I. & Benfey, P. N. (2016): X-ray computed tomography reveals the response of root system architecture to soil texture In: Plant Physiology, 171 (3), 2028-2040. doi:10.1104/pp.16.00397.

Roth, R. R. (2004): Ortsspezifische Aussaat von Winterweizen. Unter Mitarbeit von A. Werner. Hrsg. v. Managementsystem für den ortsspezifischen Pflanzenbau – Verbundprojekt pre agro. KTBL, Müncheberg.

Rothmund, M. (2003): Gewannebewirtschaftung. DLG e. V., Frankfurt/M.

Rothmund, M. (2006): Technische Umsetzung einer Gewannebewirtschaftung als „Virtuelle Flurbereinigung“ mit ihren ökonomischen und ökologischen Potenzialen. Universitätsbibliothek der Technischen Universität München, Freising, MEG Schriftenreihe 441.

Rothmund, M. & Wodok, M. (o. J.): ISOBUS – Eine systematische Betrachtung der Norm ISO 11783. In: GIL Jahrestagung 2010, 163-166.

Rothmund, M. & Wodok, M. (o. J.): ISOBUS-Anwendungsentwicklung mit der Open Source Programmierbibliothek ISOAgLib. Referate der 30. GIL-Jahrestagung in Hohenheim 2010 – Precision Agriculture. Gesellschaft für Informatik in der Land-, Forst- und Ernährungswirtschaft e. V. Hohenheim. http://www.gil-net.de/Publikationen/22_163.pdf.

Rötscher, T. (2013): Aussagewert der Bodenschätzung für den Pflanzenbau. Möglichkeit der Ableitung von Ertragspotenzialzonen für die teilflächenspezifische Bewirtschaftung aus digitalen Daten der Bodenschätzung, als Ergebnis der Auswertung mehrjähriger Ertragskartierung. Dissertation, Universität Halle-Wittenberg, Naturwissenschaftliche Fakultät III (Schriftenreihe der Pflanzenbauwissenschaften des Instituts für Agrar- und Ernährungswissenschaften). Der andere Verlag, Uelvesbüll.

Rouse, J., Rouse, R., Schell, J. & Deering, D. (1973): Monitoring Vegetation Systems in the Great Plains with ERTS (Earth Resources Technology Satellite). Proceedings of 3rd Earth Resources Technology Satellite Symposium (309-317). Greenbelt.

Rowe, E., Dawkins, M. S. & Gebhardt-Henrich, S. G. (2019): A Systematic Review of Precision Livestock Farming in the Poultry Sector: Is Technology Focussed on Improving Bird Welfare? In: Animals, 9 (9), 614. doi:10.3390/ani9090614.

RTCM (2015): RTCM 10403.3: Differential GNSS (Global Navigation Satellite Systems) Services – Version 3. Radio Technical Commission for Maritime Services, Arlington.

Runder Tisch GIS e. V. (2016): Leitfaden Mobile GIS – Hardware, Software, IT-Sicherheit, Indoor-Positionierung. München.

Russell, A. (1999): Yield Monitor Performance Test Standard. Developed by the ASAE Precision Farming Committee PM-54/01 Workgroup. 5 p.

SAE (2012): J1939: Recommended Practice for a Serial Control and Communications Vehicle Network. SAE International, Warrendale.

Salau, J., Haas, J. H., Junge, W., Bauer, U., Harms, J. & Bieletzki, S. (2014): Feasibility of automated body trait determination using the SR4K time-of-flight camera in cow barns. In: SpringerPlus 3, 225. doi:10.1186/2193-1801-3-225.

Samborski, S. N. T. & Fallon, E. (2009): Strategies to Make Use of Plant Sensors-Based Diagnostic Information for Nitrogen Recommendations. In: Agronomy Journal, 101 (4).

Sanaei, A. & Yule, I. J. (1996): Yield Measurement Reliability on Combine Harvesters. An ASAE Meeting Presentation, Paper No. 96-1020, 1996, Phoenix, AZ, USA. 13.

Schaumann Stiftung (2018): 27. Hülsenberger Gespräche 2018. https://www.schaumann-stiftung.de/statics/www_schaumann_stiftung_de/downloads/H%c3%bclsenberger%20Gespr%c3%a4che/bro_hwss_huelsenberger_gespraeche_2018.pdf (15.10.2022).

Scherzer, E. & Fasching, C. (2022): Wiederkaudauer tierindividuell erfassen. Höhere Bundeslehr- und Forschungsanstalt für Landwirtschaft, Raumberg-Gumpenstein. https://raumberg-gumpenstein.at/forschung/forschung-aktuelles/wiederkaudauer-tierindividuell-erfassen.html /07.07.2022).

Schick, M. (2017): Digitale Tierhaltung. Interview, agri-bizz, Heft 1.

Schick, M. & Moriz, C. (2004): Entmistung von Milchviehställen: stationär oder mobil? FAT-Berichte Nr. 619. Agroscope FAT, Tänikon.

Schielein, R. (2018): Analytische Simulation und Aufnahmeplanung für die industrielle Röntgencomputertomographie. Dissertation, Universität Würzburg.

Schirmann, K., Keyserlingk, M. A. G. von, Weary, D. M., Veira, D. M. & Heuwieser, W. (2009): Technical note: Validation of a system for monitoring rumination in dairy cows. In: Journal of Dairy Science, 92 (12), 6052-6055. doi:10.3168/jds.2009-2361.

Schmidt, D.-I. W. (1997): Einsatz von Bodenproben-Entnahmegeräten. DLG e. V., Frankfurt/M.

Schmidt, D.-I. W. (1999): Landwirtschaftliches BUS-System (LBS). DLG e. V., Frankfurt/M.

Schmidt, J. et al. (2020): Drought and heat stress tolerance screening in wheat using computed tomography. In: Plant Methods, 16 (1). doi:10.1186/s13007-020-00565-w.

Smith, D., McNally, J., Little, B., Ingham, A. & Schmoelzl, S. (2020): Automatic detection of parturition in pregnant ewes using a three-axis accelerometer. In: Computers and Electronics in Agriculture, 173, 105392. doi:10.1016/j.compag.2020.105392.

Schneider, M. (2011): Ökonomische Potenziale von Precision Farming unter Risikoaspekten. Dissertation, Universität Halle-Wittenberg, Naturwissenschaftliche Fakultät III. Shaker, Aachen (Berichte aus der Agrarökonomie).

Schön, H., Auernhammer, H., Bauer, R., Boxberger, J., Demmel, M., Estler, M. et al. (1998): Landtechnik und Bauwesen. 9. Auflage. BLV, München.

Schön, T., Fuchs, T., Hanke, R. & Dremel, K. (2013): A translation-based data acquisition method for computed tomography: Theoretische Analyse und Simulationsstudie. In: Medical Physics, 40 (8), 081922. doi:10.1118/1.4813896.

Schroers, J. O. & Krön, K. (2019): Methodische Grundlagen der Datensammlung „Betriebsplanung Landwirtschaft“. Kuratorium für Technik und Bauwesen in der Landwirtschaft e. V. (KTBL), Darmstadt.

Schwenke, T. (2001): Experimentelle Untersuchungen von Kopplungsortungssystemen für GPS auf der Basis von Mikrowellensensoren im landwirtschaftlichen Einsatz. Dissertation, Technische Universität München, Department für Biogene Rohstoffe und Technologie der Landnutzung, Fachgebiet Technik im Pflanzenbau.

Schulz, H., Postma, J. A., Van Dusschoten, D., Scharr, H. & Behnke, S. (2012): 3D reconstruction of plant roots from MRI images. In: Proceedings of the International Conference on Computer Vision Theory and Applications, 2, 24-33. doi:10.5220/0003869800240033.

Searcy, S. W., Schueller, J. K., Bae, Y. H., Borgelt, S. C. & Stout, B. A. (1989): Mapping of spatially variable yield during grain combining. In: Transactions of the ASAE 32/3, 826-829.

Shearer, S. A., Higgins, S. G., McNeill, S. G., Watkins, G. A., Barnhisel, R. I., Doyle, J. C. et al. (1997): Data Filtering and Correction Techniques for Generating Yield Maps from Multiple-Combine Harvesting Systems. ASAE Paper No. 971034. Annual International Meeting, Minneapolis Minnesota, August 10-14.

Siewerdsen, J. H., Antonuk, L. E., El-Mohri, Y., Yorkston, J., Huang, W. & Cunningham, I. A. (1998): Signal, noise power spectrum, and detective quantum efficiency of indirect-detection flat-panel imagers for diagnostic radiology. In: Medical Physics, 25 (5), 614-628. doi:10.1118/1.598243.

Sivia, D. S. (2013): Elementary Scattering Theory. Oxford University Press, Oxford.

Smith, A. G., Petersen, J., Selvan, R. & Rasmussen, C. R. (2020): Segmentation of roots in soil with U-Net. In: Plant Methods, 16 (1), 1-15. doi:10.1186/s13007-020-0563-0.

Snyder, J. (1987): Map projections: A working manual. U. S. Government Printing Office. https://pubs.usgs.gov/pp/1395/report.pdf.

Snyder, J. P. & Bugayevskiy, L. M. (1987): Map Projections. A Working Manual. U. S. Geological Survey Professional Paper 1395. U. S. Government Printing Office, Washington, DC.

Soltaninejad, M., Sturrock, C. J., Griffiths, M., Pridmore, T. P. & Pound, M. P. (2020): Three Dimensional Root CT Segmentation Using Multi-Resolution Encoder-Decoder Networks. In: IEEE Transactions on Image Processing, 29, 6667-6679. doi:10.1109/TIP.2020.2992893.

Song, X., Bokkers, E. A. M., van Mourik, S., Groot Koerkamp, P. W. G. & van der Tol, P. P. J. (2019): Automated body condition scoring of dairy cows using 3-dimensional feature extraction from multiple body regions. In: Journal of Dairy Science, 102 (5), 4294-4308. doi:10.3168/jds.2018-15238.

Spoliansky, R., Edan, Y., Parmet, Y. & Halachmi, I. (2016): Development of automatic body condition scoring using a low-cost 3-dimensional Kinect camera. In: Journal of Dairy Science, 99 (9), 7714-7725. doi:10.3168/jds.2015-10607.

Stafford, J. V., Ambler, B. & Bolam, H. C. (1997): Cut Width Sensors to Improve the Accuracy of Yield Mapping Systems. In: Precision Agriculture 1997, BIOS Scientific Publishers Ltd., 519-527.

Stafford, J. V., Ambler, B., Lark, R. M. & Catt, J. (1996): Mapping and interpreting the Yield Variation in cereal crops. In: Computers and Electronics in Agriculture, 14, 101-119.

Stafford, J. V., Lark, R. M. & Bolam, H. C. (1998): Using Yield Maps to Regionalize Fields into Potential Management Units. In: Robert, P. C., Rust, R. H. & Larson, W. E. (Eds.): Precision Agriculture. Proc. of the 4th Intern. Conf. on Precision Agriculture, 1998, St. Paul, MN, USA, 225-237.

Stein, M. A. (1999): Interpolation of Spatial Data. Springer, Berlin/Heidelberg/New York.

Steinberger, G. (2012): Methodische Untersuchungen zur Integration automatisch erfasster Prozessdaten von mobilen Arbeitsmaschinen in ein Informationsmanagementsystem „Precision Farming". Forschungsbericht Agrartechnik des Fachausschusses Forschung und Lehre der Max-Eyth-Gesellschaft Agrartechnik im VDI (VDI-MEG), Band 514. Freising. http://mediatum.ub.tum.de?id=1096419.

Steinmayr, T. (2002): Fehleranalyse und Fehlerkorrektur bei der lokalen Ertragsermittlung im Mähdrescher zur Ableitung eines standardisierten Algorithmus für die Ertragskartierung. Dissertation, Technische Universität München, Department für Biogene Rohstoffe und Technologie der Landnutzung, Fachgebiet Technik im Pflanzenbau.

Stoll, A. & Breuninger, T. (2004): Messverfahren zur Bestimmung der Fahrgenauigkeit GPS geführter Maschinen. In: Landtechnik, 59, 150-151.

Stott, B. L., Borgelt, S. C. & Sudduth, K. A. (1993): Yield Determination using an Instrumented Claas Combine. An ASAE Meeting Presentation, Paper No. 93-1507, 1993, Chicago, IL, USA.

Strange, H., Zwiggelaar, R., Sturrock, C., Mooney, S. J. & Doonan, J. H. (2015): Automatic estimation of wheat grain morphometry from computed tomography data. In: Functional Plant Biology, 42 (5), 452-459. doi:10.1071/FP14068.

Stumpenhausen, J., Bernhardt, H. & Höhendinger, M. (2020): Entwicklung eines On-Farm Energie Management Systems für Milchviehlaufställe. KTBL-Tagungsband vom 2. bis 3. März 2020, Mannheim (Mit Energie in die Zukunft Strom, Wärme und Kraftstoffe in der Landwirtschaft). KTBL, Darmstadt, 21-23.

Swindell, J. E. (1997): Mapping the Spatial Variability in the Yield Potential of Arable Land Through GIS Analysis of suquential yield maps. In: Precision Agriculture 1997, BIOS Scientfic Publishers Ltd., 827-834.

Tabb, A., Duncan, K. E. & Topp, C. N. (2018): Segmenting Root Systems in X-Ray Computed Tomography Images Using Level Sets. In: 2018 IEEE Winter Conference on Applications of Computer Vision (WACV), Mar 2018, 586-595. doi:10.1109/WACV.2018.00070.

Tang, X., Krupinski, E. A., Xie, H. & Stillman, A. E. (2018): On the data acquisition, image reconstruction, cone beam artifacts, and their suppression in axial MDCT and CBCT – A review. In: Medical Physics, 45 (9), e761-e782. doi:10.1002/mp.13095.

TAM (2023): Datenbank zur Verwaltung der Mitteilungspflichten nach dem Tierarzneimittelgesetz (TAMG) – Antibiotika-Datenbank. https://www1.hi-tier.de/infoTA.html (14.01.2023).

Taylor, R. K., Kastens, D. L. & Kastens, T. L. (2000): Creating Yield Maps from Yield Monitoring Data using Multi Purpose Grid Mapping (MPGM). In: Proceedings of the 5th International Conference on Precision Agriculture, Bloomington, MN, USA, July 16-20, 2000.

Taylor, R. K., Zhang, N., Schrock, M. D. & Schmidt, J. P. (2000): Classification of Yield Monitor Data to Determine Yield Potential. An ASAE Meeting Presentation, Paper No. 00-1087, 2000, Milwaukee, WI, USA.

Thompson, R. J., Matthews, S., Plötz, T. & Kyriazakis, I. (2019): Freedom to lie: How farrowing environment affects sow lying behaviour assessment using inertial sensors. In: Computers and Electronics in Agriculture, 157, 549-557. doi:10.1016/j.compag.2019.01.035.

Thurner, S., Neumaier, G., Noack, P. O. & Wendl, G. (2011): Evaluation of the labour input with and without a livestock tracking system on alpine farms with young cattle. Proceedings of the XXXIV CIOSTA CIGR V Conference.

Thylen, L. & Algerbo, P. A. (2000): An Expert Filter Removing Errounous Yielddata. Proceedings of the 5th International Conference on Precision Agriculture, Bloomington, MN, USA, July 16-20, 2000.

Thylen, L., Jurschik, P. & Murphy, D. P. (1997): Improving the quality of Yielddata. In: Precision Agriculture, 1997, 742-750.

Tits, M., Vervaeke, F., Vansichen, R. & Baerdemaker, J. D. (1989): Grain Yield Maps and related Field Characteristics. In: Dodd & Grace (Eds.): Land and Water Use. Balkema, Rotterdam, 2791-2796.

Tomic, S. D. K., Drenjanac, D., Lazendic, G., Hörmann, S., Handler, F., Wöber, W., Schulmeister, K., Otte, M., Auer, W. (2014): agriOpenLink: Semantic Services for Adaptive Processes. In: Proceedings International Conference of Agricultural Engineering, 06. – 10.07.2014, Zürich.

top agrar (2015). ISOBUS & Smart Farming. Landwirtschaftsverlag, Münster.

Tracy, S. R., Roberts, J. A., Black, C. R., McNeill, A., Davidson, R. & Mooney, S. J. (2010): The X-factor: visualizing undisturbed root architecture in soils using X-ray computed tomography. In: Journal of Experimental Botany, 61 (2), 311-313. doi:10.1093/jxb/erp386.

Treiber-Niemann, H., Schwaiberger, R. & Fröba, N. (2013): Parallelfahrsysteme. Kuratorium für Technik und Bauwesen in der Landwirtschaft. Darmstadt.

Tuff, D. W. & Telford, H. S. (1964): Wheat Fracturing as Affecting Infestation by Cryptolestes ferrugineus. In: Journal of Economic Entomology, 57 (4), 513-516. doi:10.1093/jee/57.4.513.

Tzarfati, R., Saranga, Y., Barak, V., Gopher, A., Korol, A. B. & Abbo, S. (2013): Threshing efficiency as an incentive for rapid domestication of emmer wheat. In: Annals of Botany, 112 (5), 829-837. doi:10.1093/aob/mct148.

Umstätter, C. (2011): The evolution of virtual fences: A review. In: Computers and Electronics in Agriculture, 75 (1), 10-22.

University of Copenhagen (2022): Pig grunts reveal their emotions. Press release, University of Copenhagen. https://news.ku.dk/all_news/2022/03/pig-grunts-reveal-their-emotions (14.01.2023).

Van de Gucht, T., Saeys, W., van Nuffel, A., Pluym, L., Piccart, K., Lauwers, L. et al. (2017): Farmers' preferences for automatic lameness-detection systems in dairy cattle. In: Journal of Dairy Science, 100 (7), 5746-5757. doi:10.3168/jds.2016-12285.

Van Harsselaar, J. K. et al. (2021): X-Ray CT Phenotyping Reveals Bi-Phasic Growth Phases of Potato Tubers Exposed to Combined Abiotic Stress. In: Frontiers in Plant Science, 12. doi:10.3389/fpls.2021.613108.

VDMA (2021): Positionspapier des VDMA (Landtechnik) – Cyber Security und Software Update Management Systeme bei landwirtschaftlichen Fahrzeugen. Position 22/2021.

Viazzi, S., Bahr, C., Schlageter-Tello, A., van Hertem, T., Romanini, C. E. B., Pluk, A. et al. (2013): Analysis of individual classification of lameness using automatic measurement of back posture in dairy cattle. In: Journal of Dairy Science, 96 (1), 257-266.

Villarraga-Gómez, H., Herazo, E. L. & Smith, S. T. (2019): X-ray computed tomography: from medical imaging to dimensional metrology, In: Precision Engineering, 60, 544-569. doi:10.1016/j.precisioneng.2019.06.007.

Volkmann, N., Kulig, B. & Kemper, N. (2019): Using the Footfall Sound of Dairy Cows for Detecting Claw Lesions. In: Animals, 9 (3). doi:10.3390/ani9030078.

Vos, K., Harley, M., Splinter, K., Simmons, J. & Turner, I. (2019): Sub-annual to multi-decadal shoreline variability from publicly available satellite imagery. Coastal Engineering 150.

Voßhenrich, H. H. (2003): Ortsspezifische Bodenbearbeitung und Einsparpotenzial – die wichtigsten Schritte zum Erfolg. Bundesforschungsanstalt für Landwirtschaft (FAL) (Hrsg.). Landbauforschung Völkenrode (Sonderheft 256), 87-95.

Wagon, B. (2017): Geostatistical Applications for Precision Agriculture. Arcler Press, Oakville, Kanada.

Walther, S. (2009): Variable Bodenbearbeitungsintensität. Ein Beitrag zum nachhaltigen Bodenschutz. Dissertation, Universität Hohenheim (Schriftenreihe Agrarwissenschaftliche Forschungsergebnisse, 37). Kovač, Hamburg.

Wang, J., Mao, W. & Solberg, T. (2010): Scatter correction for cone-beam computed tomography using moving blocker strips: A preliminary study. In: Medical Physics, 37 (11), 5792-5800. doi:10.1118/1.3495819.

WEF (2020): The Global Risk Report 2020, World Economic Forum. http://www3.weforum.org/docs/WEF_Global_Risk_Report_2020.pdf.

Weingut, F. (2017): Validierung von „Track a Cow" Pedometern der Firma ENGS zur automatischen Erfassung des Aktivitäts- und Liegeverhaltens von Milchkühen. Masterarbeit, Lehrstuhl für ökologischen Landbau und Pflanzenbausysteme, TU München, Freising.

Weltzien, C., Noack, P. O. & Persson, K. (2003): GPS receiver accuracy test – dynamic and static for best comparison of results. In: Proceedings of the 4th European Conference on Precision Agriculture, Berlin, 2003 (Eds. Stafford, J. & Werner, A.). Wageningen Academic Publishers, 717-722.

Weltzien, C., Noack, P. O., Persson, K. & Stafford, J., Werner, A. (2003): GPS receiver accuracy test – dynamic and static for best comparison of results. In: Proceedings of the 4th European Conference on Precision Agriculture, 717-721.

Wendt, Kurt (Hrsg.) (1994): Euter- und Gesäugekrankheiten. G. Fischer, Jena/Stuttgart.

Wenkel, K.-O., Mirschel, W., Wieland, R., Kerebaum, C. & Bobert, J. (o. J.): Modellgestützte Generierung von Ertragserwartungskarten. Hrsg. v. Forschungsverbundprojekt pre agro II. Zentrum für Agrarlandschaftsforschung (ZALF) Müncheberg (Zwischenbericht zum Projektjahr 2005). http://subs.emis.de/LNI/Proceedings/Proceedings67/GI-Proceedings.67-82.pdf.

Werner, J., Umstatter, C., Leso, L., Kennedy, E., Geoghegan, A., Shalloo, L. et al. (2019): Evaluation and application potential of an accelerometer-based collar device for measuring grazing behavior of dairy cows. In: Animal, 13 (9), 2070-2079. doi:10.1017/S1751731118003658.

Wheeler, P. N., Godwin, R. J., Watt, C. D. & Blackmore, B. S. (1997): Trailer Based Yield Mapping. In: Precision Agriculture 1997, BIOS Scientfic Publishers Ltd., 751-758.

Whelan, B. M. (2013): Precision Agriculture for Grain Production Systems. CSIRO Publishing.

Whelan, B. M. & Bratney, A. B. (2002): A Parametric Transfer Function for Grain-Flow Within a Conventional Combine Harvester. Precision Agriculture, 3. Kluwer Acedemic Publishers.

Whelan, B. M., McBratney, A. B. & Minasny, B. (2001): Vesper – Spatial Prediction Software for Precision Agriculture. In: Proceedings of the Third European Conference on Precision Agriculture (Eds. Grenier, G. & Blackmore, S.). agro Montpellier 2001, 139-144.

Wiegert, J., Bertram, M., Rose, G. & Aach, T. (2005): Model based scatter correction for cone-beam computed tomography. In: Proceedings Medical Imaging 2005: Physics of Medical Imaging, Apr. 2005, 5745, 271. doi:10.1117/12.594520.

Wikipedia (2023a): Bluetooth Low Energy. https://de.wikipedia.org/wiki/Bluetooth_Low_Energy.

Wikipedia (2023b): BroadR-Reach. https://de.wikipedia.org/wiki/BroadR-Reach.

Wikipedia (2023c): Controller Area Network. https://de.wikipedia.org/wiki/Controller_Area_Network.

Wikipedia (2023d): Local Area Network. https://de.wikipedia.org/wiki/Local_Area_Network.

Wikipedia (2023e): NMEA 0183. https://de.wikipedia.org/wiki/NMEA_0183.

Wikipedia (2023f): OSI-Modell. https://de.wikipedia.org/wiki/OSI-Modell.

Wikipedia (2023g): RS-232. https://de.wikipedia.org/wiki/RS-232.

Wikipedia (2023h): SAE J1939. https://de.wikipedia.org/wiki/SAE_J1939.

Wikipedia (2023i): Verkehrsvernetzung. https://de.wikipedia.org/wiki/Verkehrsvernetzung.

Wikipedia (2023j): Wireless Local Area Network. https://de.wikipedia.org/wiki/Wireless_Local_Area_Network.

Wilson, J. N. & Klassen, N. D. (1991): Sensor need for Combine Harvesters. An ASAE Meeting Presentation, Paper No. 91-3539, 1991, Chicago, IL, USA. 11 p.

Wolters, S., Söderström, M., Piiki, K., Reese, H. & Stenberg, M. (2021): Upscaling proximal sensor N-uptake predictions in winter wheat (Triticum aestivum L.) with Sentinel-2 satellite data for use in a decision support system. In: Precision Agriculture, 22, 1263-1283.

Xu, Z., Valdes, C. & Clarke, J. (2018): Existing and Potential Statistical and Computational Approaches for the Analysis of 3D CT Images of Plant Roots. In: Agronomy, 8 (5). doi:10.3390/agronomy8050071.

Yang, C., Everitt, H. J. & Bradford, J. M. (2002): Optimum Time Lag Determination for Yield Monitoring Systems with Remotely Sensed Imagery. In: Transactions of ASAE, 45, 1737-1745.

Yester, M. V. & Barnes, G. T. (1977): Geometrical Limitations Of Computed Tomography (CT) Scanner Resolution. In: Application of Optical Instrumentation in Medicine VI, Dec. 1977, Vol. 0127, No. 27, 296-303. doi:10.1117/12.955953.

Zappala, S. et al. (2013): Effects of X-Ray Dose On Rhizosphere Studies Using X-Ray Computed Tomography. In: PLoS One, 8 (6). doi:10.1371/journal.pone.0067250.

Zhang, P. et al. (2017): Multi-component segmentation of X-ray computed tomography (CT) image using multi-Otsu thresholding algorithm and scanning electron microscop. In: Energy Exploration & Exploitation, 35 (3), 281-294. doi:10.1177/0144598717690090.

Zhang, X., Geimer, M. & Noack, P. O. (2010): Elektronische Deichsel für landwirtschaftliche Arbeitsmaschinen. Tagungsband der VDI-MEG Tagung, 27. bis 28. Oktober 2010.

Zhang, X., Geimer, M., Noack, P. O. & Grandl, L. (2010): A semi-autonomous tractor in an intelligent master-slave vehicle system. In: Intelligent Service Robotics, 1, 1-7.

Zhang, X., Geimer, M., Noack, P. O. & Grandl, L. (2010): Development of an intelligent master-slave system between agricultural vehicles. In: Intelligent Vehicle Symposium 2010, La Jolla, 21-24 June 2010, 1, 250-255.

Zhang, X., Noack, P. O., Grandl, L. & Geimer, M. (2010): Development of a Remote control system for autonomous agricultural vehicles. XVIIth World Congress of the International Commission of Agricultural Engineering (CIGR), June 13-17, 2010, Quebec, Canada.

Zhao, K. & He, D. (2015): Recognition of individual dairy cattle based on convolutional neural networks. In: Transactions of the Chinese Society of Agricultural Engineering, 31 (5), 181-187. doi:10.3969/j.issn.1002-6819.2015.05.026.

Zhao, Y., Wandel, N., Landl, M., Schnepf, A. & Behnke, S. (2020): 3D U-Net for Segmentation of Plant Root MRI Images in Super-Resolution. In: Proceedings of 28th European Symposium on Artificial Neural Networks, 463-468. http://arxiv.org/abs/2002.09317.

Zimmerman, D., Pavlik, C., Ruggles, A. & Armstrong, M. P. (1999): An Experimental Comparison of Ordinary and Universal Kriging and Inverse Distance Weighting. In: Mathematical Geology, 31, 375-390.

Stichwortverzeichnis

V

W

Z